21世纪高等学校规划教材

U0682443

动态网站设计与开发
（ASP.NET版）

马秀麟 李葆萍 张倩 编著

清华大学出版社
北京

内 容 简 介

本书共 12 章,从介绍静态网页的特点及其设计入手,逐步对网页布局、网页特效技术、C♯语言基础、动态网页布局与导航、.NET 访问数据库的技术等进行了讲解。另外,从动态网站设计的应用出发,本书还集中对.NET 3.5 技术的配置、文档设计、成员资格管理体系、信息系统登录模块的实现、文件上传与管理技术进行了介绍。最后,本书介绍了动态网站的发布和服务器配置技术,保证了知识体系的完备性。

本书基于任务驱动,强化案例教学,在简要阐述基本原理和基本技巧的前提下,通过详细地讲授具体案例细化知识与技能,使学生在基于案例开展实训、应用知识解决问题的过程中潜移默化地提高动态网站开发能力。

本书适于作为高等院校网站设计、ASP.NET 编程类课程的教材,也可供网站开发人员参考。

图书在版编目(CIP)数据

动态网站设计与开发:ASP. NET 版/马秀麟,李葆萍,张倩编著.—北京:清华大学出版社,2011.12
(2018.8重印)

(21 世纪高等学校规划教材·计算机应用)

ISBN 978-7-302-26226-8

Ⅰ. ①动…　Ⅱ. ①马… ②李… ③张…　Ⅲ. ①网页制作工具—程序设计　Ⅳ. TP393.092

中国版本图书馆 CIP 数据核字(2011)第 137768 号

责任编辑:付弘宇
封面设计:傅瑞学
责任校对:焦丽丽
责任印制:丛怀宇

出版发行:清华大学出版社

网　　　址:http://www.tup.com.cn, http://www.wqbook.com
地　　　址:北京清华大学学研大厦 A 座　　　　邮　　编:100084
社 总 机:010-62770175　　　　邮　　购:010-62786544
投稿与读者服务:010-62776969, c-service@tup.tsinghua.edu.cn
质量反馈:010-62772015, zhiliang@tup.tsinghua.edu.cn

印 装 者:北京虎彩文化传播有限公司
经　　销:全国新华书店
开　　本:185mm×260mm　　　印　　张:21.25　　　字　　数:531 千字
版　　次:2011 年 12 月第 1 版　　　印　　次:2018 年 8 月第 5 次印刷
印　　数:6501～6700
定　　价:49.50 元

产品编号:039742-03

编审委员会成员

出 版 说 明

随着我国改革开放的进一步深化,高等教育也得到了快速发展,各地高校紧密结合地方经济建设发展需要,科学运用市场调节机制,加大了使用信息科学等现代科学技术提升、改造传统学科专业的投入力度,通过教育改革合理调整和配置了教育资源,优化了传统学科专业,积极为地方经济建设输送人才,为我国经济社会的快速、健康和可持续发展以及高等教育自身的改革发展做出了巨大贡献。但是,高等教育质量还需要进一步提高以适应经济社会发展的需要,不少高校的专业设置和结构不尽合理,教师队伍整体素质亟待提高,人才培养模式、教学内容和方法需要进一步转变,学生的实践能力和创新精神亟待加强。

教育部一直十分重视高等教育质量工作。2007年1月,教育部下发了《关于实施高等学校本科教学质量与教学改革工程的意见》,计划实施"高等学校本科教学质量与教学改革工程"(简称"质量工程"),通过专业结构调整、课程教材建设、实践教学改革、教学团队建设等多项内容,进一步深化高等学校教学改革,提高人才培养的能力和水平,更好地满足经济社会发展对高素质人才的需要。在贯彻和落实教育部"质量工程"的过程中,各地高校发挥师资力量强、办学经验丰富、教学资源充裕等优势,对其特色专业及特色课程(群)加以规划、整理和总结,更新教学内容、改革课程体系,建设了一大批内容新、体系新、方法新、手段新的特色课程。在此基础上,经教育部相关教学指导委员会专家的指导和建议,清华大学出版社在多个领域精选各高校的特色课程,分别规划出版系列教材,以配合"质量工程"的实施,满足各高校教学质量和教学改革的需要。

为了深入贯彻落实教育部《关于加强高等学校本科教学工作,提高教学质量的若干意见》精神,紧密配合教育部已经启动的"高等学校教学质量与教学改革工程精品课程建设工作",在有关专家、教授的倡议和有关部门的大力支持下,我们组织并成立了"清华大学出版社教材编审委员会"(以下简称"编委会"),旨在配合教育部制定精品课程教材的出版规划,讨论并实施精品课程教材的编写与出版工作。"编委会"成员皆来自全国各类高等学校教学与科研第一线的骨干教师,其中许多教师为各校相关院、系主管教学的院长或系主任。

按照教育部的要求,"编委会"一致认为,精品课程的建设工作从开始就要坚持高标准、严要求,处于一个比较高的起点上。精品课程教材应该能够反映各高校教学改革与课程建设的需要,要有特色风格、有创新性(新体系、新内容、新手段、新思路,教材的内容体系有较高的科学创新、技术创新和理念创新的含量)、先进性(对原有的学科体系有实质性的改革和发展,顺应并符合21世纪教学发展的规律,代表并引领课程发展的趋势和方向)、示范性(教材所体现的课程体系具有较广泛的辐射性和示范性)和一定的前瞻性。教材由个人申报或各校推荐(通过所在高校的"编委会"成员推荐),经"编委会"认真评审,最后由清华大学出版社审定出版。

目前,针对计算机类和电子信息类相关专业成立了两个"编委会",即"清华大学出版社计算机教材编审委员会"和"清华大学出版社电子信息教材编审委员会"。推出的特色精品教材包括:

(1) 21世纪高等学校规划教材·计算机应用——高等学校各类专业,特别是非计算机专业的计算机应用类教材。

(2) 21世纪高等学校规划教材·计算机科学与技术——高等学校计算机相关专业的教材。

(3) 21世纪高等学校规划教材·电子信息——高等学校电子信息相关专业的教材。

(4) 21世纪高等学校规划教材·软件工程——高等学校软件工程相关专业的教材。

(5) 21世纪高等学校规划教材·信息管理与信息系统。

(6) 21世纪高等学校规划教材·财经管理与应用。

(7) 21世纪高等学校规划教材·电子商务。

(8) 21世纪高等学校规划教材·物联网。

清华大学出版社经过三十多年的努力,在教材尤其是计算机和电子信息类专业教材出版方面树立了权威品牌,为我国的高等教育事业做出了重要贡献。清华版教材形成了技术准确、内容严谨的独特风格,这种风格将延续并反映在特色精品教材的建设中。

清华大学出版社教材编审委员会
联系人:魏江江
E-mail:weijj@tup. tsinghua. edu. cn

前　言

随着因特网的普及，基于因特网的电子商务、电子政务活动日益频繁，因特网在教育中也发挥着不可替代的作用。可以说，因特网改变了一个时代。基于此，依托动态网站开发技术而蓬勃发展的 Browser/Server(B/S)模式的信息系统占据了当前企事业管理平台的绝大多数份额，企事业单位对信息系统的应用水平将直接影响着它们的工作效率，成为反映其管理水平的重要标志。因此，在强大的社会需求和因特网技术高速发展的驱动下，动态网站开发技术进入到了一个百花齐放、万马奔腾的高速发展时期。在这一历史形势下，表现最为突出的动态网站开发技术有 JSP、ASP.NET 和 PHP。作为 Java 技术在动态网页开发领域的重要代表，JSP 技术以其效率高、跨平台而深受企事业信息系统建设者的青睐；而基于 Windows 系列平台的 ASP.NET 技术则以"与 Windows 平台无缝连接、功能强大、易于学习"而被广泛地应用；PHP 技术发源于 Linux 平台，因其开源和共享而深受在校大学生和中小企业的喜爱。对比三种技术并纵观其发展史，可以说三者各有其独特优势。基于此，本书选择了 Microsoft 的.NET Framework 3.5，以 C♯作为开发语言，探讨动态网站的开发技术。

作为多年从事教育管理信息系统建设的教师，通过多年的系统开发和教学实践，笔者深刻地认识到："工欲善其事，必先利其器。"也就是说，在动态网站的开发过程中，选择合适的开发工具、充分利用系统提供的集成化控件，可以"事半功倍"。以.NET 技术中访问 SQL Server 数据库的技术为例，在.NET 的 1.1 版本下，主要通过 SqlCommand 实现数据库操作。在这一技术中，如果要实现网页界面输入内容与后台数据库交互的功能，就必须撰写 SQL 语句并使用参数设计与参数绑定技术。另外，对象 SqlCommand 的应用必须建立在数据库连接的基础上，即在执行 SqlCommand 命令前必须建立有效的数据库连接对象。在这个过程中，开发者常常要面临三个难点：其一，因数据库连接字符串书写格式问题而导致数据库连接失败；其二，SQL 语句书写错误；其三，为 SqlCommand 绑定参数时常常因类型和格式问题而惨遭失败。这些难点成为很多初学者迈入 ASP.NET 门槛的拦路虎。然而，自.NET 3.5 提供了 SqlDataSource 控件和 LINQ 技术后，这些难点就自动消失了。VS2008 的"服务器资源管理器"和"LINQ to SQL 类"为开发者提供了一个可视化的界面，使开发人员能够利用鼠标便捷地把数据表从"服务器资源管理器"拖动到窗体中，自动地创建 SqlDataSource 对象，从而实现了"无编码操作数据库"的目标。其实，在借助 JSP 技术开发动态网站的过程中，笔者也有同样的感触：在 JSP 技术兴起初期，作为教师的笔者常常为如何才能向学生讲清楚 Servlet 和 Struts 技术中的众多配置文件、配置选项及其存储位置而烦恼。然而，当 MyEclipse 和 JBuilder 等开发工具出现后，这些配置文件中的绝大多数内容都可由开发工具自动生成，极大地提升了开发效率，减少了学习难度。因此笔者认为：作为讲授动态网站开发技术的教材，应该尽可能向大家介绍新控件的应用，尽最大的可能减少代码的使用量，争取在可视化界面下依托新控件的功能、借助尽量精炼的代码完成以往需要大量编码才能实现的业务需求。为此,本书中较为详细地讲授了 SqlDataSource 控件和 GridView 控件的使用,并对 LINQ 的用法进行了比较详细的介绍。

本教材采取了"直接从应用入手设计课程体系"的方案,结合教育的规律、特点和大家急需利用.NET 技术实现动态网站并获得成功体验的要求,以任务驱动为主线,大量组织案例,在案例的设计开发过程中构建出相对完整的知识体系。全书共分为 12 章,从介绍静态网页的特点及其设计入手,逐步对网页布局、C♯语言基础、动态网页布局与导航、.NET 访问数据库的技术进行了讲解,并通过具体案例的实施,使学习者能够较为全面地掌握相关技术。另外,从动态网站设计的具体应用出发,本教材还集中对.NET 技术的成员资格管理体系、登录模块的实现、文件的上传与管理技术进行了讲解,并以案例的形式展示了把文件上传到文件夹与数据库内的具体方法。最后,本书讲授了动态网站的发布和服务器配置技术,保证了知识体系的完备性。

与传统的同类书籍相比,在案例的选择方面,本书注重了案例的多样性和典型性;在系统开发方面,注重讲授控件的使用,对于一些能够通过集成控件实现的功能,尽量通过集成控件完成,并完整地描述其实现过程,减少开发过程中代码的使用量,以便大家掌握通过.NET 3.5的内置控件快速构造模块的技巧;在程序编码方面,则注意补充提示信息,以便于大家理解程序,有利于大家在实践和理解中提高。本书中所有案例的程序都遵循"从浅到深,以解决实际问题为导向"的原则,使读者在模仿教材案例的过程中,潜移默化地提高动态网站开发能力。

本书的成形得益于多方面的帮助,首先是在成书过程中参考了大量的文献,对这些文献的作者表示衷心的谢意。同时,清华大学出版社的付弘宇老师对本书的出版给予了自始至终的关心和指导,并提出了许多中肯的意见,在此对清华大学出版社表示衷心地感谢。

虽然笔者尽力想把本书写好,然而由于阅历所限,难免存在一些问题,特别是由于篇幅所限,不可能对每个案例的代码进行全面的详细分析,希望大家谅解。对于书中存在的问题,欢迎大家探讨,并欢迎针对本书提出宝贵的建议。编者的 Email:maxl@bnu.edu.cn。

本书的配套资源(包括电子课件、书中实例源代码等,近 300MB)可以从清华大学出版社网站 www.tup.com.cn 下载,本书及课件的使用问题请联系 fuhy@tup.tsinghua.edu.cn。

编　者

2011 年 8 月

于京师园

目　录

第 **1** 章
网页设计基础

学习要点

本章主要学习静态网页设计的关键技术,要求了解网页的基本概念、网页设计的主要技术、网页布局方法、网页设计中常见的嵌入式语言。本章重点关注以下内容:

- HTML 文档的结构及其主要标记。
- 网页布局方法,重点关注以 Photoshop 实施层布局的方法、CSS 文档的概念及作用。
- 网页中的行为动画技术。
- 网页中嵌入 JavaScript 语句的方法和常用的 JavaScript 语句。

1.1 网页基础知识

1.1.1 网页文件

1. 网页文件含义

网页在英语中称为 homepage,也称为 WWW 网页,网页内容包括文字、声音、图片等,其目的是把一定量的信息和图片按照一定的形式显示在计算机屏幕上;同时,为了满足 Internet 系统的需要,网页中还应该包含页面指针,使计算机系统能够很容易地由一个页面调用另一个页面文件。网页指针既可以指向本地计算机上的另一个网页文件,也可以指向另一台提供 WWW 服务的计算机上某文件夹中的另一个网页文件。

网页文件的文件名可以随意规定,就像规定其他类型的文件名称一样,其扩展名则是"htm"或"html"。网页文件的内容应该由特定的语句构成,这些语句说明本页面中应该包含哪些文本内容,包含哪些图片文件,以及这些图片和文本在浏览器中的显示格式。同时,本页面还应该链接哪些页面文件,能够保证用户从这个页面进入另一个页面。这些功能都需要由 HTML 的特定的语句组成。

当然,为了使页面美观漂亮,页面中还应该包含对屏幕背景的设定和页面内容位置分布的安排。较早期的页面设计必须使用 HTML 语句书写,页面设计者必须像编写程序一样通过书写语句来控制屏幕内容的色彩、布局、字形和字体等,以争取达到完美的效果。以这种非所见即所得的形式设计网页通常是一种效率低下的工作。

随着计算机软件技术的发展,现在已经有了许多网页书写工具,使我们可以像进行文字处理一样书写自己的网页文件。目前比较著名的网页设计工具有 Microsoft 公司 Office 套件中的 FrontPage 系统和 Macromedia 公司的 Dreamweaver 系统(该系统现在已经被 Adobe 公司收购)。

2. 网页文件特点及构成

1) 网页文件的基本特点

网页文件是以超文本的形式向浏览者呈现信息。因此,它表现为三个特性。

(1) 多媒体特点

允许在一个网页内集中多种信息形态:文本、图像、图形、动画、视频等元素,这些元素被按照一定的格式组织起来。因此网页具有多媒体的特点。

(2) 超链接

作为 Internet 信息的重要呈现方式,网页必须支持从一个页面链接到另外一个页面,而且为了提高网页的传输效率,网页对隶属于自身的多媒体对象也采取了链接方式。超链接是网页的另一个重要特征。

(3) 相对路径

为了能够把网页文件主体与其内部元素有机地结合在一起,在网页内部链接其他文件时,要统一使用相对路径,从而保证在网页被整体移动到其他位置时,不因链接位置错误而导致网页出现故障。

2) 网页文件的构成

一个网页通常由多个文件构成,其中. htm 文件中包含文本资料、控制语句和格式信息;而网页中包含的图像、动画等都以链接方式与. htm 文件发生联系。因此一个网页通常由一个. htm 或. html 文件和多个图像文件、动画文件组成,而. htm(或. html)文件起到统帅和组织作用。

为保证文件的链接不因网页改变存储位置而出现链接错误,在. htm(或. html)文件中对图像文件、动画文件的链接应该使用相对路径,不能带有盘符。

3. 网页布局

网页设计的核心问题就是解决文本、图片、动画等在浏览器中的样式、排列与摆放位置的问题。因此网页布局是网页设计的关键问题。

传统的网页布局主要通过表格实现布局,当前的网页设计则主要通过样式文件和层实现布局,称为 CSS+DIV 布局。

1) 表格布局

在页面上插入一个表格,然后通过划分每个单元格的大小和位置把屏幕分为几个区域,实现页面布局。其缺陷在于:如果单元格中的内容过多,可能导致单元格被撑开、撑大,进而导致整个布局被撑散。

2) 层布局

层布局即利用层实现布局,基本思想是在页面上绘制多个层对象,并通过 CSS 样式限定每个层对象的宽度、高度和绝对位置。在这种思想下,屏幕被划分为若干个位于不同位置的区域(层),用户可以向每个区域中输入内容。

在网页布局完成后,就可以向网页的各个布局区域中插入文本、图形、图像等网页所需的各种对象了。

1.1.2 网页下常见的嵌入式语言

1. 网页下为什么要使用嵌入式语言？

早期的网页仅仅是为了呈现文本和图像信息，因此其控制符号比较简单。然而随着互联网的普及，人类对网页功能的要求逐渐增多，主要表现为两个方面：其一，在网页上实现特殊的显示效果，诸如弹出窗口、跑动的广告图片，动态显示当前日期、时间等效果；其二，利用网页实现远程交互，诸如通过网页提交数据（网络调查、网上订购物品）、利用网络查询数据等的功能。因此，在网页设计中，逐渐允许在 HTML 语句中嵌入一些脚本语言，实现特殊的控制功能。

2. 客户端运行的嵌入式语言

为实现网页特效而嵌入的语句被服务器直接发送到客户端的浏览器，由客户端的浏览器负责执行其中的代码。这种语句称为客户端运行的嵌入式语言。

运行于客户端的嵌入式语言都是脚本型语言，主要有 JavaScript 和 VBScript。在网页中以＜Script language＝JavaScript＞ ＜/Script＞或者＜Script language＝VBScript＞＜/Script＞标志，其语法接近于 Java 语言和 VB 语言。

目前，网页中的绝大多数的特效都是由运行于客户端的 JavaScript 语句实现的。

3. 服务器端运行的嵌入式语言

在互联网的应用中，电子商务、电子政务和信息系统的发展要求 Web 服务器能够利用网页收集数据并把数据存储到服务器中，同时还要求远程用户能够通过网页浏览、查询相关数据。这些工作都需要后台数据库的支持，同时要求 Web 服务器能够运行一些特定的语句，实现向数据库中存储数据和提取数据的功能。基于此，运行于服务器端的嵌入式语言出现了。

对于运行于服务器端的嵌入式语言来说，Web 服务器在接到客户的访问请求时会在服务器上执行网页中包含的 ASP 语句，并把执行结果发送到客户端的浏览器中。因此客户端用户无法看到这种嵌入式语言的源程序，只能获得其执行结果。

运行于服务器端的嵌入式语言的出现，为互联网的应用开辟了一个广阔的领域，使网页设计向基于后台数据库的动态网站方向发展。在此基础上，基于浏览器的各种信息系统、网上销售系统、电子政务等蓬勃发展，出现了新一代的信息系统——Browser/Server 模式（浏览器/服务器模式，简称为 B/S 模式）的信息系统。这种建立在动态网站技术上的信息系统已经渗透到商业、企业、管理、教育等诸多领域，成为当前信息系统的主流。

目前可嵌入到 HTML 语言下的程序语言很多，应用得比较广泛的有以下 4 种。

1）ASP 技术

ASP 技术是微软公司的产品，运行在微软的 IIS 服务器上，其语句以"＜％ ％＞"标志，其语言基础是 Visual Basic 或 Java，对应的开发语言是 VBScript 和 JavaScript。使用了 ASP 技术的网页文件以 asp 作为扩展名。

ASP 语句执行在服务器端，是一种脚本语言，其语句可以零散地嵌入到 HTML 文档的任意位置，为程序开发提供了极大的灵活性。但也正是这种灵活性，导致 ASP 语句分散出现在 HTML 文档中，束缚了其在大型项目中的应用，也限制了其运行效率。

ASP 因其简单性和便利性，曾经占据动态网站开发 50％以上的市场，能够完成网页访问计数器、操作后台数据库(保存表单数据、查询数据表内容)等常规功能。

2) ASP.NET 技术

ASP.NET 是在 ASP 基础上发展起来的一种嵌入式语言,也是微软公司的产品,运行在"IIS 服务器＋.Net Framework 框架"的基础上。ASP.NET 支持 3 种开发语言:Visual Basic、C++和 C♯。

与 ASP 相比,ASP.NET 的开发语言代码要相对独立于 HTML 文档,ASP.NET 不允许在 HTML 标记之间随意地嵌入其语句,它必须以模块的方式嵌入到网页中。在 ASP.NET 开发体系下,开发人员可以在网页开始处嵌入一个代码模块,也可以另外建立一个独立的文件,用于存放 ASP.NET 的开发语言代码。

ASP.NET 克服了 ASP 因嵌入代码位置过度灵活而导致的缺陷,体现了一种真正的面向对象的程序开发思想,并且实现了界面设计与编码设计的分离,为大型项目的开发提供了有力的支持。ASP.NET 技术是目前动态网站开发的主流技术之一。

3) PHP 技术

PHP 技术起源于免费的 Linux 平台,通常与 MySQL 数据库管理系统配合使用,服务于动态网站开发。目前,在 Windows 系列服务器上,也有支持 PHP 技术的插件。

PHP 语句以"<??>标志"执行在服务器端,也是一种脚本语言。这种语言在大学生中间有较多的拥护者。使用了 PHP 技术的网页文件以 php 作为其扩展名。

4) JSP 技术

JSP 技术是基于 Java 语言的动态网页开发技术,其语法以 Java 为基础,能够完成大型信息系统的开发,在动态网站设计领域也有卓越的表现。目前 JSP 技术在电子政务、电子商务等信息系统开发中有着广泛的应用和重要的影响。使用了 JSP 技术的网页文件以 jsp 作为其扩展名。

1.1.3　网页设计技术

1. 基础知识

从网页的构成看,网页包括文本、图像、图片、动画、视频、超链接等组成方式,网页的编写以 HTML 语言实现。

在网页设计中,对页面实施布局并恰当地设置页面属性,调整页面的背景,优化整个网页,然后再插入所需的各种文本、图像或图片等网页元素,以和谐的界面呈现各种信息。

在网页设计时,如果仅仅用于信息发布,而且信息变化不是非常频繁,则可以使用静态页面设计。对于页面信息变化频繁、交互性很强的页面,通常需要使用动态页面开发技术,借助"后台数据库＋管理程序"开发动态网站。

目前,主流的静态网页设计语言是 HTML 语言(Hypertext Markup Language, HTML),而要开发动态网页,则需要使用专门的动态网页开发语言实施开发,例如使用 ASP.NET 开发动态网站。但是,即便是动态网页开发,也建立在静态网页设计技术的基础上,静态网页设计中使用的方法、技能等在动态网页开发中仍然有效。

2. 网页设计流程

(1) 需求分析。明确需求,确定网站的设计目标,了解其主要构成成分、内容、规模。

（2）准备素材。根据需求,准备各种素材,组织相关的文字材料、图像、图片、动画等,并对图像、图片、动画等素材进行预处理。

（3）确定基调与风格。确定网页的基调、风格,并根据网页的设计目标绘制草图,形成初步的页面框架图。

（4）网页布局。根据规划的基调、风格和草图,利用 Photoshop 等软件实现网页布局,生成 Web 页面文档。

（5）制作模板（母版）。利用 Photoshop 等软件的布局结果,在 Dreamweaver 或 Visual Studio 2008 等系统中制作模板（母版）页,为批量制作网页做好准备。

（6）创建内容页。利用 Dreamweaver 或 Visual Studio 2008 等系统,根据母版创建内容页,并进行必要的程序编码,然后运行与测试内容页。

（7）系统整体测试。当全部内容页都设计完成后,需要对整个站点的网页进行整体测试,重点检查页面之间的超链接是否正常、参数传递是否无误。其目标是消灭死链、错误链接,保证系统的整体性能。

（8）网页发布。通过整体测试后,就可以发布网站了。即把网站所包含的全部页面发布到专门的 Web 服务器上,供广大用户访问、浏览。

1.2　Dreamweaver 与网页设计

Dreamweaver 和 FrontPage 是两个非常著名的网页设计软件。其中 Dreamweaver 是 Macromedia 公司（已被 Adobe 公司收购）的产品,因功能全面而深受网页设计人员的喜爱。FrontPage 是 Microsoft 公司的产品,因其与 Windows 系统和 IE 浏览器有较好的兼容性而被广泛地使用。

本节将以 Dreamweaver 8.0 为例简要介绍静态网页设计的主要技术。为便于阐述,本书将 Dreamweaver 简称为 DW。

1.2.1　DW 设计网页的必要准备

1. 安装与启动

作为一个运行于 Windows 平台的网页设计软件,其安装过程与其他的 Windows 应用软件没有不同,主要包括以下两个步骤:①下载软件,阅读说明;②双击 SETUP. EXE 启动安装过程,按照系统提示逐步安装。

在 DW 安装过程中需要提供序列号,新版本需要激活,否则只有 1 个月的试用期限。

鉴于在新版本的 DW CS4 中取消了很有特色的时间轴功能,本教材暂时以 DW 8.0 为例讲述 DW 的使用。

要启动 DW,可以通过 Windows 的“开始”菜单,或者使用 Windows 桌面的快捷方式启动。

2. 熟悉 DW 主界面

启动 DW,进入到其主界面工作方式下。其界面如图 1-1 所示。

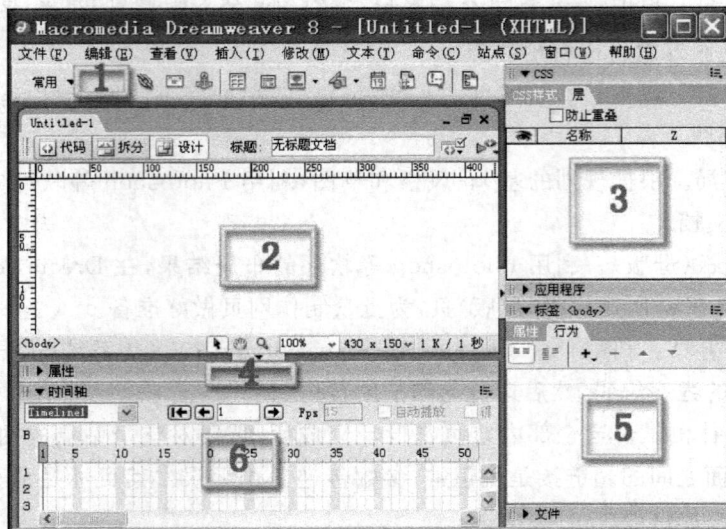

图 1-1　DW 主界面

1) 工具栏

工具栏位于 DW 窗口的菜单栏下,上图中标记为"1"的位置。工具栏有多种类型,开发者可根据需要选用所需的工具栏。"插入"工具栏中有项目"常用"、"布局"、"表单"、"文本"、"HTML"等。选择不同的类别,将会使整个工具栏呈现不同的序列。

利用系统菜单【查看】→【工具栏】可以显示或隐藏工具栏。

2) 面板

DW 的最大特色就是提供了丰富的面板。图中"3"、"4"、"5"、"6"标记的区域都是面板。其中"4"是【属性】面板,"6"为【时间轴】面板,"5"为【行为】面板,"3"处是【CSS 样式】面板。

其中,【属性】面板主要用于设置各类对象的属性;【行为】面板主要为对象设置特定的行为,使对象在遭受某些事件时给予一些响应。例如在窗体调入时弹出窗口,在按钮被单击时关闭当前窗口,等等。另外,还有【CSS 样式】、【时间轴】等面板,分别可以完成对应的功能。

通过 DW 系统顶部的菜单【窗口】,可以实现单个面板的"展开"与"关闭",还可以通过 F4 键实施全体面板的展开与隐藏。

3) 设计方式与代码方式

通过菜单【查看】中的【代码】或【设计】,可以分别以网页"源代码"方式或"设计"方式查看网页效果,甚至可以在网页源代码方式下直接修改 HTML 语句。

3. 以 DW 设计网页的流程

以 DW 设计网页,需要首先启动 DW 系统,然后创建一个站点,用于对即将创建的网页及其内容统一管理。然后按照以下步骤实施操作。

(1) 选择菜单【文件】→【新建】→【基本页】→HTML,然后单击【创建】按钮,即可新建一个网页文件,进入到页面创建状态。

(2) 利用各种布局技术,对页面进行统一规划,实施页面布局。

(3) 向网页中插入各种对象。

(4) 预览已设置网页的效果。

（5）如果网页已经符合要求，可发布网页并在服务器上测试网页的性能。

4．创建 Web 站点

1）创建 Web 站点的原因

在 DW 设计网页前，应该创建一个站点。使用站点，具有以下优势：

（1）使用站点，可以实现对网页文件的统一管理。也就是说，通过站点，能够保证在网页设计过程中，DW 会自动地把不在站点下的文件统一复制到站点文件夹中，避免在网页发布时因文件分散存放而出现遗漏个别文件的现象。

（2）使用站点，可以保证对引用对象使用相对路径，避免在网页中出现绝对路径，从而减少死链和错链现象。

（3）使用站点后，在 DW 中可以创建并使用模板，然后利用模板批量创建网页，提高网页的生成与编辑效率。

2）创建站点的方法

利用菜单【站点】→【管理站点】，打开【管理站点】对话框，如图 1-2 所示。

单击【新建】按钮，然后选择"站点"，为站点命名并指向本地计算机上的一个空白文件夹。

通过上述操作，即可创建一个站点，使新建的全部网页及其链接的文档都存储在这个站点中（即那个空白文件夹中），以便于未来的站点复制或网页发布。

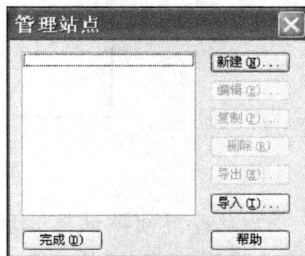

图 1-2　【管理站点】对话框

1.2.2　简单页面设计

1．插入文本

在以 DW 设计网页过程中，向网页中插入文本非常简单，可以直接在页面上输入文本。

如果需要把文本插入到网页中的特定位置，则可以先插入一个表格。利用表格实施定位，然后再在适当的单元格中输入文字。

如果需要设置文字的格式，通常不直接设置字形、字号等内容，而是使用预先定义的样式，利用样式实现文本格式的设置。关于样式的问题，将会在后面的 1.3.1 节中讲述。

2．插入静态图片

在网页设计中，把插入点光标放在需要插入图片的位置，选择系统菜单【插入】→【图像】，然后在【打开文件】对话框中选择图片文件，系统将会把图片插入到当前位置处。

图片插入后，底部的【属性】面板将变成图片的【属性】面板。通过此面板，可以修改图片的大小、图片所对应的超链接。

注意：

① 插入图片时，如果被插入的图片文件不在站点（不与 HTML 文档处于相同文件夹）中，系统会询问设计者是否把图片文件复制到站点中。此时，应该同意 DW 把外部图片复制到站点目录下，以免在网页中使用绝对路径。

② 插入图片时，尽量不要利用 DW 调整图片的大小。因为 DW 仅能调整图片在屏幕上的显示大小，实际并不改变图片的大小。如果在 DW 下缩小图片，会导致在用户访问网站时为看一幅小图片而需要传输大图片，导致信道浪费。因此，对于大图片，一般要通过专门的图像处理软件调整其大小。

3．设置网页属性

1）设置网页的背景

选择系统菜单【修改】→【页面属性】，系统将弹出【页面属性】对话框，如图 1-3 所示。在【背景颜色】或【背景图片】栏目中可选择背景的颜色，或者设置背景图片。

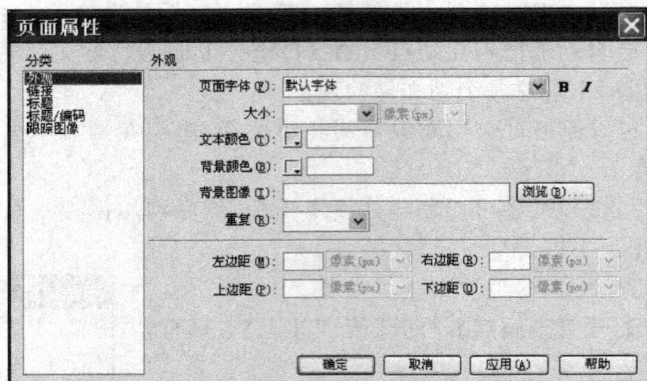

图 1-3　【网页属性】对话框

2）设置页面默认样式和标题、编码属性

选择系统菜单【修改】→【页面属性】，弹出【页面属性】对话框，在【外观】、【链接】、【标题编码】等选项中进行必要的设置。

3）设置标题

选择系统菜单【修改】→【页页属性】，弹出【页面属性】对话框，在其中【标题】栏目中可输入网页的标题。

4．插入超链接

1）插入普通"超链接"

选择要建立超链接的图片或文字，然后使用菜单【插入】→【超链接】，打开创建超链接的对话框，如图 1-4 所示。

可直接在【链接】文本框中输入要链接的文件名称，也可以单击其右侧的文件夹图标，然后选中要链接的文件或图片。

2）链接为 Email 地址

选择要建立超链接的图片和文字，然后使用菜单【插入】→【Email 链接】，然后在对话框【文本】文本框中填写可建立链接的文字，然后在【Email】中填入 Email 地址即可。

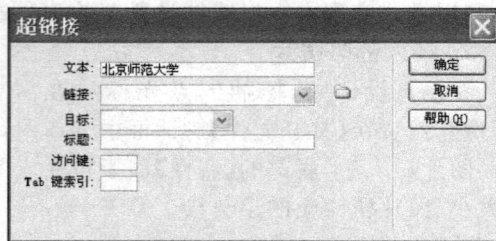

图 1-4　【超链接】对话框

3）建立热点链接

对于一幅图片，可以针对图片上的特定位置创建热点链接。例如，针对一幅中国地图，可以分别对北京、天津、上海等城市建立超链接。

要建立热点链接，需要先选择图片，就会在【属性】面板中出现【地图】选项组。如果从中选择某个地图按钮，然后就能在图片上拖动鼠标绘制热点区域，并在【属性】面板中为此热点输入链接地址,建立起针对热点区域的超链接。

5．保存与预览

1）保存

网页设计完毕,选择菜单【文件】→【保存】,系统将打开文件管理窗口,命名后就可以把网页保存到站点文件夹中。

2）预览网页设计效果

文件保存完毕,使用菜单【文件】→【在浏览器中预览】→IExplorer,就可在浏览器中预览网页的设计效果,也可以直接以快捷键F12进行预览。

1.2.3　表格的使用

1．表格用途

在网页设计中,表格具有非常重要的作用,表格可以用于展示信息、实施页面布局;另外,表格还可以嵌套,可以便利地设置边框、背景、宽度等。因此表格是网页设计中实现定位、组织信息展示的重要工具。

2．表格插入

如果需要创建表格,可以利用菜单【插入】→【表格】在对话框中设置表格的行数和列数。就可直接插入所需行列数的表格。

3．表格操作

在屏幕上插入表格后,可以利用鼠标拖动的方式移动表格线,改变单元格的大小。

在向单元格中输入内容时,DW 也会根据单元格中的内容量自动调节单元格的宽度和高度。

另外,还可以在选定单元格后右击,然后在弹出的快捷菜单中选择【表格】,进行表格的拆分、合并、插入、删除等常规操作。

4．设定表格属性

选定表格后,DW 底部的【属性】面板自动切换为表格的【属性】面板,利用此面板可以方便地改变表格的属性,如图 1-5 所示。

1）表格或单元格的背景

选定表格或单元格后,在【属性】面板中可通过【背景】为网页设置背景图片,通过【背景颜色】设置网页背景的颜色。

2）表格边框

选定表格或单元格后,在【属性】面板中利用【边框】项可设置边框宽度。如果表格边框宽度为 0,则不显示边框,表格变成无线表格。

3）边框颜色

选定表格或单元格后,在【属性】面板中利用【边框】项可设置边框的颜色。

注意:利用主工作区底部的标记<table><tr>或<td>,可以方便地选定表格、表格中的一行,或者一个单元格。

如果 DW 窗口中的【属性】面板很窄,可单击此面板右上角的按钮,展开面板;如果【属性】面板不存在,则可通过菜单【窗口】→【属性】打开【属性】面板。

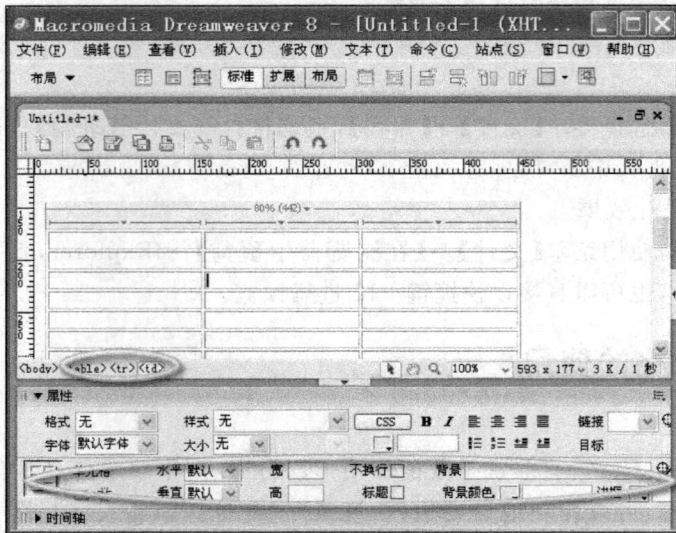

图 1-5　选择并设置表格属性

1.2.4　插入特殊组件

1．插入特殊图片

1）插入交替图片

所谓插入交替图片,就是指在同一位置插入两幅不同的图片。当鼠标停留在其他位置时,默认显示一幅图片;当鼠标停留在该位置时,系统将显示另外一幅图片。实现此功能的方法如下。

(1)选择菜单【插入】→【图像对象】。

(2)选择【鼠标经过图片】,此时 DW 弹出对话框,要求开发者设置原始图片和交替图片的名称。

(3)当用户正确地提交了两个文件名后,单击【确定】按钮,确认设置。

2）插入图像占位符

在以 DW 设计网页时,可插入图像占位符,帮助开发者确定待插入对象的位置。插入图像占位符的步骤如下。

(1)选择菜单【插入】→【图像对象】。

(2)选择【图像占位符】,系统将弹出对话框,要求设置"名称"、占位符的高度和宽度。

(3)用户需正确回答有关栏目后,单击【确定】按钮。

2．插入 Flash 按钮/文本

1）插入 Flash 按钮

选择系统菜单【插入】→【媒体】→【Flash 按钮】,系统将弹出对话框,可在对话框中选用不同形式的按钮,然后填写显示在按钮上的说明文字,以及按钮所对应的链接。

2）插入 Flash 文本

选择系统菜单【插入】→【媒体】→【Flash 文本】,系统将弹出对话框,可在对话框中输入文字,并设置文字的特殊效果。

3. 插入书签

如果必要,可以选择系统菜单【插入】→【命名锚记】,在对话框中输入"锚记名称",在网页中建立书签标记。

利用书签标记,可以建立针对网页内部特定位置(书签位置)的超链接。

4. 插入水平线

选择菜单【插入】→【HTML】→【水平线】,可在网页中插入一条水平线。

1.2.5 设置网页动画效果

1. 制作滚动字幕

1) 水平滚动字幕

如果需要在页面上插入水平滚动的文字或图片,可以先选定需要滚动的文字和图片,然后切换到 DW 的【代码】视图下,会发现文字或图片仍处于选定状态。此时,只需要在选定的代码两端分别输入"<marquee>"和"</marquee>"。

<marquee>和</marquee>是一对 HTML 标记,其功能为实现文字或图像的滚动效果。

2) 垂直滚动字幕

如果需要在页面上插入垂直滚动的文字或图片,可以先选定需要垂直滚动的文字和图片,然后切换到【代码】方式下,此时会发现文字或图片仍处于选定状态,只需要在选定的代码两端分别输入"<marquee direction=up width=宽度 height=高度>"和"</marquee>",预览网页效果时就会发现选定的内容会在一个矩形区域内自下而上地滚动。

此处,"direction=up"表示滚动方向,子属性 width 指定滚动窗口的宽度,height 指定滚动窗口的高度。

2. 直接插入视频资料

1) 插入其他媒体插件

插入到网页中的视频材料不仅要美观,而且要能为大多数的浏览器所识别。另外,诸如 Java Applet 等也是经常插入的插件之一。插入媒体插件的常用方法如下。

(1) 选择菜单【插入】→【媒体】。

(2) 然后选择一种组件。

2) 插入 Flash 文件

选择菜单【插入】→【媒体】→【Flash 组件】,然后选择一个 Flash 产品,DW 系统就会把此产品插到当前光标之处。此时,人们可以像处理图片一样修改此 Flash 产品的属性。

如果浏览器支持 Flash 产品播放,那么在预览网页效果时就能看到 Flash 产品的播放效果了。

3. 行为动画的设计

1) 行为动画的作用

在以 DW 设计网页时,可以为其中的某个对象的事件添加某种动作,即添加行为。常见的操作有以下 3 种。

(1) 为 body 的 load 事件添加弹出窗口效果,或者为某个按钮的 click 事件添加关闭当前窗口的行为。

(2) 插入层对象,然后在层对象中插入图像;通过改变层对象在不同时刻的位置,建立小图片在页面上跑动的动画效果。这一技术在设计广告页面时被广泛地采用。

(3) 在时间轴的特定位置插入行为,使系统运行到此处时可以产生特定的效果。

2) 设计行为动画的基本操作方法

(1) 利用菜单【窗口】→【行为】打开【行为】面板,为创建行为动画创建条件。

(2) 选定某个对象,利用【行为】面板的【＋】按钮为该对象添加特定的行为。

3) 为页面对象添加弹出窗口的动作

(1) 选定要添加弹出窗口的对象。可以选择网页中的图片、按钮等对象。

(2) 单击【行为】面板左上角的【＋】按钮,表示添加行为动画。系统将弹出快捷菜单,选择其中的【弹出信息】,系统将弹出对话框,可以在【消息】框中填写要输出的信息。

在这个过程中,可以设置触发此动作的事件。系统默认以 onLoad 事件触发弹出窗口的动作,开发者可以通过 onLoad 右侧的按钮改变触发此动作的事件(如选择 Click 事件)。

4) 设置文本

与前面的方法相同,在选定对象后,单击【行为】面板左上角的【＋】按钮,在快捷菜单中选择【设置文本】,系统将弹出对话框。此时可以在这个对话框中输入要弹出的文字,并设置触发此动作的事件。

5) 弹出新的浏览窗口

在选定对象后,单击【行为】面板左上角的【＋】按钮,在快捷菜单中选择【打开浏览器窗口】,系统将弹出对话框。此时可以在 URL 框输入要在此窗口中浏览的网页。当然,还可以利用此对话框调整新窗口的属性。

6) 同时调入其他对象

同理,也可以利用此方法为选定对象添加【播放声音】等行为动画。

系统默认在 onLoad 事件发生时触发此动作的事件,开发者可通过 onLoad 右侧的按钮改变触发此动作的事件。

4. 制作在屏幕上跑动的小图片

1) 插入层对象

利用 DW 的菜单【插入】→【布局对象】→【层】,将在 DW 的网页中插入一个层对象(DIV 对象),人们可以把图片或文字插入到这个层对象中。此时,层及其内部的图片就构成了一个可以随意改变位置的运动对象。

开发者可把此对象调整到适当的位置,作为运动的起点位置。

2) 打开【时间轴】面板

利用菜单【窗口】→【时间轴】,系统将打开【时间轴】面板。

3) 将层对象与时间轴联系起来

选中层对象,然后将它拖到【时间轴】面板的第一帧上。此时层作为一个对象被放到时间轴上,而且默认长度为 15 帧。

4) 调整运行时间

以鼠标拖动时间线上的层对象的终点(默认在 15 帧),延长时间线终点。

5）调整运行轨迹

右击时间轴上的某一帧，在弹出的菜单中选择【添加关键帧】，系统将在时间轴上为层对象添加一个关键帧。然后以鼠标拖动【设计】视图中的层对象，改变其存放位置。此时会发现层对象的移动将会留下一道运动轨迹。

重复此步骤，可添加多个关键帧，并针对每个关键帧改变层对象的存放位置。

6）设置动画为自动播放和循环播放

把时间轴中上部的"自动播放"和"循环"复选框选中，使动画的播放成为自动播放和循环播放模式。

7）在浏览器中预览效果

利用菜单【文件】→【在浏览器中预览】，观察最终效果。

1.2.6　认识网页源代码

1. 网页文件基本结构

1）网页的基本结构

在 DW 下，新建一个空白的 HTML 文档。然后切换到【代码】方式下，观察其源文件，能够看到如图 1-6 所示的基本结构。

```
1  <html>
2  <head>
3  <meta http-equiv="Content-Type" content="text/html; charset=gb2312">
4  <title>新建网页 1</title>
5  </head>
6
7  <body>
8  <table border="1" width="64%" id="table1">
9      <tr><td>   </td><td>   </td></tr>
10     <tr><td>   </td><td>   </td></tr>
11 </table>
12 </body>
13 </html>
```

图 1-6　网页的基本结构

2）网页源文件的基本组成

"<html></html>"是网页文件标记。每个页面以<html>开头，以</html>结束。

"<head></head>"是网页头标记，可在此标记中间放置网页的配置信息，例如网页使用的语言编码、网页的标题等信息。处于网页头标记中间的内容在网页浏览时不会呈现出来。

"<meta http-equiv="Content-Type" content="text/html"；charset="gb2312">"中的 charset 项说明网页使用的语言，其中 gb2312 代表简体中文，BIG5 代表繁体中文，GBK 代表国际大字符集编码，utf-8 是国际通用编码。

在<head></head>中间可以通过<title></title>设置网页标题。

"<body></body>"用于标记网页主体，用于存放网页中需要呈现的全部内容。在<body></body>之间可以有文字、表格、图片、超链接。

网页中的文字通常直接被存放在 HTML 文档中，可以直接书写。文字格式由<font>

</font>控制,或者由预定义的样式进行控制。

位于<body>中的"<table></table>"表示一个表格,其中"<tr></tr>"表示表格中的一行,而"<td></td>"表示一个单元格。

2. 普通静态网页文件示例

1) 网页界面与对应的 HTML 代码示例

为提高教学质量,笔者需要为多门课程的教学建立网络学习支持平台。经初步规划,需要建设如图 1-7 所示的网页。为实现网页设计,预先准备了 Logo 标志,如图 1-8 所示。

图 1-7 网络课程主页面

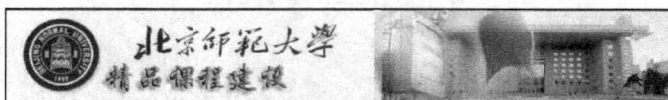

图 1-8 网络课程站点的 Logo 标志

在 DW 下,打开图 1-7 所示页面对应的 HTML 文件,切换到【代码】方式下,看到的 HTML 文件如图 1-9 所示。

2) 对 HTML 代码的解释

HTML 语言规定。每个格式控制命令由单书名号括起来的命令开始,用单书名号括起的"/命令"表示命令的结束。例如<html>表示 HTML 网页开始,而</html>则表示网页结束。

<head></head>之间的部分是对网页整体性质的描述,主要有网页的标题(例如 title 之间的"管理信息系统"),网页所使用的语言及字符集(charset=gb2312 和 content="zh-cn")。

```
01    < html > < head >
02    < meta http - equiv = "Content - Language" content = "zh - cn">
03    < meta http - equiv = "Content - Type" content = "text/html; charset = gb2312">
04    < title >管理信息系统</title></head>
05
06    < body > < center >
07    < table border = "1" width = "790" id = "table1">
08  < tr > < td colspan = "2" > < img src = "topx. jpg" width = "780" height = "106"></td>
09  </tr>< tr > < td width = "16 %" background = "bk002. jpg" > < p style = "line - height: 150 %">
10        < a target = "xitimain" href = "glxx. htm">管理信息系统</a>< br >
11        < a target = "xitimain" href = "mmedia. htm">多媒体与网页制作</a>< br >
12        < a target = "xitimain" href = "dtswgpage. htm">动态网站建设</a></td>
13        < td width = "77 %" bgcolor = "#99FFCC">
14        < iframe name = "xitimain" marginwidth = "1" marginheight = "1" height = "300" width =
15  "620" src = "mxl. jpg">浏览器不支持嵌入式框架。</iframe>
16      </tr>       < tr > < td colspan = "2"
17      < p align = "center">< font face = "宋体" color = "#FF0000" size = 4>< marquee >欢迎您的
18  光临</marquee></font></p></td>
19      </tr></table></Center>
20    </body></html >
```

图 1-9　网络课程网页(图 1-7)对应的 HTML 源代码

<body>命令表示网页主体部分,网页的内容都应该存放在<body>和</body>之间。

<center>表示居中,其含义是放在<center>与</center>之间的内容要居中显示。

<table>与</table>之间的内容表示一个表格。本例中,表格主要用于精确定位,确定网页对象的位置。表格中间的<td></td>表示一个单元格,<tr></tr>表示一行表格。

语句“<img src = topx. jpg width = "780" height = "106">”表示插入一个宽度为 780 像素、高度为 106 像素的图片,img 表示当前对象为图片,src 表示后面是图片文件名;topx. jpg 则是一个图片文件名,即顶部的“北京师范大学精品课程建设”图片。这个语句被放在<td></td>之间,说明该图形被放置在此单元格中。

<background=bk002. jpg>表示利用图片文件 bk002. jpg 作为背景,由于本语句被放在<td>中,说明该单元格的背景是图片 bk002. jpg。

语句“<a target= "xitimain" href= "mmedia. htm">多媒体与网页制作</a>”表示要插入一个超链接,该链接的标记是文字“多媒体与网页制作”,当单击该链接标记时,将跳转到新网页“mmedia. htm”,而且新网页的内容显示在嵌入式框架 xitimain 中。

语句“<iframe name = "xitimain" marginwidth = "1" marginheight = "1" height = "300" width = "620" src= "mxl. jpg">浏览器不支持嵌入式框架。</iframe>”表示插入一个嵌入式框架,框架的名字为 xitimain,框架的宽为 620 像素,高为 300 像素,框架区域中默认显示图形文件 mxl. jpg。由于嵌入式框架是页面上相对独立的区域,可以根据用户需求在这个区域中显示不同文件的内容。例如,把“多媒体与网页制作”的对应网页 mmedia. htm 的内容显示在这个框架 xitimain 中。

语句“<font face= "宋体" color= "#ff0000" size= "4"></font>”表示设置文字格

式为"宋体,4 号字,红色"。＜font＞是负责设置文字格式的命令,其子项 face 说明字体,size 则说明字号,color 表示颜色。

另外,子命令项＜br＞表示换行。＜p＞表示段落开始,＜/p＞表示段落结束。＜marquee＞＜/marquee＞表示采用滚动字幕,使文字"欢迎您的光临!"滚动起来。

1.3 网页布局

在网页设计中,网页风格和网页布局是反映网页设计质量的重要因素。其中,网页设计风格反映了网页的基调,例如描述环保的页面通常基于浅绿色调,而面向党团活动的网页多以红色作为主色调;网页的布局则指网页页面的分布、页面结构。

在网页设计技术中,常见的网页布局方式有 3 种,即表格布局、CSS＋DIV 布局和框架布局,而网页风格和文字格式则常常基于样式。

1.3.1 样式与 CSS 文件

样式是网页设计中非常重要的一个概念。其代码可以直接存储在 HTML 文件中,也可以作为独立的 CSS 文件存在。存储在 HTML 文件中的样式代码一般被＜style＞和＜/style＞标记标识。

1. 使用样式的原因

1) 样式定义的必要性

在网页设计中,通常不直接设计每段字符的格式(字形、字号和字体)。因为一个网站中涉及的页面很多,而且每个页面内都包含着大量的信息。如果逐段进行字体、字形和字号的设置,其工作量很大。更重要的是,在网站信息量很大的情况下,这种逐段进行文本格式设置的方式容易导致各个页面的文本格式不一致,影响网站的整体风格。在这种模式下,如果需要同时改变网站中所有页面的文字风格,其工作量是相当巨大的。因此,在网站开发中提出了样式和样式文件的概念。

2) 样式的概念

在网页设计中,为提高开发效率,人们通常把若干个格式符组织在一起作为整体使用,这个整体通常被赋予一个独立的名称,这就是样式。所谓样式,就是组织在一起的一组格式,这组格式可以通过样式名称直接作用于文字、表格等页面对象,从而快速地设置它们的显示格式。

因此,当样式被定义后,对某段文字的格式设置就不必按照字体、字形、字号分别进行了,而是直接选用某个样式。当然,如果对当前文本显示格式不满意,只要修改样式内部的格式,就可以引发所有使用此样式的文本格式同时发生变化,进而实现快速更新网页显示风格的目的。随着样式概念的普及,样式设置已经不再局限于对文本显示格式的设置,而是逐步普及到规范超链接格式、定义 DIV 对象的大小、位置和外观等,涉及网页显示的诸多方面。目前,利用样式已经可以为某些特殊操作、网页背景等设置统一的标准。例如,为超链接的悬停实现特殊的效果,或者设定特殊的标题、文字效果、图片效果等。

3）CSS 样式文件

定义在一个网页内部的样式只能作用于这个网页内部，其他网页难以使用这些样式。为了使一个网站中的多个网页都能使用同样的样式，就需要把这些样式独立出来，形成一个单独的文档，这个文档就称为样式文件，也被人们称为 CSS 样式表。

当服务于一个网站全体页面的 CSS 样式文件建立后，所有网页都可引用此样式文件，并使用此文档中定义好的样式。对 CSS 文档中的一次修改将会自动地影响与此样式相关的所有页面。因此，可以说样式与样式文件对于加速设置网页内部对象的格式、统一网站中各个网页的风格、并快速地统一修改所有网页的现实形式，都具有重要的意义。

2．样式的类型

一个样式表由若干样式规则构成，样式规则就是关于网页元素的格式的定义，可以包括元素的显示方式和元素在页面中的位置等信息。关于样式的定义，既可以针对 HTML 标记（如<body>、<p>等），也可以由开发者新建独立的样式。

1）标记选择符

任何一个 HTML 标记都可以成为样式的标记选择符，从而为这个标记设定样式。最常见的形式是为标记<body>和<p>设置样式。

为 HTML 标记直接设置样式的方法为：先说明 HTML 标记，然后在"{}"中说明这个标记的样式。例如，"body{font-family:宋体;font-size:30px;}"指定了网页主体的默认字体和文字的大小；而"p{font-family:宋体;font-size:30px;color:♯ff00ff;}"则指明了行标记 p 所控制的文字的显示格式。

2）类选择符

在样式定义中，允许为一个 HTML 标记定义多个样式。为实现这一目的，可以先为 HTML 标记定义不同的类，然后再针对这个类定义样式。

为 HTML 标记定义类及其格式的方法为：HTML 标记.类名{格式语句;}。例如，"p.one{font-family:黑体;font-size:20px;}"和"p.two{font-family:宋体;font-size:30px;}"分别为段落标记"p"定义了 2 种不同的类，从而可在使用<p>标记时以<p class=one>张小三</p>来表示对文字"张小三"使用第"one"类样式。

在网站开发中，人们更习惯使用与 HTML 标记无关的类，即定义一个不限制 HTML 标记的类，这种类可以使用在任何 HTML 标记中，使用保留字 class="类名"来限定该 HTML 标记所选用的样式。

例如，".bt{font-family:黑体;font-size:20px;}"就定义了一个与标记无关的独立类 bt，而语句"<p class=bt>张小三</p>"则表示文字"张小三"使用类样式"bt"。

3）伪类

伪类是 CSS 中非常特殊的类，可以自动地被支持 CSS 的浏览器识别。伪类主要面向超链接<a>，可以为<a>定义 4 种方式下的外观，即依次为 a:link{}、a:visited{}、a:hover{}、a:active{}定义样式，分别表示"链接、已访问过的链接、鼠标停在上方时、点下鼠标时"的样式。对于上述 4 种样式，必须按照以上顺序书写，否则其最终效果可能与预想结果不同。

除了上述 3 种类型外，还有关联选择符、并列选择符等多种方式的样式类型。

3．样式的存储方式

在网页设计中，样式可以以两种方式存在：其一是内联式，其二是级联式。其中级联式样式又可以分为内嵌式和链接式两种形式。内联式和内嵌式都以<style>为标记关键字，嵌入到网页内部，而链接式则以独立 CSS 样式文件的方式存储样式的定义信息。

1）网页的内联式样式

所谓内联式样式，也叫行内样式，是指直接在元素内部指定元素的样式。例如，"<p style="font-family:宋体;font-size:30px">"就直接在元素 p 内部定义了 p 对当前行文字的格式定义，形成了一个固定的样式"font-family:宋体;font-size:30px"。

2）网页的内嵌式样式

样式规则可以被"<style></style>"语句括起来，集中化地嵌在网页内部。在这种模式下，每个样式都可以包含若干格式语句，这些格式语句被用"{}"包起来，如图 1-10 所示。

```
6   <style type="text/css">
7   <!--
8   .STYLE2 {color: #FF0000}
9   .STYLE3 {font-size: 36px; font-family: "宋体";}
10  -->
11  </style>
```

图 1-10　内嵌式样式的结构

在图 1-10 中定义了 2 个样式，其一为 STYLE2，定义了一种颜色"♯FF0000"，即红色；其二为 SYTLE3，它定义了一种字体"宋体"，而且规定字的大小为 36px。

对于已经成功定义的样式，可以在设置文本格式时，直接通过【属性】面板选择使用。

3）CSS 样式文件

如果把若干个样式保存在一个独立的文件中，这个文件就是独立的 CSS 样式文件。CSS 样式文件的结构如图 1-11 所示。

```
1   /* CSS Document */
2   .Bt1 {color: #FF0000}
3   .Txt {font-size: 36px; font-family: "宋体";}
4   body,td,th {
5       color: #00FFFF;
6   }
7   body {
8       background-color: #99FFFF;
9       background-image: url(mmm.jpg);
10      margin-left: 0px;
11      margin-right: 0px;
12  }
```

图 1-11　CSS 样式文件的结构

在 CSS 文件中，不需要专门的标志符<style></style>标记样式。图 1-11 中定义了 5个样式：Bt1、Txt、body、td 和 th。其中对 body 的边距、背景和文字颜色分两次进行了配置。

4. CSS 文件设计

1）新建 CSS 文件

在 DW 中，可以便利地创建 CSS 文件，其基本步骤如下。

首先，选择系统菜单【文件】→【新建】，在【基本页】中选择"CSS"，然后单击【创建】按钮即可进入到 CSS 文档编辑状态。

其次，利用菜单【窗口】→【CSS 样式】，打开【CSS 样式】面板，如图 1-12 所示。

最后,右击图 1-12 中的"Untitled-3"标记,选择"新建",则打开创建新的样式规则的对话框。可以选择创建新的类、对已有的标记设置样式、为超链接的 4 个伪类设计专用样式。

本例中选择"类",并在"名称"文本框中输入文字 Ma,表示要创建名字为 Ma 的新类。设置完成后单击【确定】按钮,DW 将会打开如图 1-13 所示的规则定义对话框。

在图 1-13 所示的界面上,可以直接为类 Ma 在字体、大小、样式、行高、颜色、边框、背景等方面进行格式设置。

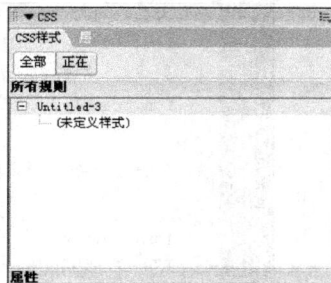

图 1-12　创建 CSS 文件

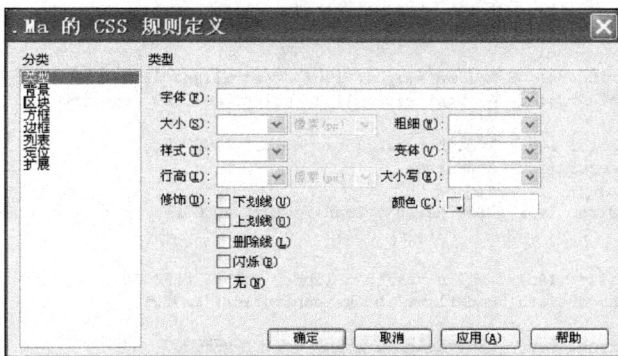

图 1-13　定义 Ma 的样式规则

按照这种方法,可在 CSS 文件中陆续定义若干个样式。

2) CSS 文件示例

在笔者的教学服务器平台中,所有的网页都使用了同一个 CSS 文件,其内容如图 1-14 所示。

5. 在网页中使用 CSS 文件

1) 附加 CSS 样式文件

当 CSS 样式文件定义完成后,在网页设计时就可以使用 CSS 样式文件了。其过程为如下所述。

首先,把 CSS 文件复制到站点文件夹中。

其次,利用菜单【文本】→【CSS 样式】,在弹出的子菜单中选择【附加样式表】,接着就可以选择 CSS 文件了。

当 CSS 文件被附加到当前网页后,在网页的代码方式下就会增加一条语句:

```
<link href = "样式文件名.css" rel = "stylesheet" type = "text/css" />
```

表示指定的 CSS 文件已经被当前网页引用。此时定义在 CSS 文件中的 HTML 标记的样式会自动生效,而定义为类的样式则显示在【属性】面板的【样式】列表框中,可供开发者随时选用。

2) 借用他人的优秀样式

在浏览网页时,如果有较好的样式,在不造成侵权的情况下,可以把这些样式粘贴到自己的网页文件中。其具体操作过程如下。

```
 1   body,td,th {
 2       font-family: 宋体;  font-size: 14px; color: #0033CC;
 3   }
 4   .bt4 {
 5       font-family: "宋体";font-size: 16px;     color: #000000; font-weight: bold;
 6   }
 7   .bt3 {
 8       font-family: "宋体";font-size: 18px;     color: #8000ff; font-weight: bold;
 9   }
10   .bt2 {
11       font-family: "华文中宋"; font-size: 24px; line-height: 28px; color: #cc00ff;
12       font-weight: bold; }
13   .bt1 {
14       font-family: "隶书"; font-size: 32px; line-height: 36px; color: #800040;
15       font-weight: bold; }
16   . text {
17       font-family: "宋体";    font-size: 14px; line-height: 17px;
18       text-decoration: none; }
19   . STEXT {
20       text-indent: 32;  line-height: 150%; text-align: left;
21       font-family: 宋体; font-size: 14px; color: #006699; margin: 0 }
22   a:link {
23       font-size: 14px; line-height: 18px; color: #0000FF;
24       text-decoration: underline; }
25   a:visited {
26       font-size: 14px; line-height: 18px; color: #0000FF; text-decoration: underline;
27   }
28   a:hover {
29       font-size: 14px;    line-height: 18px;  color: #FF0000;
30       text-decoration: underline; background-color: #a0f0f0;}
31   a:active {
32       font-size: 14px; line-height: 18px; color: #FF0000;
33       text-decoration: underline; }
```

图 1-14　笔者服务器平台中所用 CSS 文件的内容

在浏览器下,用【查看】→【源文件】菜单命令检查优秀网页的源代码,将代码中<style>和</style>之间的内容选中,然后利用 Ctrl＋C 快捷键将其送入剪贴板。

在 DW 中,进入到【代码】视图,找到<style>代码,将光标放在<style>标记后边,然后使用 Ctrl＋V 快捷键将样式粘贴到自己的网页文件中。

6. 具有特色的样式示例

1) 设置超链接的特殊属性(见图 1-15)

2) 实现文字模糊效果(见图 1-16)

ys01.txt - 记事本
文件(F)　编辑(E)　格式(O)　查看(V)　帮助(H)

```
a:link {
    font-size: 10.5pt; line-height: 18px;
    color: #0000FF;    text-decoration: underline;
}
a:visited {
    font-size: 10.5pt; line-height: 18px;
    color: #0000FF;    text-decoration: underline;
}
a:hover {
    font-size: 10.5pt; line-height: 18px;
    color: #FF0000;    text-decoration: underline;
    background-color: #00F000;
}
a:active {
    font-size: 10.5pt; line-height: 18px;
    color: #FF0000;    text-decoration: underline;
}
```

ys02.txt - 记事本
文件(F)　编辑(E)　格式(O)　查看(V)　帮助(H)

```
.flame { font-family: 方正舒体; color: #FF0000;
    font-size: 36pt; text-align: center;
    position: absolute; left: 10; top: 10;
    filter:Glow(Color=Red, Strength=10);}
```

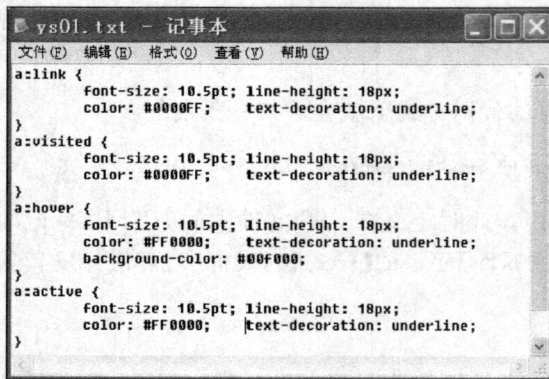

图 1-15　超链接的特殊属性(伪类)　　　　　图 1-16　实现文字模糊效果的样式

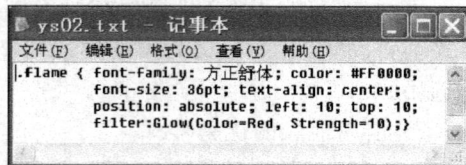

3）实现滚动窗口效果（见图 1-17）

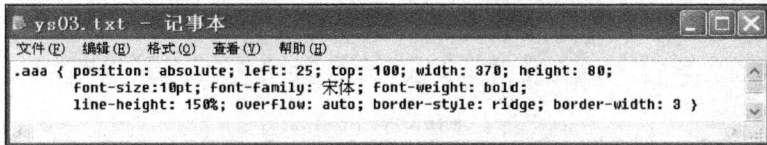

图 1-17　实现窗口效果的样式

4）实现图片色调翻转效果（见图 1-18）

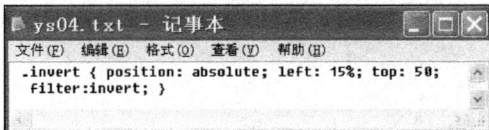

图 1-18　实现图片翻转效果的样式

1.3.2　以表格实施布局

页面布局是网页设计的首要任务。在早期的网页设计中，主要通过在页面上绘制表格实现页面布局。为此，DW 专门提供了布局网页的功能。

1. 进入页面布局模式

在网页设计状态下，单击图 1-1 中"1"处标记的标签，把当前的【常用】面板更改为【布局】面板，然后单击【布局】按钮，进入到布局模式，如图 1-19 所示。

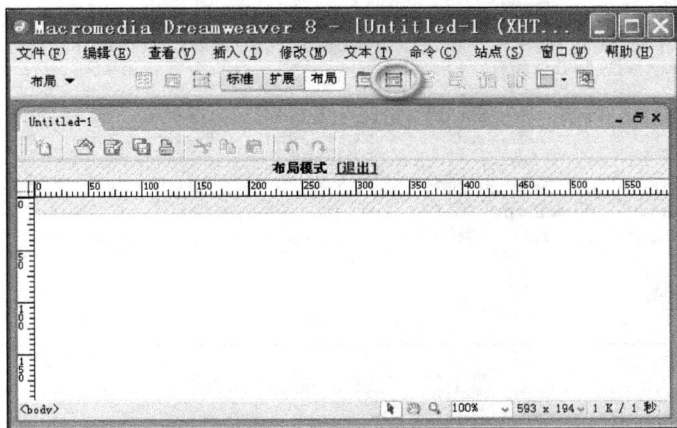

图 1-19　DW 的布局模式

2. 绘制布局单元格

在布局模式下，单击【绘制布局单元格】按钮后，鼠标指针变成"十"字形形状，此时可直接在窗口中绘制布局单元格，把网页布局为若干个可以输入数据的区域。

注意：【绘制布局单元格】按钮就是图 1-19 中被用椭圆圈起来的按钮。

3. 利用表格布局成果

如图 1-20 所示，当布局单元格绘制完毕，就可以单击布局模式中的超链接【退出】，退出布局模式。然后，就可以在普通模式下直接向各个区域插入文本、图片等各种对象了。

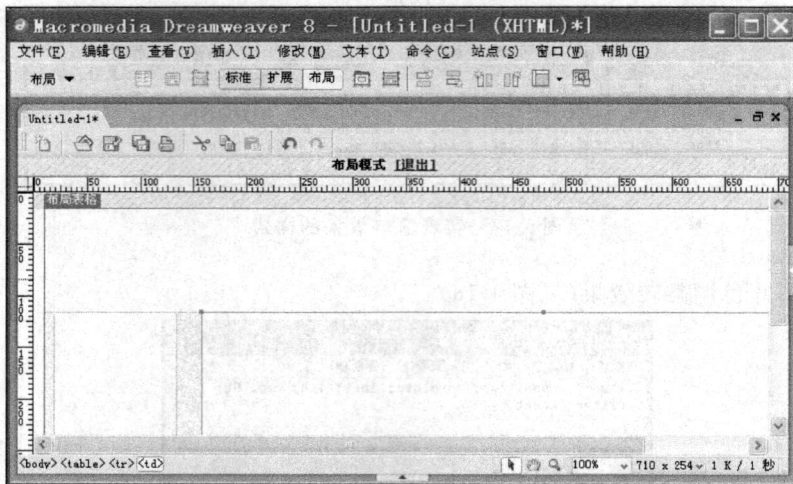

图 1-20　利用表格实现布局

4. 检查表格布局的源代码

在如图 1-20 所示的布局完成后,切换到网页的【代码】视图下,可以发现如图 1-21 所示的网页代码。

```
1   <html xmlns="http://www.w3.org/1999/xhtml">
2   <head>
3   <meta http-equiv="Content-Type" content="text/html; charset=gb2312" />
4   <title>无标题文档</title>
5   </head>
6
7   <body>
8   <table width="767" border="0" cellpadding="0" cellspacing="0">
9    <!--DWLayoutDefaultTable-->
10    <tr>
11     <td height="123" colspan="3" valign="top"><!--DWLayoutEmptyCell--> </td>
12    </tr>
13    <tr>
14     <td width="203" height="340" valign="top"><!--DWLayoutEmptyCell--> </td>
15     <td width="26"> </td>
16     <td width="538" valign="top"><!--DWLayoutEmptyCell--> </td>
17    </tr>
18   </table>
19   </body>
20   </html>
```

图 1-21　表格布局的源代码

通过网页的源代码可知,在这种布局模式中,系统是以一个<table>统治整个页面,通过在页面中绘制了若干个大小不同的单元格来实现布局。此方法主要利用了表格中单元格的高度与宽度实现占位,从而达到了控制信息在页面上显示位置的目的。

1.3.3　DIV+CSS 布局

1. 什么是 DIV+CSS 布局

DIV+CSS 布局简称层布局,就是利用层对象在页面上实现布局的一种方式。由于这种方式在使用层对象实现布局的过程中,往往需要借助样式来设置每个层对象的外观、位

置,以达到布局页面的目的。因此这种基于 DIV、并借助 CSS 技术的布局模式就被称为
DIV＋CSS 布局模式。

随着 Web 2.0 标准化设计理念的普及,国内很多大型门户网站已经纷纷采用 DIV＋
CSS 布局方法设计网页。从实际应用情况来看,这一方法应该优于表格布局方式。由于在
DIV＋CSS 布局方式中,将大部分的格式代码写在了 CSS 当中,使得页面体积变得更小。
另外,由于 DIV＋CSS 将页面独立成多个独立的区域,在打开页面时,可逐层加载,有利于
页面的逐层调用。

虽然说 DIV＋CSS 解决了大部分浏览器兼容的问题,但在目前来看,DIV＋CSS 还没有
实现所有浏览器的统一兼容,也可能会在部分浏览器中出现显示异常。尽管如此,DIV＋
CSS 仍然是一种很好的布局模式。

2. 在 DW 中实施层布局

借助 DW 8.0 可以直观地实施层布局,其主要流程如下。

1) 进入层布局状态

首先,新建 HTML 文档,等待布局。

其次,使用菜单【窗口】→【层】,打开【层】面板,如图 1-22 所示。在图 1-22 中右侧的区
域就是【层】面板。

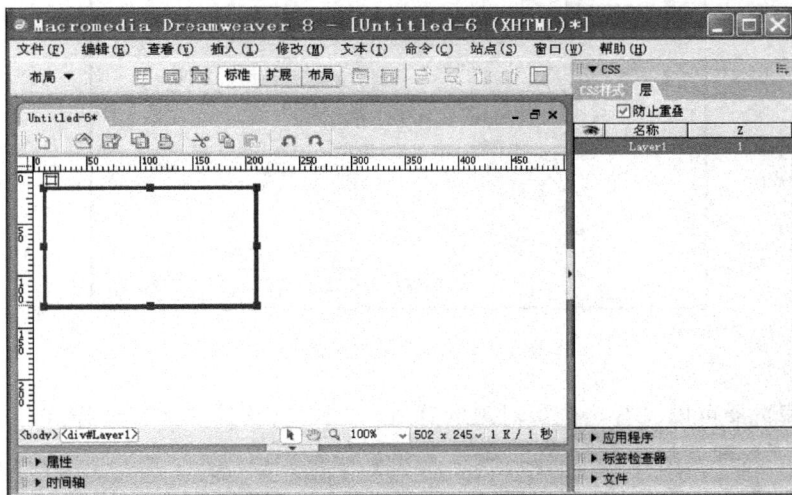

图 1-22　设置层布局面板

最后,在【层】面板中,选中"防止重叠"复选框,保证各个层对象不重叠。

注意:如果使用多层嵌套的方式布局网页,则不可选中"防止重叠"复选框。在高版本
的 DW 中,用于布局的层称为"AP DIV"。

2) 插入层对象

使用菜单【插入】→【布局对象】→【层】,则立即向当前页面内插入一个层对象。如图 1-22
所示,层对象的名字为 Layer1。如果需要,可以双击【层】面板中的对象名称"Layer1",然后
为这个层对象改名。

单击【设计】视图中的层对象,选中它。此时在层对象的顶点和每边的中间位置会出现

操作句柄(小方块)。拖动句柄,可以直观地改变层对象的宽度和高度。

如果让鼠标指向层对象边缘的非句柄位置,则鼠标指针变成带有箭头的十字状,此时可以拖动鼠标,改变层对象的位置。

在【层】面板中,单击层名称前面、眼睛对应的列,将会在该位置出现一只眼睛图标。如果眼睛处于睁开状态,这个层对象就会在【设计】视图中显示为一个矩形虚框。这个矩形虚框的存在,能够帮助开发者明确此处已经配置了层对象。当然,开发者也可以通过再次单击这列中的个别眼睛图标,使眼睛闭上,使相应层对象暂不显示,使设计视图显得整洁。

用同样的方法,向设计视图中插入若干个层对象,并对层对象的摆放位置进行调整,使各个层对象互不重叠,而且能够在未来各自承担一定的责任。例如,顶部的层对象常常放置网站的 Logo,底部的层对象则被用来放置版权页信息,左侧的层对象通常充当目录区。

3）设置层对象的样式

利用菜单【窗口】→【CSS 样式】切换到【CSS 样式】面板。此时,可以看见所有的层对象都显示在【CSS 样式】面板中。

选定其中的一个层对象,右击后选择【编辑】,则打开层对象样式编辑器,如图 1-23 所示。

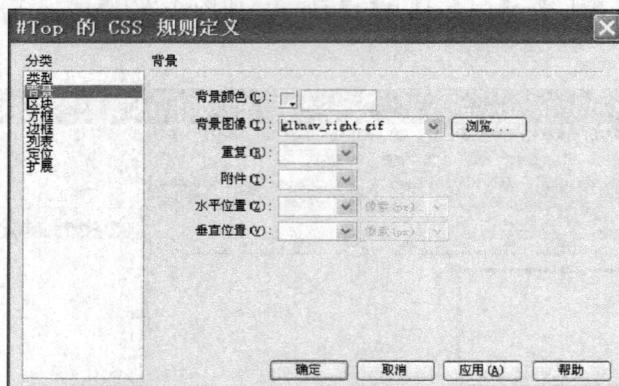

图 1-23　定义层对象的样式

通过此编辑器可以设置这个层对象的背景、方框,以及其中文字的样式等。但是,在此界面下,尽量不要改变层对象的宽度、高度和摆放位置等信息。

4）检查层布局的源代码

针对一个已经定义了顶部 Logo 区、左侧目录区、底部版权页和中部主信息区的层布局页面,切换到网页的【代码】视图下,可以发现如图 1-24 所示的网页代码。

从图 1-24 中可以看出,本过程一共定义了 4 个 DIV 对象,名字为 top、left、main、bottom,而且在网页的开始部分通过<style></style>实施了级联的内嵌式样式,分别对每个层对象的位置、高度、宽度进行了定义。而且,针对 TOP 对象,还利用属性 background-image 标记设置了这个层对象的背景。

通过阅读层布局的源代码,可对 DIV＋CSS 布局的含义有了比较彻底的认识。

1.3.4　以框架技术实施布局

一个网站通常由众多网页组成,这些网页常常使用相同的页面结构,而且这些网页的

Logo 区域、目录区、版权页等区域具有比较稳定、基本不变的特点,而变化最为频繁的就是内容区部分。为此在网页设计中引入了多种技术,主要有框架技术、DW 的模板技术、VS2008 的母版页技术。

```
1   <html xmlns="http://www.w3.org/1999/xhtml">
2   <head>
3   <meta http-equiv="Content-Type" content="text/html; charset=gb2312" />
4   <title>无标题文档</title>
5   <style type="text/css"><!--
6   #Top {
7       position:absolute;  width:793px;      height:115px;      z-index:1;
8       left: 9px;   top: 9px;   visibility: visible;
9       background-image: url(glbnav_right.gif);
10  }
11  #left {
12      position:absolute;  width:200px;      height:674px;      z-index:2;
13      left: 10px; top: 124px; visibility: visible;
14  }
15  #main {
16      position:absolute;  width:578px;      height:668px;
17      z-index:3;  left: 227px;      top: 125px; visibility: visible;
18  }
19  #Bottom {
20      position:absolute;  width:792px;      height:63px;      z-index:1;
21      left: 2px;   top: 789px; visibility: visible;
22  }
23  --></style>
24  </head>
25
26  <body>
27  <div id="Bottom"></div>
28  <div id="Top"></div>
29  <div id="left" align="right"></div>
30  <div id="main"></div>
31  </body>
32  </html>
```

图 1-24　层布局的源代码

1. 什么是框架

所谓框架,就是通过一定的技术手段把页面划分为若干个区域,在每个区域中可显示一个独立的 HTML 文件。在这一结构中,每个区域被称为一个框架,描述全体框架组成结构的文档称为框架集。从另一个角度讲,框架集可以把若干个网页组织到一个页面中。在这个结构中,填充局部区域(框架)的网页称为子网页,而总揽全体网页组织结构的页面就是框架集。框架集通常不处理具体的显示内容,仅负责页面区域的划分。

在框架结构下,每个子网页可以独立地被切换,因此特别适合网站中大量区域稳定、少量局部区域变化频繁的情况。

2. 在 DW 中实现框架

在 DW 中,可以有两种方式实现框架。

1) 利用新建文件创建框架集

首先,启动 DW 8.0,选择【文件】→【新建】,从【常规】选项卡中选择【框架集】,如图 1-25 所示。然后,可从框架集中选择所需的结构。最后,单击【创建】按钮。

此时 DW 要求确认每个框架的名称,如图 1-26 所示。如果采用默认名称,则可直接单击【确定】按钮。此时,DW 会创建一个新的网页,并进入到网页编辑状态。

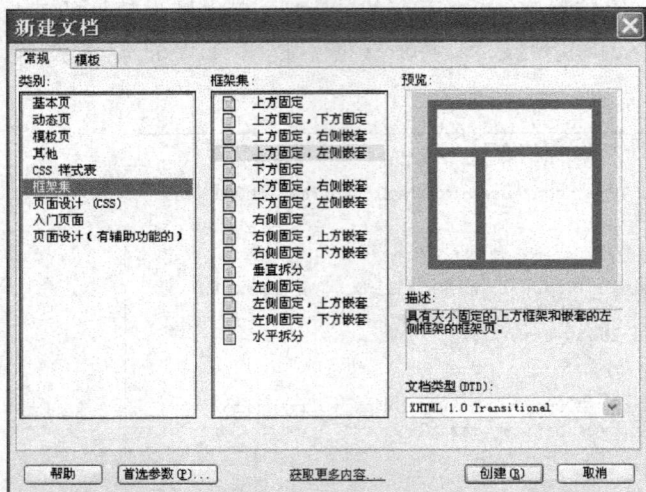

图 1-25　新建框架集

图 1-26　设置各个框架的名称

2）利用修改功能把网页划分为若干区域

首先，新建一个普通网页，进入到网页的【设计】视图下；然后，使用菜单【修改】→【框架页】，各种框架划分结构将以子菜单项的模式提供开发者选用。此时，可从子菜单中选择所需的结构，把当前光标所在的区域进行拆分。

3．对框架实施配置

1）修改框架属性

首先，利用菜单【窗口】→【框架】打开【框架】面板，使之显示在 DW 的右侧区域。在【框架】面板中，各个框架按照在页面中的位置和大小构成了一个框架集的示意图。

其次，通过单击【框架】面板中的某个框架，选中它。此时位于页面底部的【属性】面板会变成针对选中框架的面板，可以便利地进行设置，如图 1-27 所示。

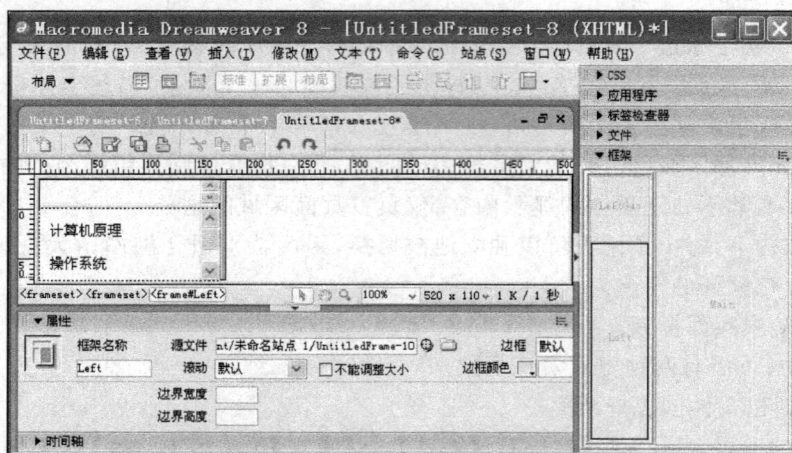

图 1-27　利用框架布局的主界面

- 通过【边框】项目可设置当前框架的边框,包括是否显示边框,边框的颜色。
- 通过【滚动】项目可设置当前框架是否带有滚动条。
- 通过【源文件】项目可设置当前框架中默认显示的网页文件名。

2) 使超链接结果显示到指定框架中

当框架被定义后,其名称就可以被应用到超链接中。框架名称通常可被超链接中的 target 属性使用,表示在指定的框架内显示被链接网页的内容。

在如图 1-27 所示的框架设计中,右侧的大面积区域被定义为 main 框架,在左侧定义了两门课程"计算机原理"和"操作系统"。假设这两门课程对应的首页文件名分别为 computer. htm 和 os. htm,如果希望"计算机原理"和"操作系统"链接的内容将来显示在 main 框架内,那么超链接语句可以书写为如下格式:

```
< a href = computer. htm target = main >计算机原理</a>
< a href = os. htm target = main >操作系统</a>
```

位于<a>标记内部的子语句"target＝main"指明了此超链接结果的输出位置是框架 main。

除了框架名称可作为超链接的 target 属性值之外,HTML 体系还内置了 4 个特殊的标记,都可以作为超链接的输出目标(target 属性的值),依次为:

- _blank,表示输出到一个新的、空白的窗口中。
- _top,如果存在多重框架,则输出到顶级窗口中。
- _parent,如果存在多重框架,则输出到当前框架的上一级框架中。
- _self,输出到与当前文档相同的框架中。

在实施超链接时,系统默认 Target 的值为"_self"。

4. 对框架的小结

1) 框架集的代码

打开前面定义的框架集文件,切换到【代码】方式下,观察框架集文件的代码,如图 1-28 所示。

```
1  <!DOCTYPE html PUBLIC "-//W3C//DTD XHTML 1.0 Frameset//EN"
   "http://www.w3.org/TR/xhtml1/DTD/xhtml1-frameset.dtd">
2  <html xmlns="http://www.w3.org/1999/xhtml">
3  <head>
4  <meta http-equiv="Content-Type" content="text/html; charset=gb2312" />
5  <title>无标题文档</title>
6  </head>
7  <frameset rows="*" cols="267,504">
8    <frameset rows="101,295" cols="*">
9      <frame src="" id="LeftGao" />
10     <frame src="" id="Left" />
11   </frameset>
12   <frame src="" id="Main" />
13 </frameset>
14 <noframes><body>
15 </body>
16 </noframes></html>
```

图 1-28　框架集代码

从图 1-28 中可以看出,此文件由两个 frameset 构成,其中的一个 frameset 被嵌套在另外一个 frameset 之中。frameset 中的每个 frame 都有自己独立的名称,以便超链接时使用。

2）框架技术的缺陷

框架技术虽然较好地解决了屏幕区域划分的问题。通过框架技术,开发者可以便利地实现页面布局,开发出内容固定区域与内容多变区域有机组合的网站。

然而,由于在使用框架技术的过程中,人为地把屏幕切割为若干视窗,分别显示不同内容的网页,导致整个页面的一致性较难协调,页面中的各框架网页之间常常出现过渡生硬的问题,影响了网站的质量。

1.3.5　以 Photoshop 实施布局

在网页设计的实践中,人们逐渐发现无论是表格布局,还是层布局、框架布局,如果基于人工方式在 DW 下绘制区域并设置各个区域的样式,虽然能够实现布局结构,但最终的输出效果总是不尽如人意,给最终用户一种过渡生硬、页面质量不高的感觉。

为此,很多网页设计者开始思考能否借助图像处理工具实现布局:开发者可以像绘制图片和进行图像处理一样先绘制出整个页面,使整个页面成为一幅和谐的图片;然后利用特定的工具把图片划分为若干个区域,最后再分别向不同的区域内填入内容。在这一模式下,由于整个页面基于一幅和谐的图片,使网页内容的展示就像在呈现一幅和谐、精美的画卷。

基于这一理念,Photoshop 和 Fireworks 成为了网页布局的重要工具。总结它们实现网页布局的基本流程,可知其关键步骤是由 Photoshop 和 Fireworks "绘制页面、切割页面、存成网页",然后由 DW "负责修缮"。

1. 在 Photoshop 下进行页面处理

1）创建空白的图像文件

在 Photoshop 中,新建一个 1024×768 像素或者高度更大的图像文件。

2）在图像顶部设计网页的 Logo 区域

首先,为 Logo 区域粘贴所需的图像。在设计 Logo 区域的图像时,经常要用到图像的编辑技术。使用最为频繁的技术有:从其他图像文件中复制部分图像,创建新图层,删除羽化的选区。另外,对 Photoshop 工作区中的某些对象进行自由变换、设置并调整亮度等操作较为常用。

其次,输入 Logo 文字。在输入 Logo 文字后,常常对 Logo 文字使用"滤镜"和"图层样式",使文字显示为较理想的效果。

3）绘制网页上各个区域

利用图形工具在页面上绘制各个区域,并适当设置各个区域中相关图形的样式。在这个过程中,经常使用以下技巧。

(1) 如果对其他网站中的某些区域比较满意,也可以首先利用 PrintScreen 键复制屏幕内容;然后利用"粘贴"功能把该界面粘贴到 Photoshop 中;接着使用选区工具选定所需的区域,把它粘贴到当前的页面中;最后使用"自由变换"工具调整区域的大小、位置。

(2) 为各个区域输入固定的文字,例如区域的标记、菜单项等,并设置文字的特殊效果。

(3) 利用 Photoshop 的"修补工具"对工作区中的部分区域进行清理,替换掉不需要的标记。

注意:此时不要输入内容性文字,内容性文字应该在 DW 中输入。对于以后计划输入内容性文字的区域,尽量使用单一颜色(纯色)作为背景。

4）保存为 psd 文档

当整个页面绘制完毕，基本达到要求后，可把 Photoshop 格式的图形文件保存起来，即保存为.psd 格式文档，如图 1-29 所示。

图 1-29 绘制网页的主体结构

注意：此时最好保留所有图层和历史记录，以备未来修改页面布局时使用。

2．对 Photoshop 图像切片

1）用切片工具对图像实现切片

利用 Photoshop 的切片工具对图 1-29 所示的左侧区域（目录区域）和右侧区域（显示内容的区域）分别切片，切出两个可以存放数据的矩形区域，结果如图 1-30 所示（界面上标记为 03,05）。这是两个用户切片，其他区域被系统自动切割，成为自动切片。

当然，开发者可以根据需要切出更多的切片。

2）对用户切片的纯色区域进行处理

首先，在【切片工具】状态下右击页面上的左侧切片，选择菜单【编辑切片选项】，则打开【切片选项】对话框，如图 1-31 所示。

其次，选择【切片类型】为"无图像"，选择【切片背景类型】为"其他"。系统将自动弹出【拾色器（吸管）】对话框，此时鼠标指针变成"吸管"状态，直接单击主窗口中的那个切片，使此切片的颜色成为本区域的背景色。

最后，单击【确定】按钮，确认对切片状态的设置。

注意：对不是纯色的切片不要进行上述操作，否则会导致该切片区域变成纯色而失去 Photoshop 布局的初衷。对这种区域的处理，需要在 DW 下完成。

3．另存为 Web 文档

切片完成后，选择菜单【文件】→【存储为 Web 和设备所用格式】，从对话框底部单击【存储】按钮，系统将弹出【将优化结果存储为】对话框，如图 1-32 所示。

图 1-30　对页面实施切片

Photoshop 支持把网页保存为表格方式布局和层方式布局两种形式，只需在图 1-32 所示界面中对【设置】对话框进行必要的设置。其具体过程为：

首先，选择【保存类型】为"HTML 和图像"，而且是保存所有切片。

然后，从【设置】下选择"其他"，打开【输出设置】对话框，接着可根据布局类型要求分别进行如下设置。

1）表格方式布局

在【输出设置】对话框中选择"切片"，选中【生成表格】单选按钮，而且选择对于每个单元

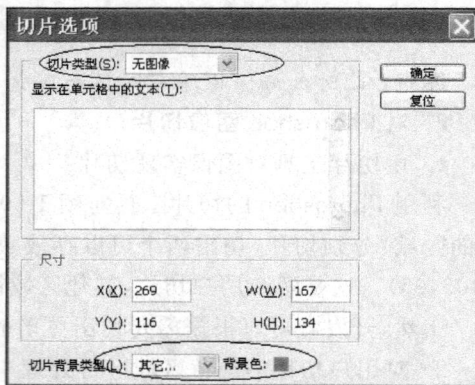

图 1-31　【设置切片】对话框

格的【TD W&H】为"总是"。即对每个单元格都明确地标记出其长度和宽度，如图 1-33 所示。然后单击【确定】按钮确认这一设置，返回到【将优化结果存储为】对话框。

2）CSS＋DIV 方式布局

在【输出设置】对话框中选择"切片"，然后设置【生成 CSS】单选按钮生效，如图 1-34 所示。最后，单击【确定】按钮确认刚才的设置，返回到【将优化结果存储为】对话框。

3）保存 Web 页

回到【保存优化结果】对话框，单击按钮【保存】按钮，开始实现保存网页文件操作。此时，系统将自动生成一个 HTML 文档和一个 Images 文件夹，HTML 文档中存储格式说明，而 Images 文件夹中存储了多个图片文件，是执行切片操作后由 Photoshop 自动生成的图像文件。

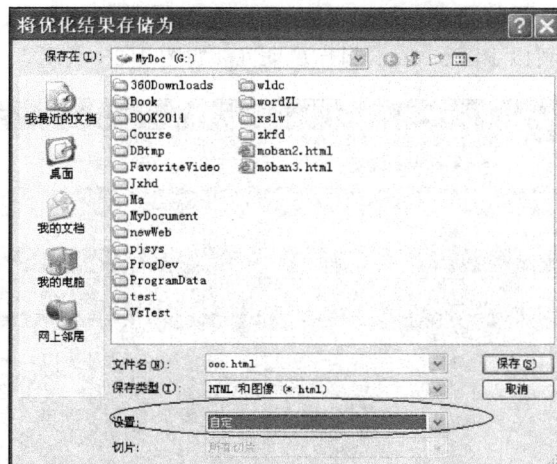

图 1-32　存储优化结果的对话框

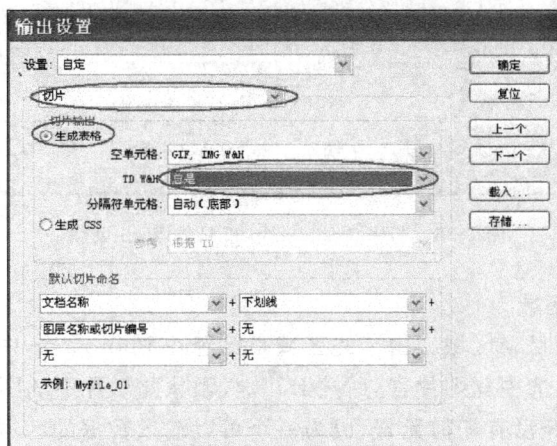

图 1-33　选择表格布局方式

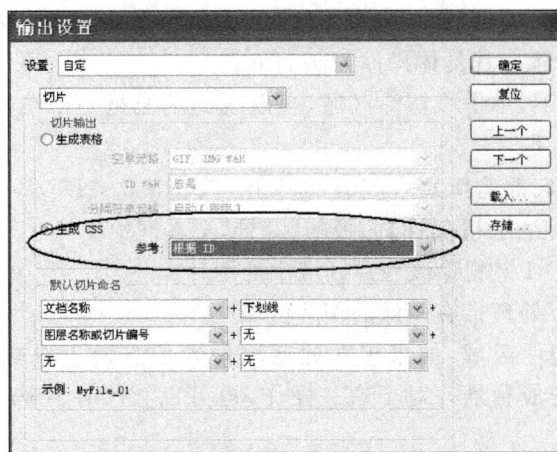

图 1-34　设置 DIV＋CSS 布局方式

4．在 DW 下修正页面

在 DW 下，打开刚刚以 Photoshop 制作的页面，如图 1-35 所示。

图 1-35　打开 Photoshop 布局的 Web 页面

1）处理纯色切片区域

用鼠标单击左侧的目录区域。由于此区域是已经在 Photoshop 中被设置为无图像和背景色的切片，因此，可以选中此图片，然后按 Del 键，删除此切片中的图片。

此时，此区域中已经没有任何元素，成为一个可以输入数据的区域。由于此区域已经在 Photoshop 中设置背景色，不会影响区域内的显示效果。

2）在【设计】视图下处理带有图像的切片区域

对于带有图像的切片区域，如果想在此区域输入信息而不影响原有显示效果，则需要把此处的切片图片变成背景。其具体操作方法如下。

(1) 在【设计】视图下，单击该切片区域，会发现此区域是一个图片，从它的【属性】面板中剪切此图片的文件名。

(2) 从【设计】视图底部选择最右侧的那一个＜TD＞或＜DIV＞，打开其【属性】面板，把刚刚剪切的文件名粘贴到其【属性】面板的"背景"文本框中。

(3) 最后，直接用 Del 键删除该切片区域中的图片。

3）在【代码】方式下处理带有图像的切片区域

对于带有图像的切片区域，如果想在此区域输入信息而不影响原有显示效果，则需要把此处的切片图片变成背景。对于这一操作，也可以直接在代码方式下完成。其具体方法如下。

(1) 在 DW 的【设计】视图下，用鼠标单击某一带有图像的区域，由于此区域是在

Photoshop 中被切割为图像的切片,所以该区域中的图片会被选中。例如,选中右部的蓝色大切片。

(2) 选择【查看】→【代码】,切换到网页的【代码】视图状态。如果该网页采取表格布局方式,就会发现如图 1-36 所示的效果。

```
15          <img src="images/jj_02.gif" width="33" height="283" alt=""></td>
16    <td width="116" height="150" colspan="2" bgcolor="#C17474">
17          <img src="images/分隔符.gif" width="116" height="150" alt=""></td>
18    <td rowspan="2">
19          <img src="images/jj_04.gif" width="42" height="194" alt=""></td>
20    <td colspan="2" rowspan="2">
21          <img src="images/jj_05.gif" width="169" height="194" alt=""></td>
22    <td rowspan="4">
23          <img src="images/jj_06.gif" width="66" height="283" alt=""></td>
24    </tr>
25    <tr>
26    <td colspan="2">
27          <img src="images/jj_07.gif" width="116" height="44" alt=""></td>
28    </tr>
```

图 1-36　处理 Photoshop 的表格布局

从图 1-36 中可以看出,系统是在单元格中插入了一个宽度为 169、高度为 194、名字为 jj_05.gif 的图片,只须把此图片转化为单元格的背景即可。

首先,选中文字""images/jj_05.gif" width="169" height="194"",并移动到<td>标记内部。

其次,在标记<td>内部进行修改,把原来的图片变成 td 的背景,即修改为<td backgroud="images/jj_05.gif" width="169" height="194">形式。

最后,删除多余的标记<img src="" alt="">。最终的效果如图 1-37 所示。就实现了把切片图像变成区域背景的目的。

```
17          <img src="images/分隔符.gif" width="116" height="150" alt=""></td>
18    <td rowspan="2">
19          <img src="images/jj_04.gif" width="42" height="194" alt=""></td>
20    <td colspan="2" rowspan="2" background="images/jj_05.gif" width="169" height="194">
21          </td>
22    <td rowspan="4">
23          <img src="images/jj_06.gif" width="66" height="283" alt=""></td>
24    </tr>
25    <tr>
26    <td colspan="2">
27          <img src="images/jj_07.gif" width="116" height="44" alt=""></td>
28    </tr>
```

图 1-37　设置单元格的背景属性

如果该网页采取层布局方式,则需要进行如下操作。

首先,查看与选中图片最近的<DIV>标记的 ID 号,并复制此图片的文件名。

其次,到网页首部的样式表中(<style></style>)查找对应的 ID 标记,并在此标记的样式中增加一行规则"background-image:url(图片文件名);",然后把刚刚复制的文件名粘贴到规则中的"图片文件名"位置。

(3) 最后,返回到【设计】视图,直接用 Del 键删除此区域内的图片。

(4) 同理,对其他的切片实施处理。

4）在输入页面中插入其他信息

经过前述处理，此时切片内的图形已经变成了图像背景。用户切片对应的区域中已经没有了占位的图形。因此，可以在【设计】视图中直接向各个区域内输入数据，不会影响切片区域的显示效果。

在各个区域内输入恰当的文字内容、插入图像，并保存此页面。

5）为菜单项设置热点链接

利用前面讲述的创建"热点链接"的方法，为图片中的"首页"、"领导风采"、"机构设置"等建立热点型的超链接，使这些菜单项指向对应的网页文件。

注意：输入内容不要溢出切片区域的大小。否则，可能导致页面布局散架。

5. 以 Photoshop 实施布局的小结

基于上述流程，笔者认为，以 Photoshop 实现布局主要包括以下环节。

1）利用 Photoshop 绘制主界面

充分地利用 Photoshop 的图片编辑工具，通过调整图像亮度，使用修补工具、羽化工具、自由变换工具、图形绘制工具、文字工具、图层样式工具、滤镜工具，以及图片的选区、复制与粘贴，为网页主界面设计出一幅和谐、美丽的图片。

当然，在这一过程中，要充分地注意网页自身的特点，兼顾网页的风格要求，少用对比度过大的图片，并注意屏幕区域的划分。为提升网页的运行效率，尽可能把需要输入文本信息的大块区域设置为单一颜色的背景。

最后，把制作好的图片保存为 psd 文档，以备未来修改时使用。

2）实现切片

在前述设计效果的基础上，可先拼合图层；然后利用【切片】工具切割图形界面，为各个区域切割出用户切片。

对于采用单一颜色做背景的切片，可删除此切片中的图像，把其背景色修改为当前图片的颜色。

在必要的情况下，甚至可以利用借助 Photoshop 制作翻转图。

3）另存为 Web 文档

在 Photoshop 下，选择【文件】→【存储为 Web 所用格式】，把刚刚完成切片的整个图像存储为 Web 文档，并可根据自己的习惯，选择布局类型，确定是采用表格布局，还是使用层布局。

4）在 DW 下对 Photoshop 生成的网页实施处理

在 DW 的【设计】视图下，可直接删除纯色切片区的占位图片，然后把非纯色区域的占位图片变成相应区域的背景，并在用户切片区域输入合适的内容。

1.3.6　模板技术

1. 模板的定义

由于网站中的多个网页常常使用相同的页面结构，在这些网页中，其 Logo 区域、目录区、版权页等区域都比较稳定，具有基本不变的特点，常常只有内容区域变化频繁。在一个网站中，如果涉及上百个页面的 Logo 区或者版权页区要发生变化，其修改的工作量是非常大的。为此，DW 引入了模板技术。由于在动态网站开发中，DW 的模板技术可以被

VS2008 的母版页技术代替,因此本节仅简要地介绍。

所谓模板,就是快速生成网页的模具。利用模板,可以快速地生成一批网页,这些网页都具有完全相同的结构,开发者可以根据需要对新网页的特定区域进行修改,从而高效率地设计一批风格一致的页面。

2．模板设计过程

1）创建站点

模板的设计与使用建立在站点的基础上,因此创建模板前必须创建 DW 站点。

2）创建模板页

首先,新建一个网页,对网页进行布局,可输入所有的固定内容。

其次,使用菜单【文件】→【另存为模板】,设置文件名后,执行【保存】操作,就会自动生成模板页文件。模板页文件被存放在站点的 Templates 文件夹中,自动以.dwt 作为扩展名。

第三,将光标放到经常需要改变内容的区域,然后执行命令【插入】→【模板】→【可编辑区域】,给予此区域一个名称后,即可单击【确定】按钮,确认此区域为可编辑区域。

第四,以同样的方法,可以把多个区域分别设置为"可编辑区域"。

最后,保存模板页文件。

注意:为了达到精美、和谐的效果,建议直接采用以 Photoshop 布局的页面作为模板页。

3．利用模板页创建网页

当站点中已经有了模板页后,就可以依靠模板页快速地生成网页了。其具体过程是:

首先,选择菜单【文件】→【新建】,此时系统打开【新建文档】对话框。单击对话框顶部的【模板】选项卡,该对话框变成了【从模板创建】对话框。此时,从中选择一个模板,然后单击底部的【创建】按钮,就会创建一个与模板相同的新网页。

其次,在新网页下,只须输入只属于这个网页的、具有特色的内容。因为其他的内容已经自动从模板中继承,而且只有在模板中标记为可编辑区域的位置是可以输入内容的。

最后,保存新网页即可。

4．利用模板批量更新网页

由模板创建的网页可以由模板实现批量更新。当开发者修改模板页后,可以选择是否同步修改所有的相关网页。如果同步更新,则由系统自动完成针对所有页面的同步更新。

因此,对于使用模板页的站点,为保护以模板页批量更新网页的优势,一定要保护好模板页,并注意不要改变模板页中可编辑区域的名称。

1.3.7　嵌入式框架技术

1．什么是嵌入式框架

嵌入式框架技术是网页设计中用于解决多页面、同结构问题的又一策略。其基本思路是,在网页上开辟一个视窗,相对固定的信息可以直接存放在页面上,而变化频繁的内容则由视窗实现。在网页设计技术中,在网页中开辟的视窗占据网页中的一个区域,称为嵌入式框架。在嵌入式框架中,可以呈现其他网页的内容。

嵌入式框架是框架技术的一个改进,每个嵌入式框架都有一个名称。该名称可作为超链接的 target 属性的值,表示把那个超链接的网页显示在这个嵌入式框架内。

2．设计嵌入式框架

(1) 新建网页，并对网页进行布局。

(2) 选择需要频繁更新数据的区域，在此区域中插入嵌入式框架。具体方法是：

首先，切换到【代码】视图。

其次，在代码状态下，在当前位置插入代码：

```
< iframe name = 名称 width = 宽度 height = 高度 src = 默认网页名></iframe>
```

就会在当前位置插入一个嵌入式框架。

在此语句中，嵌入式框架的高度和宽度可使用当前区域的高度和宽度(如使用此框架所在单元格或者层对象的高度和宽度)，在 src 属性中可指定一个网页文件名或者一个照片文件名，用于作为此嵌入式框架的默认信息。

为了使页面达到和谐、精美的效果，建议以 Photoshop 技术布局的页面为基础，在这种页面中插入嵌入式框架。

3．使用嵌入式框架

在当前网页中，可对某些文字或图片建立超链接，使这些超链接的"target＝嵌入式框架名"，这样当访问者单击这些超链接时，系统会自动地把这些链接对象显示在嵌入式框架内。

笔者的教学服务平台就使用了这一技术。如图 1-38 所示，在教学服务平台中，中部的"系统说明"区就是一个嵌入式框架，而左侧每个通知的超链接都设置其 target 属性值为嵌入式框架名。因此，当学生单击左侧的通知时，马上就会在中部区域显示出该条信息的详细内容。

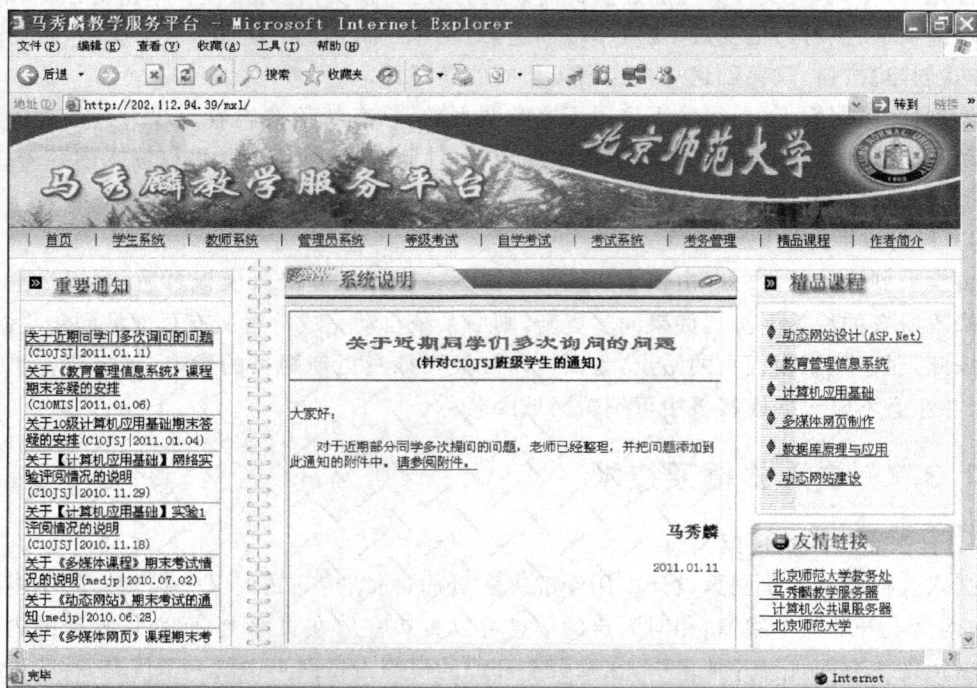

图 1-38　笔者教学服务平台的嵌入式框架

1.4 客户端语言 JavaScript

1.4.1 JavaScript 的特点

JavaScript 是一种可以嵌入到 HTML 中的脚本语言,它基于 Java 基本语句和控制流,以 Java 语言作为语法基础,与 C 语言的语法类似。它在客户端的浏览器中运行,在执行过程中被浏览器逐行解释执行。

JavaScript 的语法和 C 语言相似,源程序中区分字母的大小写,但其变量不事先定义也能够使用,而且在变量赋值时不进行严格的数据类型检查,因此使用起来比 C 语言灵活。

JavaScript 是一种基于对象的语言,它既可以运行系统内置的对象,也可以运用自己创建的对象来实现特殊的功能。

JavaScript 是一种动态性的语言,它可以直接对用户的输入做出响应,无须经过服务器。因此,在 MIS 设计中,它经常被用作输入数据合法性的初级检测、验证用户是否认可即将执行的危险操作。

JavaScript 采用事件驱动机制来实现响应,只依赖浏览器本身,与操作环境无关。

1.4.2 JavaScript 的基本语法规则

1. JavaScript 程序段的标志

JavaScript 语句书写在"＜Script language＝"JavaScript"＞＜/Script＞"之间。基本格式为:

```
< Script language = "JavaScript">
        JavaScript 语句
</Script >
```

由于 JavaScript 语句在客户端执行,因此对于任意一个网页,都可通过浏览器的【查看源文件】功能,看到该网页中的 JavaScript 代码。凡是位于"＜Script language＝"JavaScript"＞"和"＜/Script＞"之间的代码都是 JavaScript 代码。因此大家可通过这一特点,学习 JavaScript 语言的语法规则和应用。

2. JavaScript 语法规则

和 C 语言相似,JavaScript 也支持程序语言的三种基本结构。由于它以 C 语言的语法规则为基础,所以它也用"{}"标记一个程序块的起点和终点,而且在语句中区分大小写字母,每个语句都以英文分号结束。注意,C 语言体系中的 if 语句的语法规则与 VB 有较大差异,其条件式要用小括号括起来,而且没有关键字"Then"。

1) JavaScript 分支结构的语法规则

```
if(条件式)
   { 语句体 }           或者:      if(条件式)
   else                                { 语句体 }
     { 语句体 }
```

2）JavaScript 循环结构的语法规则

```
for(变量 = 初值; 变量满足条件式; 变量++)        或者:        while (条件式)
    { 循环语句}                                              { 循环语句}
```

3. JavaScript 的常见应用

1）输出语句

① 输出数据

```
document.writeln("输出的信息!!");
```

② 发出警告性提示

```
alert("提示信息");
```

2）输入语句

```
变量 = prompt(提示信息);
```

本语句要求用户通过键盘输入信息,输入的信息被存储到变量中。

```
变量 = confirm(提示信息);
```

本语句要求用户回答 Yes 或 No,变量中存储的是用户选择的 Yes 或 No。在 MIS 设计中通常用于确认用户的操作。例如:

```
delit = confirm("您确实要删除这个文件吗?");
```

3）打开窗口

命令格式:

```
window.open("要显示的网页文件名称","窗口参数设置");
```

本语句常常被用来制作弹出窗口,在弹出窗口中显示各种提示信息。

例如,语句"＜Body onload＝"window. open('xxx. htm','重要通告','scrollbars＝no, resizable＝no, toolbar＝no; location＝no, width＝510, height＝250')"＞"表示在打开当前网页的同时打开一个新窗口,在新窗口中显示网页文件"xxx. htm"的内容。

这里的 window 是 JavaScript 的一个对象,open 是 window 的方法,指新打开一个窗口。参数 scrollbars 用于指定是否保留滚动条;resizable 设置是否可以调节新窗口的大小;width 设置新窗口的宽度;height 设置新窗口的高度。

4）关闭窗口

命令格式:

```
window.close();
```

这个方法常被用来关闭当前窗口。

例如,语句"＜Input type＝"Button" value＝"关闭窗口" onclick＝"window. close()"＞"表示当单击此按钮时,会自动关闭当前窗口。

在这个语句中,用"Input type＝Button"定义了一个按钮"关闭窗口"。当此按钮被单击(onclick)时,执行 JavaScript 对象 window 的 close 方法,关闭当前窗口。

1.4.3　JavaScript 语言的主要应用

1. 实现网页的特殊效果

在网页设计中，以 JavaScript 设置网页特殊效果是应用最频繁的技术。事实上，在 DW 设计网页过程中，所有的行为动画、在页面上跑动的小图片、广告效果、甚至包括显示当前日期都是使用 JavaScript 技术实现的。

例如，要获取当前日期，可以使用语句"today＝new Date();"，这里的 today 是用户自定义的变量名；若要显示警示性的信息，则常常使用语句"alert('信息内容');"。

2. 设计客户端交互

JavaScript 语句的第二个常见用途是设计客户端交互，特别是在用户要执行一些具有危险性的动作时，常常利用 JavaScript 语句设计"确认"功能。例如，用户单击了"删除"命令，就可以提示一条"您确定要删除吗?"，当用户应答为 Yes 时才真正执行删除操作，这样可以避免用户的错误操作，"Confirm(询问信息)"就是通常被用于确认用户操作的命令。

"变量＝prompt(提示信息)"常被用于获取键盘输入信息，即系统以弹出窗口的形式要求用户输入内容，用户可在此窗口中输入数据，并把输入结果保存到变量中。

1.4.4　JavaScript 应用示例

JavaScript 的应用非常广泛，本节将通过几个案例对 JavaScript 的网页特效功能进行简单的展示。由于 JavaScript 应用的优秀案例实在是数不胜数，因此本节中展示的几个案例权当抛砖引玉。

1. 设计旋转的欢迎字幕

在网页中嵌入如图 1-39 所示的代码，在网页浏览时将会在页面左上角显示出一行旋转的文字"欢迎你的光临"。当然，也可以修改 JavaScript 文档中的文字内容，使之显示其他信息。

```
js05.htm - 记事本
文件(F)  编辑(E)  格式(O)  查看(V)  帮助(H)
<SCRIPT language=javascript>
Phrase="欢 迎 你 的 光 临";
Balises="";
Taille=40;  Midx=100;  Decal=0.5;  Nb=Phrase.length; y=-10000;
for (x=0;x<Nb;x++){
  Balises=Balises + '<DIV Id=L' + x + ' STYLE="width:3;font-family: Courier New;font-weight:bold;';
  Balises=Balises +'position:absolute;top:40;left:50;z-index:0">' + Phrase.charAt(x) + '</DIV>';
}
document.write (Balises); Time=window.setInterval("Alors()",100);
Alpha=5;  I_Alpha=0.05;
function Alors(){
  Alpha=Alpha-I_Alpha;
  for (x=0;x<Nb;x++){
    Alpha=Alpha+Decal*x;  Cosine=Math.cos(Alpha1);  Ob=document.all("L"+x);
    Ob.style.posLeft=Midx+100*Math.sin(Alpha1)+50;    Ob.style.zIndex=20*Cosine;
    Ob.style.fontSize=Taille+25*Cosine;
    Ob.style.color="rgb("+ (27+Cosine*80+50) + ","+ (127+Cosine*80+50) + ",0)";
  }
}
</script>
```

图 1-39　设置"旋转字幕"的源代码

2. 设计关闭窗口功能

在网页中嵌入如图 1-40 所示的代码，在网页浏览时就出现一个"关闭窗口"按钮。当单击此按钮时，当前网页会被关闭。

图 1-40　设置"关闭窗口"的源代码

3. 设计显示当前日期、时间功能

在网页中嵌入如图 1-41 所示的代码,在网页浏览时就能以滚动字幕的方式显示当前的日期,并给出欢迎信息。当然,开发者可根据自己的喜好更改为其他的欢迎词。

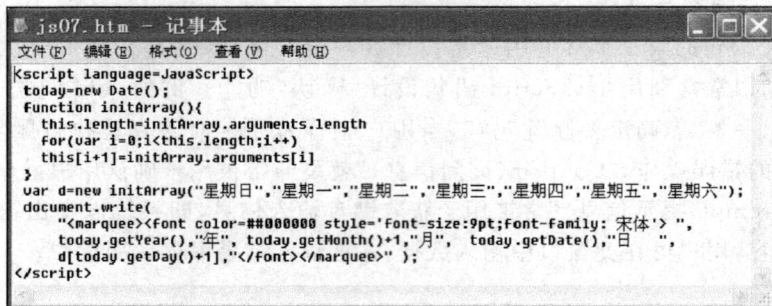

图 1-41　设置当前日期、时间的源代码

4. 禁止网页复制、禁止选择、禁止另存为

在网页的＜body＞内部嵌入如图 1-42 所指示的代码,被浏览的网页将不能被他人复制,也不能被选择和另存为。

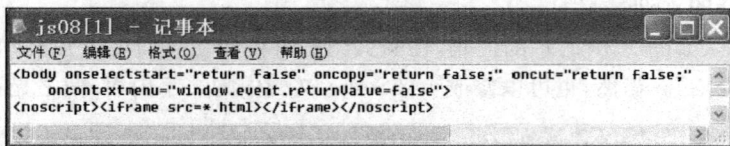

图 1-42　设置禁止复制、禁止选择和禁止另存为的源代码

在图 1-42 中,位于＜body＞内部的"oncontextmenu＝"window. event. returnValue＝false""命令将彻底地屏蔽鼠标右键,使用户在浏览本页面时右击不会弹出快捷菜单;语句"onselectstart＝"return false""用于取消选择,防止复制;语句"onpaste＝"return false""用于不准粘贴;语句"oncopy＝"return false;" oncut＝"return false;""防止用户使用剪切和复制功能。

语句"table border oncontextmenu＝return(false)"可用于针对＜table＞对象屏蔽鼠标右键。

语句"＜noscript＞＜iframe src＝ * . html＞＜/iframe＞＜/noscript＞"使得当前网页不能被"另存为",可以防止当前页面被他人存储到个人的计算机中。

5. 设计自动设置首页、设置收藏夹

在网页中嵌入如图 1-43 所示的代码,可以把当前网页设置为首页,并可以添加到用户的收藏夹中。

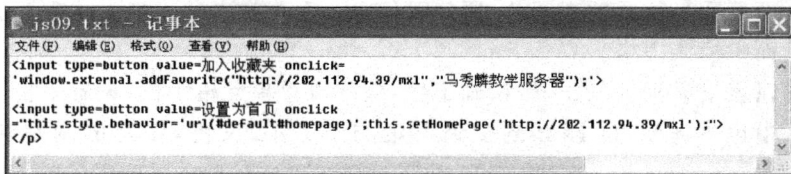

图 1-43 设置首页、收藏夹的源代码

本程序提供两个按钮,利用按钮的单击事件触发"设置为主页"和"加入收藏夹"的操作。如果把 onclick 后面的语句放在＜body＞的 onload 事件后,则会自动地把指定的网址添加到访问者的收藏夹,或者设置为访问者浏览器的主页。

注意,因本命令操作客户机的浏览器,带有本命令的网页有流氓软件的嫌疑,因此,此类网页可能会被各类防火墙和杀毒软件拦截。

思考题

1. 静态网页的文件扩展名是什么? 以什么语言编写?

2. 网页中的对象(如图像、图片、音乐)通过什么方式与 HTML 文档发生联系? 如何才能保证在复制网页时不遗漏相关文档?

3. 在网页设计中,主要有哪些布局方式? 各有什么特点?

4. 什么是嵌入式框架? 为什么要使用嵌入式框架?

5. 如何向网页中插入滚动字幕? 如何实现垂直滚动字幕效果?

6. 如何实现在网页调入时,自动打开一个窗口并自动呈现指定的内容?

7. 如何在网页中实现小图片在整个页面中跑动的效果,而且当鼠标悬停在小图片上时,小图片暂停跑动?

8. 如何向网页中插入"当鼠标经过时自动切换图片"的效果?

9. 什么是 CSS 文档? 如何设置"当鼠标经过超链接时,超链接的外观会发生变化"的效果?

10. 为什么要使用 Photoshop 实施网页布局? 如何才能利用 Photoshop 实现 DIV＋CSS 布局方式?

11. 什么是 JavaScript? 在网页设计中,JavaScript 有什么作用?

12. 如何在网页中实现弹出警示框效果?

上机实训题

充分发挥自己的主观能动性和艺术天赋,编写一个个人介绍性质的网络主页,要求实现以下目标。

(1) 网页以 Photoshop 实施布局,使用 DIV＋CSS 布局方式,网页不少于 6 个 HTML 文件。

（2）向页面的适当位置插入图片、照片等信息；插入前注意调整图像的大小。

（3）向页面中插入表格。

（4）实现以表格显示信息、表格精确定位，包括设置单元格边框、设置表格背景的功能。

（5）网页中包含超链接，能够链接到特定的 HTML 文件，特定的网站和链接 Email 地址。

（6）网页中包含滚动字幕。

（7）实现一些网页特效，例如在页面上跑动的小图标，当单击小图标时会自动链接到特定的网页。

（8）在网页调入时，有弹出窗口。

（9）网页中包含嵌入的 Flash 小动画。

注意：所有 HTML 文件的文件名由不包含空格的英文字母组成，首页文件名为 index. htm。

第 2 章

ASP.NET开发基础

学习要点

本章主要学习 ASP.NET 的环境与 C♯语法基础,要求了解 VS2008 环境的安装与配置、面向对象的程序设计思想与相关概念、C♯语言的基本语法结构、ASP.NET 项目的结构。本章重点关注以下内容:

- ASPX 与 ASPX.CS 文档的结构。
- C♯的数据类型、运算符。
- C♯的语句形式与方法体(函数)的结构。
- String 类的定义与数据类型转换。

2.1 ASP.NET 基础知识

2.1.1 什么是 ASP.NET

ASP.NET 是当前开发动态网站、设计动态网页的一种计算机技术,这种技术基于 .NET Framework 框架,能够便利、快捷地完成各种动态网站的开发,对基于 B/S 结构的信息系统开发提供了全面的支持。

1..NET Framework 概述

.NET Framework 是一套微软公司提供的应用程序开发框架,其目的是为开发者提供一个一致的开发模型。目前微软公司的高级语言程序设计技术都建立在这个框架的基础上。

Microsoft 发布了多个版本的 .NET Framework,目前最新的版本是 .NET Framework 4.0。Visual Studio 2008 是一种常用的 .NET 系列开发工具,它基于 .NET Framework 3.5,可以无缝地运行在 Windows 系列服务器和客户机上,是当前程序开发的主流技术之一。

.NET Framework 主要由两个组件构成:其一是公共语言运行库(Common Language Runtime,CLR),也称为公共语言运行时;其二是 .NET Framework 的类库。

CLR 可以被看做一个在执行程序时管理代码的代理,提供诸如内存管理、线程管理和远程处理等核心服务,而且还强制实施严格的类型管理以及确保系统安全性和可靠性的控制机制。可以说,CLR 为终端程序提供了一个运行的平台,使得凡是符合公共语言规范的程序语句都可以在任何安装有 CLR 的操作系统中运行,极大地简化了程序开发,提升了开发效率。也正是由于这一原因,基于 CLR 开发的程序基本脱离了面向硬件的开发,这种程序生成的 EXE 文件或 DLL 文件并不是可被 CPU 直接执行的机器代码,而是一种基于 CLR 的中间语言。即基于 CLR 开发的程序即便是已经编译为 EXE 文件,也只能运行在已经安装 CLR 的计算机平台上。

Microsoft .NET Framework 类库是一个由 Microsoft .NET Framework SDK 中包含的类、接口和值类型组成的库,该库为开发者提供对系统功能的访问,是建立 Microsoft .NET Framework 应用程序、组件和控件的基础。

2. ASP.NET 语言概述

ASP 语言是微软公司于 1996 年推出的动态网站开发语言,在本世纪初曾经非常流行。即使当前,也仍有大量的 B/S 结构的信息系统在应用 ASP 提供的开发技术。然而,由于 ASP 技术允许在 HTML 文档的任意位置随意地嵌入 ASP 语句,这一策略在为初学者提供便利的同时,也会因为 ASP 代码与网页界面控制符号混合在一起而导致代码可读性差、性能不易扩充等缺陷,更不符合主流的程序设计思想。

对于 ASP 的上述缺陷,其技术提供者心知肚明,早在 ASP 刚刚面世的第 2 年(1997年),IIS 的开发人员就提出了 ASP.NET 的技术设想。ASP.NET 彻底抛弃了脚本语言,而代之以编译型语言。目前,ASP.NET 框架可以兼容多种开发语言(Visual Basic、C++ 和 C♯ 等),由于这些语言都调用统一的 .NET Framework 框架,使用相同的类库,所以其程序开发过程仅有语法上的少量差异,其设计思路和调用类库的方法非常相似。

ASP.NET 的开发实质上是一种面向对象的程序设计,与 ASP 执行脚本的思想完全不同,它提供了对事件驱动机制的全面支持,而且把网页内容和 ASP.NET 的专用语句进行了适当分离,使它们既有机地结合在同一个体系下,又可分处于不同的文件中,为界面设计与代码设计的分工合作提供了可能,完全符合主流的程序设计理念。

3. ASP.NET 开发环境

ASP.NET 系列是 Microsoft 公司的产品,与 Windows 系列操作系统有很好的兼容性,其主要开发工具就是 Microsoft Visual Studio 系列工具,常见的版本有三个:基于 .NET Framework 1.1 的 Visual Studio 2003,基于 .NET Framework 2.0 的 Visual Studio 2005,基于 .NET Framework 3.5 的 Visual Studio 2008。另外,基于 .NET Framework 4.0 的 Visual Studio 2010 也已面世。

2.1.2　VS2008 简介

1. 什么是 VS2008

VS2008 就是 Visual Studio 2008,是 Microsoft 为 .NET 系列程序开发提供的开发环境。VS2008 提供了一套完整的开发工具,用于生成 ASP.NET Web 应用程序、XML Web 服务、桌面应用程序和移动应用程序等。

在 VS2008 下,系统提供了三种开发语言:Visual Basic、C♯ 和 C++。开发者可以根据自己的开发习惯选择适当的语言。另外,由于三种语言使用共同的集成开发环境、使用相同的类库,因此开发者可以便利地实现工具共享,可以轻松地创建混合语言解决方案,可以便利地从一种语言迁移到另外一种语言。

VS2008 内置了 Web 服务器组件,使得开发者可以不必专门安装 Web 服务器就可以实现 Web 类程序的开发与调试。

2. 安装 VS2008

由于是 Microsoft 系列的产品,能够与 Windows 无缝集成,因此其安装非常简单。

1) 启动安装过程

把 Visual Studio.NET 2008 光盘放到光驱,双击其中的 Setup.exe 程序启动安装过程。

注意:如果获得的软件是单一的压缩文件,则需要先运行解压缩程序,把此压缩文件释放到一个空闲空间较大的磁盘上,然后再执行 setup.exe 程序。

2) 安装过程

安装程序首先进入如下图 2-1 所示的界面。

图 2-1 VS2008 安装界面

首先单击【安装 Visual Studio 2008】选项,启动安装项目。系统首先进行自检。

系统自检完毕,要求用户认可软件使用协议,选中【同意】单选按钮后,在【产品密钥】框中输入产品密钥,然后单击【继续】按钮,开始启动自动安装过程。

系统将弹出【组件选择】对话框。此时用户可选择安装哪些组件。设置完成后,单击【立即安装】按钮。系统启动文件验证与复制过程。

安装完毕,系统再次返回到如图 2-1 所示的界面下,此时第二项成为高亮显示。如果当前没有 MSDN 文档资料(系统的帮助文档),可直接选择【退出】按钮结束安装过程。否则单击高亮显示的【3 产品文档】,为系统安装完整的帮助文档。

注意:由于 VS2008 非常庞大,原始安装文件有 4GB 多,安装文件达 6GB 以上。因此计划安装 VS2008 的计算机应该具备较好的性能,而且硬盘上要有充足的空闲空间。

默认情况下,为便于 ASP.NET 开发,VS2008 的安装系统自动为用户安装了一套精简版的 SQL Server 2005 数据库管理系统,可以通过 VS2008 的服务器管理器实现数据库操作。

3. 启动 VS2008

选择开始菜单【开始】→【所有程序】→Microsoft Visual Studio 2008→Microsoft Visual Studio 2008 即可启动这个系统,最初的界面如图 2-2 所示。

注意:建议用右键把【开始】菜单中的 VS2008 启动程序的快捷方式复制到桌面上,以便直接双击桌面上的快捷方式启动 VS2008。

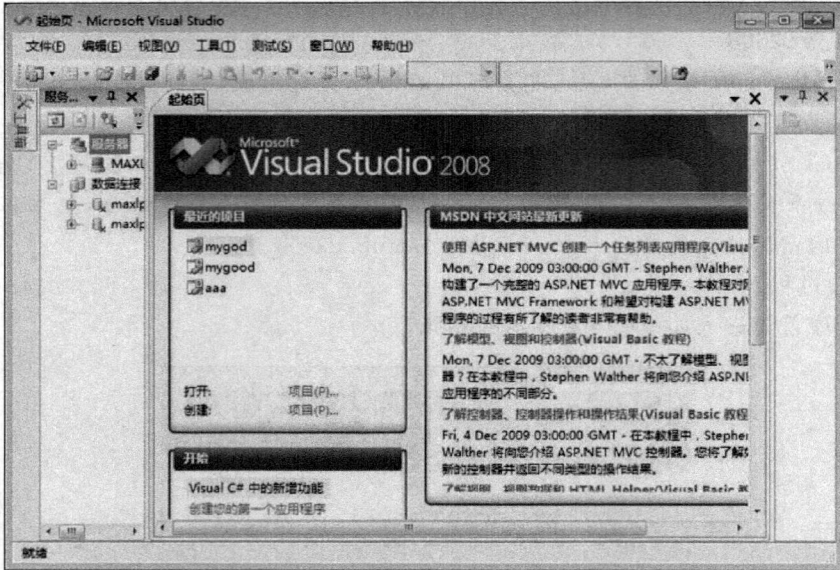

图 2-2　VS2008 的初始界面

首次启动 VS2008,系统要求用户选择开发语言,本课程选择 C♯作为默认的开发语言。

选择菜单【文件】→【新建】→【项目】,即可打开【新建项目】对话框,如图 2-3 所示。此时可以开始新系统的创建。

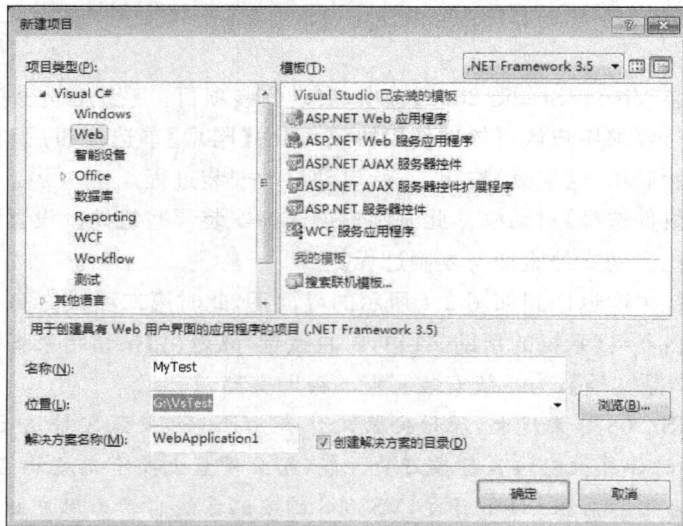

图 2-3　新建 VS2008 项目

从左侧的【项目类型】中选择 Web,然后从右边的模板中选择【ASP.NET Web 应用程序】,在底部的【名称】文本框中为本项目命名为 MyTest,在【位置】下拉列表框中选择项目的存储位置 G:\VsTest,最后单击【确定】按钮,则系统自动创建一个名称为 MyTest 的项目,自动打开一个名字为 Default.aspx 的动态网页,并进入到项目设计状态,如图 2-4 所示。

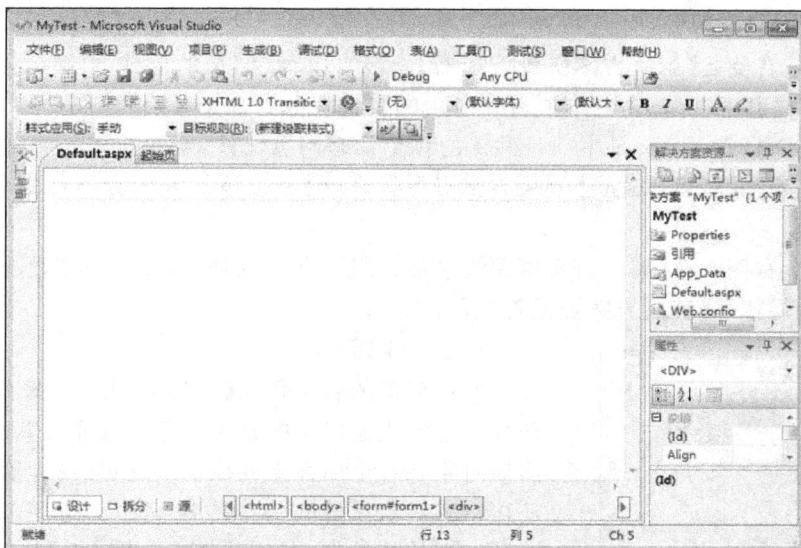

图 2-4   VS2008 项目的默认设计页面

4．VS2008 设计界面

如图 2-4 所示，VS2008 的设计界面由菜单栏、工具栏、主工作区和右侧的面板几个区域构成。由于 VS2008 的功能非常强大，不可能在界面上直接显示所有功能，所以很多面板都处于隐藏状态。从开发者的视角来看，用到的主要功能有以下几个。

1）工具箱

单击窗口左侧的【工具箱】按钮，可以展开【工具箱】面板。在【工具箱】面板中按照类别内置了许多控件。开发者可从工具箱中直接拖动控件到主工作区中。如果窗口左侧没有【工具箱】按钮，则可以利用系统菜单【视图】→【工具箱】打开【工具箱】面板，如图 2-5 所示。

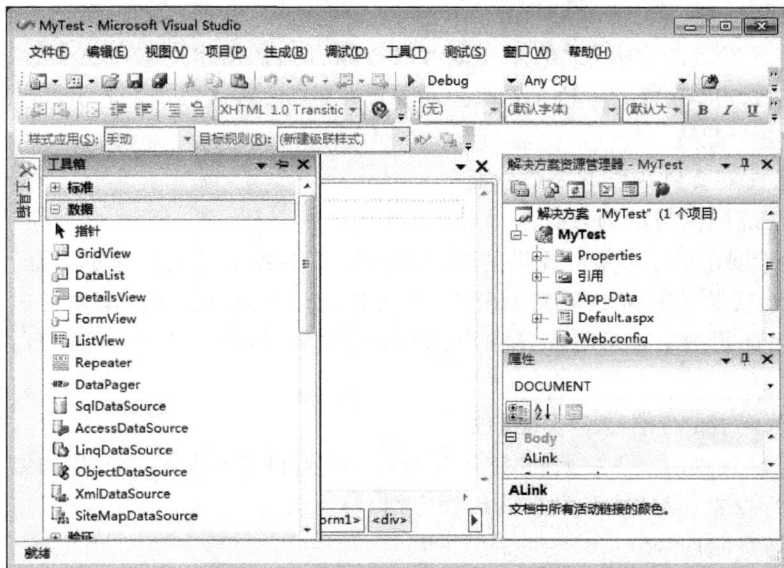

图 2-5   VS2008 的工具箱和解决方案资源管理器

2) 解决方案资源管理器

设计窗口右侧是【解决方案资源管理器】面板,以树状结构的形式列出了本项目中涉及的资源:其中"引用"下包含着本项目要引用的其他资源,"App_Data"下是本项目要用到的数据库文件,Default.aspx 是本项目默认的首个动态网页文件,web.config 文件是这个项目的配置文件。开发者可以通过【解决方案资源管理器】面板添加或删除项目中的某个资源,进行资源管理。

如果窗口右侧没有【解决方案资源管理器】面板,则可以利用系统菜单【视图】→【解决方案资源管理器】打开【解决方案资源管理器】面板。

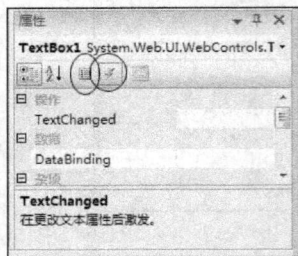

图 2-6   VS2008 的【属性】界面

3)【属性】面板

设计窗口的右下角是【属性】面板,如图 2-6 所示。当开发者选定主窗口中的某个对象时,【属性】面板中将显示出该对象在各个属性上的取值。通过【属性】面板,开发者还可以为对象设置对应的方法程序。图 2-6 内两个被用圆环标记的按钮中,左侧的按钮为【属性】按钮,右侧的按钮为【方法】按钮。

如果屏幕上没有【属性】面板,可以通过系统菜单【视图】→【属性窗口】命令打开。

4) 服务器资源管理器

利用"服务器资源管理器"可以完成打开数据库连接、在 SQL Server 中创建数据库、显示数据库和系统服务等操作。如果将服务器资源管理器中的节点直接拖动到主工作区中,就可以在当前项目中直接引用数据资源或者建立监视数据库内容的管理组件。

服务器资源管理器默认显示在 VS2008 设计界面的左上部。如果窗口左上部没有服务器资源管理器,也可以利用系统菜单【视图】→【服务器资源管理器】打开【服务器资源管理器】面板。

5. VS2008 配置

为了适应开发者的个人习惯,开发者可以按照自己的需求对 VS2008 的开发环境进行配置。改变 VS2008 配置的方法是:单击系统菜单【工具】→【选项】,打开【选项】对话框(见图 2-7),然后进行配置。

常见的配置主要包括以下 3 个方面。

1) 设置系统提供帮助的方式

对于学习者来讲,应用系统提供的帮助功能给予编程指导是常见的方法。如果在安装 VS2008 时已经安装了其帮助系统 MSDN,则可以配置系统为【仅在本地尝试,而不联机尝试】,如果使用此设置,当开发者寻求帮助时,VS2008 将只在本地的 MSDN 中查找帮助信息。

2) 设置编辑器的字体、字号和颜色

开发者可以通过图 2-7 左侧的"字体和颜色"项打开【字体】窗口,对编辑器使用的字体、字号、颜色进行设置,以适应开发者的编程习惯。

3) 为代码添加行号

在程序开发过程中出现语法错误是难免的,而系统通常利用行号标记出出错的位置。

为了方便开发者快速地定位到出错位置,可以在【文本编辑器】【所有语言】下的【常规】界面中,设置编辑器面板"显示行号"。

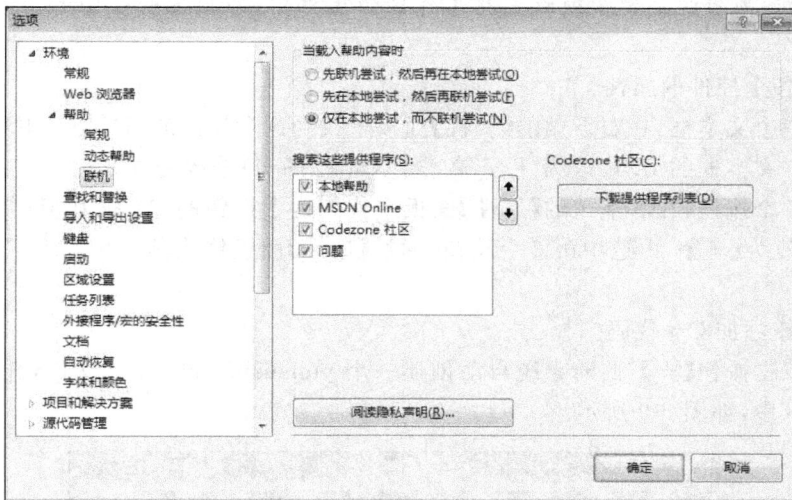

图 2-7 对 VS2008 进行配置

2.1.3 两个简单的 ASP.NET 程序

1. 利用 ASP.NET 制作简单的计算器

设置如图 2-8 所示的计算器程序。要求:当在【第一个数据:】和【第二个数据:】后输入数值后,单击【＋】则在【结果】后的文本框中显示出两数之和,单击【－】则在【结果】后的文本框中输出两数之差。

1) 新建动态网页文件

右击【解决方案资源管理器】面板中的项目名称MyTest,在弹出的快捷菜单中选择【添加】→【新建项】,系统将随后弹出一个【添加新项】对话框。

在对话框中选择【Web 窗体】,然后输入窗体的名称"Yunsuanqi",最后单击【添加】按钮。此时将有一个新的动态网页文件 Yunsuanqi.aspx 被添加到【解决方案资源管理器】面板中。

图 2-8 创建计算器的界面

2) 向动态网页中添加控件

动态网页"Yunsuanqi"被添加后,会自动在主工作区打开,并在工作区的顶部有一个虚框。这个虚框就是该动态网页的信息区域。

首先在虚框中输入文字"第一个数据:",然后从【工具箱】的【标准】类工具下拖动TextBox 控件(文本框控件)到"第一个数据:"后面。

按 Enter 键,光标进入下一行,输入文字"第二个数据:",然后再从【工具箱】中拖动一个TextBox 控件放到"第二个数据:"后面。

同理,输入文字"结果:",并放置"结果"后面的文本框。

最后,两次从【工具箱】的【标准】类工具下拖动 Button 控件(按钮)到"结果"下面的一行中。

注意:上述所有控件都必须放置在工作区的虚框中(即内置的<form>与</form>之间)。

3) 修改各个控件的属性

选中第一个文本框,在右下角的【属性】面板中找到这个控件的 ID,把其 ID 修改为 T1;同理把第 2 个文本框的 ID 修改为 T2;第三个文本框的 ID 修改为 TT。

选中第一个按钮,在右下角的【属性】面板中找到这个按钮的 ID,把其 ID 修改为 jia,把 Text 属性修改为【+】;再选中第 2 个按钮,通过【属性】面板修改其 ID 为"jian",其 Text 属性为【-】。

4) 为按钮添加 C♯代码

用鼠标双击按钮【+】,此时系统自动创建一个 yunsuanqi.aspx.cs 文件,并把此文件显示在主工作区中,如图 2-9 所示。

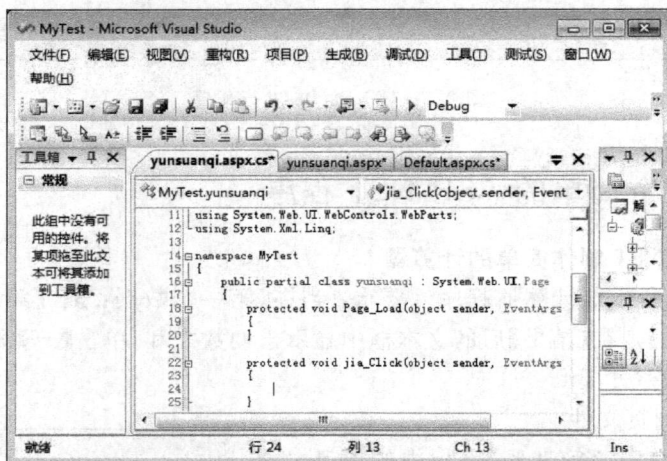

图 2-9　动态网页的 CS 程序的初始结构

从图 2-9 可知,对于动态网页"yunsuanqi",系统自动产生了一个名字为 yunsuanqi.aspx.cs 的文件,该文件用于存放全部 C♯代码。

在上述代码中有两行语句(见图 2-10)。

图 2-10　jia 按钮的 Click 事件的对应方法的框架

光标停在这两行语句的一对{}之间。从语句的格式可以知道:这是一个 C 语言的函数,函数名称为 jia_Click,即这个函数是用于处理【+】按钮的单击(Click)事件的,也就是说,设计者可以把单击按钮【+】时要执行的代码写在这里。

本例中,希望单击按钮【+】时自动取出文本框 T1 和 T2 的输入内容,把输入内容分别变成整型量后相加,然后把其"和"值转化为字符串后存放到 TT 文本框中。对应的语句如图 2-11 所示。

```
22  protected void jia_Click(object sender, EventArgs e)
23  {
24      int xx = Convert.ToInt32(T1.Text) + Convert.ToInt32(T2.Text);
25      TT.Text = xx.ToString();
26  }
```

图 2-11 jia 按钮的 Click 事件的对应的代码

同理,单击主工作区顶部的 yunsuanqi.aspx 标签,回到设计视图,双击按钮【一】,系统又自动回到 yunsuanqi.aspx.cs 的编码状态下,并增加了一个函数 jian_Click。然后为此函数添加代码,其代码如图 2-12 所示。

```
28  protected void jian_Click(object sender, EventArgs e)
29  {
30      int xx = Convert.ToInt32(T1.Text) - Convert.ToInt32(T2.Text);
31      TT.Text = xx.ToString();
32  }
```

图 2-12 jian 按钮的 Click 事件的对应的代码

5) 保存并测试

按快捷键 Ctrl+S 保存文件。

选择系统菜单【文件】→【在浏览器中预览】,系统将启动浏览器,在其中显示动态网页 yunsuanqi 的内容。

此时,可以输入一些整数,然后分别单击【+】和【一】按钮,观察程序的运行效果。

2. 利用 ASP.NET 制作简单的测试题程序

设计如图 2-13 所示的动态网页,在用户浏览网页时,系统给出题目,并根据答题情况给出成绩。如果成绩为 100 分,则提示"太棒了! Great!",如果在 70～100 之间,则提示为"很好,不错嘛!",如果高于 30 分低于 70 分,则提示为"有差距,尚需努力!"。如果低于 30 分,则提示"您与要求相差较多,请努力呀!"。

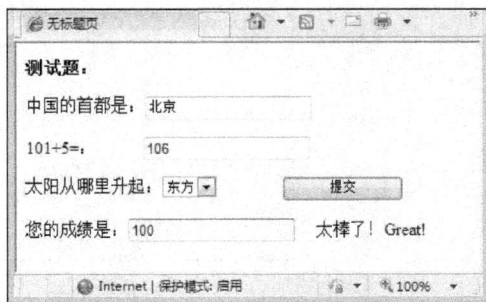

1) 新建动态网页文件

右击【解决方案资源管理器】面板中的项

图 2-13 设计测试题目

目名称 MyTest,在弹出的快捷菜单中选择【添加】→【新建项】,系统将随之弹出一个【添加新项】对话框。

在对话框中选择"Web 窗体",然后输入窗体的名称"ceshi",单击对话框底部的按钮【添加】。此时将有一个新的动态网页文件 ceshi.aspx 被添加到【解决方案资源管理器】面板中。

2) 向动态网页中添加控件

动态网页"ceshi"被添加后,会自动在主工作区打开,并在工作区的顶部有一个虚框。这是一个默认的"<DIV></DIV>"对象,位于"<form runat=server></form>"之间,动态网页的所有内容都要放在此对象之中。下面对新窗体进行如下操作。

① 在虚框中输入文字"测试题:",然后利用菜单【格式】→【字体】设置测试题的字形、字号。

② 按 Enter 键后,光标进入下一行,接着在下一行输入文字"中国的首都是:",然后从【工具箱】的【标准】栏目下拖动 TextBox 控件(文本框控件)到"中国的首都是:"后面。

③ 在下一行输入文字"101+5=:",然后再从工具箱中拖动一个 TextBox 控件放到它的后面。

④ 再在下一行输入文字"太阳从哪里升起:"然后再从工具箱中拖动一个 DropDownList(下拉式列表框)控件放到它的后面。

同理,输入文字"您的成绩是:",然后分别从工具箱中拖动 1 个 TextBox 控件和 1 个 Label 控件放到它的后面。

⑤ 从【工具箱】的【标准】栏目下拖动一个 Button 控件(按钮)到 DropDownList 控件后面。

3) 修改各个控件的属性

选中第一个文本框,在右下角的【属性】面板中找到这个控件的 ID,把其 ID 修改为 T1;同理把第 2 个文本框的 ID 修改为 T2,成绩对应的文本框的 ID 修改为 Sco。

选中唯一的 DropDownList 控件,从【属性】面板中找到其 ID 属性,修改为 T3;接着,单击此控件右上角的">"标记(智能按钮),选择【编辑项】,则打开一个设置下拉式列表框选项的对话框——【ListItem 集合编辑器】,如图 2-14 所示。

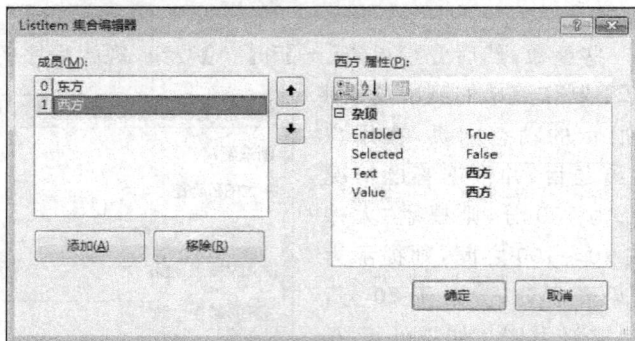

图 2-14　设计 DropDownList 的选项

从左侧单击按钮【添加】,系统将在左侧新增一个 listitem 项,针对此项,在右侧修改其 Text 和 Value 值。例如先添加"东方",再添加"西方",最后单击【确定】按钮,使之返回到主工作区界面。通过此操作,使此下拉式列表框有了两个选项,分别是"东方"、"西方"。

选中下拉式列表框按钮,在【属性】面板中找到这个按钮的 ID,把其 ID 修改为"pf",把 Text 属性修改为"【提交】"。

选中 Label 控件,利用【属性】面板修改其 ID 为"jielun",Text 属性值为空白。

4) 为按钮添加 C♯代码

以鼠标双击按钮【提交】,此时系统自动创建出一个 ceshi.aspx.cs 的文件,并把此文件显示在主工作区中,如图 2-15 所示。

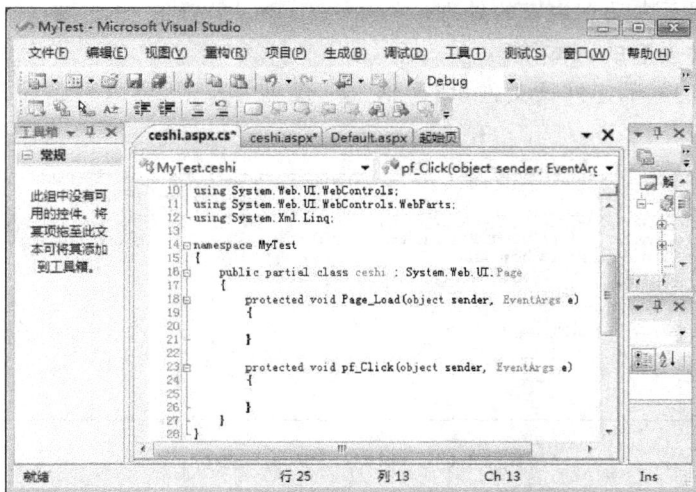

图 2-15　测试试卷程序的 C# 代码的框架

从图 2-15 可以看出，函数 pf_Click 就是对应于按钮"pf"的 Click 事件要执行的代码。即执行答案判定并给出结论。添加的代码如图 2-16 所示。

```csharp
protected void pf_Click(object sender, EventArgs e)
{
    int sss = 0;
    if(T1.Text.Trim() =="北京")
        sss=sss+30;
    if(T2.Text.Trim() == "106")
        sss = sss + 30;
    if(T3.SelectedValue=="东方")
        sss=sss+40;
    Sco.Text = sss.ToString();
    if (sss == 100)
        jielun.Text = "太棒了! Great!";
    else if (sss >= 70) jielun.Text = "很好! 不错嘛!";
    else if (sss >= 30) jielun.Text = "有差距, 尚需努力! ";
    else jielun.Text = "您与要求相差较多, 请努力呀! ";

}
```

图 2-16　测试试卷程序的 C# 代码

5）保存程序并预览程序效果

首先，使用快捷键 Ctrl+S 保存文件。

然后，按快捷键 Ctrl+F5，系统将启动浏览器，在其中显示动态网页 ceshi 的内容，对网页的运行效果进行测试。

2.2　C#语法基础

2.2.1　基于 C# 的 ASP.NET 程序的基本结构

在 VS2008 下，ASP.NET 程序至少由两个文件构成。其一是扩展名为 aspx 的文件，其中主要保存了页面设计、格式信息；其二是扩展名为 aspx.cs 的文件，其中保存了 C# 的语句,主要负责对网页中动态内容的处理。

1. aspx 文件内容的基本结构

打开一个新增的动态网页文件,切换到“源”代码方式下,可以看到如图 2-17 所示的基本结构。

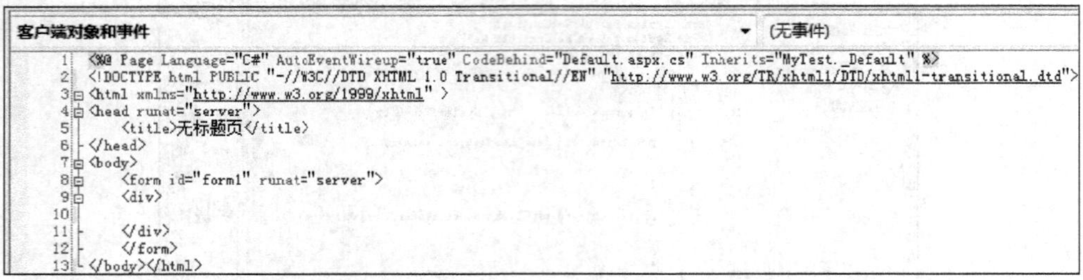


```
1  <%@ Page Language="C#" AutoEventWireup="true" CodeBehind="Default.aspx.cs" Inherits="MyTest._Default" %>
2  <!DOCTYPE html PUBLIC "-//W3C//DTD XHTML 1.0 Transitional//EN" "http://www.w3.org/TR/xhtml1/DTD/xhtml1-transitional.dtd">
3  <html xmlns="http://www.w3.org/1999/xhtml" >
4  <head runat="server">
5      <title>无标题页</title>
6  </head>
7  <body>
8      <form id="form1" runat="server">
9      <div>
10
11     </div>
12     </form>
13 </body></html>
```

图 2-17 aspx 文件的基本结构

文件的第 1 行说明此动态网页所采用的计算机语言是 C#,本网页所对应的 C# 源程序为 Default.aspx.cs,此网页是项目 MyTest 中的一个子页面。第 4~6 行是网页的头文件,<title>和</title>之间的内容是网页的标题,本网页标题为“无标题页”。第 7~13 行是网页的主体部分,其中包括一个运行于服务器上的表单(<form>)和一对<div>标记。

开发者向页面中添加的内容都将被放置在<div>和</div>之间。在<div>和</div>之间,开发者可以嵌入 HTML 语言的各种控制符号。

2. aspx.cs 文件内容的基本结构

在动态网页的设计视图下,向网页中添加一个按钮 Button,其默认的 ID 为“Button1”,修改其 Text 属性为“测试”。然后,以鼠标双击此按钮,系统会自动切换到其 aspx.cs 的编程状态,获得的操作界面如图 2-18 所示。

从图 2-18 可知,第 1~12 行是一组自动添加的 using 语句,列入了本程序要引入的包(也称名称空间)。由于 C# 是典型的面向对象程序设计,VS2008 提供了众多的 class(类)供开发者使用。因 VS2008 中内置 class 的数量很大,为便于管理,VS2008 把这些 class 归类存储,被分别存放在不同的名称空间中。如果开发者需要引用某个名称空间,就需要用 using 语句进行声明。

第 14 行是个 namespace 语句,表示定义了一个名字为 MyTest 的名称空间,而且此名称空间的作用范围为第 14~28 行,表示本网页的全部 C# 代码都被定义在这个名称空间中;第 16~27 行表示本网页定义了一个类(class),类的名称为_Default,它继承于 VS2008 系统内置的类 Page,这个类中包括了两个函数:其一是 Page_Load,可以把网页启动时需要直接运行的代码编写在这个函数中;其二是 Button1_Click,在其中输入按钮 Button1 被单击时需要执行的代码。

注意:响应 Button 对象的 Click 事件的方法名默认为“对象 ID_Click”。由于 Button 对象的默认 ID 为 Button1。因此,如果在更改 Button 对象的 ID 前创建该对象的 Click 方法,则该方法名通常为 Button1_Click,即使以后修改了该对象的 ID,其对应的 Click 方法名称也不会自动改变。

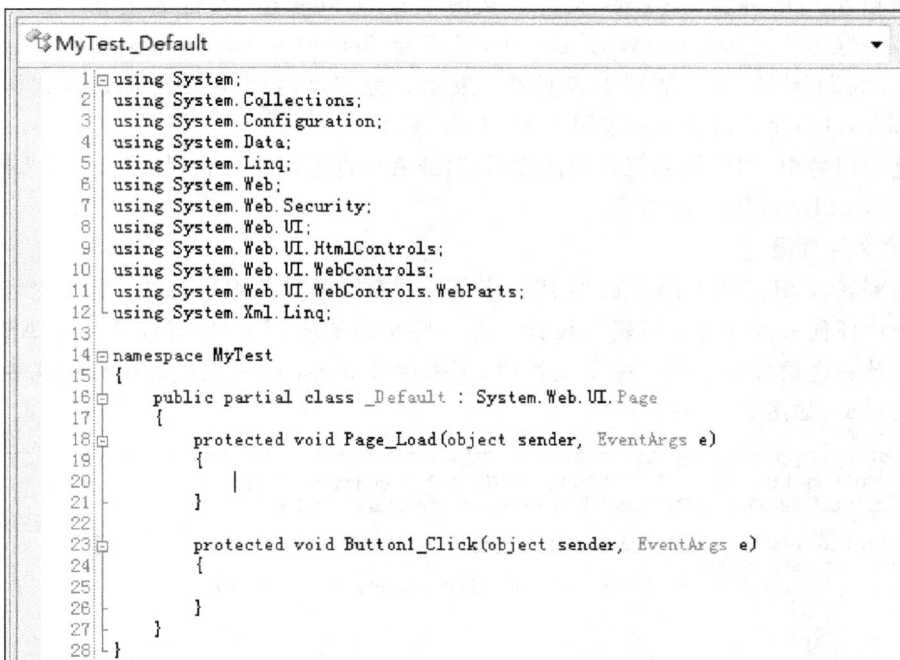

```
MyTest._Default
 1  using System;
 2  using System.Collections;
 3  using System.Configuration;
 4  using System.Data;
 5  using System.Linq;
 6  using System.Web;
 7  using System.Web.Security;
 8  using System.Web.UI;
 9  using System.Web.UI.HtmlControls;
10  using System.Web.UI.WebControls;
11  using System.Web.UI.WebControls.WebParts;
12  using System.Xml.Linq;
13
14  namespace MyTest
15  {
16      public partial class _Default : System.Web.UI.Page
17      {
18          protected void Page_Load(object sender, EventArgs e)
19          {
20              |
21          }
22
23          protected void Button1_Click(object sender, EventArgs e)
24          {
25
26          }
27      }
28  }
```

图 2-18 aspx.cs 文件的基本结构

因此可以说,这个 aspx.cs 文件由引用名称空间的语句(若干 using)和新定义的名称空间 MyTest 构成。在名称空间 MyTest 中,新定义了一个面向当前网页的 class,class 的名称与网页名称类似,这个 class 包含了两个函数,一个是 Page_Load 函数,另一个是响应按钮的 Click 事件的代码所构成的函数。

处于 class 中的函数也称方法。

3. 以 VS2008 设计动态网页的基本方法

基于上述分析,笔者认为 ASP.NET 动态网页的设计可以分为两个部分:其一是在可视化的界面下以鼠标拖动的方式组织页面上的控件,配置网页界面;其二是利用 VS2008 系统提供的 C♯集成化环境开发程序,为响应各个按钮的 Click 事件而编写代码。

在这一过程中,要充分借用 VS2008 提供的集成化开发环境,充分利用系统提供的各种类和控件。因此逐步地学习并掌握 C♯中的各种控件和类的属性、方法,是掌握 ASP.NET 开发动态网站技术的必要条件。

4. ASP.NET 网页的两种页模型形式

1) 代码隐藏页模型

VS2008 自动构成的 ASP.NET 网页至少由两个文件组成,真正地实现了界面设计与后台逻辑处理代码的分离,适合于多个人员共同开发网站的情形。它清晰地分开了界面设计与后台逻辑代码设计,便于美工人员集中精力设计界面,而把复杂的业务处理交由擅长程序编码的人员承担。这种结构称为代码隐藏页模型。

在代码隐藏页模型中,显示界面的代码包含于.aspx 文档中,而逻辑代码(C♯程序)包含于相应的 aspx.cs 文档中。为了说明二者的协作关系,需要在 aspx 文档中的@page 指令中说明需要引用的外部 aspx. cs 文件。从图 2-17 可以看出,首行的语句"<%@ Page Language="C♯" AutoEventWireup="true" CodeBehind="Default. aspx. cs" Inherits= "MyTest. Default" %>就清楚地表明了开发语言为 C♯,要引用的外部逻辑代码文件为 Default. aspx. cs,而且这个网页隶属于 MyTest 项目。

在这种模型中,如果外部逻辑文件找不到,或者外部逻辑文件错误,将会导致"未能加载类型"MyTest. Default!""的错误。

2) 单文件页模型

归根到底,ASP. NET 的 Web 应用程序是一种高级语言源程序文件。因此对于这种文件可以使用任何一种纯文本编辑器设计。在一些小型的应用中,也有程序员把 ASP. NET 的界面设计和逻辑代码集成在一个文档中,不采用独立 aspx. cs 文档。这种结构模型称为单文件页模型,如图 2-19 所示。

```
1  <%@ Page Language="C#" %>
2  <!DOCTYPE html PUBLIC "-//W3C//DTD XHTML 1.0 Transitional//EN"
3  "http://www.w3.org/TR/xhtml1/DTD/xhtml1-transitional.dtd">
4
5  <html xmlns="http://www.w3.org/1999/xhtml" >
6  <Script runat="server">
7         protected void btnSave_Click(object sender, EventArgs e)
8         {
9
10        }
11 </Script>
12 <head runat="server">
13     <title>无标题页</title>
14 </head>
15 <body>
16     <form id="form1" runat="server">
17     <div>
18         <asp:TextBox ID="txtXh" runat="server"></asp:TextBox>
19         <asp:Button ID="btnSave" runat="server" Text="输入" onclick="btnSave_Click" />
20     </div>
21     </form>
22 </body>
23 </html>
24
```

图 2-19　单文件页模型的基本结构

在单文件页模型的结构中,需要在"@Page"语句中声明开发语言,然后把逻辑代码用特定的标记<Script Runat="Server">和</Script>之间。

采用单文件页模型的 ASP. NET 应用程序不会产生找不到外部文件的问题,但界面设计与逻辑代码集成于一个文档下,会产生界面设计与逻辑代码开发的协调问题,不利于大型项目的开展。相比而言,采用代码隐藏页模型具有更好的远景。

2.2.2　C♯的数据类型

1. 常见的数据类型

C♯支持种类繁多的数据类型,本节只介绍最常用的几种。

1) 数值型数据

数值型数据是应用非常广泛的一类数据,其特点是能够参与各种数学运算。在 ASP.NET 的 C♯中,常见的数值型数据有整型和浮点型两类。

所谓整型,就是数学中的整数,如 1,2,3,…和－100、－78 等都属于整型。根据其表示数值的范围不同,可以分为 int 型和 long 型两类。其中 int 型为 32 比特有符号整数,取值范围在正负 21 亿之间,long 型为 64 比特有符号整数,取值范围在正负 10E19 之间。

所谓浮点数,就是数学中带有小数部分的数值,如 1.25,3.87,2.0 等都属浮点数。根据它表示数据的范围不同,可以分为单精度型(float)和双精度型(double)两种类型。

例如:

```
int x,y;
float w,z;
```

表示定义两个整型的未知数 x 和 y,然后定义两个单精度型的浮点数 w 和 z。

2)布尔型数据

布尔型数据也称为逻辑型数据,其值只有两个状态:true 和 false(即"真"和"假")。

布尔型数据用 bool 定义,主要用于各种逻辑运算。例如:

```
bool hunfou = false;
```

表示定义了一个布尔型数据 hunfou,而且其初始值为 false。

3)字符串型数据

字符串型数据,即由一串字符构成的数据,有时也简称为字符型数据。

字符串型数据用 string 定义,主要用于表达人名、语句、地名等各种字符串型信息。例如:

```
String xm = "张三";
```

表示定义了一个字符串数据 xm,而且其初始值为"张三"。

4)日期时间型数据

日期时间型数据,即由一串具备日期格式的字符构成,能够参与一般的加减运算。

日期时间型数据用 DataTime 定义,主要用于表达具体的日期或时间。例如:

```
DateTime dt = DateTime.Now;
```

表示定义了一个日期时间型数据 dt,而且其初始值为当前日期和当前时间。而"DateTime dt = DateTime.Today;"则表示获取当前日期。

5)数组

数组指多个同种类型的数据构成的一种数据类型,比如整型数组指多个整型数据结合在一起构成的复合类型,这是一种典型的引用类型。例如:

```
int []aa = new int[10];
```

表示定义了一个由 10 个整数构成的数组,如果需要提取数组中的某个数据,可以利用数组下标来指定它。

需要注意的是,在 C# 中,数组的下标从 0 开始。要提取上述数组 aa 中的第 4 个数,可用 aa[3]来表示。

2. 对 C# 数据类型的归类

C# 支持种类繁多的数据类型,但其大致可以被分为两大类。

1)值类型

顾名思义,值类型就是直接存放真正的数据,具备明确取值的类型。值类型有 3 大类:

基本型、结构型和枚举型。而基本型中又包括整型、浮点型和布尔型等。

2）引用类型

在计算机中，为表示相对复杂的一种数据（如数组、对象等），需要依靠标记内存地址来表达这个数据，这种具有复杂结构的数据位于受系统统一管制的堆上。这种类型叫做引用类型。

引用类型中包括数组、接口、class、委托等。常见的字符串类型就是一种引用类型，它属于 class 类型的范畴。

在 C♯应用程序中，在以引用类型作为参数的函数或方法中，通过地址实现参数传递。

3. 基本型与基于类的类型

对于 C♯的值类型数据来讲，其数据类型中仅包含了其数据而不包括对这种数据进行操作的各种方法，这种类型就是基本型。

随着面向对象程序设计的普及，对基类型的数据提出进行各种操作的要求。例如对字符串去除两端空格、求长度，对整型数据的类型转换等。为此，C♯对基本类型的数据进行了扩展，把它们变成了既保存数据，又封装操作方法的特定对象。于是基于类的数据类型出现了。

基于类的数据类型是一种引用类型，基本类型和基于类的类型可以隐式地相互转化。在 C♯的数据类型中，string 是一种基本类型，与 C 语言的 string 类型一致，而 String 是面向字符串的类，是一种基于类的字符串类型。int 是一种基本类型，而 Int32 则是一种基于类的整型。

4. 常量、变量与标识符命名

1）常量

常量就是生活中的常数、不能发生变化的量，常量的特点是名称和数据内容二者合一，没有区分。例如，数值"9"就是一个数值型常量，其名字和内容都是"9"；人名"李白"也是一个常量，它是字符型常量。常见的常量主要有两种。

（1）字符串常量。以英文的引号作为标志，一般使用双引号。例如"zhangsan"、"Wangyi"等。

（2）数值型常量。不需要特定标记，但其中的每个符号只能为数码。例如，800、700、400、657.28 等。

在具体的程序开发中，为了明确地表示某个常量的含义，或者便于直接对程序中使用此常量的地方进行统一处理，也可以对常量进行定义。定义常量需要以 const 关键字标注，例如：

```
const string xx = "张三";
```

表示定义了一个常量 xx，其值恒定为"张三"，不可在程序中修改。

2）变量

顾名思义，变量是其值可以发生变化的量，有点类似于中学数学中的未知数 x。在计算机程序设计中，每个变量都有一个变量名称，其中可以存储各种各样的内容。因此，变量可由变量名称和变量内容两部分组成。

在 C♯中，变量在使用前必须先声明，变量的类型一旦确定，就只能存储对应类型的内容。例如,字符型变量只能存储字符型内容,整型变量只能储存整型数值。

3) 变量命名规范

变量的名称在计算机中以标识符的形式存在。作为变量名称的字符串必须满足以下条件。

(1) 变量名必须以字母或者 $ 、下划线开头,中间不能带有空格和标点符号。

(2) 变量名以字符串的形式出现,但不带有引号。也就是说,在计算机系统中,计算机一旦发现带有引号的字符串,就认定这是一个字符型常量;只有不带引号的字符串,才被认定为变量名称。

(3) 根据变量的预定义类型,可以向变量中存储内容。

(4) 在一个作用域范围内,一个变量只能被定义一次,只能被定义为一种类型。

(5) C♯语言的保留字不能作为变量名称使用。

例如:

```
String a1;              //声明一个字符串类型的变量 a1;
int i = 10;             //定义一个整型变量 i,而且为此变量赋值 10。
```

例如,xx、x1、hello、Good 等都是合法的变量名称,而 5x、x/5、x * 8、98RT 等都不是合法的变量名称。另外,由于 C♯语言区分大小写字母,XX 与 xx、Hello 与 HELLO、X8 与 x8、strBoy 与 strboy 都是不同的变量名称。

2.2.3 C♯的运算符

C♯支持种类繁多的运算符,本节只介绍最常用的几种。

1. 主要的算术运算符

C♯的主要算术运算符有加(+)、减(−)、乘(*)、除(/)、求余数(%)五种。

这些运算符全部是二元运算符,即在运算符两侧各有一个数值型数据,利用运算符进行运算。在运算过程中,简单数据类型可以自动地转化为相对复杂的数据类型。

例如:

```
float y = 8 − 5/4 + 21.5
```

结果为:y=28.5,因为5/4是两个整型相除,结果等于1。

2. 比较运算符

两个数据进行比较,需要使用比较运算符,比较运算后的结果为布尔型量。常用的比较运算符有如下几个:相等比较(==)、大于(>)、小于(<)、大于或等于、(>=)、小于或等于(<=)、不等于(!=)、类型检测(is)。

3. 逻辑运算符

两个布尔型数据进行与、或运算,需要使用逻辑运算符。常用逻辑运算符形式如下:

- 与关系(&&)
- 或关系(‖)

在实际操作中,逻辑运算符的两侧经常是两个比较运算式。例如:

```
x > = 5 ‖ y < 4
```

4. 位运算符

位运算符,指按照二进制位进行操作的运算符。比如按照二进制位进行左右移位,或者两个数值按照二进制形式进行与、或、非运算。

1) 移位运算

左移位(<<):向左移动若干位。例如 4<<3,代表把数据 4 向左移动 3 位,结果为32。对于一个较小的正整数,每左移 1 位,相当于数值乘以 2。

右移位(>>):向右移动若干位。例如 4>>2,代表把数据 4 向右移动 2 位,结果为 1。对于一个较大的正整数,每右移 1 位,相当于数值除以 2。

2) 位的"与或非"运算

对于任意两个数值,可以按照二进制位进行与、或、非运算。对应的操作符号是:

- 与(&)
- 或(|)
- 非(~)
- 异或(^)

5. 自增自减运算符

为提高编程效率,C♯ 支持变量的自增和自减运算。

1) 自增运算

自增运算,指变量自动增加其值的运算。常见的符号有两种形式:"x++;"或"++x;"前者表示先进行其他运算,然后再执行自增操作。后者表示先进行自增运算,再进行其他运算。

2) 自减运算

自减运算,指变量自动减少其值的运算。常见的符号有两种形式:"x--;"或"--x;"前者表示先进行其他运算,然后再执行自减操作。后者表示先进行自减运算,再进行其他运算。

3) 扩展操作

对于在当前数据基础上进行处理,然后把操作结果存回当前数据的操作,可以看做自增、自减运算的扩展操作。其常用符号有:+=(自加赋值)、-=(自减赋值)、*=(自乘赋值)和 /=(自除赋值)。

4) 示例

已知"int x=5,y=6,z=7;",下列每个语句独立地执行,则:

```
int a = x + (y++);        //结果: a = 11, y = 7;
int b = x + (++y);        //结果: b = 12, y = 7;
int c = x + (-- z);       //结果: c = 11,z = 6;
z *= 6;                   //结果: z = 42;
x -= y;                   //结果: x = -1;
```

2.2.4　C♯ 的基本语句

和其他高级语言一样,C♯ 也提供了几种常见的控制语句,用于控制程序的走向。常见的控制语句包括:分支语句(也称选择语句)和循环语句。另外,赋值语句和捕捉异常语句也是 C♯ 设计中常用的语句格式。

C♯ 规定：C♯ 的语句区分大小写字母，每个语句必须以分号";"结束，一行中允许输入多个语句。

1. 赋值语句

赋值语句是各种高级语言中应用最普遍的语句，表示把一个常量或者变量赋值给另外一个变量的操作。赋值使用符号"="。例如：

```
int x = 5;                      //把常量 5 赋值给整型变量 x;
String ss = "李萍";             //把字符串常量"李萍"赋值给字符串变量 ss;
int i,j,k,l; i = j = k = l = 6; //同时把 6 赋值给整型变量 i,j,k,l。
```

2. 分支语句

1) 二路分支语句

二路分支语句为程序的走向提供两种可能，对于满足条件的情况，执行第一个模块的代码，否则执行第二个模块的代码。提供二路分支的语句是 if 分支语句。if 语句的基本格式为：

```
if(条件式){满足条件的模块；} else {不满足条件执行的模块；}
```

如果程序在不满足条件时不执行任何代码，则可以省略 else 子句，把这个语句简化为以下格式：

```
if(条件式){满足条件的模块；}
```

2) 多路分支语句

当需要判断的条件比较多时，可以使用 switch 语句进行多路分支的判断。switch 语句中可以包含多个 case 区段，每一个 case 后可以指定一个常数。其基本格式为：

```
switch(变量或表达式){
  case 常量式 1:语句序列 1;
  case 常量式 2:语句序列 2;
  case 常量式 3:语句序列 3;
      …
  default:语句序列 n; }
```

注意：如果满足条件的常量对应的语句序列中不包含"break；"语句，则可能从满足条件的语句序列开始执行，把其他常量式对应的语句序列也一并执行了。所以，应该在每个语句序列中恰当地添加"break；"语句。

3. 循环语句

C♯ 支持的循环语句有 for 语句、while 语句、do-while 语句和 foreach 语句。其中 for 语句常常用于明确循环次数的循环操作，while 语句和 do-while 语句则针对循环条件明确、但循环次数不易知道的循环操作，foreach 则主要面向集合操作。

1) for 语句

for 语句的基本格式为：

```
for(初始值；循环条件；循环控制){需要循环执行的代码；}
```

例如:

```
int sum = 0;
for(int i = 1;i < = 100;i++) sum = sum + i;
  //把 1～100 的数据累加到 sum 中,明确地知道循环次数;
```

2) while 语句

while 语句的基本格式为:

```
while(循环条件){循环体语句; }
```

在这种循环结构中,一般需要预先设定循环控制变量的初值,而且要在循环体中对循环控制变量进行修正。如果循环条件恒为 true,为避免出现死循环,就需要在循环体中包含"break;"语句。例如:

```
int sum = 0; int i = 1;
while(i < = 100) {sum = sum + i; i++; }
  //把 1～100 的数据累加到 sum 中,以 i 的值小于或等于 100 作为循环条件;
```

3) do-while 语句

do-while 语句的基本格式为:

```
do {循环体语句; } while(循环条件);
```

在这种循环结构中,一般也需要预先设定循环控制变量的初值,而且要在循环体中对循环控制变量进行修正。如果循环条件恒为 true,为避免出现死循环,就需要在循环体中包含"break;"语句。

与 while 语句相比,此语句先执行一次循环体,再进行循环条件判定。因此在这种循环结构中,循环体至少有一次执行的机会,而在 while 结构中则存在循环体不能获得执行机会的可能性。例如:

```
int sum = 0; int i = 1;
do {sum = sum + i; i++; } while(i < = 100);
  //把 1～100 的数据累加到 sum 中,以 i 的值小于或等于 100 作为循环条件;
```

4) foreach 语句

foreach 语句的基本格式为:

```
foreach(类型 变量名 in 集合名称) {循环体语句; }
```

foreach 语句主要用于控制集合操作,其目标是把集合中的每一个元素都逐一地进行处理。

5) 两个跳转语句

break 和 continue 是两个跳转语句。break 负责跳出最近封闭的一层循环,而 continue 则跳转到包含它的最内层循环的开始处。

4. 异常处理语句

异常是指在程序执行过程中出现的错误。尽管程序开发者尽可能保证程序代码的正确性和有效性,但有些异常现象是难以控制的。比如网站访问数据库,就可能由于数据库的异常或者网络阻塞导致读取数据失败。对于诸如此类的非可重复性问题,不是程序开发者预先能够完全控制的。为此需要在程序开发时预留一些措施,针对异常现象进行处理。

异常处理语句包括两个类型:其一是抛出异常;其二是捕捉异常并进行处理。

1) 抛出异常

C♯使用"throw〔表达式〕;"来抛出异常。

在使用 throw 语句抛出异常时,如果带有表达式作为参数,则参数必须是 System. Exception 的类型或其子类型。例如:

```
throw new Exception("求平方根的数据不能是负数!");
```

如果 throw 语句不带表达式参数,则此语句只能用在 catch 模块中。在这种情况下,它抛出的异常由 catch 模块中的语句直接处理。

2) 捕捉异常并处理

C♯使用"try-catch"语句捕捉异常现象并进行处理。

捕捉异常并处理的语句格式是:

```
try { 可能产生异常的语句序列; } catch(异常的类型) { 处理异常的语句序列; }
```

有时,开发者希望无论程序是否产生异常,都必须运行某些特定的语句。比如在进行数据库操作时,无论系统是否产生异常,在数据访问结束后都应该执行关闭数据库的操作。此时可以使用下列捕捉异常并进行处理的格式:

```
try { 可能产生异常的语句序列; }
catch(异常的类型) { 处理异常的语句序列; } finally {必须要执行的语句序列; }
```

2.2.5 简单应用程序实例

在 VS2008 下新建项目,命名为 MyTest2,然后分别创建 4 个动态网页文件,完成以下任务。

1. 数据的累加

要求设计一个数据累加器,当在文本框中输入一个整型数值并单击【计算】按钮后,系统自动计算出 1 至该数值之间的累加值。如果输入的数据小于 1,则给予提示"输入的数值不能小于 1"。界面如图 2-20 所示。

1) 设计过程

首先,右击解决方案资源管理器中的项目名称,在弹出的快捷菜单中选择【添加】→【新建项】,然后选择"Web 窗体",并命名为 leijiaqi。为项目新增一个 Web 窗体。

接着,直接在 leijiaqi.aspx 的设计视图下输入文字"累加器",并适当调整字体、字号。

第三,从工具箱中拖动一个文本框(TextBox)、文字标签(Label)和一个按钮(Button)控件到窗体中。

第四,修改文本框的 ID 为 txtData,标签的 ID

图 2-20 累加器的设计模型

为 jieguo、Text 属性值为空串,按钮的 ID 为 cal、Text 属性值为"计算"。

最后,保存此文档。

2)关键代码

在 leijiaqi. aspx 的设计视图下双击按钮"cal",此时系统自动切换到 leijiaqi. aspx. cs 的编程状态,为 cal_Click 函数添加代码,得到的代码如图 2-21 所示。

```
23  protected void cal_Click(object sender, EventArgs e)
24  {
25      int xx = Convert.ToInt32(txtData.Text);
26      if (xx < 1)
27          Response.Write("<script>alert('输入的数值不能小于1。');</script>");
28      else
29      {
30          int sum = 0;
31          for (int i = 1; i <= xx; i++) sum = sum + i;
32          jieguo.Text = sum.ToString();
33      }
34  }
```

图 2-21 累加器 C#代码

3)补充说明

Response. Write 语句输出的是一个运行于客户端的 JavaScript 语句,其目的是为了产生效果较好的警示框的效果。

如果开发者系统提示信息以弹出警示窗口的方式出现,则可以使用"alert('提示信息')"命令输出提示信息,但注意这条命令必须用<script>和</script>包括起来。

2. 计算阶乘的值

设计阶乘计算器,当在文本框中输入一个整型数值并单击【计算】按钮后,系统自动计算出该数值的阶乘。如果输入的数据小于 1,则给予提示:"输入的数值不能小于 1"。如果输入的数据大于 15,则给予提示:"输入的数值不能大于 15"。界面如图 2-22 所示。

1)设计过程

首先,新增 Web 窗体:jiecheng。

其次,为 Web 窗体添加如图 2-22 所示的控件和文字,并分别修改这些控件的 ID 属性和 Text 属性。

最后,保存这个 Web 窗体。

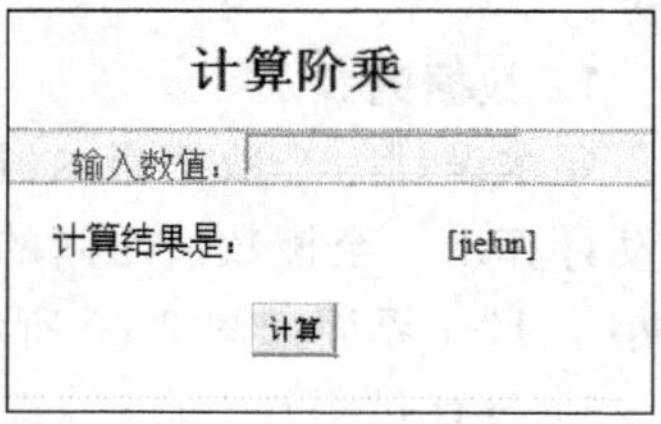

2)关键代码

在 jiecheng. aspx 的设计视图下的双击按钮"cal",此时系统自动切换到 jiecheng. aspx. cs 的编程状态,为 cal_Click 函数添加代码,得到的代码如图 2-23 所示。

图 2-22 计算阶乘程序的界面图

3. 对星期的中文输出

设计一个自动以中文输出星期几的小程序。当单击按钮【今天星期几?】后,自动在后面以中文方式输出:"今天是星期 * !"(要求 * 处是正确的星期之值)。

1)设计过程

首先,新增 Web 窗体:week_for。

其次,为 Web 窗体添加如图 2-24 所示的按钮和文本框,并修改按钮的 ID 为 lookfor、Text 属性值为"今天星期几?",然后修改文本框的 ID 为"txtData"。

```
23  protected void cal_Click(object sender, EventArgs e)
24  {
25      int xx = Convert.ToInt32(txtData.Text);
26      if (xx < 1)
27          Response.Write("<script>alert('输入的数值不能小于1。');</script>");
28      else if (xx > 15)
29          Response.Write("<script>alert('输入的数值不能大于15。');</script>");
30      else
31      {
32          int jie = 1;
33          for (int i = 1; i <= xx; i++) jie *= i;
34          jieguo.Text = jie.ToString();
35      }
36  }
```

图 2-23　计算阶乘程序的 C# 代码

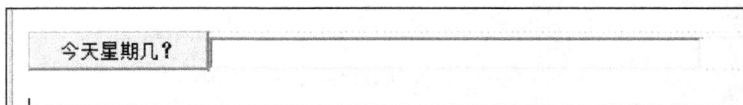

今天星期几?

图 2-24　转换星期几的程序界面图

最后,保存这个 Web 窗体。

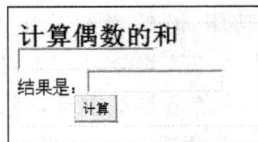

2) 关键代码

在 weekfor.aspx 的设计视图下的双击按钮"lookfor",此时系统自动切换到 weekfor.aspx.cs 的编程状态,为 lookfor_Click 函数添加代码,得到的代码如图 2-25 所示。

```
23  protected void lookfor_Click(object sender, EventArgs e)
24  {
25      DateTime dt = DateTime.Today;
26      String str = "";
27      switch (dt.DayOfWeek.ToString())
28      {
29          case "Monday": str = "星期一"; break;
30          case "Tuesday": str = "星期二"; break;
31          case "Wednesday": str = "星期三"; break;
32          case "Thursday": str = "星期四"; break;
33          case "Friday": str = "星期五"; break;
34          case "Saturday": str = "星期六"; break;
35          case "Sunday": str = "星期日,休息日!"; break;
36
37      } txtData.Text = "今天是: " + str;
38  }
```

图 2-25　转换星期几的 C# 代码

4. 判断偶数并求和

要求设计一个偶数求和计算器,当在文本框中输入一个整型数值并单击按钮【计算】后,系统自动计算出 1 到该数值之间的所有偶数之和。如果输入的数据小于 1,则给予提示"输入的数值不能小于1"。

1) 设计过程

首先,新增 Web 窗体：oushu。

接着,为 Web 窗体添加如图 2-26 所示的控件和文字,并分别修改这些控件的 ID 属性和 Text 属性。

最后,保存这个 Web 窗体。

计算偶数的和

结果是：
计算

图 2-26　计算偶数之和的程序界面图

2）关键代码

在 oushu.aspx 的设计视图下的双击按钮"cal",此时系统自动切换到 oushu.aspx.cs 的编程状态,为 cal_Click 函数添加代码,得到的代码如图 2-27 所示。

```
23 protected void cal_Click(object sender, EventArgs e)
24 {
25     int xx = Convert.ToInt32(T1.Text);
26     if (xx < 1)
27         Response.Write("<script>alert('输入的数值不能小于1。');</script>");
28     else
29     {
30         int sum = 0;
31         for (int i = 1; i <= xx; i++)
32             if (i % 2 == 0) sum = sum + i;
33         txtData.Text = sum.ToString();
34     }
35 }
```

图 2-27　计算偶数之和的 C♯代码

2.3　面向对象程序设计

2.3.1　面向对象程序设计的基本概念

面向对象的程序设计思想是 20 世纪 90 年代中期兴起的一种编程思想,随着 Windows 的兴盛而日益普及。面向对象程序设计的基本思想就是设计和创建 class(类),并由 class 生成对象,然后由对象完成用户期望的功能。

面向对象的程序设计已经成为当前程序设计的主流思想。当前,几乎所有的系统开发都是基于面向对象的程序设计思想的。

1. 什么是面向对象的程序设计

什么是面向对象的程序设计?在仔细地阐述这一概念之前,先阐述客观世界中的一个社会现象。如果笔者想开一个餐馆,该怎么办呢?其实答案很简单:至少需要招聘一名厨师,招聘几名服务员,还要招聘财会人员和采购人员。在这个过程中,厨师、服务员,财会人员和采购人员的名字并不重要,重要的是各类人员必须具备相应的技能。即厨师应该具备炒菜的技能,财会人员具备会计和收款能力,采购人员掌握行情并能够买到合适的菜品,总之,笔者需要从各类人员中选择具备相应技能的个体,使之加入到笔者的餐馆中来。当各种个体已经具备,餐馆就可以开张了。如果笔者需要的某种人员并不存在,那么就需要寻找一个最接近需求的人员,然后对这个人进行培训,逐步使之达到要求。

对这一过程进行思考,我们会发现:笔者在招聘人员时是按照人员类别来招聘的,但某个个体应聘后就成为一个具体的实例在餐馆中存在。也就是说:在招聘组织人员的时候,笔者关注的是某个类别的人员是否存在,但最终能发挥作用的却是一个具体的个体。比如,笔者招聘厨师,笔者的关注点是厨师,并不强调一定是某个具体的人。如果"张三"应聘成功,那么"张三"就会以一个具体对象的形式存在于餐馆之中,并且发挥着厨师的作用。在这里,厨师的名字并不重要,但只要是厨师,就必须具备厨师的技能。

进一步思考这一过程中,要想餐馆成功开张,对餐馆主人的要求是什么?答案是明确的:餐馆主人必须要掌握餐馆的人员组成结构,了解每一类人员的专长和特点,明确如何才能使各类人员协调地工作。

事实上,面向对象的程序设计就和笔者开餐馆的思路是一样的。在程序开发过程中,开发者的首要任务就是明确新程序需要由哪些种类的对象构成。接着,利用相应的类(class)创建对象,并修改对象的属性取值,为对象撰写响应事件的程序代码就可以了。因此,在面向对象的程序设计过程中,开发者需要明确系统提供的类(class)有哪些,每个类产生的对象有哪些属性、哪些方法,如何才能使相关的几种对象协同工作。可以说,学习面向对象的程序设计,就是学习这种开发工具有哪些类别的对象可以使用,并进而使这些对象在同一程序内部协作的过程。

2. 对象的概念

在程序设计过程中,人们把这些包含动态属性和静态属性的客观事物通称为对象,在设计程序过程中综合考虑这些事物的静态属性和动态属性,把描述事物静态属性的状态和描述事物动态属性的方法封装在一个称为对象的程序块中。

对象(object)是一个封闭体,它由一组数据和施加于这些数据上的一组操作组成。具体地说,客观事物中的一个活体除了具有静态的属性,还有遭到某种事件后做出反应这一动态属性。由于对象是对客观事物的抽象化,那么对象中描述客观事物的静态属性的数据,被简称为对象的状态,对象中的一些程序代码描述客观事物遭受刺激后所做出的反应,这种反应是客观事物的动态属性,被称为对象的方法。客观事物遭受到的刺激被称为事件(event)。从上面语义可以知道,对象的方法(method)往往与一定的事件相对应。

在前面的几个实例中,放置于 Web 窗体中的按钮、文本框等都是对象,它们都既具有长、宽和颜色等静态属性,同时也可以具有面临鼠标单击事件、鼠标双击事件时的代码段。程序开发的过程就是在窗体中创建不同的对象,并设置对象的静态属性和动态方法的过程。这种方法被称为面向对象的程序设计方法。

对象可泛指客观世界中的任何事物,既可以是客观世界中具体的一个物体,例如一个学生、一只小狗,也可以指客观世界中的一次活动。面向对象的设计方法把对象看成研究的基本单位。

3. 类的概念

类(class)是对象的模板,是对一组相同对象的基本属性和方法的描述。为了减少程序设计中创建对象的重复性劳动,系统创造了许多关于对象的模板(即许多内置的类)。这样当人们创建一个新对象时就不需要从起始点创建这个对象,而是可以根据某个相似模板建立新对象,然后再对新对象的某些属性、方法加以修订。

因此,类是由所有相似对象的状态和方法构成的模板,对提高程序的代码重用性和系统设计效率都非常重要。

4. 面向对象方法的技术特点

传统的结构化程序设计把功能作为系统的基本组成单位,在设计过程中注重对系统功能的模拟。而面向对象的设计方法则把对象作为程序的基本组成单位,对象中既要包括对对象状态的描述,还要包括描述对象行为的大量程序代码。设计过程中需要通过对对象及其关系的模拟,最终来实现系统功能。

面向对象的方法主要具有以下特点。

(1)封装性。封装性是指对象把状态和方法封装在一个整体中,它突破了传统程序中数据和代码分离的处理方式。把对象的动态属性也看成对象自身的一部分,与静态属性封装在一起。

(2)抽象性。由于对象是对客观事物的抽象。类是对象的模板,是对具体对象的抽象,类抽象并封装了一组相似对象的所有属性和方法。因此面向对象的方法具有很强的抽象性。

(3)继承性。在面向对象的设计中,对象由类生成,新对象自动具备类的所有状态和方法。另一方面,类还可以派生出子类,子类可以自动继承父类的属性和方法。这就是面向对象程序设计的继承性思想。正是继承性,使得面向对象的开发变得简单,复杂对象的创建过程变成对相似对象的修补过程,极大地提高了开发效率,提高了软件的可重用率。

(4)多态性。对象间可以通过消息建立动态连接,实现对象间的联系。同一消息发送给不同的对象能够引起不同的操作。对象还能够根据参数的类别和性质,分别执行不同的操作,这也是对象多态性的表现形式。动态连编技术的使用,极大限度地提高了程序的灵活性。

总之,面向对象的设计方法更符合人们认识世界的思路;面向对象的继承性极大地提高了代码的可重用性;面向对象的封装性提高了系统的可维护性和可扩展性;面向对象的多态性使得系统的灵活性有了很大的提高。面向对象的方法在当前信息系统和动态网站的开发中越来越受到重视,特别是.NET框架和JSP等新型的信息系统开发工具的出现,为面向对象方法的应用开辟了广阔天地。

2.3.2　定义类的基本方法

1. 定义类的基本思路

ASP.NET的底层全部是用类来实现的。无论是界面上的控件,还是数据类型,甚至每一个Web窗体都会构成一个类(class)。由于面向对象的程序设计中对象具有封装性,用户只需要知道某个类对外的属性和方法,不需要知道类的内部到底是如何工作的,就可以操作该类派生的对象。这一思路保证了面向对象程序设计的高效性。

在ASP.NET 3.5页面对应的类包含在相应的aspx.cs文件中,前面的几个案例已经说明了这一点。而用户根据需要自定义的类应该存放在App_Code文件夹下。

1) 定义类的语法格式

创建一个新class的语法格式如下:

```
[修饰符] class 类名称{
    [定义成员变量; ]
    [定义类的构造函数;]
    [定义类的 setter 与 getter 函数;]
    [定义类的其他操作函数;]
}
```

2) 对类定义中相关信息的说明

所谓类的修饰符,主要有访问范围修饰符、abstract、static、partial 和 sealed。其中,访问范围修饰符主要包括 public、protected、private 和 internal 等形态。而 abstract 修饰符表示此类是个抽象类,其中含有抽象方法,不能直接派生对象;以 static 修饰的类为静态类,不能直接以 new 创建其对象,但可以直接访问其中的数据和方法;以 partial 修饰的类是分布式类,表示这个类的定义可能被分割到多个源文件中,所有的 Web 窗体对应的类都使用了此修饰符;以 sealed 修饰的类是密封类,该类不能被其他类继承。

所谓成员变量,是指只属于类,而不属于任何一个函数(方法)的变量。对于成员变量,可以使用访问范围修饰符对其作用域进行设置。

面向对象程序设计中创建类的目的是生成对象,并利用对象实现特定的功能。人们在利用"new 类名();"语句创建对象时,系统会自动运行一个函数名与类名完全相同的函数以实现创建对象的工作,这个函数不能被其他程序调用,只能在创建对象时被系统自动调用,它被称为构造函数。一个类中可以有多个参数不同的构造函数,以适应产生对象的需要。在构造函数的定义中,不允许有返回值,也不能规定函数的数据类型。但是,为保证创建对象时能够顺利地调用构造函数,对构造函数一般声明为 public 形式。

为了保障对象的封装性,避免外部程序对对象的成员变量直接操作,一般在定义类时需要定义一系列的 setter 和 getter 函数。其中 setter 函数负责对成员变量值进行修改,而 getter 函数则负责读取成员变量的值。如果一个类没有提供某成员变量的 setter 函数,则认为这个成员变量是只读的。

为了实现特定的要求,除上述函数外,开发者还可以根据需求定义其他的函数。

注意:定义在类中的函数也叫方法。

3) 变量作用域与访问修饰符的作用

C#中没有全局变量,定义在类层次下的变量是成员变量,其作用域由访问范围修饰符控制。定义在方法(函数)内但不属于程序语句块的变量,称为局部变量,不需要用访问范围修饰符控制,其作用范围就是定义它的函数块。定义在语句块内部的变量,属于块变量,其作用域就是定义它的语句块。对于块变量来讲,当程序执行完定义它的语句块后,该变量就会被系统回收。

- public,表示被修饰的变量或类是公共类型,可以不受限制地被访问。
- private,表示被修饰的变量是私有类型,带有此修饰符的变量只能应用在定义它的类中,不能被其他的类直接访问。
- protected,表示被修饰的变量是保护类型,带有此修饰符的变量可以被定义它的类和它的所有子类访问。

2. 定义类的具体案例

下面的例子定义了一个学生类,其成员变量有姓名、性别、年龄,成绩 1、成绩 2、成绩 3。然后类中定义了两个构造函数,若干个 setter 方法和 getter 方法,以适应不同的需要。另外,这个类还定义了一个获取学生平均成绩的方法 getpj。

1) 创建 Student 类

利用 MyTest2 的解决方案管理器,为项目 MyTest2 执行【添加】→【新建项】,接着选择【类】,命名为 MyClass. cs 文件。然后在编辑状态中输入以下的类定义代码,如图 2-28 所示。

2) 以 Web 窗体调用 Student 类

利用 MyTest2 的解决方案管理器,为项目 MyTest2 执行【添加】→【新建项】,接着选择"Web 窗体",命名为 stugl. aspx 文件,在其设计视图下设计出如图 2-29 所示界面。

```
01  using System;
02  using System.Data;
03  using System.Configuration;
04  using System.Linq;
05  using System.Web;
06  using System.Web.Security;
07  using System.Web.UI;
08  using System.Web.UI.HtmlControls;
09  using System.Web.UI.WebControls;
10  using System.Web.UI.WebControls.WebParts;
11  using System.Xml.Linq;
12
13  namespace MyTest2{
14    public class Student {                          //定义一个名字为 Student 的类
15      private String xm,xb;                         //定义成员变量姓名,性别
16      private int age,sco1,sco2,sco3;               //定义年龄,成绩1,成绩2,成绩3
17
18      public Student()                              //无参数的构造函数
19      {
20        xm = xb = ""; age = 21;
21        sco1 = sco2 = sco3 = 0; avgsco = 0;
22      }
23      public Student(String xm, String xb, int age, int sco1, int sco2, int sco3){
24            //定义有参数的构造函数,构造函数重载
25        this.xm = xm; this.xb = xb; this.age = age;
26        this.sco1 = sco1; this.sco2 = sco2; this.sco3 = sco3;
27      }
28      public String sxm {                           //姓名的 setter 与 getter 函数
29        get { return xm; }
30        set { this.xm = value; }
31      }
32      public String sxb {                           //性别的 setter 与 getter 函数
33        get { return xb; }
34        set { this.xb = value; }
35      }
36      public int ssco1 {                            //成绩1 的 setter 与 getter 函数
37        get { return sco1; }
38        set { this.sco1 = value; }
39      }
40      public int ssco2 {                            //成绩2 的 setter 与 getter 函数
41        get { return sco2; }
42        set { this.sco2 = value; }
43      }
44      public int ssco3  {                           //成绩3 的 setter 与 getter 函数
45        get { return sco3; }
46        set { this.sco3 = value; }
47      }
48      public float getpj() {                        //定义了一个求学生成绩平均值的普通函数
49        float xx = (float)(sco1 + sco2 + sco3) / 3;
50        return xx;
51      }
52    }
53  }
```

图 2-28 创建 Student 类的代码图

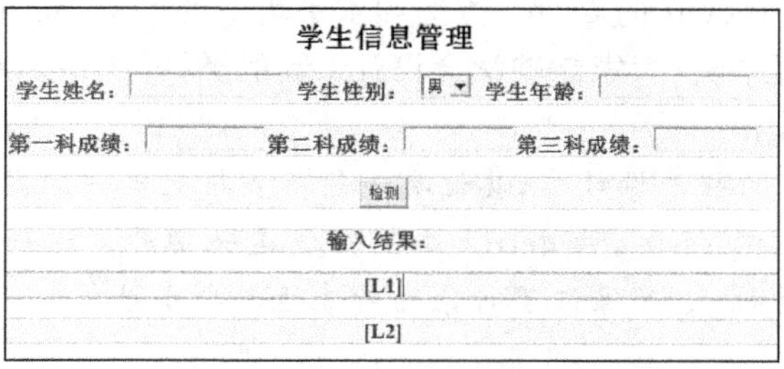

图 2-29 设计"学生信息管理"界面图

分别命名文本框控件的 ID 为 txtXm、txtAge、txtSc1、txtSc2、txtSc3,命名下拉式列表框控件的 ID 为 xsxb,两个标签控件的名称为 L1 和 L2,按钮控件的 ID 为 check,Text 属性为"检测"。

双击"检测"按钮,进入到 stugl.aspx.cs 的编辑状态,为 check 按钮的 Click 编写处理代码,程序代码如图 2-30 所示。

```
14  namespace MyTest2 {
15  public partial class WebForm2 : System.Web.UI.Page {
16    Student stu;
17    protected void Page_Load(object sender, EventArgs e){
18      if(!IsPostBack) stu = new Student();
19    }
20    protected void check_Click(object sender, EventArgs e){
21     String sss = "";                //定义局部变量 sss;
22     stu.sxm = txtXm.Text.Trim();
23     stu.sxb = xsxb.SelectedValue.ToString();
24     stu.ssco1 = Convert.ToInt32(txtSc1.Text);
25     stu.ssco2 = Convert.ToInt32(txtSc2.Text);
26     stu.ssco3 = Convert.ToInt32(txtSc3.Text);
27     sss = stu.sxm + " " + stu.sxb + " " + stu.ssco1.ToString() + " ";
28     sss = sss + stu.ssco2.ToString() + " " + stu.ssco3.ToString();
29     L1.Text = sss;
30     L2.Text = stu.getpj().ToString();
31    }
32   }
33  }
```

图 2-30 学生信息管理的 C# 代码

为了体现 Web 窗体对外部定义的类的调用,在如图 2-30 所示的代码中实现了对Student 类的应用。

在这个 WebForm2 类中,首先定义了一个 Student 类型的成员变量 stu,以便 stu 作用于当前的整个类 WebForm2。为保证只有第一次加载此页面时才创建 stu 对象,本例中使用了一个基本的判定语句"if(!IsPostBack)",即如果不是从其他页面后退回来的,就执行"stu=new Student();"的语句,来创建一个新的 stu 对象。这种方式避免了重复创建 stu 对象,具有较高的实用价值。

在 check_Click 方法中,首先利用 Student 的 setter 方法把文本框中输入的数据更新到

stu 对象中,然后利用 Student 的 getter 方法和求平均值的方法(getpj())把 stu 对象中的数据显示出来。希望通过本例,大家能够学会设计 C♯ 的类,并熟练地对基于新类的对象进行赋值和提取数据的操作。

注意:在面向对象的程序设计中,其他类一般不直接对类中的成员变量进行存取操作,而是通过该类自身提供的 setter 和 getter 函数实现这一功能。这一思路,保证了对对象数据存取的合法性和准确性,进而保证了对象的封装性和安全性。

2.3.3　字符串类的应用

几乎任何一个项目都离不开对字符串的处理,项目的安全性与字符串的处理也密切相关,因为大多数的系统漏洞都是由字符缓冲区的溢出引发的。为此,C♯ 专门提供了两个类,用于支持字符串处理。

1. String 类与 string 类型

1) 定义字符串型数据

定义字符串型数据使用保留字 string,而定义字符串对象使用保留字 String。由于 string 型数据可以自动转化为 String 对象。因此在具体使用中,对二者几乎不做区分。

定义字符串变量非常简单,常见的方式为:"String 变量名;"或者"String 变量名=值"。例如:

```
String xm = "Liping";
```

就表示定义一个字符串对象 xm,并赋予初值"Liping"。

2) 字符串转义字符

在传统的 C 语言中,为了在字符串中表示不可打印的特殊字符(如 Enter 键、换行键、空格键、Tab 键),专门规定了一个转义字符"\"。采取了以转义字符为前导表示特定字符的方式。例如'\n'不表示字符"n"而是表示回车符,以'\t'表示制表符 Tab。因此要真正地表示字符"\",则需要使用"\\"。即如果要表示路径"C:\Ma\Document.doc"就必须使用"C:\\Ma\\Document.doc"。

采用转义字符解决了特殊字符的表示问题,但也使文件路径的描述显得烦琐。为此,在 C♯ 中又专门添加了一个取消转义字符的记号"@"。C♯ 规定,凡是以"@"引导的字符串中不包含转义字符。因此,对于文件路径,可以使用如下描述形式:

```
String wjm = @"C:\Ma\Document.doc"。
```

如果要获取字符串中的某个字母,可以把字符串看做一个字符数组,直接使用数组形式。例如:

```
char ch = wjm[1];
```

表示要获取字符串 wjm 中的第 2 个字符,对于前面的例子,结果得到":"。注意,字符序号从 0 开始。

2. 字符串参数与输出格式

1) 字符串参数

在字符串处理中,经常需要使用"字符串常量+变量内容"的格式输出数据。例如把人名"张三"存储在变量 xm 中,需要输出"我的姓名是张三",当人名变成"李四"时,则需要输出"我的姓名是李四"。也就是说,"张三"和"李四"是输入字符串的参数。为此可以使用以下格式合成字符串,或者直接输出字符串:

```
String newStr = String.Format("我的姓名是{0}!",xm);
```

这里的{0}表示字符串的第 0 个参数。在输出或者合成时,会用字符串后面紧随的 xm 变量值取代。再如:

```
String newStr = String.Format("我的姓名是{0}!,我爱好{1}.",xm,aihao);
```

系统会用 xm 的值取代{0},用 aihao 的值取代参数{1}。

2)字符串输出格式

由于多种类型的数据都可以作为字符串输出的参数,可以通过设置这些参数的输出格式,使其符合用户的要求。对这些参数实施格式设置的规范是:

```
{参数序号[,参数最小宽度]:[参数格式符号]]}
```

针对 DateTime 类型的输出格式符如表 2-1 所示;针对数值类型数据的输出格式符如表 2-2 所示。

表 2-1 针对 DateTime 类型的输出格式符

格式符	中 文 名 称	含　义
d	短日期模式	
D	长日期模式	
t	短时间模式	
T	长时间模式	
f	完整日期/时间模式	显示长日期和短时间模式的组合,由空格分隔
F	完整日期/时间模式	显示长日期与长时间模式的组合
g	常规日期/时间模式	显示短日期和短时间模式的组合
G	常规日期/时间模式	显示常规日期和长时间模式的组合

表 2-2 针对数值类型数据的输出格式符

格 式 符	中 文 名 称	含　义
C 或 c	货币格式	数字转换为表示货币金额的字符串
D 或 d	整型十进制格式	数字转换为十进制数字的字符串,以精度说明符指示结果字符串中所需的最少数字个数
E 或 e	科学计数法(指数)	数字转换为"−d.ddd…E+ddd"或"−d.ddd…e+ddd"形式的字符串
F 或 f	固定点	数字转换为"−ddd.ddd…"形式的字符串,以精度说明符指示所需的小数位数
G 或 g	常规	

例如,希望第 0 个参数按照短日期格式输出,则可以表示为:{0:d}。希望第 1 个参数按照 7 位整数的格式输出,不够 7 位则在左边用空格填充,则可以表示为:{1,7:D}。

3. 常见的字符串操作方法

1) 生成字符串

```
String str = "我的姓名是老马!";
String str = new String('我',5);    //结果为连续 5 个"我";
```

2) 比较两个字符串

```
String.Compare(strA,strB);    //比较两个字符串的大小,返回数值型结果: 0, - 1,1;
```

3) 比较两个字符串是否相等

```
String.Equals(strA,strB)    //返回 bool 型结果;
```

或者

```
strA == strB
```

4) 查找指定字符串在字符串中出现的位置

```
strA.IndexOf(子字符串)    //返回子字符串在 strA 中的位置,注意位置从 0 起点;
```

5) 在一个字符串的指定位置插入指定的字符串

```
strA.Insert(2,子字符串)    //把子字符串插入到字符串 strA 的位置 2 之处;
```

6) 从字符串中截取出一部分

```
strA.Substring(位置,长度)    //从字符串 strA 中指定位置截取指定长度的子串
```

7) 对字符串进行大小写转换

```
strA.ToUpper();    //把字符串 strA 转化为大写
strA.ToLower();    //把字符串 strA 转化为小写
```

8) 去掉字符串前后的空格

```
strA.Trim();    //去掉字符串前后的空格
```

4. StringBuilder 类

1) String 对象的局限性

String 对象在字符串更新中存在着局限性,在每次重新赋值时都会重新分配内存空间。如果在应用程序的循环体中大量重复地对 String 对象赋值,可能会致使系统内存不足,导致系统崩溃。为此,建议使用 StringBuilder 类。

2) StringBuilder 类

StringBuilder 类位于 System. Text 名称空间下,使用 StringBuilder 类每次重新生成新字符串时不是再生成一个新实例,而是直接在原来字符串占用的内存空间上进行处理,动态地进行计算机内存管理。例如:

```
StringBuilder strB = new StringBuilder();
strB.Append(新字符串);
```

上述语句的功能是把新字符串附加到 strB 中。

5．数据类型转换

数据类型转换是程序设计中非常常用的一种功能，在C♯中实现数据类型转换，主要有以下两种思路：

- C♯提供了一个非常有效的类Convert，它提供了多种类型之间的转换。
- 基本类型可以自动地转化为基本类，利用基本类提供的ToString()方法，可以实现从其他类型向字符串类型的转换。

1）字符串型转化为整型

利用Convert.ToInt32把字符串型数据转化为整型。例如，前例（计算器）设计中把输入的数据转换为整型：

```
int x1 = Convert.ToInt32(T1.Text);
```

2）字符串型转化为双精度型

利用Convert.ToDouble把字符串型数据转化为双精度型数值。例如，可以把前例（计算器）设计中输入的字符串数据转换为双精度数值：

```
double yy = Convert.ToDouble(T1.Text);
```

3）字符串型转换为日期时间型

利用Convert.ToDateTime把字符串型数据转化为日期时间型，例如：

```
DateTime dt = Convert.ToDateTime(T1.Text);
```

4）其他类型转化为字符串型

把各种类型转换为字符串型有比较统一的两种方法。其一是利用Convert类，其二是利用基本类提供的ToString()方法。例如：

```
int xx = 88;
String s1 = xx.ToString();
```

或者

```
String s2 = Convert.ToString(xx);
```

2.4　ASP.NET Web 项目的结构

通过前面一段时间的学习，我们对aspx动态网页的整体结构有了一个简单的认识。为了系统地掌握这些知识，需要我们对一个Web项目的整体结构进行较为详细的分析。

1．ASP.NET 项目的基本构成

在VS2008下，任意打开一个ASP.NET的Web项目，打开其"解决方案资源管理器"可以看到VS2008对一个Web项目的组织，如图2-31所示。

从图中可以看出，在解决方案中主要包括了以下几类内容：文件夹Properties、文件夹"引用"、文件夹App_Data、若干个aspx文档。有的解决方案中还包括CSS样式文件、aspx.cs文档（C♯）程序文件。在有的版本下，还有一个App_Code文件夹。

1) 文件夹 Properties

Properties 文件夹定义本程序集的属性。在此文件夹中通常只有一个 AssemblyInfo.cs 类文件,用于保存程序集的信息,如名称、版本等,这些信息一般与项目属性面板中的数据对应,不需要手动编写。

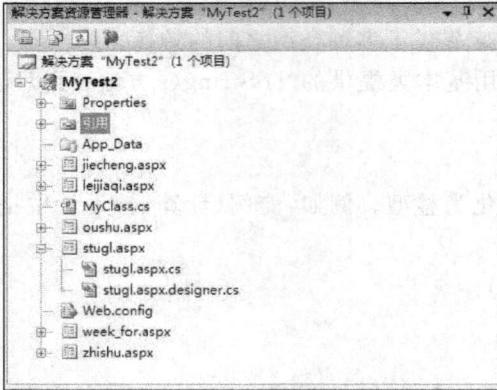

图 2-31　ASP.NET 项目的"解决方案资源管理器"

2) 文件夹"引用"

文件夹"引用"是关于本项目的外部引用信息的集合。只要右击解决方案资源管理器中的【引用】,然后选择【添加引用】,即可打开【添加引用】对话框,把其他项目或系统预置的一些组件链接到本项目中,以供本项目使用。

3) 文件夹 App_Data

文件夹 App_Data 关于本项目的数据存储信息,此文件夹主要用于存储本项目用到的数据库文件。如果开发者使用系统内置的登录组件(Login),系统将会在 App_Data 文件夹下自动地创建一个数据库,以此数据库保存与这个登录组件相关的数据。

4) CSS 样式文件

在动态网页设计中,必须要进行规范文本格式、开展页面布局等操作,而这些操作都是与格式相关的信息。对于一个大型网站来讲,为保证所有页面具有相同的风格,并便于对所有页面格式进行统一的格式管理,采用了 CSS 样式文件技术。即把关于文本格式、页面布局等格式规范统一保存在一个 CSS 样式文件中。这个文件是样式的集合,可供所有的网页引用。

5) aspx.cs 文件与 aspx 文件

这两类文件共同协作实现动态网页,其中 aspx 文件主要存储 HTML 控制符、文本内容、图片链接等信息,而 aspx.cs 文件是 C♯代码的源文件,主要负责对网页中动态数据的处理。

另外,项目的专用 class 定义文件也以 cs 作为扩展名。

6) sln 文件

sln 文件,即解决方案文件(Visual Studio.Solution),是在开发环境中使用的解决方案文件,它通过为环境提供对项目、项目项和解决方案项在磁盘上位置的引用,将它们组织到解决方案中。此文件通常存储在项目的父目录中。

要打开一个项目文件,就是打开其解决方案文件。例如,使用【文件】→【打开】→【项目/解决方案】,然后选择相应的 sln 文件即可。

7) 文件夹 App_Code

顾名思义,文件夹 App_Code 存储项目的代码文件,通常用于保存项目的类文件、C♯的源程序文档。

8) 其他文件夹

在一个 ASP.NET 的 Web 项目下,通常还能够看到其他几个文件夹: bin 和 obj。其中,obj 文件夹用于存放编译后的目标文件;bin 文件夹用于存放最终的结果文件,一种能够运行于 CLR 环境下的伪码文件。

如果要发布一个网站,通常不需要包含扩展名为 cs 的 C♯ 源程序,而是必须包括 bin 文件夹(其中包括了本项目中由 VS2008 负责编译好的、不能被人类直接阅读的全部伪码文件)。

2. Web 窗体的文档结构

在 ASP.NET 的 Web 应用程序开发中,动态网页文件(Web 窗体)的组建是中心任务。任何一个 Web 窗体都至少包括两个文件:文件名.aspx、文件名.aspx.cs。

下面将通过"学生信息管理"Web 窗体(stugl)说明一般 Web 窗体的文档结构。

1) aspx 文件的结构

已知"学生信息管理"窗体的界面设计如图 2-29 所示,对应的代码如图 2-32 所示。

```
1  <%@ Page Language="C#" AutoEventWireup="true" CodeBehind="stugl.aspx.cs" Inherits="MyTest2.WebF
2  <!DOCTYPE html PUBLIC "-//W3C//DTD XHTML 1.0 Transitional//EN" "http://www.w3.org/TR/xhtml1/DTD
3  <html xmlns="http://www.w3.org/1999/xhtml" >
4  <head runat="server">
5     <title>无标题页</title>
6     <style type="text/css">
7        .style1 { text-align: center; font-size: x-large;  font-weight: bold;
8        }
9        .style3 { text-align: center; font-size: large; font-weight: bold;
10       }
11    </style></head>
12 <body>
13    <p class="style1">学生信息管理</p>
14    <form id="form1" runat="server">
15    <p class="style3">学生姓名: <asp:TextBox ID="txtXm" runat="server"></asp:TextBox>
16   学生性别: <asp:DropDownList ID="xsxb" runat="server">
17       <asp:ListItem>男</asp:ListItem> <asp:ListItem>女</asp:ListItem>
18    </asp:DropDownList>
19   学生年龄: <asp:TextBox ID="txtAge" runat="server"></asp:TextBox> </p>
20    <p class="style3">
21       第一科成绩: <asp:TextBox ID="txtSc1" runat="server" Width="101px"></asp:TextBox>
22       第二科成绩: <asp:TextBox ID="txtSc2" runat="server" Width="94px"></asp:TextBox>
23       第三科成绩: <asp:TextBox ID="txtSc3" runat="server" Width="88px"></asp:TextBox></p>
24       <p class="style3">
25          <asp:Button ID="check" runat="server" onclick="check_Click" Text="检测" /></p>
26       <p class="style3"> 输入结果: </p>
27       <p class="style3"><asp:Label ID="L1" runat="server"></asp:Label></p>
28       <p class="style3"><asp:Label ID="L2" runat="server"></asp:Label></p>
29    <p>  </p></div>
30    </div></form>
31 </body></html>
```

图 2-32 学生信息管理程序的 aspx 文件的内容

上述代码全部存储在 stugl.aspx 文档中。文件的第 1 行说明此动态网页所采用的计算机语言是 C♯,本网页所对应的 C♯ 源程序为 stugl.aspx.cs,此网页是项目 MyTest2 中的一个子页面。

第 4 行至第 11 行是网页的头文件,其中<title>和</title>之间的内容是网页的标题,本网页标题为"无标题页"。第 6~11 行定义了两个样式,样式名字分别为 style1 和 style3。这种样式既可以直接放到 aspx 文件中,也可以存储在专用的 CSS 文件中。

第 12~31 行是网页的主体部分,其中的第 14~20 行定义了一个运行于服务器端的表单(form id=form1 runat="server")。在这个表单内部,有多个服务器端控件,比如"<asp TextBox ID="txtXm" runat="Server"></asp TextBox>"就是从工具箱中拖动到窗体内的 TextBox 控件,其 ID="txtXm"也是通过窗体的【属性】面板修改后得到的结果。再比如"<asp:Button ID="check" runat="server" onclick="check_Click" Text="检测" />"则定义了一个 ID 为 check,按钮上面的标记文字为"检测"的按钮,并且为此按钮的 onclick 事件指明了响应方法的名称"check_Click"。

这一案例清晰地展示了一个 aspx 文件的基本结构。事实上,aspx 文件的绝大多数代码都是在主工作区的设计视图下、以可视化的方法完成的,其代码基本由系统自动生成,不需要开发人员过多地干预。

2) aspx.cs 的结构

打开 stugl.aspx.cs 文件,就能够明白一个 aspx.cs 文件的基本构成了,其结构如图 2-33 所示。

```
1  using System;
2  using System.Collections;
3  using System.Configuration;
4  using System.Data;
5  using System.Linq;
6  using System.Web;
7  using System.Web.Security;
8  using System.Web.UI;
9  using System.Web.UI.HtmlControls;
10 using System.Web.UI.WebControls;
11 using System.Web.UI.WebControls.WebParts;
12 using System.Xml.Linq;
13
14 namespace MyTest2
15 {
16     public partial class WebForm2 : System.Web.UI.Page
17     {
18         Student stu;
19         protected void Page_Load(object sender, EventArgs e)
20         {
21             if(!IsPostBack) stu = new Student();
22         }
23
24         protected void check_Click(object sender, EventArgs e)
25         {
26             String sss = "";                                    //定义局部变量sss;
27             stu.sxm = txtXm.Text.Trim();
28             stu.sxb = xsxb.SelectedValue.ToString();
29             stu.ssco1 = Convert.ToInt32(txtSc1.Text);
30             stu.ssco2 = Convert.ToInt32(txtSc2.Text);
31             stu.ssco3 = Convert.ToInt32(txtSc3.Text);
32             sss = stu.sxm + "  " + stu.sxb + "  " + stu.ssco1.ToString() + "  ";
33             sss=sss+stu.ssco2.ToString()+"  "+stu.ssco3.ToString();
34             L1.Text = sss;
35             L2.Text = stu.getpj().ToString();
36         }
37     }
38 }
```

图 2-33　学生信息管理程序的 C#代码

从图 2-33 可知,第 1～12 行是一组自动添加的 using 语句,列入了本程序要引入的名称空间。由于 VS2008 提供了众多的 class(类)供开发者使用,这些 class 被分别存放在不同的名称空间中。如果开发者需要引用某个名称空间,就需要用 using 语句进行声明。

第 14 行是个 namespace 语句,表示定义了一个名字为 MyTest2 的名称空间,而且此名称空间的作用范围为第 14～38 行,表示本网页的全部 C#代码都被定义在这个名称空间中。

第 16～27 行表示本网页定义了一个类(class),类的名称为 WebForm2,它继承于

VS2008 系统的内置类 Page。这是一个被 partial 修饰的类,表示定义这个类的代码可以存放在多个 aspx.cs 文件中。

类 WebForm2 中包括了两个方法:其一是 Page_Load,是网页调入时直接执行的函数,在这个函数中进行了检测:如果是首次调入这个页面,则创建一个 Student 类对象;其二是 check_Click,其中包含了按钮 check 被单击时要执行的代码。

思考题

1. aspx 与 aspx.cs 文件是一种什么关系?二者通过什么语句联系在一起?
2. C♯语句具有什么特点?C♯语言中是否区分大小写字母?一个 C♯语句以什么符号作为语句结束符?
3. C♯的基本数据类型有哪些?在网站开发时,分别适应于哪些应用范围?
4. C♯标识符的命名应该遵循哪些规则?
5. C♯的逻辑运算符“与或非”和位运算符“与或非”有什么不同?
6. C♯的分支控制语句主要有哪两个?基本的语法格式是什么?
7. C♯的循环控制语句主要有哪 4 个?foreach 语句有什么用途?
8. 什么是对象?什么是方法?什么是成员变量和成员函数?
9. 什么是类?类与对象是什么关系?什么是继承?
10. 比较 String 与 StringBuilder,二者各有什么优势?
11. 如何把其他类型的数据转化为字符串型?如何把字符串型数据转化为其他类型?
12. 什么是字符串参数?如何设置字符串参数的输入格式?

上机实训题

启动 VS2008,新增项目 Test2,然后在此项目中完成以下任务。

① 新建一个窗体,在此窗体中添加 TextBox 和 Button 控件,当单击 Button 时,能够输出 TextBox 中数值的平方和立方。

② 新建一个窗体,在此窗体中添加 TextBox、Button 和 Label 控件,当单击 Button 时,能够把 TextBox 中数据的阶乘计算出来。对于 TextBox 中数值小于 1 或者大于 10 的情况,需要以弹出警示框的方式给予提示“被计算阶乘的整数不能小于 1 或大于 10!”。

第 3 章

ASP.NET的Web控件

学习要点

本章主要学习 ASP.NET 标准控件和数据验证控件,要求了解 ASP.NET 工具箱的组成、标准控件和验证控件的基本属性和基本方法。本章要求重点关注以下内容:

- 为 Web 窗体添加常见控件的技术、设置控件属性的技术、针对控件的事件添加响应方法的技术。
- Label、Button、TextBox、DropDownList、RadioButtonList、CheckBoxList 控件的使用方法;重点关注后 3 个控件的选项设置。
- 窗体验证控件的设置,重点关注其 ControlToVadidate 属性、Text 属性与 ErrorMessage 属性。

3.1 .NET 3.5 服务器控件概述

Web 控件是 VS2008 开发工具为开发者提供的重要工具。事实上,位于工具箱中的 Web 控件在本质上都是类(class),开发者可以便利地把这些控件拖动到窗体中,并依据控件的固有属性进行配置,针对控件的操作事件编写方法,从而完成开发。因而学习 Web 控件的使用,是学习 ASP.NET Web 应用程序开发的关键所在。

从 Web 窗体的工具箱来看,ASP.NET 控件有 9 类,其中 HTML 组控件是传统的 HTML 网页所使用的控件,重点用于解决客户端表单设计问题,不是本节讨论的内容。下面将从控件组名称的视角对控件类别进行简单的说明。VS2008 的工具箱如图 3-1 所示。

(1)"标准"控件应该是 Web 程序开发的主要控件组,包含了 Web 程序开发中所用到的绝大多数的交互式方式。

(2)"数据"组控件主要负责数据处理,其中心任务是建立与数据库的连接并实现数据库访问。

图 3-1　VS2008 工具箱

(3)"验证"组控件负责数据输入验证,即检查用户在交互式表单中输入数据的合理性,对于不符合要求的数据给予警示性提示。

(4)"导航"组控件主要为网站的组织、构建导航体系提供支持,主要提供了 SiteMapPath、TreeView 和 Menu 三个综合性的控件。

（5）"登录"组控件主要负责以微少编码的方式为开发者提供登录和身份认证模块，使开发者可以快速地构造网站并建立系统登录与认证体系。

（6）"AJAX Extensions"组控件通过"ScriptManager"和"UpdatePanel"控件提供了对Ajax技术的支持，使得Web程序实现页面的局部刷新成为可能。

（7）"报表"组提供了报表技术支持。

3.2 Web服务"标准"控件

ASP.NET 3.5的标准控件提供了构造Web窗体页面的基本功能，这些控件既具有一些公共的属性，又根据自己的功能具备个性化的属性和方法。

3.2.1 标准控件的公共属性与方法

从前面的设计看，作为对象标志的ID是所有控件都必须具备的属性，这一属性值是对象的标识性信息，是程序调用和操作此代码的基础，诸如Text、Width、Height等属性也广泛地存在于各个控件中。另外，应对Click和Changed事件的方法在各个控件中广泛具备。关于标准控件中常见公共属性与方法，如表3-1所示。

表 3-1 标准控件的公共属性与方法

属性/方法名	含　义	属性/方法名	含　义
ID	对象标识符	Text	显示在对象上的文本
Enabled	对象的可用性	Visible	对象的可视性
Width	对象的宽度	Height	对象的高度
BackColor	对象的背景色	CssClass	对象使用的CSS类
Font	对象的字体	BorderWidth	对象边框宽度
AccessKey	设置指向此对象的快捷键	Load	对象调入内存时
Click	对象的单击事件		

3.2.2 主要的标准控件

1. Label 控件

Label控件用于在窗体中显示文本型信息，允许程序在服务器端通过修改其Text值改变显示的内容。

Label控件没有返回值，但有一个AssociatedControlID属性，如果在它的这个属性中填入一个交互性控件的ID，则会把Label控件与这个控件关联在一起。在程序运行时，当选中Label控件时，输入焦点会停靠在交互式控件上。

2. TextBox 控件

TextBox控件是一个文本框，用于在窗体中输入数据或显示数据，数据类型默认为字符串型。允许程序在服务器端通过修改其Text值改变显示的内容。

TextBox的关键属性及其含义如表3-2所示。

表 3-2　TextBox 的关键属性

属性、方法或事件	取　　值	取值的含义
TextMode	SingleLine	单行文本框
	MultiLine	多行文本框
	Password	此文本框为密码框,回显信息为指定字符
AutoPostBack	true	当光标离开文本框时触发 TextChanged 事件
Focus()方法		设置此文本框为输入焦点
TextChanged 事件		文本内容被改变且焦点离开文本框时的方法
Text		返回文本框中输入的内容

3. Button、LinkButton 与 ImageButton 控件

Button、LinkButton 和 ImageButton 都是 Web 窗体的按钮控件,三者的功能基本相同,只是在外观上有些差别。Button 就是普通的 Windows 按钮,LinkButton 是呈现为超链接形式的按钮,ImageButton 则呈现为图像形式,其图像由 ImageUrl 属性设定。

这三个控件的关键属性及其含义如表 3-3 所示。

表 3-3　Button、LinkButton 与 ImageButton 控件的关键属性及其含义

属性、方法或事件	取　　值	取值的含义
PostBackUrl 属性	网址	单击按钮时发送到的网址
Click 事件		当鼠标单击时触发,开始执行 ASP.NET 代码
ClientClick 事件		当鼠标单击时触发,开始执行客户端 JavaScript 代码
ImageUrl 属性	图片名	指明 ImageButton 按钮的显示图像

在 ClientClick 事件中,通常直接设置一个简单 JavaScript 语句,或者设置一个 JavaScript 的函数名称。例如某个按钮 btn 的功能是"删除",如果希望在真正地执行 Click 事件实施删除功能前,要求用户对删除操作进行确认,就可以在 aspx 的源文档下使用下面的语句:

```
<asp: Button ID = btn Runat = "Server" Text = "删除" onClick = "btn_Click" onClientClick =
"return confirm('您确实要删除这个记录吗?');">
```

这里的"return confirm()"语句就是一个运行在客户端的 JavaScript 语句。

4. DropDownList 控件

DropDownList 是下拉式列表框控件,其作用是提供一个下拉式列表,并请用户从列表中选择其中的一项。在下拉式列表框对象中,设置选项是非常重要的任务。目前可以为下拉式列表框提供选项的方法有三种:其一是在【设计】视图下直接输入;其二是利用程序代码添加;其三是直接把数据表的某个字段绑定到下拉式列表框对象上。

图 3-2　DropDownList 控件的显示效果

其显示效果如图 3-2 所示。

1) DropDownList 控件的关键属性

DropDownList 控件的关键属性及其含义如表 3-4 所示。

表 3-4　DropDownList 控件的关键属性及其含义

属性、方法或事件	取　值	取值的含义
DataSource 属性	数据源名称	设置为选项提供字段的数据源的名称
DataTextField 属性	字段名称	把指定的字段绑定为对象的选项
DataValueField 属性	字段名称	把指定的字段作为对象的返回值,例如,显示职工姓名,但选中后以职工号作为选择值
item 属性		说明对象的选项集,可以使用 Items.Add(选项信息)添加选项,也可用 Items.Clear()方法清除全部选项
SelectedItem 属性		当前选定的项
SelectedValue 属性		当前选定项的返回值——经常使用
SelectedIndexChanged 事件		当选定某一选项时,此事件被触发
DataBind()方法		绑定数据源

2) 创建 DropDownList 控件

当把下拉式列表框从工具箱中拖动到窗体后,就创建了一个下拉式列表框对象。此时有三种方法设置其选项。

(1) 直接编辑下拉式列表框的选项

① 单击此对象右上角的智能小按钮,从中选择【编辑项】功能,即可打开一个添加项目的对话框,如图 3-3 所示。

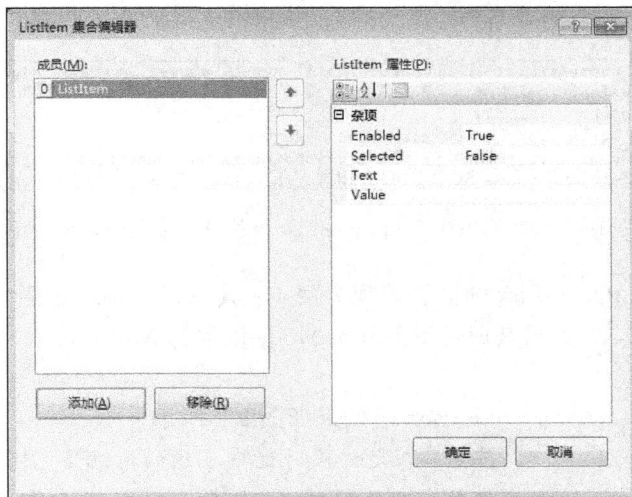

图 3-3　DropDownList 控件的选项设置

② 单击此对象左下角的【添加】按钮,则在【成员】框中添加了一个 ListItem(选项),此时可以在右侧的【ListItem 属性】框中修改此选项的 Text(显示值)和 Value(返回值)值,二者默认为相同。

③ 最后单击【确定】按钮,确认对选项的设置。

(2) 利用 C♯代码为下拉式列表框添加选项

假设对象名称(ID)为 ddl,那么在 C♯代码下通常采用的语句如下:

```
ddl.Items.Clear();                                   //清空原有的选项
ddl.Items.Add(new ListItem(作为选项的字符串变量));    //新增选项
ddl.Items.Romove(项对象) 或者 ddl.Items.RemoveAt(项序号)  //删除指定的选项
```

（3）利用数据库的字段为下拉式列表框设置选项

假定某数据库已经在当前项目中被设定为数据源 sjk,其中包含数据表职工表(zgb),其中有字段:姓名(xm)、职工号(xh)等信息。

当下拉式列表框对象创建完毕,单击此对象右上角的智能按钮,从其"智能菜单"中选择【选择数据源】功能,启动配置界面,如图 3-4 所示。

在此界面中选择数据源,显示字段和值字段,确定即可。事实上,也可以直接在其【属性】面板中设置属性 DataSource、DataTextField 和 DataValueField 的值为:sjk、xm 和 xh。自动生成的代码如图 3-5 所示。

5. ListBox 控件

ListBox 是列表框,它是一个显示为多行的矩形区域,其中提供多个选项供用户选择。它的选项设置方法与 DropDownList 基本相同。

图 3-4　以数据源为 DropDownList
　　　　控件设置选项

图 3-5　以数据源为 DropDownList 控件设置选项的 aspx 代码

ListBox 与 DropDownList 的区别表现为两点:其一,ListBox 占用一个矩形空间,为用户提供多个选项;其二,如果其属性 SelectionMode 设置为 Multiple,ListBox 对象允许用户同时选中多个选项。

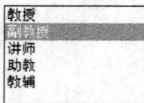

图 3-6　ListBox 的显示
　　　　效果图

ListBox 的效果如图 3-6 所示。

注意:在允许同时选中多项的情况下,其 SelectedValue 值只能输出第一个选项的值,要想输出全部选项,可以使用"对象名.Items[选项序号].Selected"属性逐项进行判定。例如,假设有列表框对象 lb,允许多项同时选中,则判定选择结果的 C# 片段为:

```
for(int i = 0;i < lb.Items.Count;i++)
if(lb.Items[i].Selected) Response.Write(lb.Items[i].Value.ToString());
```

6. RadioButton 与 RadioButtonList 控件

RadioButton 控件也叫单选按钮控件,主要用于表示多个选项互斥的选择关系,其每个选项框都要使用一个独立的 RadioButton 对象。而 RadioButtonList 控件是把多个互斥选项组织在一个 RadioButtonList 对象之中。

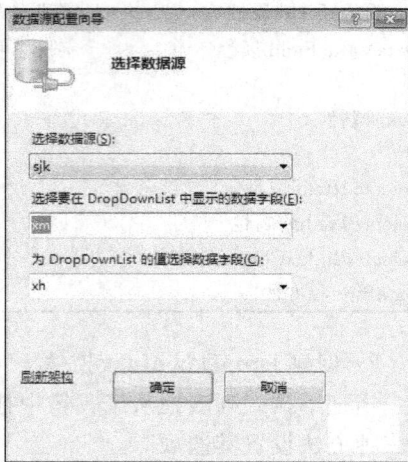

在实际的应用中,为了表示多个相关的单选按钮具有互斥关系(如性别中的"男"和"女"就是互斥的),需要把多个单选按钮控件组织在一个组(Group)中。

为了表示教师的职称选项,可以使用的两种方式如下。

1) 利用 RadioButton 制作互斥选项

向当前窗体中连续添加 5 个 RadioButton 控件,并且利用【属性】面板使它们使用统一的组名"jszc",把这 5 个控件编为一组,从而保证选项之间的互斥关系,最后分别设置这 5 个控件的 Text 属性值。最终得到的 aspx 代码如图 3-7 所示,页面显示效果如图 3-8 所示。

```
教师职称:
< asp:RadioButton ID = rb1 Runat = "Server" Groupname = "jszc" Text = "教授"/>< br >
< asp:RadioButton ID = rb2 Runat = "Server" Groupname = "jszc" Text = "副教授"/>< br >
< asp:RadioButton ID = rb3 Runat = "Server" Groupname = "jszc" Text = "讲师"/>< br >
< asp:RadioButton ID = rb4 Runat = "Server" Groupname = "jszc" Text = "助教"/>< br >
< asp:RadioButton ID = rb5 Runat = "Server" Groupname = "jszc" Text = "教辅"/>< br >
```

图 3-7　设置 RadioButton 的 aspx 代码

对于图 3-7 中的代码,可以利用以下 C♯ 语句获取用户的选择信息:

◉教授 ◉副教授 ◉讲师 ◉助教 ◉教辅

图 3-8　RadioButton 的显示效果图

```
if(rb1.Checked) str = "教授";
if(rb2.Checked) str = "副教授";
if(rb3.Checked) str = "讲师";
if(rb4.Checked) str = "助教";
if(rb5.Checked) str = "教辅";
```

2) 利用 RadioButtonList 制作互斥选项

向当前窗体中添加 1 个 RadioButtonList 控件,并且利用其右上角的"智能按钮"打开【编辑项】功能,在【ListItem 集合编辑器】对话框中为它增加 5 个选项。最终得到的 aspx 代码如图 3-9 所示,页面显示效果如图 3-10 所示。

```
教师职称:
< asp:RadioButtonList ID = "rbl" runat = "server">
< asp:ListItem >教授</asp:ListItem >
< asp:ListItem >副教授</asp:ListItem >
< asp:ListItem >讲师</asp:ListItem >
< asp:ListItem >助教</asp:ListItem >
< asp:ListItem >教辅</asp:ListItem >
</asp:RadioButtonList >
```

图 3-9　设置 RadioButtonList 控件的 aspx 代码

◉教授
◉副教授
◉讲师
◉助教
◉助教

图 3-10　RadioButtonList 控件的运行效果图

对于图 3-9 中的代码,可以利用以下语句获取输入数据:

str = rbl.Selected Value;

注意:对于创建在窗体中的 RadioButtonList 对象,可以单击其右上角的三角,打开【ListItem 集合编辑器】对话框,为 RadioButtonList 对象添加选项,并设置选项的 Text 和 Value

属性。

此【ListItem 集合编辑器】对话框与 DropDownList 控件的【ListItem 集合编辑器】对话框完全相同。

7. CheckBox 与 CheckBoxList 控件

CheckBox 控件也称复选框控件，主要用于表示多个选项可以同时选中的选择关系，其每个选项框都使用一个独立的 CheckBox 对象。与此相应，VS2008 系统还提供了 CheckBoxList 复选框组。例如，为了表示"我的爱好"选项，可以使用以下两种方式。

1）利用 CheckBox 制作选项

利用【工具箱】向当前窗体中连续添加 5 个 CheckBox 控件，分别设置这 5 个控件的 ID 属性和 Text 属性值，最终得到的 aspx 代码如图 3-11 所示，页面显示效果如图 3-12 所示。

```
您的爱好是: < br />
< asp:CheckBox ID = "cbSing" runat = "server" Text = "唱歌" />
< asp:CheckBox ID = "cbDance" runat = "server" Text = "跳舞" />
< asp:CheckBox ID = "cbSwim" runat = "server" Text = "游泳" />
< asp:CheckBox ID = "cbRun" runat = "server" Text = "跑步" />
< asp:CheckBox ID = "cbSkip" runat = "server" Text = "跳高" />
< br />
```

图 3-11　设置 CheckBox 控件的 aspx 代码

对于图 3-11 中的代码，可以利用以下 C♯语句获取用户的选择信息：

图 3-12　CheckBox 控件的运行效果图

```
String str = "";
if(cbSing.Checked) str += "唱歌";
if (cbDance.Checked) str += "跳舞";
if (cbSwim.Checked) str += "游泳";
if (cbRun.Checked) str += "跑步";
if(cbSkip.Checked) str += "跳高";
```

2）利用 CheckBoxList 制作选项

向当前窗体中添加 1 个 CheckBoxList 控件，并且利用其右上角的"智能按钮"打开【编辑项】功能，在【ListItem 集合编辑器】对话框中为它增加 5 个选项，最终得到的 aspx 代码如图 3-13 所示，最终的运行效果如图 3-14 所示。

```
您的爱好是: < br />
< asp:CheckBoxList ID = "cbl" runat = "server">
< asp:ListItem >唱歌</asp:ListItem >
< asp:ListItem >跳舞</asp:ListItem >
< asp:ListItem >游泳</asp:ListItem >
< asp:ListItem >跑步</asp:ListItem >
< asp:ListItem >跳高</asp:ListItem >
</asp:CheckBoxList >
```

图 3-13　设置 CheckBoxList 控件的 aspx 代码

对于图 3-14 中的代码,可以利用以下语句获取输入数据:

```
String str = "";
for(int i = 0; i < cbl.Items.Count; i++)
if(cbl.Items[i].Selected) str = str + cbl.Items[i].
Value.ToString();
```

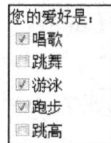

图 3-14 CheckBoxList 控件的
运行效果图

注意:CheckBoxList、RadioButtonList、DropDownList 和 ListBox 直接添加选项的方法完全相同。CheckBoxList 获取选中值的方法与 ListBox 的多选情况相同。

8. Image 控件与 ImageMap 控件

Image 控件是一个显示图像的控件,用于在 Web 窗体上显示图像,被显示的图像文件的名称信息可由其 ImageUrl 属性通过【属性】面板设置,也可以在编程时指定。注意,Image 控件不响应 Click 事件。

ImageMap 控件是一个支持在图像上建立热点链接的控件,被它显示的图像文件也由其 ImageUrl 属性设定。另外,还可以利用其属性 HotSpot 设置热区,为热区创建超链接。在实际的开发中,常常使用 ImageMap 控件制作导航条、地图等。

ImageMap 控件的关键属性如表 3-5 所示。

表 3-5 ImageMap 控件的关键属性

属性、方法或事件	取 值	取值的含义
HotSpotMode	PostBack	在终端用户单击热区之后,应把该单击事件回送给服务器,并在服务器上处理该单击事件
	Navigate	导航到一个完全不同的 URL
	InActive	不激发任何操作
ImageUrl		指定要显示的图像文件
NavigateUrl		设置单击热区后要到达的网址,应与每个热区对应

注意:如果 ImageMap 的 HotSpotMode 属性值设置为 PostBack,而且创建了几个热区,后台的 C#程序就必须先确定选择了哪个热区,然后才能执行相应的工作。要确定这一点,可以使用 PostBackValue 属性给每个热区指定一个回送值,以便 C#程序判定。

9. HyperLink 控件

HyperLink 控件是 Web 窗体技术下的超链接控件,负责为文字和图片创建超链接,其功能与 HTML 语言中的<a href>基本相同,但 HyperLink 可以与数据源绑定,具有更丰富的功能。

HyperLink 对象通过 NavigateUrl 属性设置目标网址,以【属性】面板的 Text 属性设置文字性信息,以 ImageUrl 属性设置图像文件的信息。例如:

```
<asp:HyperLink ID="HyperLink1" runat="server" ImageUrl="~/hills.JPG"
NavigateUrl="http://www.bnu.edu.cn/">北京师范大学</asp:HyperLink>
```

10. Panel 控件

Panel 控件也称面板,是一个容器控件,可以看成放在 Web 窗体中的一块平板。在这个平板上可放置多个控件。

Panel 面板可以通过 Visible 属性设置其可视性,如果面板的 Visible 属性被设置为 false,则面板成为不可见状态,其中的所有对象都自动变成不可用状态。

3.2.3　实用案例

1. 标签、文本框与 RadioButton、CheckBox 的综合程序

设计一个综合性的程序,测试各种控件的应用,其最终运行效果如图 3-15 所示。

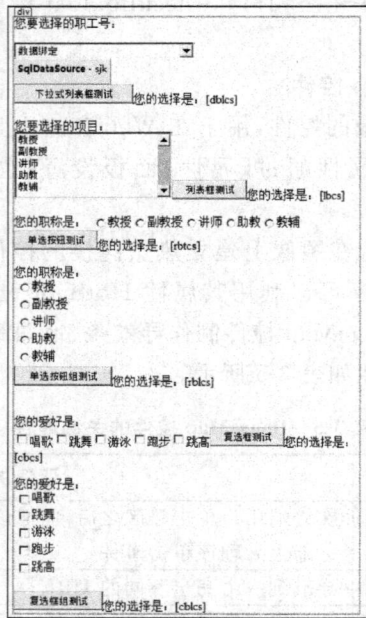

图 3-15　测试各种控件综合应用的程序的界面

（1）主要操作方法

在【解决方案管理器】面板中,新增 Web 窗体 Control,并按照图 3-15 添加各种控件,并设置控件的属性,得到的 aspx 代码如图 3-16 所示。与图 3-15 对应的操作代码(C♯)如图 3-17 所示。

（2）对应的操作代码

2. 关于院系与专业的级联程序

已知物理系有力学、热学、原子物理、光学、电子学专业,化学系有化学原理、有机化学、无机化学、生物化学专业,信息系有信息系统、网络组织、图书情报、信息管理专业。请设计一个 DropDownList 和一个 ListBox,使两者之间实现联动。

（1）设计思路

首先定义一维数组,为字符串型,用于存储系名称。然后定义一个锯齿型二维数组,在每行对应存储一个院系中的各个专业名称。接着定义一个 DropDownList 和一个 ListBox 对象,把院系数组内容赋予 DropDownList 的选项中,然后在 C♯ 中针对院系对象的选中事件(SelectedIndexChanged)设置程序,以程序修改 ListBox 的选项内容。

（2）主要操作方法

在【解决方案管理器】面板中,新增 Web 窗体 Control,并按照图 3-18 添加各种控件,并

```
1  <%@ Page Language="C#" AutoEventWireup="true" CodeBehind="Control.aspx.cs" Inherits="MyTest3._Default"
2  <!DOCTYPE html PUBLIC "-//W3C//DTD XHTML 1.0 Transitional//EN"
3  "http://www.w3.org/TR/xhtml1/DTD/xhtml1-transitional.dtd">
4  <html xmlns="http://www.w3.org/1999/xhtml" >
5  <head runat="server">
6      <title>无标题页</title>
7  </head>
8  <body><form id="form1" runat="server"><div>
9          您要选择的职工号：<br />
10         <asp:DropDownList ID="dbl" runat="server" AutoPostBack="True"
11             DataSourceID="sjk" DataTextField="xm" DataValueField="xh" Height="28px"
12             Width="238px">
13         </asp:DropDownList>
14         <asp:SqlDataSource ID="sjk" runat="server"
15             ConnectionString="<%$ ConnectionStrings:MaConnectionString %>"
16             SelectCommand="SELECT DISTINCT [xh], [xm] FROM [xsb]"></asp:SqlDataSource>
17         <asp:Button ID="dblbtn" runat="server" Text="下拉式列表框测试" onclick="dblbtn_Click" />
18         您的选择是：<asp:Label ID="dblcs" runat="server"></asp:Label>
19         <br /><br />
20         您要选择的项目：<br />
21         <asp:ListBox ID="lb" runat="server" Height="92px"
22             SelectionMode="Multiple" Width="210px">
23             <asp:ListItem>教授</asp:ListItem>
24             <asp:ListItem>副教授</asp:ListItem>
25             <asp:ListItem>讲师</asp:ListItem>
26             <asp:ListItem>助教</asp:ListItem>
27             <asp:ListItem>教辅</asp:ListItem>
28         </asp:ListBox>
29         <asp:Button ID="lbbtn" runat="server" Text="列表框测试" onclick="lbbtn_Click" />
30         您的选择是：<asp:Label ID="lbcs" runat="server"></asp:Label>
31         <br /><br />
32         您的职称是：
33         <asp:RadioButton ID="rb1" runat="server" GroupName="xb" Text="教授" />
34         <asp:RadioButton ID="rb2" runat="server" GroupName="xb" Text="副教授" />
35         <asp:RadioButton ID="rb3" runat="server" GroupName="xb" Text="讲师" />
36         <asp:RadioButton ID="rb4" runat="server" Text="助教" GroupName="xb" />
37         <asp:RadioButton ID="rb5" runat="server" Text="教辅" GroupName="xb" /> <br />
38         <asp:Button ID="rbbtn" runat="server" Text="单选按钮测试" onclick="rbbtn_Click" />
39         您的选择是：<asp:Label ID="rbtcs" runat="server"></asp:Label>
40         <br /> <br />
41         您的职称是：<asp:RadioButtonList ID="rbl" runat="server">
42             <asp:ListItem>教授</asp:ListItem>
43             <asp:ListItem>副教授</asp:ListItem>
44             <asp:ListItem>讲师</asp:ListItem>
45             <asp:ListItem>助教</asp:ListItem>
46             <asp:ListItem>教辅</asp:ListItem>
47         </asp:RadioButtonList>
48         <asp:Button ID="rblbtn" runat="server" onclick="rblbtn_Click" Text="单选按钮组测试" />
49         您的选择是：<asp:Label ID="rblcs" runat="server"></asp:Label>
50         <br /> <br /> <br />
51         您的爱好是：<br />
52         <asp:CheckBox ID="cbSing" runat="server" Text="唱歌" />
53         <asp:CheckBox ID="cbDance" runat="server" Text="跳舞" />
54         <asp:CheckBox ID="cbSwim" runat="server" Text="游泳" />
55         <asp:CheckBox ID="cbRun" runat="server" Text="跑步" />
56         <asp:CheckBox ID="cbSkip" runat="server" Text="跳高" />
57         <asp:Button ID="fxkbtn" runat="server" Text="复选框测试" onclick="fxkbtn_Click" />
58         您的选择是：<asp:Label ID="cbcs" runat="server"></asp:Label>
59         <br /> <br />
60         您的爱好是：<br />
61         <asp:CheckBoxList ID="cbl" runat="server">
62             <asp:ListItem>唱歌</asp:ListItem>
63             <asp:ListItem>跳舞</asp:ListItem>
64             <asp:ListItem>游泳</asp:ListItem>
65             <asp:ListItem>跑步</asp:ListItem>
66             <asp:ListItem>跳高</asp:ListItem>
67         </asp:CheckBoxList> <br />
68         <asp:Button ID="cblbtn" runat="server" onclick="cblbtn_Click" Text="复选框组测试" />
69         您的选择是：<asp:Label ID="cblcs" runat="server"></asp:Label>
70     </div>
71 </form></body></html>
```

图 3-16　测试控件的综合应用的 aspx 代码

```
14 namespace MyTest3
15 {
16     public partial class _Default : System.Web.UI.Page
17     {
18         protected void Page_Load(cbject sender, EventArgs e)
19         {
20
21         }
22
23         protected void dblbtn_Click(object sender, EventArgs e) //响应下拉式列表框
24         {
25             dblcs.Text = dbl.SelectedValue.ToString();
26         }
27
28
29         protected void lbbtn_Click(object sender, EventArgs e) //响应列表框单击事件
30         {
31             String str="";
32             for (int i = 0; i < lb.Items.Count; i++)
33                 if (lb.Items[i].Selected) str=str+lb.Items[i].Value.ToString();
34             lbcs.Text = str;
35         }
36
37         protected void rbbtn_Click(object sender, EventArgs e) //响应单选按钮事件
38         {
39             String str = "";
40             if(rb1.Checked) str="教授";   if(rb2.Checked) str="副教授";
41             if(rb3.Checked) str="讲师";    if(rb4.Checked) str="助教";
42             if(rb5.Checked) str="教辅";
43             rbtcs.Text=str;
44
45         }
46
47
48         protected void rblbtn_Click(object sender, EventArgs e) //响应单选按钮表组事件
49         {
50             rblcs.Text = rbl.SelectedValue.ToString();
51         }
52
53         protected void fxkbtn_Click(object sender, EventArgs e)   //响应复选框事件
54         {
55             String str = "";
56             if (cbSing.Checked) str += "唱歌"; if (cbDance.Checked) str += "跳舞";
57             if (cbSwim.Checked) str += "游泳"; if (cbRun.Checked) str += "跑步";
58             if (cbSkip.Checked) str += "跳高";
59             cbcs.Text = str;
60         }
61
62         protected void cblbtn_Click(object sender, EventArgs e)   //响应复选框表组事件
63         {
64             String str = "";
65             for (int i = 0; i < cbl.Items.Count; i++)
66                 if (cbl.Items[i].Selected) str = str + cbl.Items[i].Value.ToString();
67             cblcs.Text = str;
68         }
69     }
70 }
```

图 3-17　测试控件的综合应用的 C#代码

设置控件的属性。

　　设置 DropDownList 的 ID 为 dblDw,ListBox 的 ID 为 lbZhy,Button 的 ID 为 btnSee,Label 的 ID 为 result。为保证院系名称的变化能够及时引发专业名称变化,应该把院系 DropDownList 的 AutoPostBack 属性修改为 true。然后切换到 aspx.cs 编码方式下,编写如图 3-19 所示的代码。

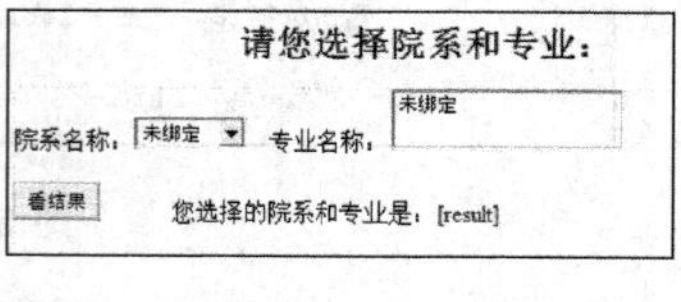

图 3-18　控件级联程序的界面图

```
14  namespace MyTest3
15  {
16      public partial class WebForm1 : System.Web.UI.Page
17      {
18          public string []xbmc={"物理系","化学系","信息系"};
19          public string [][]zymc = new string[3][];
20
21          protected void Page_Load(object sender, EventArgs e)
22          {
23              if (!IsPostBack)
24              {
25                  dblDw.Items.Clear ();                    //清空院系名称下拉列表框的选项
26                  for (int i = 0; i < xbmc.Length; i++)    //利用数组为院系下拉列表框赋予选项
27                      dblDw.Items.Add(xbmc[i].Trim());
28              }
29          }
30
31          protected void dblDw_SelectedIndexChanged(object sender, EventArgs e)
32          {                                                //响应院系名称下拉式列表框的选中项的变化
33              zymc[0] = new string[5] { "力学", "热学", "原子物理", "光学", "电子学" };
34              zymc[1] = new string[4] { "化学原理", "有机化学", "无机化学", "生物化学" };
35              zymc[2] = new string[4] { "信息系统", "网络组织", "图书情报", "信息管理" };
36              lbZhy.Items.Clear ();                        //清空专业名称列表框的选项
37              int i = dblDw.SelectedIndex;                 //获取院系名称框的选中项的序号
38              for (int j = 0; j < zymc[i].Length; j++)     //利用数组把对应的专业信息装到专业名称列表框中
39                  lbZhy.Items.Add(zymc[i][j].Trim());
40          }
41
42          protected void btnSee_Click(object sender, EventArgs e)  //响应按钮事件，显示选择结果
43          {
44              String xbm, zym;
45              xbm = dblDw.SelectedValue.Trim();
46              zym = lbZhy.SelectedValue.Trim();
47              result.Text = xbm + "学院" + zym + "专业";
48          }
49      }
50  }
```

图 3-19　控件级联程序的 C# 代码

3.3　Web 服务器的验证控件

3.3.1　数据输入验证的必要性与方法

1. 数据输入验证的必要性

在交互式网站开发中，经常需要通过表单获取用户输入的信息，例如注册信息、网上调查、网上购物车等。然而，由于系统面临的用户具有不同的层次，计算机操作的能力也有很大差异，用户很可能通过表单输入了一些垃圾信息、不规范信息，导致系统的不稳定。为解决这一问题，对用户输入的数据开展验证是非常必要的。

验证并不能保证数据的完全正确，但可以从一定程度上保证数据的完整性和合理性。例如，可以约束电话号码中没有字母，约束身份证的格式符合规范，约束学号字段必须输入10 位数码的学号，等等。事实上，验证就是由开发人员提出一种规则，通过这种规则限制输入数据的格式。

2. 数据输入验证的方法

对于用户输入的数据，有两种验证方式：其一是客户端验证，其二是服务器端验证。所谓客户端验证，就是在网页中设计一段 JavaScript 代码，在用户输入数据后，这段代码由用户的浏览器执行，进而实施数据验证，只有通过验证的数据才会被传送到服务器上。所谓服

务器验证,就是系统把用户通过表单输入的数据回传到服务器上,由服务器上的程序进行数据的合法性验证。

对比上述两种验证方法,客户端验证具有本地验证、不浪费网络资源、减轻服务器负担的优势,但其验证代码暴露在客户端,可被任何用户阅读,安全性不强。服务器端验证则相反。

ASP.NET 3.5通过服务器控件的形式提供了窗体验证,具有一定的智能性。在 ASP.NET 生成页面时会自动根据客户机是否支持 JavaScript 来决定采取哪种验证方式,并生成相应的验证脚本。

3.3.2　窗体验证技术

ASP.NET 为窗体验证主要提供了以下6个控件:不允许空白控件(RequiredFieldValidator)、要求相同控件(CompareValidator)、范围约束控件(RangeValidator)、正则表达式控件(RegularExpressionValidator)、用户定义验证控件(CustomValidator)、验证汇总控件(ValidationSummary)。

1. 窗体验证控件的公共属性

在6个窗体验证控件中,前5个控件是负责对表单控件进行验证的,最后一个控件是负责汇总验证信息的。因此前5个验证控件具有一些很相似的共同属性,如表3-6所示。

表3-6　窗体验证控件的公共属性表

属性、方法或事件	取　值	取值的含义
ControlToVadidate	表单控件名	指定被验证的控件名(说明哪个控件被检验)
Display	Static	验证控件始终占用窗体控件
	Dynamic	只有被检验控件的信息错误时才占用空间
	None	错误信息被收集到 ValidationSummary 对象中
EnableClientScript	true/false	用于设置是否启用客户端 JavaScript 验证,默认为 true
ErrorMessage	字符串	出错提示信息,可以用 ValidationSummary 对象收集
SetFocusOnError	true/false	当被验证数据出错时,是否将焦点定位到出错的控件上
Text		设置验证控件显示的信息(如对必输入对象,显示＊)

2. RequredFieldValidator 控件

被 RequiredFieldValidator 控件检验的对象不允许输入空白值。

通常,可以把 RequiredFieldValidator 控件从【工具箱】中拖出来,放到被检验的对象后面。接着,利用【属性】面板设置 RequiredFieldValidator 的属性 ControlToVadidate 为被检验对象的名称,表示此对象被 RequiredFieldValidator 验证。然后,设置其 Text 属性值为"＊",设置其 ErrorMessage 的出错提示信息。

另外,RequiredFieldValidator 控件还有一个常用的属性 InitialValue。如果设置了 InitialValue 的属性值,当被检验对象的输入数据与 InitialValue 属性值相同时,也会被认为是出错状态。

如果 ErrorMessage 中使用 JavaScript 的 alert 语句,能够获得警示框式的提示信息,达到比较好的实现效果。

3. CompareValidator 控件

CompareValidator 控件用于验证两个输入对象的值是否一致。在实际开发中,常常用于检测"密码"与"确认密码"是否相同。

CompareValidator 控件用属性 ControlToVadidate 和 ControlToCompare 绑定两个需要验证的对象。其他设置信息与 RequiredFieldValidator 控件基本相同。另外,本控件还可以判定被验证对象的输入值是否与指定的数据相同(Type 属性说明数据类型,ValueToCompare 属性存储被比较的数值)。

对 CompareValidator 控件的设置也通过【属性】面板完成。

4. RangeValidator 控件

RangeValidator 是范围约束控件,用于约束被验证对象的输入数据是否在指定范围之内。例如,限制考试成绩(文本框)的数据必须在 0~100 之间,限制大学生年龄在 14~40 岁之间,等等。除了 ControlToVadidate 属性说明被验证对象外,本控件还有 MaximumValue 和 MinimumValue 属性限制数据的最大值和最小值,以 Type 属性说明数据的类型。

5. RegularExpressionValidator 控件

RegularExpressionValidator 是正则表达式控件,主要用于限制输入对象的值必须满足某种特定的格式。例如身份证号、具有特定格式的职工号、电话号码等。

除了 ControlToVadidate 和 ErrorMessage 属性外,本控件还有一个重要属性 ValidationExpression 属性,本属性要求输入一个字符串形式的正则表达式。

对于正则表达式的书写,还是比较烦琐的。好在 VS2008 提供了多种可以直接选用的正则表达式,减轻了开发者的负担。

6. CustomValidator 控件

CustomValidator 是用户自定义验证控件。其含义是由开发者设计程序并利用程序进行输入验证,本控件支持客户端验证和服务器端验证两种方式。如果同时提供两种验证方式,则客户端验证方式优先。

客户端验证要求用 JavaScript 程序编写一个函数(function),由此 function 在客户端实施输入验证;而服务器端验证也要求开发者用 C♯ 开发一个验证函数,由验证函数实施验证。在这两个函数中,以 source 和 args 作为函数的参数,其中 args.Value 表示验证对象的输入值,验证结果存储到 args.IsValid 中,验证成功赋值 true,否则赋值 false。

除了 ControlToVadidate 和 ErrorMessage 属性外,本控件还有两个专门的属性:onServerValidate 属性指明服务器端验证的 C♯ 的函数名,而 ClientValidationFunction 属性指明客户端验证的 JavaScript 函数名。

7. ValidationSummary 控件

控件 ValidationSummary 的作用是综合输出一个窗体中的全部 ErrorMessage 信息。本控件不需要特定的设置,把此控件拖动到窗体的适当位置即可。

3.3.3 对学生注册信息的综合验证

1. 基本要求

对于如图 3-20 所示的输入界面进行输入验证。要求:限制学号只能输入 8 位数码,姓名必须输入,年龄在 15~35 岁之间,电话必须符合电话号码的格式,"密码"与"确认密码"必须相等。

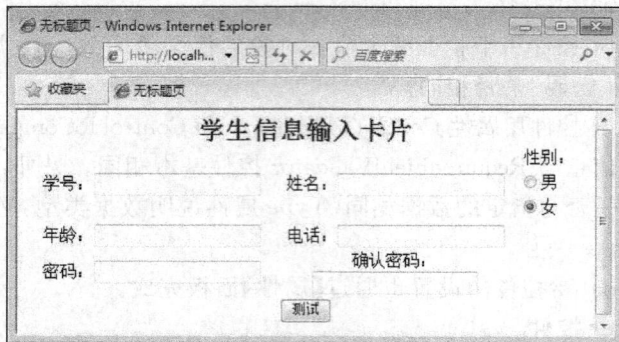

图 3-20 对学生注册信息实施验证程序的界面

2. 确定设计思路

从题目要求可知,"学号"限制为 8 位数码,可以使用正则表达式约束;"姓名"不允许为空,可使用"不允许空白"控件约束;"年龄"使用"范围限制"控件约束;"电话"使用"正则表达式"约束;"密码"使用"不允许空白"约束;而且"密码"与"确认密码"之间用"要求值相等"控件约束。

3. 界面设计

在 MyTest3 项目中新建一个 Web 窗体,命名为 stuInput。

首先,从【工具箱】中拖动控件,实现界面。即输入标题"学生信息输入卡片",并简单地调整字体和位置。

接着从工具箱中的 HTML 类工具下拖动一个 3 行 4 列表格到窗体中,按照图 3-20 所示的格式创建"标准"控件和文字。

最后,依次把文本框控件的 ID 修改为 xh,xm,age,phone,pswd,apswd。并正确设置"性别"单选按钮的相关属性。

4. 添加验证

1)为"学号"文本框添加验证

从工具箱的"验证"栏目下拖动一个 RegularExpressionValidator 控件,把它放到"学号"文本框的后面。打开【属性】面板,设置此控件的 Text 属性为"＊",ErrorMessage 为"学号必须输入 8 位数码!",ControlToValidate 属性为"xh"。找到 ValidationExpression 属性,单击后面的小按钮,启动正则表达式编辑器,如图 3-21 所示。在底部的【验证表达式】文本框中输入正则表达式"[0-9]{8}",然后单击【确定】按钮即可。

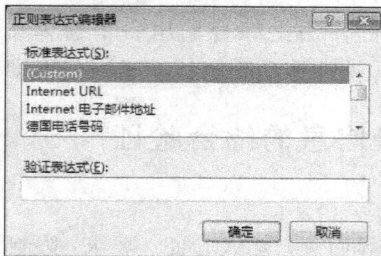

图 3-21 为控件验证添加正则表达式的界面

2）为"姓名"文本框设置验证

从工具箱的"验证"栏目下拖动一个 RequiredFieldValidator 控件,把它放到"姓名"文本框的后面。打开【属性】面板,设置此控件的 Text 属性为"＊",ErrorMessage 为"姓名不能为空!",ControlToValidate 属性为"xm"。

3）为"年龄"文本框设置验证

从工具箱的"验证"栏目下拖动一个 RangeValidator 控件,把它放到"年龄"文本框的后面。打开【属性】面板,设置此控件的 Text 属性为"＊",ErrorMessage 为"年龄必须在 15～35 之间!",ControlToValidate 属性为"age",Type 属性的值为"Integer"。找到 MaximumValue 属性,设置其值为 35；找 MinimunValue 属性,设置其值为 15。

4）为"电话"文本框设置验证

从工具箱的"验证"栏目下拖动一个 RegularExpressionValidator 控件,把它放到"电话"文本框的后面。打开【属性】面板,设置此控件的 Text 属性为"＊",ErrorMessage 为"电话号码格式有误!",ControlToValidate 属性为"phone"。找到 ValidationExpression 属性,单击后面的小按钮,启动正则表达式编辑器,如图 3-21 所示。在"标准表达式"列表框中选择"中华人民共和国电话号码",然后单击【确定】按钮即可。

5）为"密码"文本框设置验证

从工具箱的"验证"栏目下拖动一个 RequiredFieldValidator 控件,把它放到"密码"文本框的后面。打开【属性】面板,设置此控件的 Text 属性为"＊",ErrorMessage 为"密码不能为空!",ControlToValidate 属性为"pswd"。

6）对"密码"与"确认密码"文本框的输入内容设置对比的验证

从工具箱的"验证"栏目下拖动一个 CompareValidator 控件,把它放到"确认密码"文本框的后面。打开【属性】面板,设置此控件的 Text 属性为"＊",ErrorMessage 为"密码与确认密码不相同!",ControlToValidate 属性为"pswd",ControlToCompare 属性为"apswd"。

7）添加 ValidationSummary 控件集中输出出错信息

从工具箱的"验证"栏目下拖动一个 ValidationSummary 控件到窗体的适当位置,用于集中显示整个窗体中的输入对象的验证结果。

5．相关的代码

完成全部设置后,stuInput.aspx 中的相关代码如图 3-22 所示。

6．小结

运行上述验证程序,会发现以下规律。

（1）尽管对"学号"限定了 8 位数码的验证,但这一验证并不控制输入空白值。同理,对电话号码的输入限制、年龄的输入限制都具有同样的问题。如果希望学号、年龄都必须输入数据,那么还需要给它们添加"不允许空白"的验证。

（2）各个验证的 ErrorMessage 警示信息在 ValidationSummary 对象中集中输出。如果不添加 ValidationSummary 对象,则不能输出出错信息。

（3）如果被验证的窗体上有【取消】按钮,当单击【取消】按钮时应关闭窗体而不进行数据验证,此时需要设置【取消】按钮的 CausesValidation 属性的值为 false,放弃验证功能。

```
1   <%@ Page Language="C#" AutoEventWireup="true" CodeBehind="stuInput.aspx.cs" Inherits="MyTest3.stuInput" %>
2   <!DOCTYPE html PUBLIC "-//W3C//DTD XHTML 1.0 Transitional//EN"
    "http://www.w3.org/TR/xhtml1/DTD/xhtml1-transitional.dtd">
4   <html xmlns="http://www.w3.org/1999/xhtml" >
5   <head runat="server">
6       <title>无标题页</title>
7       <style type="text/css">
8           .style1{
9               font-size: x-large;
10              font-weight: bold; }
11          .style2     {       }
12          .style4     {   width: 227px;   }
13          .style5     {   width: 219px;   }
14      </style></head>
15  <body>
16      <form id="form1" runat="server">
17      <div style="text-align: center">
18          <span class="style1">学生信息输入卡片</span><br />
19          <table style="width:100%;">
20          <tr><td class="style4">
21          学号: <asp:TextBox ID="xh" runat="server"></asp:TextBox>
22              <asp:RegularExpressionValidator ID="RegularExpres1" runat="server"
23                  ControlToValidate="xh" Display="Dynamic"
24                  ErrorMessage="学号必须输入8位数码！"
25                  ValidationExpression="[0-9]{8}"> *</asp:RegularExpressionValidator>
26          </td><td class="style5">
27          姓名: <asp:TextBox ID="xm" runat="server"></asp:TextBox>
28              <asp:RequiredFieldValidator ID="ReqF1" runat="server"
29                  ControlToValidate="xm" ErrorMessage="姓名不能为空！">*
30              </asp:RequiredFieldValidator>
31          </td><td>性别: <asp:RadioButtonList ID="xb" runat="server">
32              <asp:ListItem>男</asp:ListItem>
33              <asp:ListItem Selected="True">女</asp:ListItem>
34          </asp:RadioButtonList></td></tr>
35          <tr><td class="style4">
36          年龄: <asp:TextBox ID="age" runat="server"></asp:TextBox>
37              <asp:RangeValidator ID="RangeValidator1" runat="server"
38                  ControlToValidate="age" ErrorMessage="年龄必须在15-35之间！"
39                  MaximumValue="35" MinimumValue="15"
40                  Type="Integer">*</asp:RangeValidator>
41          </td><td class="style5">
42          电话: <asp:TextBox ID="phone" runat="server"></asp:TextBox>
43              <asp:RegularExpressionValidator ID="RegValidator2" runat="server"
44                  ControlToValidate="phone" ErrorMessage="电话号码格式有误！"
45                  ValidationExpression="(\(\d{3}\)|\d{3}-)?\d{8}">*
46          </asp:RegularExpressionValidator></td>
47              <td> </td>
48          </tr><tr><td class="style4">
49          密码: <asp:TextBox ID="pswd" runat="server"></asp:TextBox>
50              <asp:RequiredFieldValidator ID="Req2" runat="server"
51              ControlToValidate="pswd" ErrorMessage="密码不能为空！">*
52          </asp:RequiredFieldValidator></td>
53              <td class="style5">
54              确认密码: <asp:TextBox ID="apswd" runat="server"></asp:TextBox>
55              <asp:CompareValidator ID="CompareValidator1" runat="server"
56              ControlToCompare="apswd" ControlToValidate="pswd"
57              ErrorMessage="密码与确认密码不相同！">*</asp:CompareValidator>
58          </td><td> </td></tr>
59          <tr><td class="style2" colspan="3">
60              <asp:Button ID="stuTest" runat="server" Text="测试" /><br />
61              <asp:ValidationSummary ID="ValidationSummary1" runat="server" />
62          </td></tr>
63      </table></div></form>
64  </body></html>
```

图 3-22　对学生注册信息控件实施验证的 aspx 代码

思考题

1. TextBox 控件有什么作用? 如何获取用户在 TextBox 文本框中输入的数据?

2. 如何修改 Button 控件的显示信息? Button 控件的 Click 事件的对应方法存储在什么位置? Button 的 Click 方法和 onClientClick 属性有什么不同?

3. RadioButton 与 RadioButtonList 有什么区别? 如何使多个 RadioButton 控件的选

中项互斥？

4．CheckBox 与 CheckBoxList 控件有什么区别？如何获取 CheckBoxList 的选项值？

5．什么是 DropDownList 控件？如何利用可视化方式为 DropDownList 控件赋予选项？如何获取 DropDownList 的选定项的值？

6．如何利用代码为 DropDownList 控件赋予选项？DropDownList 控件的选项可以来源于数据表的字段吗？

7．HyperLink 控件的作用是什么？与<a href>有什么不同？

8．什么是服务器验证控件？在服务器验证控件中，ErrorMessage 和 Text 属性的值有什么不同？

9．RequiredFieldValidator 控件的作用是什么？如何利用 RequiredFieldValidator 控件监控其他的控件？

10．与其他验证控件不同，CompareValidator 控件需要同时监控两个控件的输入数值，CompareValidator 控件是如何控制这两个控件的？

11．什么是正则表达式？如何把正则表达式应用到 ASP.NET 的控件验证中？

12．ValidationSummary 控件有什么用途？与其他的验证控件有什么不同？

上机实训题

某医院要建立一套医生信息管理系统。已知医生的信息包括职工号、医生姓名、医生性别、医生生日、所在科室、医生专长、基础工资和电子邮件地址。

启动 VS2008，新增项目 Test3，然后在此项目中完成以下任务：

（1）新建一个窗体，为医生信息创建一个输入界面，要求职工号、医生姓名、医生生日、电子邮件地址和基础工资使用 TextBox 控件，医生性别使用 RadioButton 控件，所在科室字段使用 DropDownList 控件、医生专长使用 CheckBoxList 控件设计。

（2）为窗体添加 Button 控件，当单击 Button 时，能够输出上述控件接收到的所有信息。

（3）为上述控件添加验证控件，要求工号、姓名和性别为必须输入的字段，而且工号限制为 8 位数码，电子邮件地址符合 Email 的格式规则，基础工资限定在 500～8000 之间。

（4）最后通过 ValidationSummary 控件集中输出验证结果信息。

第 4 章

动态网页布局

学习要点

本章主要学习 ASP.NET 网页布局的方法。要求了解母版页的概念、主题文件的概念、动态网站的导航技术、局部刷新技术、应用客户端代码增添网页特效的技术。本章要求重点关注以下内容：

- 主题文件和 CSS 文件的创建与使用。
- 母版页的创建与使用，重点关注基于 Photoshop 布局实现母版页。
- 网站导航技术中的 SiteMapPath、TreeView 和 Menu 导航技术。
- AJAX 中 ScriptManager 与 UpdatePanel 的应用。

4.1 页面对象的外观设计

前面多次指出，网页是文本与图像等对象按照一定的格式组织起来的综合性文档，随着网页交互能力的出现和发展，动态网页技术日益普及，Web 窗体中的控件成为网页组成内容中的重要对象。传统的静态网页仅关注文本和图像内容，对交互能力的考虑较少。因此，面向静态网页技术的 CSS 样式文件是聚焦于文本、图像以及其他静态网页元素的外观设置的，而对 Web 窗体控件的外观设置，则是通过 VS2008 的主题文件（也称外观文件）来实施的。主题文件和 CSS 文件是当前设置动态网页外观的重要工具，统称为网页的主题。这些文件通常被放在 App_Themes 文件夹中。

4.1.1 VS2008 对 CSS 文件的支持

1. 新建 CSS 文件

在"解决方案资源管理器"中右击项目名称，在快捷菜单中选择【添加】→【新建项】，选择【样式表】，给予命名后则创建一个样式表文件，并处于样式表的编辑状态，如图 4-1 所示。

系统默认提供了一个"body{}"，表示要对网页的主体（body）部分设置默认的字体、字形、字号、色彩等属性。把光标放在"body{}"的花括号中，然后单击【属性】面板中 Style 属性后面的 ⋯ 按钮，打开【修改样式】对话框，如图 4-2 所示。

在此对话框中，可完成针对 body 的样式设计。

对于 CSS 样式，既可以针对 HTML 已有的对象类型（如设置 body、p、td、th、br、

a 等)重新设置其外观,也可以新建新的样式类。注意,新建的样式类以英文句号起始,也可以直接从其他的 CSS 文件中粘贴代码到当前的 CSS 文件中。

　　下面的代码就是"马秀麟的教学服务平台"使用的公共样式文件 main.css 的内容,如图 4-3 所示。

　　从图 4-3 可以看出,本 CSS 文件首先定义了整个 body 的默认字体的相关信息,接着定义了超链接的四个状态的字体信息,随之新建了 5 个样式类,分别是各级标题的样式和正文的样式。

　　最后,保存 CSS 文件。

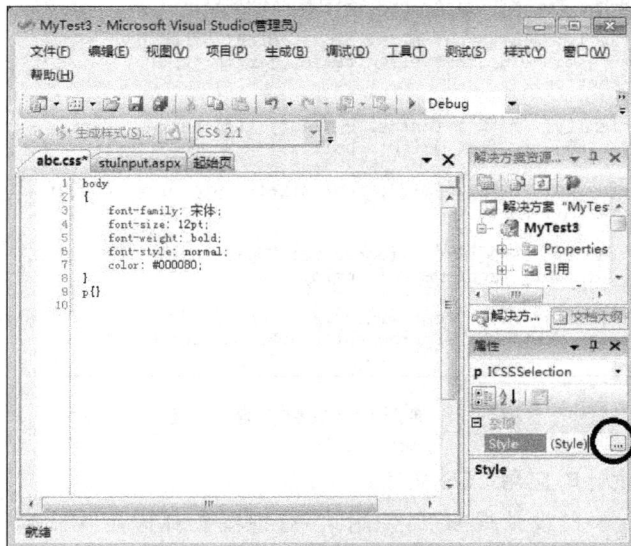

图 4-1　新建 CSS 样式表操作界面

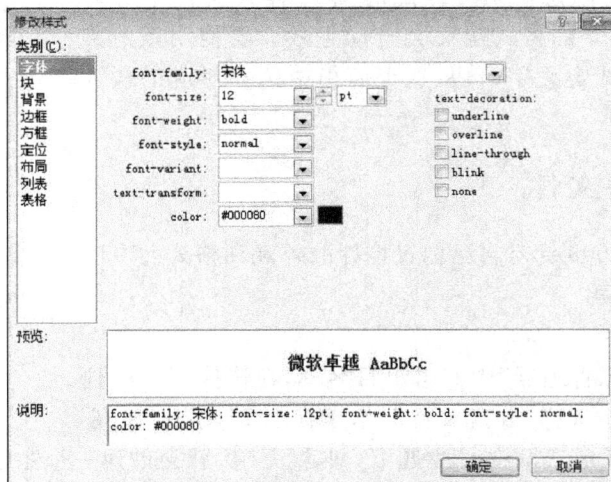

图 4-2　【修改样式】对话框

```
body { text-indent: 32; line-height: 150%; text-align: left;
       font-family: 宋体; font-size: 12pt; color: #006699; margin: 0;
     }
a:link { font-size: 10.5pt; line-height: 18px;  color: #0000FF;
         text-decoration: underline;
       }
a:visited { font-size: 10.5pt;  line-height: 18px;
            color: #0000FF; text-decoration: underline;
          }
a:hover { font-size: 10.5pt;line-height: 18px;
          color: #FF0000; text-decoration: underline;
          background-color: #00f000;
        }
a:active { font-size: 10.5pt; line-height: 18px;
           color: #FF0000; text-decoration: underline;
         }
.bt1 { font-family: 隶书; font-size: 32px; color: #FF0000;
       font-weight: bold; text-align:center;margin-top:7;
       margin-bottom:2;}
.bt3 { font-family: "宋体"; font-size: 14pt; line-height: 28px;
       color: #8000ff; font-weight: bold;
     }
.bt4 { font-family: "楷体_GB2312"; font-size: 13pt;color: #0000ff;
       font-weight: bold;
     }
.bt2 { font-family: "华文中宋"; font-size: 20px;line-height: 24px;
       color: #ff00ff; font-weight: bold;
     }
.TXT  { font-family: 宋体; font-size: 12pt; color: #000080; text-align: left;
        text-indent: 32; line-height: 150%; margin: 0;
      }
```

图 4-3　典型 CSS 文件内容的示意图

2. 在动态网页设计时应用 CSS 文件

在 VS2008 的 aspx 的设计视图下，使用菜单【视图】→【应用样式】，则打开【应用样式】面板，如图 4-4 所示。

从中选择按钮【附加样式表】，然后选择 CSS 文件，即可把 CSS 文件链接到当前动态网页中。此时 CSS 样式文件中针对 <body>、<p>、<a> 的格式定义会自动生效。要使用新定义的样式类，则只须先选定文字，再从这个面板中选择对应的样式即可。

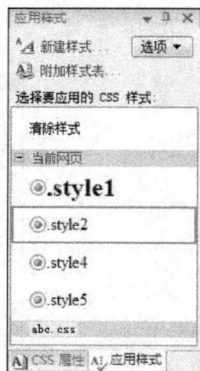

图 4-4　VS2008 的【应用样式】面板

4.1.2　主题文件

主题文件是 VS2008 针对自己内置控件的外观和格式而专门设计的一种控制性文档。

1. 新建主题文件

在"解决方案资源管理器"中右击项目名称，在快捷菜单中选择【添加】→【新建项】，选择"外观文件"，给予命名 MySkin 后，系统询问是否创建在"App_Themes"主题下，回答"是"后就会创建一个主题文件，并且处于此主题文件的编辑状态，如图 4-5 所示。

在编辑状态输入控件类名，并对控件的前景色（Forecolor）、背景色（BackColor）、字体、字形和字号等进行设置。编辑的代码如图 4-5 所示。从图 4-5 可知，主题文件所使用的格式描述方法与 CSS 文件基本相同。

设置完毕,保存并关闭主题文件。

2．对当前页面应用主题文件

在 aspx 的设计视图下,单击当前页面的空白处,使【属性】面板以 DOCUMENT 作为当前对象,此时修改其属性 StyleSheetTheme 的值为主题文件的名称,例如"MySkin",按 Enter 键后会发现相关控件的外观都发生了变化。

3．使整个网站应用主题文件

如果整个网站都希望使用已经制作的主题文件,则需要修改 web.config 的配置信息。即打开此文档,在其<System.web>与</System.web>之间增加一行:

```
<pages theme = "主题文件名"/>
```

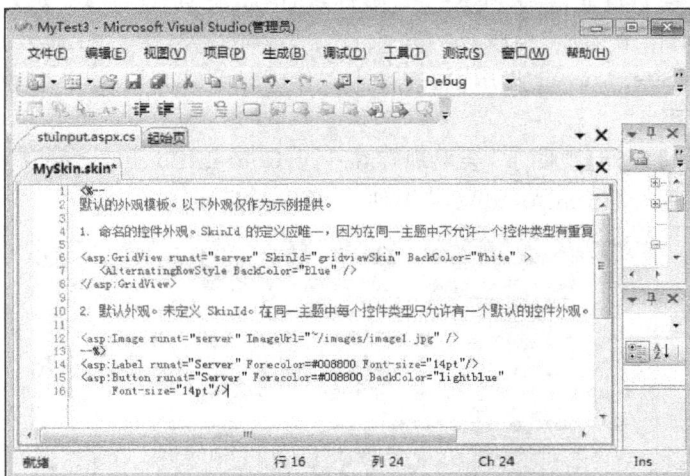

图 4-5　创建主题文件的操作界面

4.2　母版页的概念

从众多网站包含的大量网页看,一个网站中包含的大部分网页都具有相似的框架结构,只有部分区域是变化的。因此,在网站建设过程中,针对框架的修改将会引发大量页面的修改,其工作量非常大。为解决这一问题,Dreamweaver 提出了模板技术,而 VS2008 则使用母版技术。

4.2.1　母版页与内容页的概念

所谓母版页,就是一个网站的通用框架页面,这个页面包括了网站中一组页面的整体结构和页面布局,并在此页面中为部分可填充区域设置特定的标记。只有被标记的区域才可以被它派生的内容页填入内容。

当一个母版页完成后,就可以基于母版页创建内容页。从设计视图上看,内容页是包括了整个网页结构的页面。在这个页面上只有母版页预先标记的区域才是可以被编辑的,在标记区域中可以输入新的、个性化的内容。而事实上,内容页中仅包含一个到母版页的链接和这个内容页的个性化内容。

　　由于多个内容页共享母版页,使得共性化的页面布局和结构仅有一份。因此,使用母版页可以便利地统一网站中相关页面的风格,对网站中页面框架和布局的修改也通过母版页实现,能够做到"一次修改,惠及全体",从而极大地提升网页设计的效率。

4.2.2　创建母版页

　　创建母版页可以分为以下几个阶段:新增母版页文件,完善母版页,保存母版页。

1. 新增母版页文件

　　右击"解决方案资源管理器"中的项目名称,在快捷菜单中选择【添加】→【新建项】,然后在【添加新项】对话框中选择"母版页",并命名为 MySite.Master,然后单击【添加】按钮,系统会自动建立 MySite.Master 母版页,并在主工作区打开此文档,进入到编辑状态。

2. 完善母版页

　　回到母版页的【设计】视图下,会发现存在一个 ContentPlaceHolder 1 控件,可先删除此控件,只保留默认的"<form><div>"控件,如图 4-6 所示。

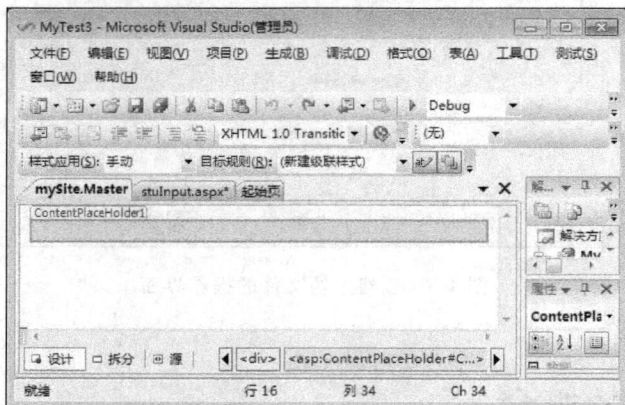

图 4-6　创建母版页的操作界面

　　从【工具箱】中的 HTML 栏目拖动 Table 控件到<div>之间,形成一个表格(Table)对象。通过适当调整表格中单元格的数目,合并与拆分表格中的单元格,改变单元格的宽度和高度,最终把整个屏幕划分为若干个区域。例如有 Logo 区、菜单区、导航区、目录区、主工作区、底部的版权区等。最后可适当设置母版的背景,为 Logo 区插入处理好的图片,适当配置菜单区、导航区的信息。

　　从【工具箱】的【标准】栏目下拖动 ContentPlaceHolder 控件,放到母版上的每个需要在内容页中更新的区域。例如,为母版页的目录区和主工作区添加 ContentPlaceHolder 控件,系统会为每个控件依次命名,使之成为若干个独立的 ContentPlaceHolder 对象。

　　在完善母版页的过程中,可以应用已经做好的 CSS 样式文件和主题文件。

　　最后保存母版页。

4.2.3 创建内容页

1. 基于母版页建立内容页

在解决方案资源管理器中,右击某个母版页文件,从其快捷菜单中选择【添加内容页】,系统将立即创建一个基于此母版页的内容页。

此时应立即右击新的内容页文件,并对其重命名。

切换到内容页的【设计】视图,会发现新生成的内容页与母版页完全相同,只是部分区域为 ContenPlaceHolder 区域。

2. 完善内容页

可在内容页的 ContenPlaceHolder 区域中输入此内容页所需的文本、图像,甚至是 Web 窗体的控件。

在内容页中,可以独立地使用样式文件或者主题文件,从而使页面得到美化,更有特色。最后,保存内容页。

注意:*对母版页的修改将会影响到所有的相关内容页。如果需要修改母版页,请一定不要破坏和改变其 ContentPlaceHolder 控件的名称,否则可能导致相关的内容页出现混乱。*

4.2.4 基于 Photoshop 切片创建母版页

在网页开发的实际工作中,为使页面实现比较协调、美观的效果,通常不直接使用表格和层实现布局,而是借用 Photoshop 或 Fireworks 实施网页的布局,制作母版页,并利用母版页建立内容页。

1. 以 Photoshop 绘制网页页面

利用 Photoshop 的选区与粘贴、文字、图层样式、自由变换等技术,绘制网页页面,使之达到风格明确、协调美观的效果。然后保存此 psd 文件。

2. 对布局页面实施切片

拼合图层,然后利用 Photoshop 的切片工具切割图片,形成若干切片。有意识地制作出菜单区、目录区、主工作区等区域。例如,制作如图 4-7 所示的效果。

其中"用户登录"下面的 10 号切片为纯色区域,可在右击此切片后利用【编辑切片选项】命令将其修改为"无图像"模式,并设置其背景为当前该区域的颜色。

3. 保存为 Web 格式

完成切片操作后,选择【文件】→【保存为 Web 所用格式】命令,在【将优化结果存储为】对话框中,选择【保存类型】为"HTML 和图像",在【设置】中选择"其他",从而打开【输出设置】对话框。

在【输出设置】对话框中的 HTML 选项卡上,设置【结束所有标记】复选框有效;在【切片】选项卡上,把【切片输出】设置为"生成 CSS",表示以 CSS+DIV 方式实现布局。

最后,回到【将优化结果存储为】对话框中,设置文件名,并保存此 Web 页面。

此时将生成一个 HTML 文档和一个 images 文件夹,在 images 文件夹中包含所有切片的图像文件。

图 4-7　利用 Photoshop 的切片布局页面

4. 在 VS2008 中处理母版页

1）把 Photoshop 布局的页面导入到 VS2008 母版页

首先,把前面生成的 Images 文件夹复制到 VS2008 项目的子文件夹中。注意 Images 文件夹与 aspx 文件处于同级文件夹中。

其次,在 VS2008 的解决方案管理器中,新建母版页,并切换到【源】视图下,先删除那个多余的 ContentPlaceHolder 控件。

最后,以记事本打开 Photoshop 生成的 HTML 文件,把＜style type＝"text/css"＞至＜/style＞之间(含这两条语句)的内容复制到母版页的＜head＞与＜/head＞之间,可以放在

＜/title＞的后边。把 HTML 文件中＜!-- Save for Web Slices --＞至＜!-- End Save for Web Slices --＞之间的内容复制到母版页的＜form runat＝"Server"＞＜/form＞之间。

2）在 VS2008 中分析页面的构成区域

首先,切换到母版页的【设计】视图。在母版页视图下,观察布局页面的各个构成区域。此时母版页的布局如图 4-8 所示。

从图 4-8 可以看出,共设置了 5 个区域。1 号区为菜单区,2 号区为用户信息区,3 号区作为目录区,4 号区是信息区,5 号区是版权区。

以鼠标单击 2 号区,发现可以直接输入数据,而且不影响 2 号区域的原背景颜色。

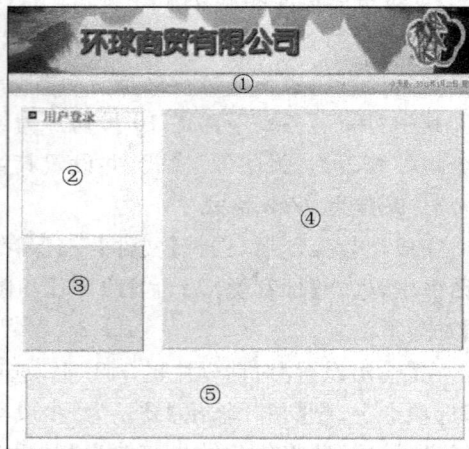

图 4-8　以 Photoshop 切片实现母版页的分区示意图

3）处理带有图片背景的区域

以鼠标单击1号区，会发现此时该区域被一 Img 占位，如果直接输入文字，该 Img 就会被文字取代，将会导致2号区的背景消失，成为纯白色，与周边的整体极不协调。为此需要把1号区域中填充的 Img 转化为此区域的背景色。主要操作如下。

① 单击1号区域的 Img，从【属性】面板中找到其 src 属性，选中其值"images/mmmm _05.gif"后执行复制，然后删除1号区域的 img 对象。

② 根据【设计】视图底部的提示条，知道此区域对应的层对象是＜div♯mmmm-05＞，如图 4-9 所示。

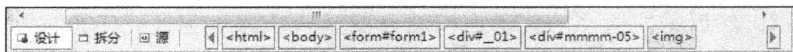

图 4-9　VS2008 设计视图底部的提示条

因此切换到其【源】视图下，在＜style＞区域中找到针对♯mmmm-05 的样式定义，为这个样式添加一行语句："background-image:url(images/mmmm_05.gif);"，如图 4-10 所示。

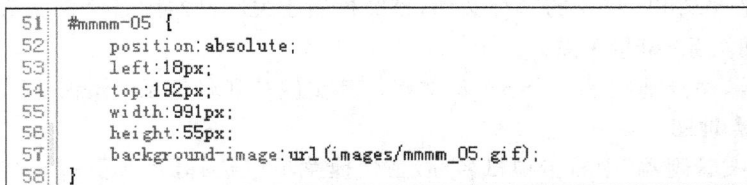

```
51  #mmmm-05 {
52      position:absolute;
53      left:18px;
54      top:192px;
55      width:991px;
56      height:55px;
57      background-image:url(images/mmmm_05.gif);
58  }
```

图 4-10　对层对象背景的设置

注意：url 后括号中的文件名就是前面复制的那个 image 的 src 的信息。

最后，切换回【设计】视图，对3～5号区域都进行同样的处理。

注意：对 Photoshop 布局的网页，常常需要对其数据输入区域实施背景图片处理。为减少这一工作量，在以 Photoshop 绘制页面时，通常尽可能对未来的数据输入区使用纯色（如2号区域），以便在 Photoshop 切片阶段就把该区域设置适当的背景色彩，从而把图片删除。

5.添加菜单项与版权页

为母版页的1号区域添加菜单项，并为菜单项建立超链接。此时如果还没有下级网页文件，则可预先规划相关的文件名，并建立相应的链接。

在母版页的5号区域输入版权页信息。为达到较好的效果，在此可以使用滚动字幕等技术。

此时可对母版页施加 CSS 文件和主题文件，限定母版页中文本和控件的样式。

6.添加内容页的可编辑区域

在母版页的2号区、3号区、4号区添加 ContenPlaceHolder 控件，分别建立3个可编辑区域。

最后，保存母版页。

7.应用母版页创建内容页

在解决方案管理器中右击刚刚创建的母版页，在快捷菜单中选择"添加内容页"，就添加了一个内容页。

重命名此内容页,然后在可编辑区域中输入此内容页的个别化内容。

以此方式可以快速建立一系列的内容页,快捷地生成一个网站。

4.3　网站导航技术

在网站设计中,优美、清晰的导航能够引导浏览者快捷、便利地欣赏网站内容,为网站增色不少。网站导航的前提是设计者为系统提供一个网站地图,说明网站中包含的内容、文件之间的逻辑关系,然后采取适当的技术把网站地图呈现出来。为此,VS2008 提供了网站地图、SiteMapPath、TreeView 和 Menu 等关键技术。

4.3.1　站点地图

1. 什么是站点地图

站点地图是 VS2008 提供的一种文档,该文档用于说明网站中各个网页文件含义,以及网页之间的逻辑关系、链接关系。

从本质上看,站点地图是一个 XML 文档。其文件扩展名是 sitemap。

2. 新建站点地图

在"解决方案管理器"中右击项目名称,在快捷菜单中选择【添加】→【新建项】,在【添加新项】对话框中选择【站点地图】,采用默认的站点地图名称(即"Web. sitemap"),然后单击【添加】按钮,就向项目中添加了一个站点地图文档。

此时,系统在主工作区打开这个站点地图文件,开发者可在此文档中输入站点的文档信息,如图 4-11 所示。

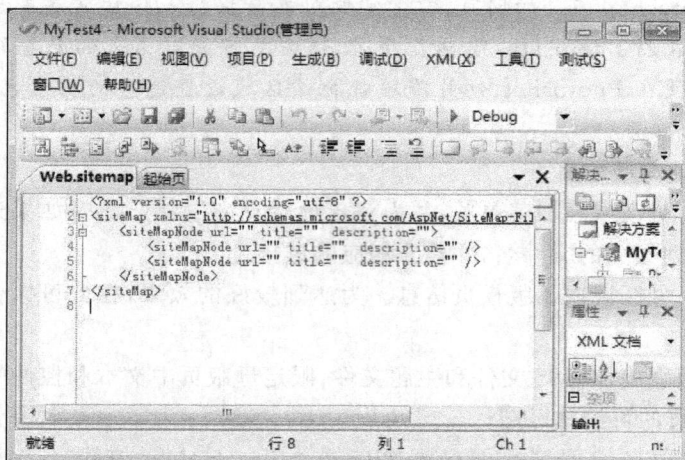

图 4-11　新建站点地图文件的界面图

3. 编辑站点地图

从图 4-11 的站点地图代码中可以看出,站点地图文档的基本语句格式为:

```
< siteMapNode url = "链接文件之名" title = "链接的标题" description = "描述信息" />
```

因此,可以按照这个格式把站点中包括的文档及其相互关系在此文档中说明。

一个典型的站点地图文件的内容如图 4-12 所示。

```
1    <?xml version="1.0" encoding="utf-8" ?>
2  <siteMap xmlns="http://schemas.microsoft.com/AspNet/SiteMap-File-1.0" >
3      <siteMapNode url="index.aspx" title="首页"  description="首页">
4        <siteMapNode url="ldfc.aspx" title="领导风采"  description="领导风采">
5          <siteMapNode url="zhangp.aspx" title="张平"  description="校长" />
6          <siteMapNode url="lilu.apsx" title="李璐"  description="副校长" />
7          <siteMapNode url="cuiguang.aspx" title="崔广志"  description="副校长" />
8          <siteMapNode url="maxiaop.aspx" title="马晓萍"  description="副校长" />
9          <siteMapNode url="zhaopl.aspx" title="赵平安"  description="教务主任" />
10       </siteMapNode>
11        <siteMapNode url="zzjg.aspx" title="组织机构"  description="组织机构">
12          <siteMapNode url="zzxb.aspx" title="校长办"  description="校长办" />
13          <siteMapNode url="zzjw.apsx" title="教务处"  description="教务处" />
14          <siteMapNode url="zzcw.aspx" title="财务处"  description="财务处" />
15          <siteMapNode url="zzkj.aspx" title="科技处"  description="科技处" />
16          <siteMapNode url="zshq.aspx" title="后勤处"  description="后勤处" />
17       </siteMapNode>
18        <siteMapNode url="xsgz.aspx" title="学生工作"  description="学生工作">
19          <siteMapNode url="xsdzb.aspx" title="学生党支部"  description="党小组" />
20          <siteMapNode url="xstw.apsx" title="团委"  description="团委" />
21          <siteMapNode url="xssxd.aspx" title="少先队"  description="少先队" />
22          <siteMapNode url="xsxsh.aspx" title="学生会"  description="学生会" />
23       </siteMapNode>
24     </siteMapNode>
25  </siteMap>
```

图 4-12　站点地图文件的内容

从图 4-12 可知,此网站的文档分为三组,第一组是领导人物的介绍,在文档中处于第 4～10 行;第二组是关于组织机构的介绍,在文档中处于第 11～17 行;第三组是关于学生工作的文档,在文档中处于第 18～23 行。

4. 特别说明

站点地图文件制作成功后,可以为 SiteMapPath、TreeView 和 Menu 等控件导航手段提供支持。

如果需要,可以利用语句"<siteMapNode siteMapFile="站点地图文件名.siteMap" />"把另外的站点地图文件嵌入到当前文档的任意位置。

4.3.2　SiteMapPath 控件导航

1. 应用 SiteMapPath 控件显示导航

现在为"校长办公室"设计网页,并在其中添加 SiteMapPath 控件,观察效果。

在"解决方案管理器"中右击项目名称,在快捷菜单中选择【添加】→【新建项】,然后选择【Web 窗体】,命名为 zzxb.aspx,就添加了一个名字为 zzxb.aspx 的 Web 窗体。

从【工具箱】的【导航】栏目下把 SiteMapPath 控件添加到页面的适当位置。

预览此页面,观察效果,其结果如图 4-13 所示。

从图 4-13 可知,系统立即列出了当前网页在站点地图中的逻辑关系,而且具备了跳转到其他页面上的超链接。

2. SiteMapPath 控件的属性设置

单击 SiteMapPath 控件右上角的小图标,可以展开菜单。利用此菜单可以方便地选择【自动套用格式】,改变此控件的显示形式。

在选中 SiteMapPath 控件的状态下,还可使用其属性"PathSeparator"改变站点之间的分隔符(默认是">"),利用属性"PathDirection"改变显示顺序。

注意:SiteMapPath 控件会自动调用站点地图文件 Web. sitemap,不需进行任何链接设置;如果站点地图文件的名称不是 Web. sitemap,则会导致 SiteMapPath 控件失效。

图 4-13 站点导航的效果图

包含 SiteMapPath 控件的页面应该使用站点地图中声明的某个文件名,而且要严格保证正确。例如,本例中使用的 zzxb. asp 就是站点地图中"校长办公室"对应的网页文件的名称。

把 SiteMapPath 控件嵌入到母版页中,效果更佳。

4.3.3 TreeView 控件导航

1. 应用 TreeView 控件显示导航

下面将为"教务处"设计网页,并在其中添加 SiteMapPath 控件,并观察效果。步骤如下:

(1) 在项目中新增"Web 窗体"或"内容页",命名为 zzjw. aspx。

(2) 从【工具箱】的【导航】栏目下把 TreeView 控件添加到页面的适当位置。

(3) 从【工具箱】的【数据】栏目下把 SiteMapDataSource 控件添加页面的任意位置,并利用【属性】面板设置其 ID 为 sms1,其效果如图 4-14 所示。

(4) 单击 SiteMapPath 控件右上角的小图标,可以展开一个小菜单。利用此菜单可以方便地选择【自动套用格式】,改变此控件的显示形式。

(5) 在小菜单中【选择数据源】下拉式列表框中选择 sms1 数据源。

(6) 预览此页面,观察效果,最终效果如图 4-15 所示。

图 4-14 TreeView 导航效果图

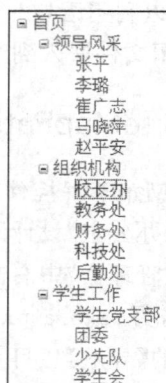

图 4-15 TreeView 导航的效果图

2．TreeView 控件的属性设置

TreeView 控件通常用来以树形结构显示分层数据的情形，利用 TreeView 控件不仅可以实现站点导航，而且可以显示 XML、表格和关系数据库的内容。

对于 TreeView 对象，常常可以通过 C♯语句实现编程。假设 TreeView 对象的名称为tv1，则常用的关键语句有：

```
TreeNode tn = new TreeNode();              //创建新的 TreeNode 结点；
tn.value = 字符串数据；                       //为结点赋予显示信息；
tv.Nodes.Add(tn);                          //把新结点 tn 作为 tv 的根结点；
tv.SelectedNode.ChildNodes.Add(tn);        //把 tn 作为当前结点的子结点；
tv.CollapseAll();
tv.ExpandAll();                            //折叠与展开整个树结构；
TreeNode tn = tv.SelectedNode;             //获取当前结点；
```

利用上述 7 个语句，再结合 C♯的控制语句，即可编写出 TreeView 动态地显示内容的程序。

4.3.4　Menu 控件导航

1．应用 Menu 控件实现导航

应用 Menu 控件实现导航的方式与 TreeView 控件非常相似，需要为 Menu 控件提供数据源。下面将利用团委网页中的 Menu 控件演示其使用方法。

（1）在项目中新增"Web 窗体"或内容页，命名为 xstw.aspx。

（2）从【工具箱】的【导航】栏目下把 Menu 控件添加到页面的适当位置。

（3）从【工具箱】的【数据】栏目下把 SiteMapDataSource 控件添加到页面的任意位置，并利用【属性】面板设置其 ID 为 sms1。其效果如图 4-16 所示。

（4）单击 Menu 控件右上角的智能按钮，可以展开一个小菜单。利用此菜单可以选择"自动套用格式"，改变控件的显示形式。

（5）在小菜单中选择 sms1 作为数据源。

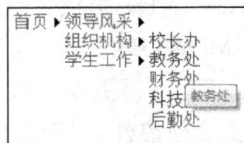

图 4-16　Menu 导航的效果

最后，预览此页面，观察效果。

2．Menu 控件的属性设置

Menu 对象的 Orientation 属性可以确定菜单的排列方式，默认为纵向（Vertical），也可以重新选定，改变为横向（Horizontal）。

4.4　ASP.NET AJAX

4.4.1　AJAX 概述

1．什么是 ASP.NET AJAX

AJAX（Asynchronous JavaScript and XML）是一种解决 Web 交互问题的技术。众所周知，随着 Web 应用程序的普及，许多 Web 窗体中包含的控件和其他信息量变得非常庞

大。如果窗体中每个控件对数据的提交都要引起整个页面的刷新,必然导致服务器的负担过重,系统响应时间太长。

为此,在 Web 应用程序开发中,提出了局部刷新技术。即在 Web 应用程序中,仅对需要提交数据或者数据发生变化的局部页面实行刷新。这种技术解决了 Web 应用程序中客户机与服务器的交互效率问题。这就是 AJAX 技术,也称为无刷新 Web 页面。

2. AJAX 技术核心内容

AJAX 技术的核心内容包括以下几方面。

(1) 基于 XML 技术的 HttpRequest 对象,它能够支持客户机与 Web 服务器便利地通信,提升了传统 HTML 方式的 HttpRequest 技术的性能。

(2) JavaScript 代码,可以运行在客户端,改进数据验证方式,提升服务器和客户机之间的通信效率。

(3) DHTML 技术,能够支持程序动态地更新表单。

(4) 构造文件对象模型 DOM,提升文件处理效率。

AJAX 技术的应用,相当于在客户机的浏览器和服务器的 Web 程序之间增加了一个引擎(代理)。当客户端的浏览器向服务器发出请求时,必须通过这个引擎进行分析和判定,只有必须刷新的内容才提交 Web 应用程序处理,因此 Web 服务器只须生成这个页面中部分区域的内容,同时客户机的浏览器也只须实施局部区域的刷新,而不是整体页面刷新。

AJAX 技术的应用,极大地改善了 Web 应用程序的交互能力。

4.4.2　ASP.NET AJAX 的服务器控件

ASP.NET 提供了大量的 AJAX 控件,但【工具箱】中默认 AJAX 控件共有 5 个,其中 ScriptManager 与 ScriptManagerProxy 是一组,用于声明本页面支持 AJAX 技术;UpdatePanel 是更新面板,用于组织一个可独立刷新的局部区域,UpdateProgress 是局部刷新进度管理控件,用于显示局部刷新的进度;Timer 控件则是一个计时器控件,可以定时引发某些特定的操作。

1. 应用 ScriptManager 与 ScriptManagerProxy 控件

如果需要 Web 窗体支持 AJAX 技术,就必须在窗体中首先添加一个 ScriptManager 对象,然后才可在此对象的后面添加其他 AJAX 控件。因此,ScriptManager 控件是本窗体支持 AJAX 技术的标记,只有添加过 ScriptManager 控件的窗体,才能使用 AJAX 技术,ASP.NET的 Web 服务器才能启动 AJAX 引擎,并向客户机发送与 AJAX 技术相关的 JavaScript 代码。

注意:一个 Web 窗体中只能使用一个 ScriptManager 控件。

如果在母版页中已经使用过 ScriptManager 控件,那么在内容页中就不能再次添加 ScriptManager 控件。为此,ASP.NET 提供了 ScriptManagerProxy 控件。ScriptManagerProxy 控件的功能与 ScriptManager 控件完全相同,只是它只能放在 ScriptManager 控件范围之下。

ScriptManager 使用 EnablePartialRendering 属性设置当前窗体是否支持局部刷新。其默认值为 true,即支持局部刷新。

2. 应用 UpdatePanel 控件

在一个已经布局完毕的页面上,首先向页面中插入 ScriptManager 控件,接着就可以向该页面的某个区域中插入 UpdatePanel 控件。

在页面中创建 UpdatePanel 对象后,就可以向此对象中直接插入文本和其他的窗体控件了。向 UpdatePanel 中插入控件的办法与直接向窗体中插入控件的办法相同。为了检测 UpdatePanel 的效果,建议在此对象的控件中包含交互功能和提交按钮。

最后在浏览器中检查其效果。

注意: 同一个页面中可以同时嵌入多个 UpdatePanel 控件。

UpdatePanel 的默认更新模式(UpdateMode)为 Always,代表只要有数据回发到服务器,就会刷新此 UpdatePanel。如果修改为 Conditional 模式,则需要使用下列手段促使 UpdatePanel 执行局部刷新。

(1) 内部控件激发刷新,单击某个 UpdatePanel 中的按钮会激发它执行局部刷新。

(2) 外部控件激发刷新,如果需要使用外部按钮激发 UpdatePanel 的刷新,则需要选中此 UpdatePanel,在其【属性】面板中针对 Triggers 元素进行设置,在 ControlID 中设置能够激发此 UpdatePanel 刷新的对象名称,如图 4-17 所示。

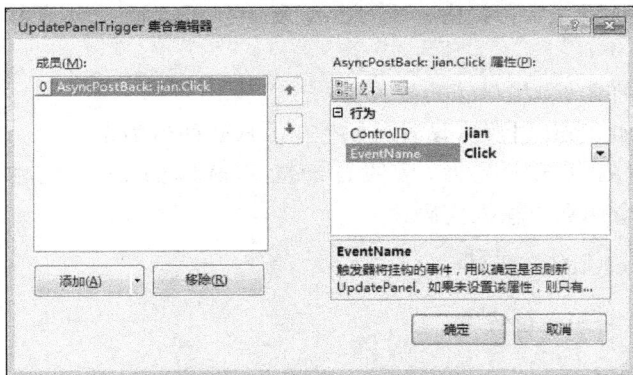

图 4-17 为 UpdatePanel 控件设置外部触发刷新的控件

3. 应用 UpdateProgress 控件

UpdateProgress 控件的作用是呈现 UpdatePanel 对象提交数据的更新情况。开发者可以在窗体中添加 UpdateProgress 控件,通过这个控件的对象显示任务的完成情况。

如果不指定 UpdateProgress 对象监控的 UpdatePanel 对象名称,则它监控所有 UpdatePanel 对象的更新情况,显示整体进度消息。否则,可以通过其属性 AssociatedUpdatePanel ID 设定此对象的监控目标,如图 4-18 所示。

一个 Web 窗体中可以添加多个 UpdateProgress 控件,此控件的使用必须以导入 ScriptManager 对象为前提。

4. 应用 Timer 控件

Timer 控件是一个按照指定的时间间隔自动启动某种特定动作的控件。在 Web 应用程序设计中,Timer 的作用就是对于页面指定刷新的间隔,保证页面每隔一段时间就自动执行一次回发服务器的操作。

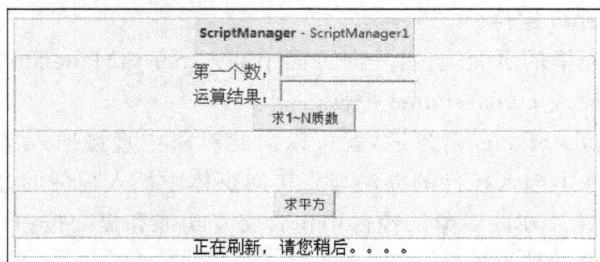

图 4-18　设置 UpdateProgress 控件监控刷新过程

Timer 控件也属于 AJAX 控件,需要 ScriptManager 对象的支持。其关键属性如表 4-1 所示。

表 4-1　Timer 控件的属性、事件与方法

属性/事件/方法	可能的取值	含　义
Interval	数值	间隔的毫秒数,如果输入 500,则表示每 0.5 秒激发一次
Enabled	true/false	可用性
Trick 事件		激发后对应的事件

例如,希望系统每隔 0.1 秒输出一次"I love You!",则可以如下操作。

① 新创建 Web 窗体。

② 向窗体中添加 ScriptManager 控件。

③ 向窗体中添加 Timer 控件,设置其属性 Interval 的值为 100。

④ 双击窗体中的 Timer 控件,系统自动向此窗体的 cs 文档中添加函数 Timer1_Trick。然后,向这个函数中输入代码:

```
Response.Write("I love You!")
```

⑤ 保存文档,预览并检查效果。

4.5　客户端脚本技术

4.5.1　客户端脚本的概念

传统的、运行于客户端的 JavaScript 语句为网页特效增色不少。事实上,在动态网站的开发中,客户端脚本也可以大展其风采,极大地改进程序的灵活性。

目前,客户端脚本的用途主要体现在以下几个方面:改变控件的属性;为控件添加特效;弹出警示性消息框;核实客户是否确实想执行某一带有危险性的操作;对表单输入的数据进行客户端验证。

4.5.2　客户端脚本技术在网站开发中的应用

1. 改变控件属性

对于 Web 窗体中的控件,VS2008 开发工具提供的属性比较单调,要想实现比较灵动的效果,通常需要使用客户端脚本技术。

例如,当前 Web 窗体中有一个按钮控件,控件名称为 btn。如果希望此按钮在鼠标悬停时成为红色的字,而且按钮变得宽大;而鼠标离开此按钮时文字成为绿色,而且宽度变小。则可以使用下面的代码,如图 4-19 所示。

```
18  protected void Page_Load(object sender, EventArgs e)
19  {
20      btn.Attributes.Add("onMouseOver", "this.style.color='#ff0000',this.style.width=300");
21      btn.Attributes.Add("onMouseLeave", "this.style.color='#00ff00',this.style.width=120");
22  }
```

图 4-19 改变控件属性的客户端 JavaScript 程序

2. 输出警示性信息

Web 窗体中的许多操作都可能出现操作失败的情况。Web 窗体默认的提示方式是直接输出一行文字。如果能够以一个警示窗口的形式弹出警示性信息,无疑更加引人注目。基于此,在设计 Web 窗体的时候,对于需要输出的警示性信息,都可以采取以下方式:

< script > alert('警示性信息的内容!'); </script >

例如,在 C♯ 的程序代码中,可以使用

Response.Write("< script > alert('不允许这样操作!'); </script >");

或者

res.Text = "< script > alert('不允许这样操作!'); </script >"

这两种形式来输出警示性信息。

3. 对危险性动作的确认

Web 窗体中的许多操作都是带有一定风险性的。为防止用户的误操作导致严重后果,通常在程序开发时要为危险性动作提供"确认"机制。比如按钮控件 btn 的功能是删除存储在磁盘上的某个文件,那么在真正地实施删除前,需要在客户端请求用户的确认。

看下面的语句:

< asp:Button ID = "btn" runat = "server" onclick = "btn_Click" Text = "删除文件"
onClientClick = "return confirm('您确实需要删除这个文件吗?');" />

在这个语句中,"return confirm();"就是一个 JavaScript 语句,其返回值会根据用户的回答而使用 true 或 false。

在本例中,如果返回值为 false,系统就不向服务器反馈信息,将不执行删除文件的操作。对于 Button 控件来讲,onClick 属性指向在服务器端执行的方法的名称,应该在相应的 cs 文件中有对应的方法框架及操作代码。而 onClientClick 属性指向需要在客户端执行的 JavaScript 函数,或者是一个 JavaScript 语句。

思考题

1. 什么是网站的主题? 主题中主要包括哪两类文件?
2. 与 CSS 文件相比,网页的主题文件有什么作用? 其操作有什么特点?

3. 什么是母版页？在母版页中必须包括什么控件？

4. 什么是内容页？内容页中是否包括整个页面的框架？内容页通过什么方式与母版页连接起来？

5. 如何把 Photoshop 的页面布局与母版页联系起来？

6. 什么是站点地图文件？这个文件的名称是什么？是以什么格式存储的？

7. SiteMapPath 控件的用途是什么？如何才能使 SiteMapPath 与站点地图文件联系起来？

8. 什么是 TreeView 控件？如何利用站点地图和 TreeView 控件创建树状的网站导航系统？

9. 什么是 Menu 控件？如何利用站点地图和 Menu 控件创建树状的网站导航系统？

10. 什么是 AJAX 技术,有什么先进性？

11. 在 Web 窗体中,设置 UpdatePanel 控件有什么意义？UpdatePanel 控件在 Web 窗体中生效的前提条件是什么？

12. 什么是 ASP.NET 程序的客户端脚本？它主要有哪些用途？

上机实训题

启动 VS2008,新建项目 Test4,为医院信息管理系统创建一套 Web 应用程序的主框架。根据医院要求,需要建立医生查询、医生信息插入、医生信息修改、医生信息删除、病人信息查询、病人信息插入、病人信息修改、病人信息删除等基础模块,还要建立挂号、诊断、取药等常规业务模块。根据要求,完成以下任务。

（1）为此项目添加 CSS 文档,设置<body>的默认样式,并定义一级标题、二级标题、三级标题的样式。

（2）要求以 Photoshop 布局页面,并在此基础上为此项目创建母版页。

（3）根据题目要求,设计各个模块对应的 Web 窗体文件名,然后创建站点地图；要求站点地图中包括全部预设的页面,而且层次关系明确、清晰。

（4）在母版页中添加 SiteMapPath 和 TreeView 导航信息。

（5）依据母版页创建各个内容页,简单地输入信息。

（6）为内容页添加 ScriptManager 控件,并使用 UpdatePanel 管理内容页中的控件。通过预览页面,检查 UpdatePanel 的作用。

第5章 数据库基础知识

学习要点

本章主要学习以 VS2008 的服务器资源管理器实施针对 SQL Server 数据库的管理方法。要求了解关系数据库的概念,并了解表、字段类型、主键、表间关系的概念,了解查询生成器的概念与使用。本章要求重点关注以下内容:

- 建立面向具体数据库的"数据连接"技术或者创建新数据库的技术。
- 基于"数据连接"创建或修改数据表结构的技术。
- 在"数据连接"基础上创建查询的技术。
- 简单 SQL 语句的设计。

5.1 数据库的概念

5.1.1 数据库的定义

1. 什么是数据库

所谓数据库,是大量数据的集合,指采用标准化的结构,按照一定的规范对数据进行组织与管理而形成的大规模数据的集合。

2. 数据库的主要特点

数据库是按照严格的数学模型建立起来的,数据文件采用统一的数据结构。因此,数据模型不仅能够描述数据本身的特点,而且能够描述数据之间的联系。正是由于数据库采用了规范的数学模型,使数据可以完全独立于程序,数据存储方式与外部程序可以完全独立。

数据库系统的概念出现以后,出现了许多类型的数据库平台,并且各数据库平台都对数据库的性能进行了优化和扩展,建立了专门的数据库管理系统平台,实现了数据定义、数据操作功能,大型数据库还增加数据库的安全性、完整性、并发控制和故障恢复功能。

数据库技术的出现使信息在计算机中的管理真正地成为可能,使信息管理的安全性、正确性得到了保障。数据库系统出现以后,计算机的功能就不再局限于科学计算,人们开始利用计算机存储大量数据,用计算机对数据库中的数据进行检索、查询,使人类走出了抄纸片、翻卡片的信息处理时代,进入了以计算机进行信息处理的时代。

3. 数据库的类型

从数据库的概念出现以来,主要出现过以下几种类型的数据库。

1）层次模型

层次模型是一种树结构模型,类似于人类社会中的血亲关系图或行政机构图,来源于数据结构中树的概念。其主要特点是:除根外的任一个结点都有且仅有一个父结点;在其数据操作过程中,需要考虑存取路径。

2）网状模型

网状模型是一种有向图模型,类似于人类社会中的交通网络,来源于数据结构中图的概念。其主要特点是:结点间的联系不受约束;在这种模型下,数据操作也必须考虑存取路径,操作过程对使用者的要求较高。

3）关系模型

关系模型是一种基于二维表结构的模型,类似于人类社会中常用的二维表格。其主要特点是:被管理的信息必须被规范成二维表格的形式,数据所在单元格的位置表示数据的特定含义,数据操作过程中不需要考虑存取路径,是当前广泛使用的数据模型。

4）面向对象模型

面向对象模型是一种基于面向对象程序设计思路形成的数据模型,其主要结合了关系模型和面向对象程序设计的优势,是数据库技术发展的未来方向。

5.1.2　关系数据库的概念

1. 关系模型的特点

关系模型以规范的二维表组织数据,不允许表中套表。关系模型规定:表中的一行是一条记录,用于描述一个实体的各个属性的取值,也称为一个元组;表中一列为一个字段,用于描述实体集的一个属性及其取值,也称为一个数据项。

在关系模型中,不允许两行完全相同,即行不准重复。由此可知,在一个关系表中必然存在一个字段或一个字段组合能够唯一地确定一条记录,这个标记被称为主键(primary key),简称为键(key)。

为了完整地描述一个管理事务,通常需要多表协同。协同的多表之间通过一定的语义关系实现约束。人们把若干相关的数据表组织在一起,就构成了关系数据库(Relation DataBase,RDB)。

2. 关系模型的实例

在一所大学中,学生的选课和考核成绩是学生管理的重要方面。为解决这一问题,通常就可以使用一个关系数据库来解决。在这个关系数据库中至少应该包括三张数据表,如表5-1～表5-3所示。

表 5-1　学　生　表

学号	姓名	性别	生日	院系	专业	联系电话	奖学金
S001	张萍志	男	1989-12-01	物理系	物理学	687091234	1000
S002	李大源	男	1990-01-12	教育系	教育史	687991234	200
S003	刘　明	女	1990-04-12	物理系	物理学	698721212	800
S004	崔丽丽	女	1991-01-01	教育系	学前教育	698712345	0

表 5-2 课 程 表

课程号	课程名	学分	开课单位
K001	力学	4	物理系
K002	热学	3	物理系
K003	教育心理学	3	教育系
K004	幼儿教育	3	教育系

表 5-3 成 绩 表

学号	课程号	成绩	考试时间
S001	K001	98	2010-12-12
S001	K002	82	2011-01-10
S002	K001	97	2010-12-12
S002	K002	85	2011-01-10
S002	K003	81	2011-01-14
S004	K003	74	2011-01-14
S004	K004	92	2011-01-05

从前面的三张数据表可以看出以下几点。

（1）学生表保存了学生的基本信息，每个学生占据一条记录，在学校管理中不允许两位学生的学号相同，因此学号可以作为学生表的主键。

（2）课程表保存了学校开课的信息，开设的每一门课都是一条记录，课程号可以作为课程表的主键。

（3）在成绩表中，学号和课程号都可能重复（因为一个学生可以选修多门课程，一门课程可能被多名学生选修），因此单纯的学号和课程号都不可以作为主键。如果允许重修的话，只有"学号＋课程号＋考试时间"才能唯一地确定一条成绩记录，因此"学号＋课程号＋考试时间"可以作为成绩表的主键。然而这个作为主键的字段组合过于复杂，不便于管理。在实际设计中，人们通常为成绩表增加一个自增长的整型变量 ID，作为成绩表的主键。

（4）从成绩表的语义可知，成绩表中的学号字段的取值必须是学生表中的学号之一，表示选课的学生是校内的在编学生；成绩表中的课程号必须是课程表中的课程号之一，表示成绩单中的课程必须是学校开设的课程。也就是说成绩表中的学号依赖于学生表中的学号，成绩表中的课程号依赖于课程表中的课程号。这就是外键的概念，成绩表中的学号和课程号字段是其他表的外键，它们分别要依赖于其他表中的数据。

3. 设计关系数据库的关键流程

要设计关系数据库，必须遵循一定的流程，使数据库达到一定级别的范式，避免数据冗余和不一致现象。其基本过程如下。

首先，需要进行详细的需求分析，绘制实体-联系图（即 E-R 图）或者 UML 类图。

其次，将 E-R 图或 UML 图转化为关系模型，即转化出若干个二维表的形式。

第三，明确每张二维表的主键和外键，明确二维表之间的约束关系。

第四，分析二维表的每一列的数据类型，明确每一列的存储宽度。

第五，形成完整的关系数据库设计方案（见表 5-4～表 5-6）。

最后,选择一套数据库管理系统,创建数据库和数据表,输入少量的数据。

表 5-4　学生表的基本结构

字段名称	字段类型	字段宽度	说　明	备注
xh	nchar	10	学生的学号	主键
xm	nchar	12	学生的姓名	不能为空
xb	nchar	1	学生的性别	不能为空
csdate	datetime		学生的出生日期	
dwei	nchar	8	学生所在院系	
zhye	nchar	10	学生的学习专业	
phone	nchar	13	联系电话	
jlje	int		获得奖学金的金额量	

表 5-5　课程表的基本结构

字段名称	字段类型	字段宽度	说　明	备注
kch	nchar	6	课程编号	主键
kcm	nchar	12	课程名称	不能为空
xuefen	int		课程的学分	不能为空
kkdw	nchar	12	开课单位	不能为空

表 5-6　成绩表的基本结构

字段名称	字段类型	字段宽度	说　明	备注
ID	int		自增序号	主键
xh	nchar	10	学生的学号	外键
kch	nchar	6	课程的编号	外键
score	float			
kstime	datetime		本课程的考试日期	

5.1.3　数据库系统

1. 数据库系统的基本概念

人们建构数据库系统的目标在于存储和提取所需要的信息,它包括数据管理所涉及的各个方面。从数据库系统的内容看,包括了数据、用户、硬件和软件四个部分。

数据库系统的特点为:①采用结构化的数据模型,有较强的数据共享能力;②较高的数据独立性;③数据的完整一致性;④最小的冗余度;⑤数据安全,保护性。

在数据库系统的软件体系中,主要包括操作系统、数据库管理系统和数据库应用系统三个部分。其中数据库管理系统(DataBase Management System,DBMS)是对数据库进行管理的系统软件,它是用户和数据库之间的接口,为用户提供对数据库进行操作的各种命令。人们通常所说的 FoxPro、Access、Oracle、SQL Server、Sybase 等系统软件包本身均为数据库管理系统。数据库管理系统的功能包括数据定义(DDL)、数据操作(DML)、数据控制(安全性、完整性、数据库恢复、并发控制)和数据库维护等功能。

人们为某种应用需求而在 DBMS 基础上开发的各种信息系统、动态网站都是数据库技术与其他开发工具结合的产物,属于数据库应用系统的范畴。

2. 主流的数据库管理系统

DBMS对动态网站的建设和性能有决定性影响。目前,主流的 DBMS 都是关系数据库管理系统(RDBMS)。

应用于信息系统中的 DBMS 主要分为以下两类。

(1) 桌面 DBMS。比较著名的有 Visual FoxPro 和 Access 系统。

(2) 网络 DBMS 系统。比较著名的有 Microsoft SQL Server、Oracle、MySQL 和 Sybase。

从动态网站开发技术看,各类 DBMS 都具有很强的适应性和接口,都能够适应主流的几种开发技术。但在具体的实践中,又形成了一些习惯性的搭配模式,常见的有 Access + ASP 模式、SQL Server+ASP 模式、SQL Server+ASP.NET 模式、MySQL+PHP 模式、Oracle+JSP 模式和 SQL Server+JSP 模式等。

本书将以 SQL Server 数据库为例讲述数据库管理系统的使用方法。

5.2 SQL Server 2005 与 VS2008

5.2.1 SQL Server 2005 系统简介

1. SQL Server 起源与发展

SQL Server 数据库管理系统是 Microsoft 的产品,是一个面向网络的中大型数据库管理系统。SQL Server 已经发布过多个版本,在国内应用比较广泛的版本有 SQL Server 6.5、SQL Server 2000、SQL Server 2005,目前的最新版本是 SQL Server 2008。

作为著名的 RDBMS,SQL Server 全面支持标准的数据库操作语言 SQL,而且为提升数据库的并发处理能力,SQL Server 对标准 SQL 进行了扩展,形成了具有自身特色的 Transct-SQL 体系。

2. SQL Server 2005 主要特色

SQL Server 2005 是发布于 2005 年前后、一个具有重要影响的版本。为支持不同层次的需求,SQL Server 2005 推出了多个子版本,其中企业版只能安装在服务器版的操作系统上,开发版则可以安装在包括 Windows XP SP2 以上版本的各种 Windows 操作系统上,另外还有标准版、工作组版等不同的版本。目前,SQL Server 2005 已形成了一个非常庞大的体系,除了必需的 SQL Server Service 客户端操作程序外,还提供了对 Visual Studio .NET 的支持、商业智能分析等功能。

3. SQL Server 2005 的主要组件

完整的 SQL Server 2005 除了提供非常强大的数据处理能力外,还提供了各种组件,以帮助用户完成针对服务器的配置与管理。

1) 服务器端组件

SQL Server 2005 的服务器端组件有以下几个。

(1) SQL Server 数据库引擎用于进行数据库建设、管理和保护数据等核心服务,能够复制、全文搜索以及管理关系数据。

（2）Analysis Services 包括用于创建和管理联机分析处理以及数据挖掘应用程序等工具。

（3）Report Services 用于各类报表，是一个可用于开发报表应用程序的可扩展平台。

（4）Integration Services 是一组图形工具和可编程对象，用于移动、复制和转换数据。

2）客户端组件

SQL Server 2005 的客户端组件有以下几个。

（1）Management Studio 是一个集成操作环境，对数据库的所有直接操作都可以在这里完成。

（2）Analysis Services 部署向导为商业智能应用程序提供了联机分析处理和数据挖掘功能，能够实现跨多个应用系统的联机分析。

（3）SQL Server Business Intelligence Development Studio 是一个集成的开发环境，主要用于开发商业智能构造，它包括一些项目模板，能够为开发特定的构造提供模板支持。

SQL Server 的客户端还提供了很多配置工具，其中比较重要的是 SQL Server Configuration Manager，它能够为 SQL Server 服务、SQL Server 服务的网络连接协议、客户端协议、客户端别名管理等提供基本的配置管理工具。

总之，SQL Server 2005 的各种组件为开发者提供了一个便捷、强大的可视化界面，保证开发者可以利用 SQL Server 2005 实现所需的操作。

5.2.2 VS2008 的 SQL Server 2005 模块

作为一款功能强大的开发工具，VS2008 中内置了一套精简版的 SQL Server 2005 系统。即当开发者安装 VS2008 时，系统会自动地把 SQL Server 2005 Express 和 C♯、VB 等开发工具一起安装到开发者的计算机中。

VS2008 内置的 SQL Server 2005 属于精简版本，对数据库的各种操作可以通过 VS2008 提供的服务器资源管理器实现。

需要指出的是，由于 VS2008 内置的 SQL Server 2005 Express 是精简版本，SQL Server 2005 体系的多数可视化工作站组件都没有安装。所以，对已经习惯使用 SQL Server 2005 各种可视化组件的开发者来讲，可能还需要补充安装 SQL Server 2005 的工作站组件。

如果已安装 VS2008 的用户确实需要补充安装这些组件，则需要首先通过【控制面板】→【添加与删除程序】启动卸载 Microsoft SQL Server 2005 的程序，在新启动的【SQL Server 2005 的配置】对话框中选择删除【SQL Server 2005 公共组件】中的【工作站组件】。当 VS2008 内置的工作站组件被删除后，就可以利用 SQL Server 2005 安装盘补充安装全部的工作站组件了。或者直接利用 Microsoft 提供的 SQL Server 2005_SSMSEE.MSI 安装一份精简版的组件 Management Studio Express。

5.2.3 VS2008 的服务器资源管理器

正如前面指出的，如果正确地安装了 VS2008，则已经在计算机中安装了一套 SQL Server 2005/2008 数据库管理系统。通过 VS2008 自带的服务器资源管理器就能够完成大部分的数据库操作。

1. VS2008 服务器资源管理器简介

启动 VS2008,利用菜单【视图】→【服务器资源管理器】即可在 VS2008 应用窗口左侧打开【服务器资源管理器】面板,如图 5-1 所示。

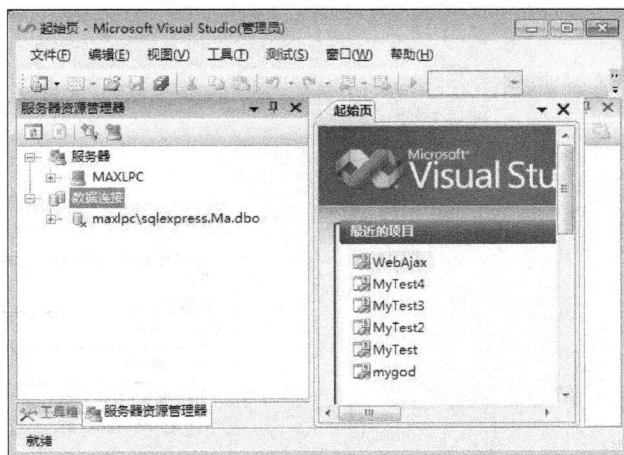

图 5-1 VS2008 的服务器资源管理器操作界面

从图 5-1 可知,本地服务器的名称为 MAXLPC,可单击服务器名称前面的＋,展开此服务器。如果右击数据连接项,则弹出一个快捷菜单,从中可以选择【新建连接】或者【创建新 SQL Server 数据库】。

2. 连接到已知的 SQL Server 数据库

如果已经在 SQL Server 中创建数据库,而且知道这个数据库名称,则可以针对此数据库创建一个【数据连接】。然后,就可以利用此连接打开数据库中的某一数据表,进而操作这个数据表。

假设已知 SQL Server 2005 的数据库名称为 TTT,现在需要在 VS2008 的服务器资源管理器中创建连接到数据库 TTT 的【数据连接】。其操作过程为:

首先,打开【服务器资源管理器】面板,右击【数据连接】,则弹出一个快捷菜单,从中选择【新建连接】,则打开一个【添加连接】对话框,如图 5-2 所示。

在【数据源】文本框中选择"Microsoft SQL Server(SqlClient)",在【服务器名】下拉列表框中输入". \sqlexpress",然后选择【使用 Windows 身份验证】单选按钮。这些配置的含义是:利用 SQL Server 的客户端程序访问本地的 SQL Server 数据库,访问时使用 Windows 内置的身份验证方式。其中的". \sqlexpress"代表本地计算机上的 sqlexpress 服务器。

先选中【选择或输入一个数据库名】单选按钮,然后从其列表框中选择数据库"ttt"。接着单击左下角的【测试连接】按钮。如果测试连接成功,只需单击【确定】按钮就建立了一个针对数据库 ttt 连接。

如果已经有一个数据库文件存储在本地,但没有与本机的 SQL Server 2005 发生关联,则可以先选中【附加一个数据库文件】单选按钮,然后利用【浏览】功能选中这个数据库文件,最后单击【确定】按钮确认操作,即可建立针对此数据库文件的连接。

3. 新建 SQL Server 数据库

在服务器资源管理器中,右击【数据连接】项,则弹出一个快捷菜单,从中选择【创建新

SQL Server 数据库】，则打开【创建新的 SQL Server 数据库】对话框，如图 5-3 所示。

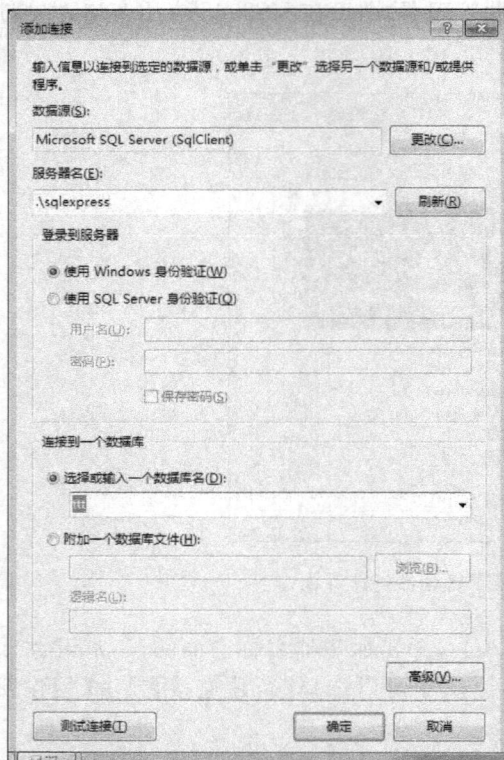

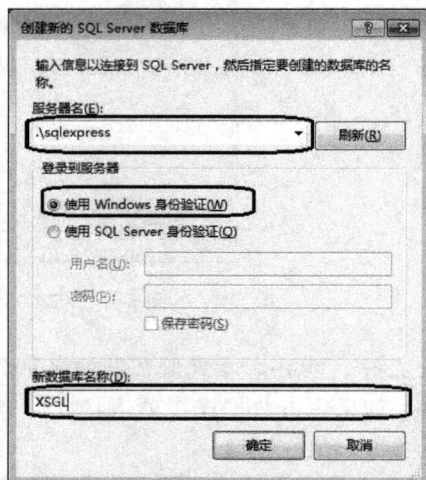

图 5-2   在【服务器资源管理器】中添加数据连接   图 5-3   在【服务器资源管理器】中新建数据库

在【服务器名】的组合框中输入". \sqlexpress"，表示创建数据库的服务器是本地计算机上的 sqlexpress 服务器，选择【使用 Windows 身份验证】方式，在【新数据库名称】文本框中输入数据库名"XSGL"，最后单击【确定】按钮。

VS2008 会自动在用户的计算机上创建名称为 XSGL 的数据库，并建立针对此数据库的新连接。

注意：此数据库会自动创建两个文件 xsgl. mdf 和 xsgl_log. ldf，前者存储数据信息，后者存储数据库的日志信息。这两个文件默认存储在 SQL Server 程序文件夹的 SQL1. 1\MSSQL\DATA 文件夹内。例如，笔者的 SQL Server 2005 安装在 E 盘的 Program Files 文件夹中，那么这两个文件就存储在 E：\Program Files\Microsoft SQL Server\SQL1. 1\MSSQL\DATA 中。

5.2.4   以 VS2008 管理数据库

在【服务器资源管理器】面板中，单击连接名称左侧的＋展开连接。此时系统连接目标数据库，为用户提供操作界面，如图 5-4 所示。

1. 新建数据表及其表结构

在数据库已连接状态下，展开此连接树状结构图，右击【表】，从其快捷菜单中选择【添加

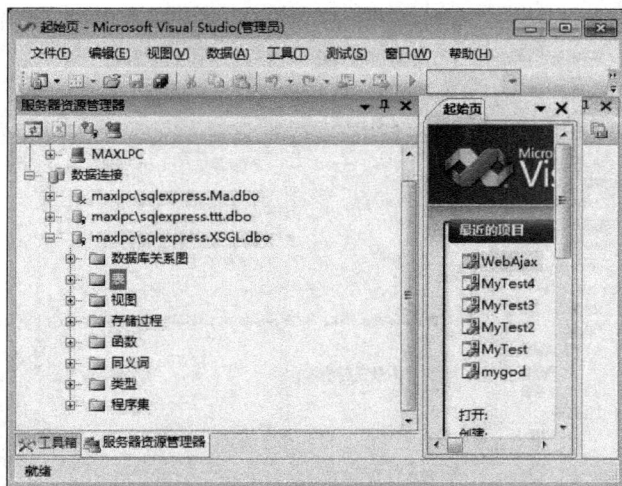

图 5-4 【服务器资源管理器】中的数据连接树状图

新表】,则在主工作区中出现新建表结构的界面,如图 5-5 所示。

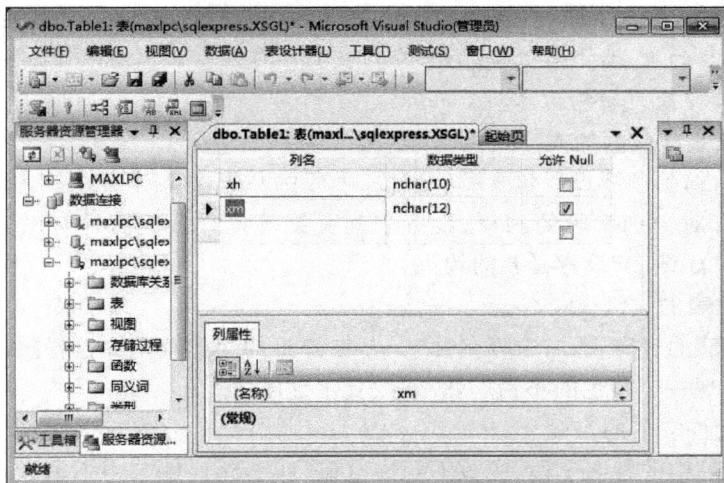

图 5-5 利用【服务器资源管理器】创建数据表

按照表 5-1 对关系模式和"学生表"结构的设计,依次输入每一字段的字段名称、数据类型、是否允许为空值等属性。如图 5-6 所示,输入 xh、nchar(10),"允许为 Null"设置为非选中状态。

最后,在所有字段输入完毕后,单击工具栏的【保存】按钮,把表结构定义保存到数据库中。

对于成绩表中的 ID 字段,由于定义为自增编号,需要进行特殊的设置:打开"成绩表"的表定义,在输入所有字段后,通过单击选定 ID 字段,设置其数据类型为"int",然后再对底部的【列属性】面板中的【标识规范】属性修改为"是",【标识增量】值修正为 1,【标识种子】的起始值设为 1。通过这一方法,把 ID 设置为自增量类型的数据,如图 5-6 所示。

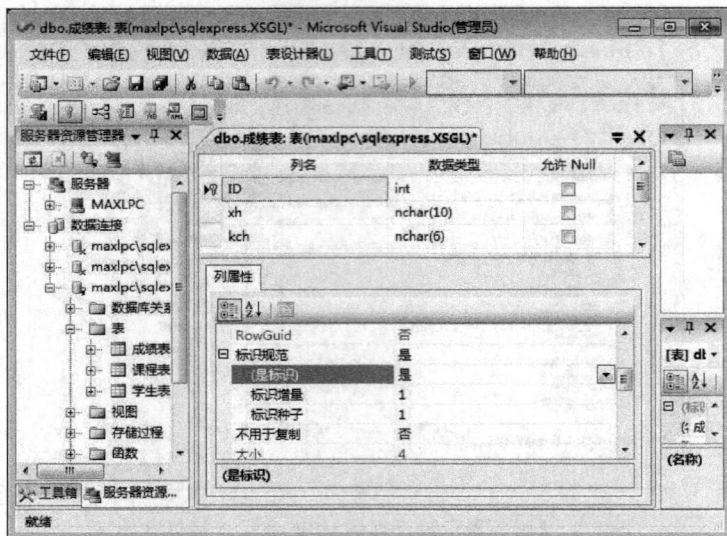

图 5-6　利用【服务器资源管理器】设置主键和自增字段

注意：在数据表创建完毕，如果突然发现数据表结构不符合要求，可以在数据连接的树状结构中找到相应的表，右击后选择【打开表定义】，即可在主工作区中显示出数据表的结构编辑模式，可继续修改表结构信息。

2．设置数据表字段的约束

对数据表来讲，除了要设置包含哪些字段、字段的数据类型等要素外，通常还需要说明每个表的主键、针对个别字段的约束、设置表间关系等操作。下面针对已经创建的"学生表"、"课程表"和"成绩表"设置必要的约束。

1）设置学生表的主键

打开"学生表"的表定义，右击列名称"xh"，在弹出的快捷菜单中选择【设置主键】，于是在列"xh"前面出现一个黄色的小钥匙，表示设置主键成功。

2）限定不允许空值的字段

对于"学生表"中的姓名字段，应该不允许空值，即不允许姓名中不输入数据，则在学生表的表定义状态下，设置"xm"列的"允许为 Null"设置为非选中状态。

3）设置字段的 Check 约束

对于数据表中的某些字段，为保证数据的完整性，可能需要添加特定的约束，比如奖学金不能低于 0 元，性别只能输入"男"或"女"。对这种情况应该使用 Check 约束。即在"学生表"的表定义状态下，右击任意字段，在弹出的菜单中选择"Check"约束，从左侧单击"添加"，在右侧"编辑 Check 属性"栏目的"表达式"项中输入约束式"xb='男' or xb='女'"，接着再选择"添加"，输入约束表达式"jlje>=0"。

注意：在约束表达式中，字符串常量要用单引号括起来，不能使用双引号。例如表达式中的男或女就用单引号括了起来。

3．设置表间关系

因为"成绩表"依赖于"学生表"和"课程表"，因此需要在"成绩表"的表定义中设置成绩表对学生表和课程表的依赖关系。

打开"成绩表"的表定义,右击任意一个字段名,在弹出的快捷菜单中选择【关系】,则打开创建表间【外键关系】对话框,如图5-7所示。

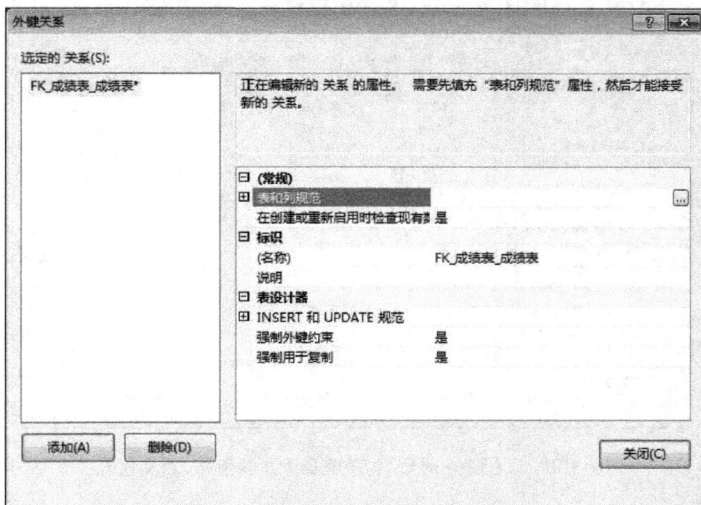

图 5-7   利用【服务器资源管理器】设置表间关系

单击左下角的【添加】按钮,添加新的关系,然后在右侧窗口的【表和列规范】栏目右端的小按钮 <u>...</u> 上单击,打开具体的设计对话框,如图5-8所示。

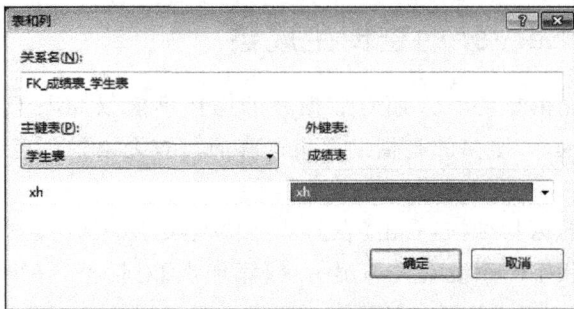

图 5-8   设置表间关系的对话框

设置主键表和外键表,并设置二表之间的对应关系:成绩表的学号(xh)依赖于学生表的主键学号(xh)。最后单击【确定】按钮确认这一设置。

同理,添加成绩表的课程号(kch)对课程表中课程号(kch)的依赖。

注意:如果在设置约束关系前数据表中已经有了一些记录,当这些记录不满足约束关系时,可能导致约束关系的设置失败。需要先对这些记录进行适当的处理,然后再设置约束关系。

4. 输入记录与显示记录内容

数据表的定义工作完成后,就可以向数据表中输入数据了。

展开【数据连接】的树状结构,右击需要输入数据的数据表名称,然后选择【显示表数据】,

即可在主工作区中以二维表形式打开此数据表,可以直观地向表中输入数据,如图 5-9 所示。

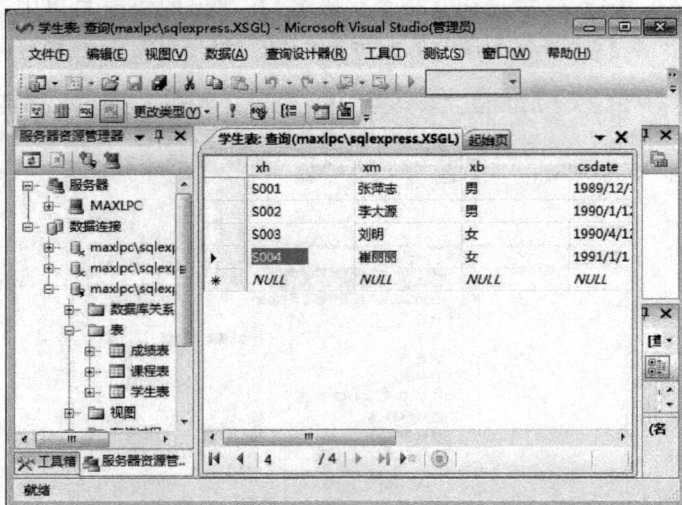

图 5-9　以【服务器资源管理器】向学生表输入数据

　　注意：在数据输入过程中,不仅要注意输入的数据必须满足约束条件,而且还应注意输入数据的顺序关系。例如,在为学生表、课程表和成绩表输入数据的过程中,一定要注意先为学生表和课程表输入数据,再为成绩表输入数据;而且要保证成绩表中的学号依赖于学生表中的学号,成绩表的课程号依赖于课程表中的课程号。

5.2.5　SQL Server 的查询生成器

　　查询是数据库操作的核心。人们对数据库的操作不能仅局限于数据库管理员(DBA)通过开发工具操作数据库,更多的是借助高级语言通过查询语句实现对数据库的远程操作。

1. 新建查询

　　展开【数据连接】的树状结构,右击【表】,从其快捷菜单中选择【新建查询】,则进入新建查询(查询生成器)的状态。系统首先弹出一个【添加表】对话框,等待开发者选择查询所涉及的表。

2. 单表信息查询

　　如果所需的信息及查询条件都来自一张数据表,则称为单表查询。例如,要查询物理系女生的姓名和奖学金情况,则只需把"学生表"添加到查询生成器中。如图 5-10 所示,"学生表"已经被添加到查询中。

　　在中下部的区域中选择列"xm"、"jlje"、"dwei"、"xb"等,并且设置"xm"、"jlje"行的复选框【输出】为有效,表示要显示出这两列的信息。设置"dwei"、"xb"行的【输出】复选框为无效,表示这两行作为查询条件,不需要输出,在这两行的【筛选器】中对应输入文字"物理系"和"女",系统自动转化为"N'物理系'"和"N'女'"。

　　此时可以在查询生成器的底部看到如下语句,这个语句就是著名的 SQL 语句。

```
SELECT xm, jlje FROM 学生表 WHERE (dwei = N'物理系') AND (xb = N'女')
```

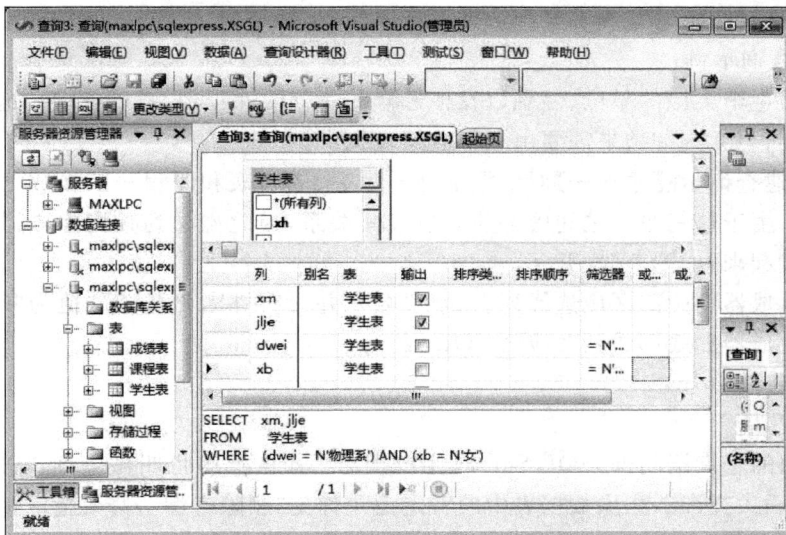

图 5-10   在【服务器资源管理器】中创建查询

单击工具栏中的【执行查询】按钮 ❗（如图 5-11 所示），可以看到此查询的执行结果。

图 5-11   【服务器资源管理器】查询界面的工具栏

3．分组查询

在数据查询中，经常发生"需要对数据进行分组，然后按照分组实施数据统计"的情形。例如，分单位计算学生们获得奖学金的总额就是一个分组查询，其含义是首先按照单位对所有的学生实施分组，然后计算出每个分组中的全体学生获得奖学金的总额。

要实现分组查询，需要在已经进入到"新建查询"的状态下，选择菜单【查询生成器】→【添加分组依据】，使查询生成器的界面中包括【分组依据】栏目，然后进行如图 5-12 所示的设置。

从图 5-12 中可以看出，字段 dwei 是分组依据（Group by），字段 jlje 是 Sum（即求和）。因此本查询实现的功能是针对学生表按照单位进行分组，然后按照分组对奖学金进行求和操作，计算出每个单位的奖学金总额。

查询生成器底部显示出了实现此功能的 SQL 语句。

4．连接查询

1）基本思路

在数据查询中，如果查询条件或者输出字段来自不同的数据表，则应该利用连接查询。即首先要求两个或多个数据表依据关键字段建立连接，形成一个综合多表字段的

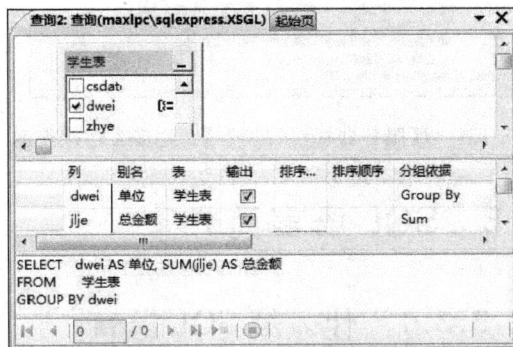

图 5-12   利用【服务器资源管理器】设置分组查询

虚表,然后在连接结果的基础上实施数据筛选工作。

2）连接查询示例

要查询学生李大源的单位、性别以及他选修的课程的课程名、考试成绩。这就是一个典型的连接查询,因为查询结果需要由三张数据表提供。

首先,新建查询,在【添加表】对话框下把学生表、成绩表和课程表三张数据表添加到查询生成器中。由于这三张表之间曾经建立过表间关系,因此添加到查询生成器中的三张表会自动地连接起来,如图 5-13 所示。

在查询生成器的中部区域选择列名（字段名）,并设定姓名筛选器的值为"李大源"。此时可从查询生成器的底部看到对应的 SQL 语句。

5. 更新查询

1）基本思路

除了普通的查询语句外,SQL Server 系统把对记录的修改也叫做查询：向数据表中插入记录称为"插入查询",删除数据表中的特定记录称为"删除查询",修改指定记录的内容称为"修改查询"。

要在查询生成器中建立更新查询,必须在【查询生成器】状态下选择系统菜单【查询生成器】→【更改类型】,然后把查询生成器更新为所需的类型,就可以在可视化界面下直接实现更新查询了。

2）更新查询示例

实现记录插入的查询就是在如图 5-14 所示的【查询生成器】界面中,直接在它中部的区域选择字段名并输入对应的数据。最后,SQL Server 系统会自动在【查询生成器】底部生成具有插入功能的 SQL 语句。

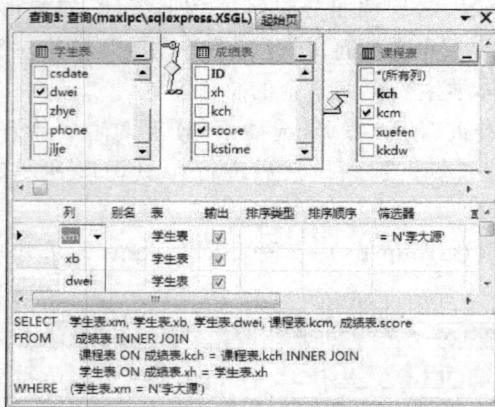

图 5-13　以【服务器资源管理器】创建多表连接查询　　图 5-14　以【服务器资源管理器】创建插入查询

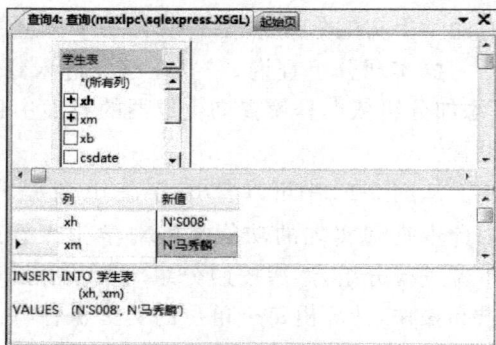

5.3　SQL 语言简介

5.3.1　什么是 SQL 语言

SQL 的英文全称为 Structured Query Language,其含义是结构化查询语言,是一种被广泛应用在数据库管理中的语言。由于 SQL 语言使用方便,简单易懂,功能丰富,很快在各种关系数据库中广泛应用。

虽然 SQL 名为查询语言,但实际上具有定义、查询、更新和控制等多种功能,已经发展成为一种功能齐全的数据库操作语言,现在已经成为关系数据库操作语言的事实标准。

目前的各种关系数据库都兼容标准 SQL 语言,但是为了增强自己的操作功能,各种关系数据库都在标准 SQL 语言的基础上对 SQL 语言进行了扩充,例如 SQL Server 使用的数据库操作语言就是一种扩充了的 SQL 语言,被称为 Transact-SQL 语言,简称 T-SQL 语言。

5.3.2　SQL 单表查询语句格式

1. SQL 的单表查询语句的格式

SQL 的普通查询语句主要有两种形式,其一是单表查询的语句格式,其二是多表连接查询的语句格式。

单表查询的语句格式如下:

Select <列名>/<统计函数式>, … From <表名> [Where <条件式>] [Group By <分组列> [Having <分组条件>]] [Order By <排序列> ASC/DESC]

多表连接查询的语句格式如下:

Select <列名>, … From <表名>,<表名> Where <连接条件>[and <普通条件式>]

2. 对 SQL 普通查询语句格式的说明

在 SQL 查询语句的基本格式中,凡是用尖括号括起来的信息都是可以变化的量,可以用具体的信息代替,例如"表名"被用尖括号括起来,表示这个地方应该用一个具体的数据表名称代替。凡是用方括号括起来的信息都是可以省略的信息。

在此格式中,"Select <列名>, … From <表名>"是命令的基本组成,表示从指定的数据表中显示指定列的信息。例如,"Select 姓名,性别,单位 From 学生表"就表示从学生表中提取"姓名,性别,单位"这三列的信息显示在屏幕上。

子句"Where <条件式>"负责限定被查询记录的条件。例如"Select 姓名,性别,单位 From 学生表 Where 性别='女'"就表示从学生表中提取女生的"姓名,性别,单位"这三列的信息显示在屏幕上,"Where 性别='女'"限定了只有女生的信息被提取。

子句"Group By <分组列>"表示对指定表中的记录进行分组处理,每组被合并为一行。如果带有子句"Having <分组条件>",则只有满足分组条件的行显示出来。

注意:子句"Having <分组条件>"必须跟在"Group By <分组列>"后面使用,不能独立使用。但"Group By <分组列>"可以不带子句"Having <分组条件>"。

子句"[Order By <排序列> ASC/DESC]"表示对查询结果排序输出。ASC 和 DESC 两者只能保留其一,ASC 表示升序,DESC 表示降序。如果有多个排序关键字,关键字之间以","分割。

注意:SQL 语句的子句顺序基本不允许变化,如果某一子句在查询语句中存在,则一定要放在它应该放置的位置上。

在书写 SQL 语句时,单词之间应该用英文空格分隔,所有的标点符号都使用英文方式。

对于字符串常量需要用英文的单引号括起来。

5.3.3　SQL单表查询语句示例

1. 简单查询语句

（1）显示出学生的所有信息。

```
Select * From 学生表;
```

说明："*"代表数据表中的所有字段。

（2）列出课程"数据库系统"的基本情况。

```
Select * From 课程表 Where kcm = '数据库系统';
```

（3）列出编号为"K002"的课程被选修情况，显示出考试成绩、考试日期和学号。

```
Select xh, score, kstime From cjb Where kch = 'K002';
```

（4）查询学分在2~3分之间的课程名称、学分和开课单位。

```
Select kcm, xuefen, kkdw From 课程表 Where xuefen <= 3 and xuefen >= 2;
```

2. 对字符串的模糊查询

在数据管理中，有时需要进行模糊查询。例如，查找所有姓"王"的人，或者查找姓名中包括"云"字的人。在 SQL 语言中，一般用"LIKE"命令进行模糊查找，用"％"作为查找通配符号。

（1）查找所有姓王的学生的情况。

```
Select * From 学生表 Where xm Like '王%';
```

（2）查找所有课程名字中包括"数据"的课程。

```
Select * From 课程表 Where kcm Like '%数据%';
```

注意：引号内的英文字符串区分大小写。

3. 唯一性查询

在实际工作中，有时需要进行唯一性查询，对特定字段过滤掉重复记录。例如，对学生表的单位字段进行唯一性查找，可以知道所有的学生来源于哪几个单位。对课程表的任课教师进行唯一性查找，可以知道课程由哪些教师讲授。唯一性查找的关键字是 Distinct。

（1）列出学生表中学生的所属单位。

```
Select Distinct dwei From 学生表;
```

（2）列出课程表中的开课单位。

```
Select Distinct kkdw From 课程表;
```

4. 计算查询

为了在数据检索过程中实现计算，SQL 语言提供了一些统计函数。SQL 中常用的统计函数有 5 个，分别是 Sum(数值型列)，Count(列名或 *)，MAX(数值型列)，MIN(数值型列）、Avg（数值型列）。其含义依次为求和、求个数、求最大值、求最小值、求平均值。

除了 Count 函数可以用各种类型的列、或者"＊"作为参数外，其他函数都只能以一个数值型列或者数值型表达式作为参数，表示对指定列中符合条件的记录进行求和、求最大值、求最小值和求平均值的计算。

（1）求出所有学生的奖学金之和

Select Sum(jlje) From 学生表;

执行上述语句后，系统将计算出一个数字，这个数字的字段名称默认为"sum_jlje"，这个字段名不符合中国人习惯，人们更习惯于给这个数字一个别名。语句如下：

Select Sum(jlje) AS 奖学金总额 From 学生表;

其中，"AS 奖学金总额"说明以"奖学金总额"作为"Sum(jlje)"的别名。

（2）求出学分最高的课程的学分

Select MAX(xuefen) as 最高学分 From 课程表;

（3）求出经济管理学院的学生的平均奖学金金额

Select Avg(jlje) as 平均奖金 From 学生表 Where dwei = '经济管理学院';

（4）求出"S002"号学生参加的所有考试获得分数的之和

Select Sum(score) as 总成绩 From 成绩表 Where xh = 'S002';

（5）求课程表中"物理系"开设的课程的平均学分

Select Avg(xuefen) as 平均学分 From 课程表 Where kkdw = '物理系';

5. 分组查询

所谓分组查询是指先按照某一关键字对记录分组，然后对同一组中的记录进行计算，最后使每组记录只生成一条结果记录。分组查询中使用关键词 Group by 对记录进行分组。

例如，在学生表中，如果需要知道每一个单位内部全体学生的"生活补贴"的平均值，就需要先按照单位对学生进行分组，然后对同组中的学生计算其生活补贴的均值。其关键词是"Group by dwei"和"Avg(jlje)"。

（1）求出每个单位中学生奖学金的平均值

Select dwei,Avg(jlje) as 平均奖学金 From 学生表 Group By dwei;

（2）求出每个学生的选课总门数

Select xh,Count(＊) as 总门数 From 成绩表 Group By xh;

（3）求出每个单位中的最高奖学金金额

Select 单位,MAX(jlje) as 最大额 From 学生表 Group By dwei;

（4）求出每位同学的平均考试成绩

Select xh, Avg(score) as 平均成绩 From 成绩表 Group By xh;

（5）求每门课程的选课人数及考试平均成绩

```
Select kch,Count( * ) as 人数,Avg(score) as 平均成绩 From 成绩表 Group By kch;
```

（6）求出平均成绩85分以上的学生及其平均成绩

```
Select xh,Avg(score) as 平均成绩 From 成绩表 Group By xh Having Avg(score)> = 85;
```

注意：平均成绩在数据表中不存在，是由公式"Avg(考试成绩)"计算获得的，是一个统计结果，而不是普通条件式，不能放在 Where 后边。Where 后边只能是字段名直接构成的普通条件式，而基于分组计算结果的条件式必须放在关键词"Having"后面。

（7）查询至少选修过三门课程的学生的学号和平均成绩

```
Select 学号,Avg(score) as 平均分 From 成绩表 Group By 学号 Having Count( * )> = 3;
```

（8）求出选修人数在 20 人以上且平均成绩在 90 分以上的课程

```
Select kch From 成绩表 group by kch Having Count( * )> = 20 AND Avg(score)> = 90;
```

注意：在分组查询中，只有分组列和被统计列有现实意义，所以在分组查询中，Select 命令后的列名只能是分组字段和统计列，不允许出现其他字段名。例如，在求出每个单位中学生的"奖学金"的平均值时，只有单位名称和平均值有意义。由于同组记录的信息已经合并，单个学生的姓名、学号等数据已经没有现实意义。

5.3.4　SQL 多表查询

1. SQL 多表查询的概念

在数据查询中，如果查询条件或者输出字段来自不同的数据表，则应该利用连接查询。即首先要求两个或多个数据表依据关键字段建立连接，形成一个综合多表字段的虚表，然后在连接结果的基础上实施数据筛选工作。

2. SQL 的多表查询语句的格式

多表连接查询的语句格式如下：

```
Select <列名>, … From <表名>,<表名> Where <连接条件>[and <普通条件式>]
```

3. SQL 多表查询示例

（1）查询"刘云平"的学号、选修过的课程的名字、考试成绩、所在单位、性别和奖学金

```
Select 学生表.xh,xm,dwei,kcm,score,xb,jlje
From 学生表,成绩表,课程表
Where 学生表.xh = 成绩表.xh and 成绩表.kch = 课程表.kch
 and xm = '刘云平';
```

（2）列出"教育学院"的每个学生的学号、姓名、选课总门数和平均成绩，结果按照姓名升序排列

```
Select xh,xm,Count( * ) as 选课门次,Avg(score) as 平均成绩
 From 学生表,成绩表
 Where 学生表.xh = 成绩表.xh AND dwei = '教育学院'
 Group By 成绩表.xh,xm Order By xm asc;
```

注意：由于在两个表中都没有选课总门数和平均成绩字段，因此肯定不能直接连接得出结果。思考一下，虽然在两个表中都没有选课总门数和平均成绩字段，但这两个字段是可以通过成绩表直接计算出来的。因此，可以直接对学生表和成绩表实施连接查询，然后再进行分组计算。

5.3.5 SQL 更新语句

1. 删除记录

在 SQL 语句中利用 Delete 语句删除记录，其命令格式如下：

`Delete From <表名> [Where <删除条件>]`

其含义是从指定的表中删除满足条件的记录。这个命令本身很简单，难点在于"删除条件"的书写，描述被删除记录的"删除条件"可以是一个简单条件式，也可以是一个嵌套的查询条件。

（1）从学生表中删除学生"李一兆"

`Delete From 学生表 Where xm = '李一兆';`

注意：如果学生表、成绩表和课程表之间建立了限制级外键约束，在"李一兆"有选课记录的情况下将不能删除学生表中关于"李一兆"的记录。如果学生表、成绩表和课程表之间建立了级联级外键约束，在"李一兆"有选课记录的情况下删除学生表的"李一兆"，将会自动删除成绩表中与"李一兆"有关的选课记录。

（2）从学生表中删除没有选修过课程的学生的信息

`Delete From 学生表 Where xh Not in (Select xh From 成绩表);`

2. 添加记录

向数据表中添加记录也是对数据表更新操作中常用的方法，其常用的命令格式有以下两种。

（1）向表中添加指定值的新记录

`Insert into <数据表名>(<字段名>,<字段名>,… ) Values(值,值,… )`

注意：①如果要对数据表中的所有字段输入数据，则数据表名后的字段名列表可以省略；②以 SQL 语句向数据表中插入记录的时候，对于字符型常量要用单引号括起来；③SQL 语句中只能把记录添加到表末尾，没有向数据表的中间位置插入记录的功能。

例如，向学生表中添加一名新学生，信息为"学号：11223319；姓名：王丽兰；单位：哲学学院；性别：女"。

```
Insert Into 学生表(xh,xm,dwei,xb)
 Values('11223319','王丽兰','哲学学院','女');
```

（2）把甲表中的记录添加到乙表

```
Insert Into <乙表>(<字段名>,… )
 Select <列名>,… From <甲表> Where <条件式>
```

例如,已知数据表"Wuli"与学生表结构相同,现在需要把"学生表"中物理系学生的信息添加到数据表"Wuli"中。

```
Insert Into Wuli
Select * From 学生表 Where dwei = '物理系';
```

3. 修改记录的值

对数据表中的记录实施修改的命令格式如下:

Update <表名> Set <字段名>=<式子> [Where <替换条件>]

这个命令的作用是修改某些字段的值,Update 可以修改选定记录的某个字段的值。其基本格式比较简单,但在实际的应用中,"替换条件"的书写可能比较复杂,因为"替换条件"可以是一个简单条件式,也可以是一个嵌套的查询条件。

(1) 按照教育学院学生奖学金增加 100 元的方式重新计算全体学生的奖学金

Update 学生表 Set jlje = jlje + 100 Where dwei = '教育学院';

(2) 对于选修课程 K002 且成绩及格的女生,其奖学金增加 200 元

Update 学生表 Set jlje = jlje + 200 Where xh in
 (select xh from 成绩表 Where kch = 'K002' And Score >= 60)

(3) 对选课门数在 3 门以上,且平均成绩在 85 分以上的同学,其奖学金增加 1200 元

Update 学生表 Set jlje = jlje + 1200 Where xh in (Select xh From 成绩表 Group By xh Having Count(*)>= 3 and Avg(Score) = 85)

思考题

1. SQL Server 2005 是一个什么系统? 在数据管理中有什么优势?
2. 如何启用 VS2008 的服务器资源管理器? 如何使用服务器资源管理器中的树状结构?
3. 如何在服务器资源管理器中创建数据连接? 如何设置 DataSource 属性的值? 使用哪一个符号可以表示当前计算机中的 SQL Server 服务器?
4. 如何利用"服务器资源管理器"创建新的 SQL Server 数据库?
5. 如何在"数据连接"中创建数据表并为数据表设置主键?
6. 如何为数据表中的记录设置自动增长数值的记录编号(ID)?
7. 什么是数据表之间的关联? 如何设置数据表之间的联系? 数据表之间的联系是以什么方法实现的?
8. 在"服务器资源管理器"中如何实现查询操作?
9. SQL 查询语句的一般格式是什么?
10. 如何利用 SQL 语句实现记录插入?
11. 如何使用 SQL 语句实现记录删除?
12. 利用 SQL 实现记录更新语句的一般格式是什么?

上机实训题

启用服务器资源管理器，利用"数据连接"创建新的"商品销售系统数据库"（数据库名称为 SPGL），然后完成以下操作。

（1）创建数据库与数据表。

① 在数据库中建立三张数据表：商品表、售货员表、销售明细表。表结构如下：

商品表（商品号，商品名，产地，供货商，进货价）

售货员表（售货员号，姓名，性别，部门，生日，工资，奖金，年龄，实际收入）

销售明细表（商品号，单位，销售价，数量，销售金额，销售日期，售货员号）

② 设置商品表的主键为商品号、售货员表的主键为售货员号；然后向各个数据表中输入若干条记录。输入过程中注意记录之间的约束关系。

③ 建立商品表、售货员表和销售明细表之间的参照关系。

④ 为数据库输入若干条记录。

（2）在完成上述操作的基础上，以 SQL 语句实现下列操作。

① 查询商品"帽子"的编号，进货价、供应商和曾经出售帽子的售货员的编号、姓名、性别、销售价格、销售数量和销售日期。

② 根据"销售额＝销售价×数量"的规则计算出销售明细表中每笔生意的销售额。

③ 计算每个部门中售货员的平均工资和平均奖金。

④ 对于销售总金额在 2000 元以上的售货员，其奖金增加 500 元。

第6章

SqlDataSource访问数据库

学习要点

本章主要学习在 ASP.NET 下以 SqlDataSource 技术实现数据库访问的技术,要求了解 SqlDataSource 控件的属性及方法,并能结合 GridView 和 FormView 控件完成大多数的数据表访问程序的设计。本章要求重点关注以下内容:

- SqlDataSource 控件的 ConnectionString、DataSourceMode 属性的设置。
- 分别以界面操作方式、填写 SQL 语句方式为 SqlDataSource 控件赋予 SelectCommand、UpdateCommand、InsertCommand、DeleteCommand 命令的技术。
- Insert()方法和 Update()方法的应用技术。
- GridView 控件与 SqlDataSource 控件建立关联的技术。
- GridView 的编辑列技术、GridView 的模板列设计技术。
- 获取 GridView 选定行和当前行的技术,获取指定行、指定列数据的方法。
- FormView 的默认视图、FormView 模板列的设计。

6.1 ASP.NET 访问数据库技术简介

1. ASP.NET 访问数据库的主要技术

为了访问数据库,使 Web 页面能够便利地读取数据库中的内容并呈现出来,ASP.NET 提供了多种访问数据库的方法。总的看来,主要有以下两种方式。

(1) 基于 Connection 对象的技术,包括 Command 和 DataAdapter 技术。

(2) 基于 DataSourceControl 的技术,包括 sqlDataSource 技术和 LINQ 技术。

从技术处理能力看,Command 和 DataAdapter 技术建立在 Connection 的基础上,对数据库的操作涉及较多的编程知识,对开发者的编程能力要求高;SqlDataSource 是 .NET 3.5 新提供的技术,可以以非常少的编码实现完整的数据库操作,是一个功能强大的控件,但是它对系统资源的要求较大。LINQ 技术是在 ASP.NET 语句的编程框架下直接操作数据库的一种模式,它把数据库看成高级语言中的对象,把数据库操作语言与 .NET 的编程语言整合为一体,使得对数据库的访问可以不用 SQL 语言而直接使用 LINQ,从而使编译器也能够检查数据库操作语句的语法错误,针对数据库的操作也能在 ASP.NET 的体系下完成。

2. ASP.NET 数据操作控件的智能菜单

由于 ASP.NET 的数据库访问控件都比较复杂,有较多的属性配置和方法设计。为便于开发者使用，VS2008 为窗体中的每个数据库访问控件提供了智能设置按钮，简称为"智能按钮"。此按钮位于数据库访问控件的右上角，在控件被选中时呈现出来。单击此按钮，会弹出一个可快速配置此控件的小菜单，此菜单称为智能菜单，如图 6-1 所示。开发者可利用此菜单便捷地完成针对数据库访问控件的各种配置工作。

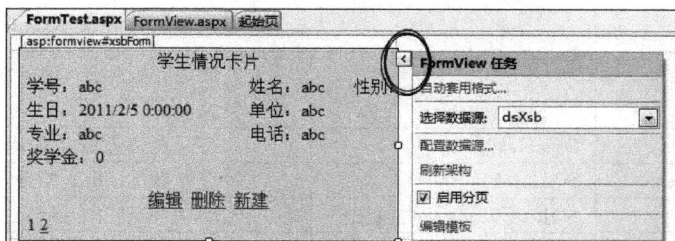

图 6-1　Web 数据库控件的智能菜单示意图

6.2　DataSource 技术简介

DataSource 控件主要用于实现从不同数据源获取数据的功能，包括了 SqlDataSource（派生 AccessDataSource）、LinqDataSource、ObjectDataSource、XMLDataSource 和 SiteMapDataSource。这 5 种数据源控件分别针对不同的数据类型，为不同的数据类型提供了统一的数据处理方式。本节主要讨论 SqlDataSource 控件。

6.2.1　SqlDataSource 控件简介

1. SqlDataSource 控件的设计目标

SqlDataSource 控件的应用非常广泛，被用于访问各类关系数据库，包括 Access、SQL Server、Oracle 等 DBMS，甚至可以连接 ODBC 数据源。当一个具体的数据库被以 SqlDataSource 连接时，就屏蔽了这种数据库的个性化特点，可以使用一种统一的处理模式进行操作。

SqlDataSource 控件的功能非常强大，把数据库连接、查询、删除、修改、插入整合在统一的体系下，允许直接把控件、变量、Session 等以参数的方式绑定到 SqlDataSource 对象上，几乎不需要编写代码就能实现比较完整的数据库操作。

2. SqlDataSource 访问数据库的基本思路

SqlDataSource 访问数据库建立在连接的基础上，由于在 SqlDataSource 内部已经集成了数据连接功能，因此只须为 SqlDataSource 提供连接字符串（ConnectionString）就能自动实现数据库连接。

在数据库连接完成后，通过为 SqlDataSource 对象的 SelectQuery、DeleteQuery、InsertQuery、UpdateQuery 属性绑定 SQL 语句，并为 SQL 语句绑定参数，就能便利地实现针对数据库的各种操作。

6.2.2　SqlDataSource 控件的关键属性与方法

SqlDataSource 控件的关键属性与方法如表 6-1 所示。

表 6-1   SqlDataSource 控件的关键属性与方法

属性/方法	取　　值	说　　明
ConnectionString	连接字符串	连接字符串中包含数据库类型、名称、用户名和密码等信息
	<%$ ConnectionStrings：连接串名称%>	连接串的内容由 web.config 提供
DataSourceMode	DataSet	获取内存数据库,可更新、读取数据库中的数据
	DataReader	获得只能读取的数据库
SelectQuery	SQL 语句	带有参数的 SQL 查询语句(Select)
SelectCommand	SQL 语句/存储过程名	SQL 查询语句或存储过程名
SelectCommandType	Text	查询命令的类型是 Select 语句
	StoredProcedure	查询命令的类型是存储过程
InsertQuery		带有参数的 SQL 插入语句(Insert)
InsertCommand	SQL 语句/存储过程名	Insert 语句或存储过程名
InsertCommandType	Text	插入命令的类型是 Insert 语句
	StoredProcedure	插入命令的类型是存储过程
Insert()方法		实施插入操作
DeleteQuery		带有参数的 SQL 删除语句(Delete)
DeleteCommand	SQL 语句/存储过程名	Delete 语句或存储过程名
DeleteCommandType	Text	删除命令的类型是 Delete 语句
	StoredProcedure	删除命令的类型是存储过程
UpdateQuery		带有参数的 SQL 更新语句(Update)
UpdateCommand	SQL 语句/存储过程名	Update 语句或存储过程
UpdateCommandType	Text	更新命令的类型是 Update 语句
	StoredProcedure	更新命令的类型是存储过程
Update()方法		实施更新操作

6.2.3　SqlDataSource 控件创建

在 Web 窗体的【设计】视图下,要建立 SqlDataSource 对象有两种常见的方法:通过"服务器资源管理器"创建 SqlDataSource 对象和直接从【工具箱】中创建 SqlDataSource 对象。

对于这两种方法,笔者推荐使用前者,因为前者已经自动完成了 SqlDataSource 配置的绝大多数工作,能够极大地提升开发效率。

1. 利用"服务器资源管理器"自动创建 SqlDataSource

首先,打开【服务器资源管理器】面板,建立数据连接。

接着,把"数据连接"下的一个数据表直接拖动到 Web 窗体的适当位置,系统会自动在 Web 窗体中创建一个 SqlDataSource 控件和一个 GridView 控件。

此时,如果以浏览器浏览此窗体,会发现能够以列表方式显示出相应数据表的内容,表示此 SqlDataSource 控件已经创建成功,并自动完成了必要的配置,如图 6-2 所示。

2. 利用【工具箱】创建 SqlDataSource

1) 向窗体中添加 SqlDataSource 控件

(1) 从【工具箱】中"数据"栏目下拖动 SqlDataSource 控件到 Web 窗体的左上角,则创建一个名字为 SqlDataSource1 的对象。

（2）单击 SqlDataSource1 对象右上角的智能按钮，从智能菜单中选择【配置数据源】，则立即打开【新建连接】对话框，从中选择一个已有的连接，并同意把连接字符串添加到应用程序的配置文件中。然后，单击【下一步】按钮。

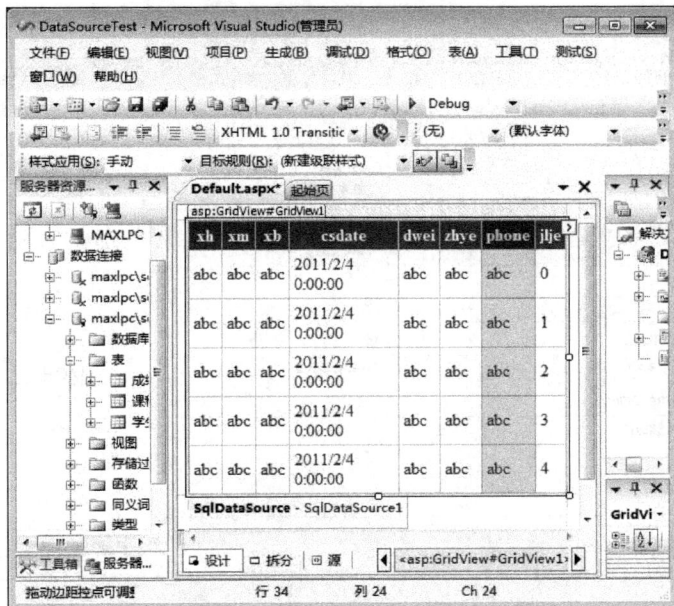

图 6-2　拖动"数据表"创建 SqlDataSource 对象和 GridView 对象

此时系统处于"配置 Select 语句"状态，而且已经启动了与 SQL 语句相关的配置，需要进行比较复杂的 SQL 语句生成工作，界面如图 6-3 所示。

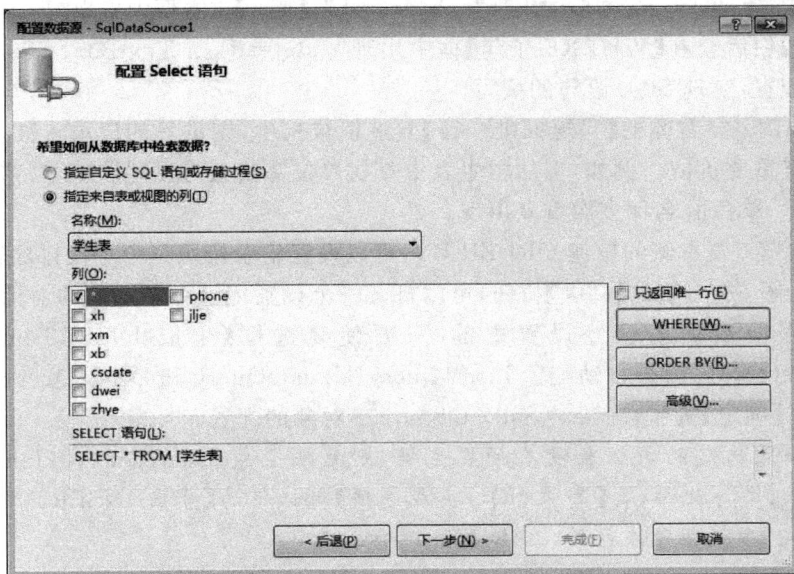

图 6-3　配置 SqlDataSource 数据源和选择输出列

2) 配置 SqlDataSource 数据源

（1）选择输出项。即通过中部【列】的数据项复选框选择要输出哪些列,复选框中有对勾的列将被输出。其中"＊"代表输出全部列。

（2）进行记录筛选。即单击右侧的 WHERE 按钮,就会打开对数据进行筛选的对话框,如图 6-4 所示。

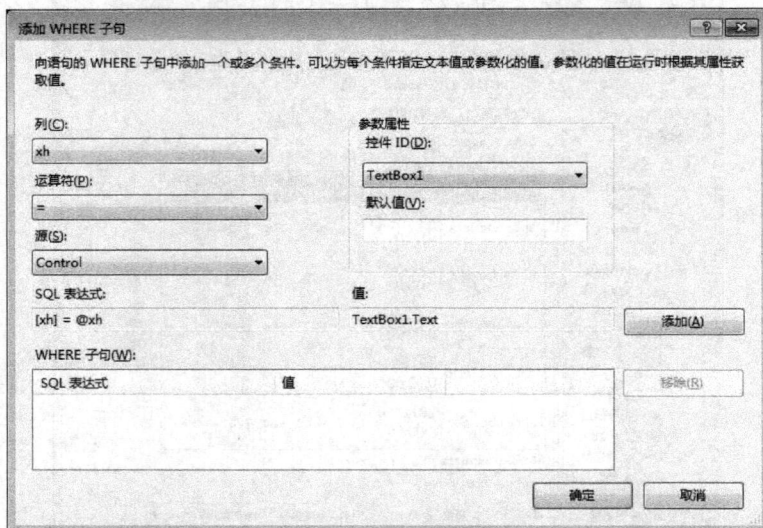

图 6-4   设置 WHERE 子句的参数并绑定控件

此时可以选择列名、运算符和查询值,通过把"列名 运算符 查询值"组成一个条件表达式来表达数据筛选的语义。例如要查找学号等于文本框 TextBox1 的值的所有记录,就可以在【列】下选择"xh",【运算符】选择"＝",【源】选择"Control",【控件 ID】选择"TextBox1"。此时就会在【SQL 表达式：】文本框中出现"[xh]＝@xh",【值：】文本框中出现"TextBox1. Text"。单击【添加】按钮后会在【WHERE 子句】框中出现"[xh]＝@xh TextBox1. Text"。通过这种可视化的配置,实现 SQL 语句的撰写。

（3）如果图 6-3 右侧的【只返回唯一行】复选框被选中,则重复的记录将被合并为一行,这一功能具有重要价值。例如,想从学生表中查找单位字段共有哪些取值,就需要选中此复选框,以免同一单位的名称多次重复出现。

（4）单击图 6-3 右侧的按钮 ORDER BY,可以设置记录按照哪个字段排序输出。

（5）单击图 6-3 右侧的【高级】按钮,可以打开一个设置记录更新语句的对话框,如图 6-5 所示。如果当前数据表已经设置主键,只要使复选框【生成 INSERT、UPDATE 和 DELETE 语句】有效,就会自动配置 InsertQuery、UpdateQuery 和 DeleteQuery 语句。

（6）单击【确定】按钮,确认对 SqlDataSource1 对象的配置。

注意：如果选定的数据表没有设置主键,则无法生成 InsertQuery、UpdateQuery 和 DeleteQuery 语句。此时,其【高级 SQL 生成选项】对话框的【生成 INSERT、UPDATE 和 DELETE 语句】复选框是灰色的,无法设置。

图 6-5 自动生成并绑定更新语句

6.2.4 SqlDataSource 控件的配置

对于 Web 窗体中已经初步配置的 SqlDataSource 对象，开发者还可以利用【属性】面板修改其配置信息。

1. 配置 SqlDataSource 的基本属性

选中 Web 窗体中的 SqlDataSource 对象，打开【属性】面板，从【属性】面板中设置其属性。

1）修改 ConnectionString 属性，设置正确的连接字符串

例如，要连接本地服务器上的数据库 XSGL，使用 Windows 方式验证，则使用连接字符串为：

```
Data Source = .\sqlexpress;Initial Catalog = XSGL;Integrated Security = True; Pooling = False
```

2）设置 SqlDataSource 结果模式

修改 DataSourceMode 属性，设置正确的模式。通常选择为"DataSet"模式，但如果只是使用查询操作，也可以使用 DataReader 模式。

2. 配置 SqlDataSource 的数据库操作语句

选中 Web 窗体中的 SqlDataSource 对象，打开其【属性】面板后，可通过【属性】面板直接设置各种 SQL 语句及其参数。

1）配置 SelectQuery 属性

首先，在 SqlDataSource 对象的【属性】面板中，选中 SelectCommandType 属性，设置为 Text，表示使用 SQL 语句实现数据查询，如图 6-6 所示。

接着，单击 SelectQuery 属性后边的小按钮，启动查询语句设计状态，打开【命令和参数编辑器】对话框，如图 6-7 所示。

在此窗口下，默认为输出所有的记录。

图 6-6 启动 SelectQuery 查询并配置参数

但开发者也可通过修改配置,使数据源只输出指定的记录。常见的方法是:通过添加参数并绑定参数源(参数的值可取自控件或者 Session 变量等),建立参数与窗体控件之间的联系,然后利用【查询生成器】设计出带有参数的 SQL 语句,从而使 SQL 语句与窗体中的控件(或 Session 变量等)有机地结合在一起,就解决了利用控件控制记录输出的问题。

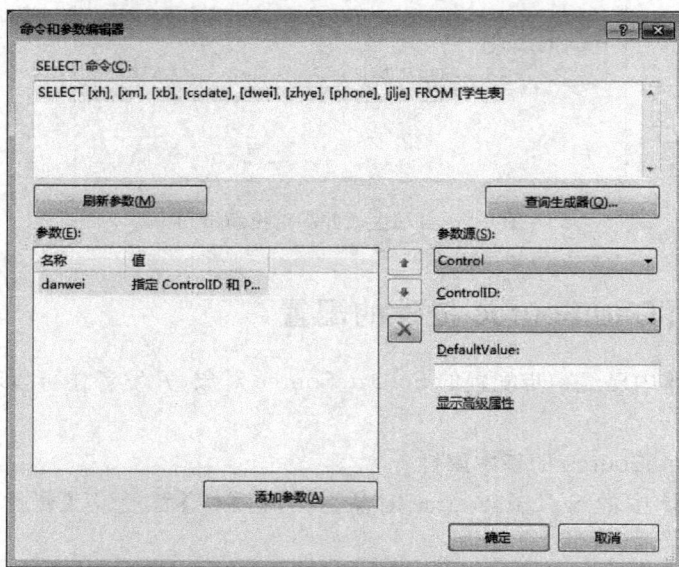

图 6-7   在【命令和参数编辑器】对话框中为 SelectQuery 配置参数、绑定参数值

2) 配置 DeleteQuery、InsertQuery 等属性

首先,在图 6-6 中选中 DeleteCommandType 属性,设置为 Text,表示使用 SQL 语句实现数据删除。

接着,单击 DeleteQuery 属性后边的小按钮 […],启动查询语句设计状态,打开【命令和参数编辑器状态】对话框,如图 6-8 所示。

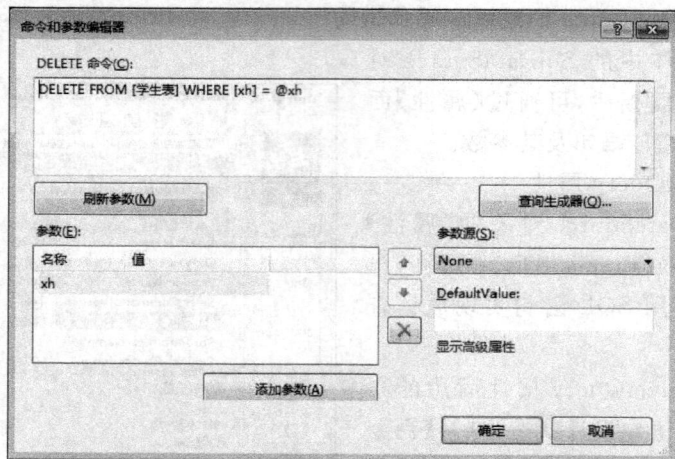

图 6-8   在【命令和参数编辑器】对话框中设置删除语句的参数及参数值

在【命令和参数编辑器】对话框中,先添加参数并绑定参数源(参数的值可以取自控件或者 Session 变量等)。然后,利用【查询生成器】设计出带有参数的 SQL 语句,或者直接在【Delete 命令】列表框中输入带有参数的 SQL 语句。

配置 InsertQuery 命令和 UpdateQuery 命令的方法与 Delete 命令相似。采用这种方法,几乎不用编写具体的代码就能实现数据库访问操作,可以极大地提高编程效率。

6.3 GridView 控件与 FormView 控件

6.3.1 GridView 控件

GridView 是一个以二维表格方式输出数据的控件,位于【工具箱】的【数据】栏目下,在实际的 Web 应用开发中的使用极为广泛。和其他控件一样,GridView 也可以通过【属性】面板修改其属性。另外,单击 GridView 对象右上角的智能按钮,就能够打开其智能菜单,进行主要的设置。

1. GridView 控件的主要属性与方法

GridView 控件的主要属性与方法如表 6-2 所示。

表 6-2　GridView 控件的主要属性与方法

属性/方法	取　值	说　明
DataSourceID	数据源标志	设置 GridView 的数据源
DataKeyNames	字段名	指明数据表的主键字段
AllowPaging	true	允许自动分页
	false	不允许自动分页
PageSize	数值	设置每页的记录数目
AllowSorting	true	允许自动排序
	false	不允许自动排序
Columns		是个集合,单击此集合可进行列的设置
EditIndex	整数值	指明被编辑的记录的序号,默认为 −1
SelectedIndex	整数值	被选中记录的序号
SelectedValue		被选中记录的主键值
PageIndexChanging 事件		对应被翻页时要执行的方法
PageIndexChanged 事件		对应被翻页后要执行的方法
RowDeleting 事件		对应于记录被删除时要执行的方法
RowDeleted 事件		对应于记录被删除后要执行的方法
RowUpdating 事件		对应于记录被修改时要执行的方法
RowUpdated 事件		对应于记录被修改后要执行的方法
SelectedIndexChanging 事件		对应于记录被选择时要执行的方法
SelectedIndexChanged 事件		对应于记录被选择后要执行的方法
DataBind() 方法		执行一次数据刷新操作

2. GridView 控件的常见设置

1) 设置分页显示

以【属性】面板设置 AllowPaging 属性的值为 true,而且可以同时设置 PageSize 的值。

2) 设置显示格式

单击 GridView 对象右上角的智能按钮,在弹出的智能菜单中选择【自动套用格式】,然后可以选择一种 GridView 的显示格式。

3) 选择数据源

其功能是为 GridView 选择需要显示的记录的来源,通常为一个 SqlDataSource 对象名称,或者是 DataTable、DataView 名称。

具体操作时,可单击 GridView 对象右上角的智能按钮,在智能菜单中为 GridView 选择新的数据源。

4) 启用编辑

其功能是为当前 GridView 添加一个编辑列,如果单击编辑列中链接【编辑】,则会自动启动编辑功能,对当前记录进行编辑。

具体操作时,单击 GridView 对象右上角的智能按钮,在智能菜单中选择【启用编辑】复选框,就可以了。

5) 启用删除

其功能是为当前 GridView 添加一个删除列,如果单击删除列中链接【删除】,则会自动启动删除功能,把当前记录从数据表中删掉。

具体操作时,单击 GridView 对象右上角的智能按钮,在智能菜单中选择【启用删除】复选框,就可以了。

6) 启用选择内容

其功能是为当前 GridView 添加一个选择列,如果单击选择列中链接【选择】,则会选中当前记录,并启动运行此 GridView 的 SelectedIndexChanged 方法,而且把选中的记录的主键值记载到属性 SelectedValue 中。

具体操作时,单击 GridView 对象右上角的智能按钮,在智能菜单中选择【启用选择内容】复选框,就能够添加"选择"列。

3. GridView 的列编辑

单击 GridView 对象右上角的智能按钮,在其智能菜单中选择【编辑列】,则会打开【字段】对话框。或者在 GridView 的【属性】面板中单击 Colomns 属性的小按钮,也会打开【字段】对话框,效果如图 6-9 所示。

在此对话框中,左上角【可用字段】是待选的字段,左下角【选定的字段】为已选择字段。从【选定的字段】中选择一个列名后,可在右侧的【BoundField 属性】区域中设置该列的相关属性。例如,可以为 GridView 的标题设置专用的中文字符串,为 DataField 的 jlje 字段设置中文字段名"奖学金"。

从左上角的【可用字段】区域中展开 CommandField,可为当前的 GridView 添加"选择"列、"删除"列和"编辑"列。当为 GridView 添加了"选择"列后,可用 SelectedValue 返回被选中记录的主键值。当 GridView 添加了"删除"列后,系统自动具备了删除当前记录的功能,不需要再编写代码。同理,当 GridView 添加了"编辑"列后,系统就自动具备了编辑当前记录的功能,不需添加程序代码。不过,被编辑的记录仅以一行的文本框的形态出现,虽然其格式可通过调整列的宽度实现修正,但仍不适合处理字段较多的记录。

注意:来自于多表或者没有主键的数据源无法直接使用 GridView 实施编辑、删除等更新操作。

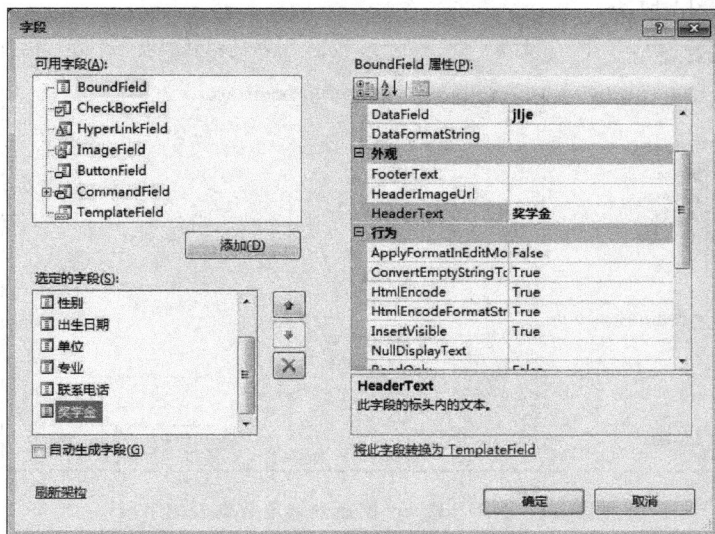

图 6-9　对 GridView 设置列、编辑列

4．GridView 的模板列

在实际的项目开发中,GridView 提供的标准列常常不能满足要求,例如为 GridView 添加一列复选框、直接修改某一列数据的值、开展输入数据验证等。对于这些任务,可以通过模板列实现。

1)添加 GridView 模板列

在如图 6-9 所示的对话框中,如果从左上角的【可用字段】区域中选择 TemplatedField,可为 GridView 添加一个模板列。选中新添加的模板列,在右侧的【TemplateField 属性】区域中为 HeaderText 属性设置值,说明模板列的含义。最后单击【确定】按钮,返回到 GridView 的智能菜单。

2)编辑 GridView 模板列

在 GridView 的智能菜单下选择【编辑模板】,进入编辑模板状态,如图 6-10 所示。

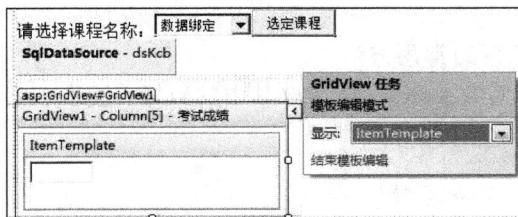

图 6-10　编辑 GridView 的模板列

选择模板 ItemTemplate,然后可向左侧的"ItemTemplate"区域中添加文本框、复选框等控件。

对于新添加的模板控件,也有一个智能按钮。单击此按钮会打开智能菜单,从中选择【编辑 DataBinding】可打开 DataBindings 对话框。此时可把模板控件绑定到数据源中的某个字段上,如图 6-11 所示。

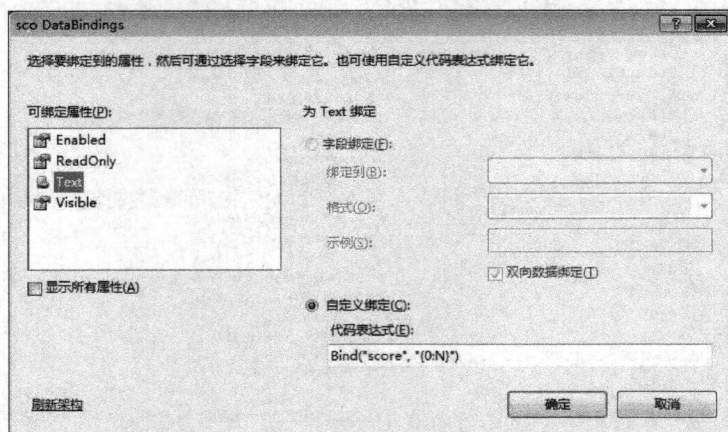

图 6-11   为 GridView 模板列绑定数据表的字段

最后,单击【结束模板编辑】,返回到 GridView 的智能菜单。

注意:绑定数据源中的字段可使用关键字 Eval 和 Bind。其中 Eval 关键字表示单向绑定,只能读取数据表中的数据,Bind 关键字表示双向绑定,既可以读取数据表中的数据,也支持把数据存回数据库。

3)获取模板列中的数据

要获取模板列中控件的数据,可以使用以下语句:

```
GridView 对象名.Rows[行号].FindControl("模板控件名") as 控件类型;
```

例如,在 GridView 对象 gvXsb 中有一个模板列,模板列中包含一个 TextBox 控件,控件名称为 txt。如果需要输出 GridView 对象所有行的模板列的值,使用的 C#代码如下:

```
foreach(GridViewRow gvr in gvXsb.Rows) {
 TextBox tt = gvr.FindControl("txt") as TextBox;
 Response.Write(tt.Text);
}
```

5. 获取 GridView 数据的常用方法

假设存在 GridView 对象 gvXsb,要获取其中的数据,主要有以下方法。

(1)获取 GridView 中的指定行

```
GridViewRow gvr = gvXsb.Rows[行号];
```

(2)获取 GridView 指定行列的数据

```
String xx = gvr.Cells[列号].Text;          //从已经得到的 GridView 行 gvr 中获取
```

```
String xx = gvXsb.Rows[行号].Cells[列号].Text; //直接从 GridView 中获取;
```

（3）获取当前选定行的序号

```
int gvno = gvXsb.SelectedIndex;
```

（4）获取选中行的主键之值

```
<类型名> xx = gvXsb.SelectedValue;
```

或者：

```
String id = gvXsb.DataKeys[gvXsb.SelectedIndex].Value.ToString();
```

本命令仅作用于与"选择"相关的方法中。

（5）获取当前行及其信息

下面以事件对应方法的参数 e 作为基准,利用 e.RowIndex 作为当前行的序号。

```
String xx = gvXsb.Rows[e.RowIndex].Cells[列号].Text;
        //获取当前行、指定列的数据;
```

或者

```
GridViewRow gvr = gvXsb.Rows[e.RowIndex];
        //获取当前行的信息.
```

本命令可作用于与删除、更新操作相关的方法中。

6.3.2 FormView 控件

FormView 控件在一页中仅显示一条记录,可通过翻页显示其他记录的控件。与 DetailsView 不同的是:FormView 控件除了具有显示记录的功能外,还能编辑、删除和新建记录,而且可以通过模板重新排列各字段在页面中的布局。

1. FormView 控件的外观

一个 FormView 控件的外观如图 6-12 所示。从图 6-12 可知,它具有以下特点:

- 每个页面显示一条记录的信息,每个字段在页面中占据一行的空间。
- 底部具有【编辑】、【删除】和【新建】三个按钮,支持开发者利用 FormView 对当前记录进行操作。

如果其属性 AllowPaging 设置为 true,会在页面底部显示出页码,可利用页码进行记录切换,跳转到其他记录上。

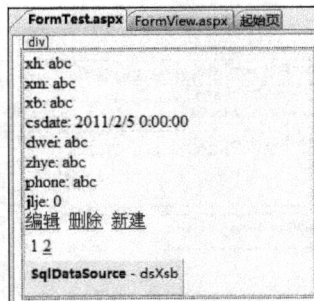

图 6-12 FormView 对象的浏览视图

对 FormView 控件的关键设计就是对页面布局(修改模板)和绑定数据源。如果要通过 FormView 更新数据表内容,那么被绑定的数据源中必须包含数据表的主键,而且数据表满足更新条件。

2. FormView 控件的主要属性与方法

FormView 控件的主要属性与方法如表 6-3 所示。

表 6-3　FormView 控件的主要属性与方法

属性/方法	取　值	说　明
DataSourceID	数据源标志	设置 GridView 的数据源
DataKeyNames	字段名	指明数据表的主键字段
AllowPaging	true	允许自动分页
	false	不允许自动分页
DefaultMode	ReadOnly	查询方式；默认值就是 ReadOnly
	Insert	插入模式
	Edit	编辑模式
PageIndexChanging 事件		对应被翻页时要执行的方法
PageIndexChanged 事件		对应被翻页后要执行的方法
ItemDeleting 事件		对应于字段被删除时要执行的方法
ItemDeleted 事件		对应于字段被删除后要执行的方法
ItemUpdating 事件		对应于字段被修改时要执行的方法
ItemUpdated 事件		对应于字段被修改后要执行的方法

3. FormView 模板的管理

对 FormView 模板的管理是实施页面布局的关键,其基本步骤如下。

(1) 单击 FormView 对象的智能按钮,打开其智能菜单,从中选择【编辑模板】,打开其模板编辑方式,如图 6-13 所示。

(2) 从智能菜单中选择 HeaderTemplate(页眉)模板,进入 HeaderTemplate 模板模式。直接输入页眉,例如"学生情况卡片"。然后可利用系统菜单设置字体、字形和字号,以及对齐方式,其默认视图如图 6-14 所示。

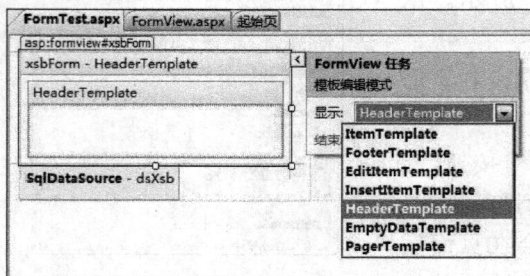

图 6-13　编辑 FormView 的智能菜单

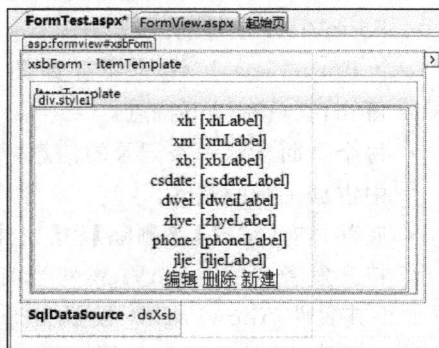

图 6-14　FormView 对象的默认视图

(3) 从智能菜单中选择 ItemTemplate(数据项)模板,进入 ItemTemplate 模板模式。此时可为此模板插入一个 HTML 方式的表格,然后把有关数据项移动到表格中。

总之,利用表格可控制各个控件的摆放位置,使之达到较为理想的效果,如图 6-15 所示。

（4）从智能菜单中选择 InsertItemTemplate（插入）模板，进入 InsertItemTemplate 模板模式。接着为插入界面重新摆放控件，使之协调。

（5）同理，也可以直接修改 EditItemTemplate（编辑）模板，进入 EditItemTemplate 模板设计模式，对编辑界面重新排列、摆放控件，使之协调。

（6）最后，单击智能菜单中的【结束模板编辑】，回到 FormView 的设计视图。

注意：在 FormView 默认的 InsertItem-Template 和 EditItemTemplate 模板中，所有数据项对应的交互框都是文本框。在实际编辑模

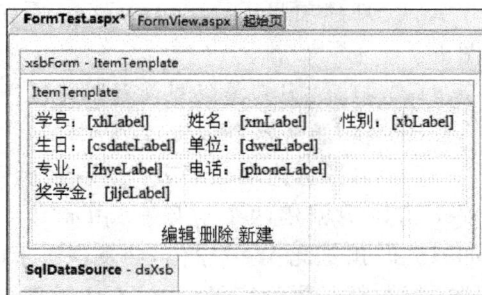

图 6-15　改变 FormView 对象默认布局

板的过程中，开发者可以把文本框删除，替换为下拉式列表框或其他控件，从而增强系统的易用性。但需要注意的是，在把文本框删除并以新的控件取代原文本框后，应该重新绑定数据源（要双向绑定），以保证新控件能够与数据库实现双向通信。

绑定数据源的方法是：先选定新建的控件，通过其右上角的智能按钮打开智能菜单，从中选择【编辑 DataBindings】，打开绑定数据源的对话框，如图 6-16 所示。

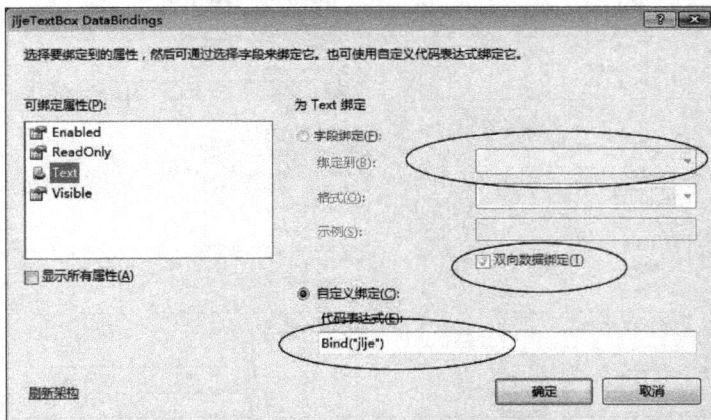

图 6-16　为 FormView 对象绑定数据源

通过此对话框，把新控件与数据源的字段名绑定在一起。关键词 Bind 表示双向绑定，而 Eval 表示单向绑定。

6.4　基于 SqlDataSource 的查询示例

6.4.1　简单查询程序

1. 以 GridView 分页显示记录

1）案例要求

以列表方式输出学生表的全部内容，结果以分页方式显示，每页 5 条记录。

2）实现过程

（1）新建项目 DataSourceTest，系统自动新增 Web 窗体 Default，并处于其【设计】视图下。

（2）打开"服务器资源管理器"，打开前面已经创建好的数据连接 XSGL.DBO。

（3）在"服务器资源管理器"中展开"数据连接"，找到数据表"学生表"。

（4）以鼠标拖动数据表"学生表"到 Web 窗体中，到适当位置松开鼠标。系统会自动在 Web 窗体中创建两个对象：SqlDataSource1 和 GridView1，得到如图 6-2 所示的对话框。如果此时预览此 Web 窗体，会发现以下两个不足：①目前的输出没有分页功能；②所有字段的标题都是拼音字母形式，不便于理解。

（5）单击 GridView1 控件右上角的智能按钮，打开智能菜单，从中选择【自动套用格式】，则打开一个对话框，从中选择一种较为理想的架构。

（6）单击 GridView 右上角的智能按钮，打开智能菜单，从中选择【编辑列】，则打开【字段】对话框，如图 6-17 所示。

图 6-17　为 GridView 设定列、编辑列

（7）从【选定的字段】中选择"xh"，在右边的【BoundField 属性】中修改其 HeaderText 值为"学号"，即可为字段 xh 赋予一个中文"学号"作为输出的标题。

（8）同理，修改其他字段的标题。最后单击【确定】按钮确认修改，返回到窗体的【设计】视图下。此时系统显示界面如图 6-18 所示，所有字段的标题已经成为中文模式。

（9）在【设计】视图下，单击 GridView 的智能菜单，从中选中【启用分页】。预览此 Web 窗体，会发现此页面已经具有分页功能，但每页默认记录数是 10 个。

（10）在【设计】视图下，选定 GridView，然后在其【属性】面板中找到 PageSize 属性，把其值修改为 5。或者转到 C♯设计模式下，在 Page_Load 函数中增加一行：

```
GridView1.PageSize = 5;
```

（11）最后，预览此 Web 窗体，检查效果。

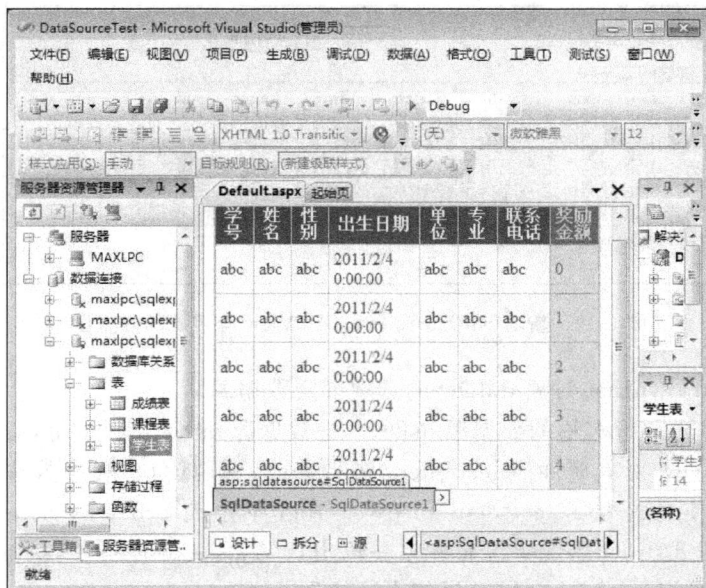

图 6-18 以 GridView 显示学生表信息

2．数据查询并分页显示

1）案例要求

从已经存在的"数据连接"中，按照学生所在单位查询学生，要求结果以列表方式输出，并以分页方式显示出来。

2）实现过程

由于学校中的单位已经基本固定，因此可利用下拉式列表框提供一个选取单位名称的对象。在用户选定单位后，由 GridView 对象负责显示出该单位的全体学生。因此，这个程序中 GridView 的数据来源由下拉式列表框控制，即需要建立依托于下拉式列表框控件的 SqlDataSource，以便为 GridView 提供可用的数据源。

（1）新增窗体并布局

在项目 DataSourceTest 中新增 Web 窗体 sjcx，并处于其【设计】视图下。通过【工具箱】的【HTML】栏目向窗体中添加一个 Table 对象，适当调整单元格的宽度和高度，完成页面的局部布局。

（2）创建所需的控件

在 Web 窗体的【设计】视图中向窗体的适当位置输入文字"请选择学生单位："，并在后边添加一个"标准"控件 DropDownList，修改其 ID 为 ddlDw。然后再添加一个"标准"控件 Button，修改其 ID 为 btnDw，其 Text 属性为"开始查找"。

（3）添加 SqlDataSource 和 GridView

打开【服务器资源管理器】面板，打开前面已经创建好的数据连接 XSGL. DBO。展开"数据连接"，找到数据表"学生表"，以鼠标拖动数据表"学生表"到 Web 窗体中，到适当位置松开鼠标。系统会自动在 Web 窗体中创建两个对象 SqlDataSource1 和 GridView1，分别修改这两个对象的名字为 dsXs、gvXs，结果如图 6-19 所示。

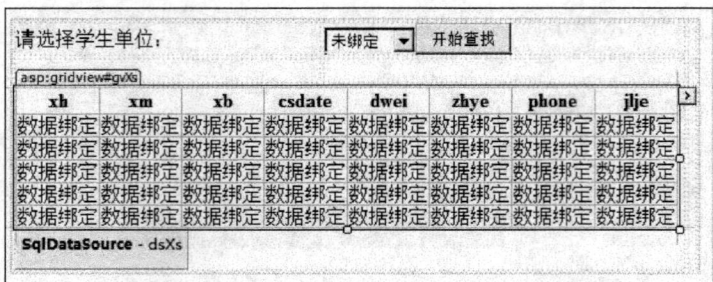

图 6-19　新增 SqlDataSource、GridView 等对象的效果图

（4）为 DropDownList 对象 ddlDw 的选项绑定数据源

首先，创建输出单位名称的数据源 dsDw。把数据源 dsXs 复制一份，命名为 dsDw。然后选择数据源 dsDw，对其属性 SelectQuery 进行修改，利用【命令和参数编辑器】对话框修改其 SQL 语句，使之成为"select distinct dwei from 学生表 order by dwei;"。补充说明：此 SQL 语句中的 distinct 表示单位名称唯一输出，不保留重复的单位名，order by dwei 子句表示按照单位名称升序输出单位名称。

其次，为控件 ddlDw 绑定数据源。选定控件 ddlDw，单击其右上角智能按钮，在智能菜单中选择【选择数据源】，在随后弹出的【数据源配置向导】对话框中进行如图 6-20 所示配置。

通过以上配置，使下拉式列表框以数据源 dsDw 的 dwei 字段内容作为其选项。

（5）优化 GridView 对象

修改 GridView 对象 gvXs 的 DataSource 属性的值为"dsXs"。单击对象 gvXs 右上角的智能按钮，打开智能菜单，选择【自动套用格式】，然后调整 GridView 的显示格式。

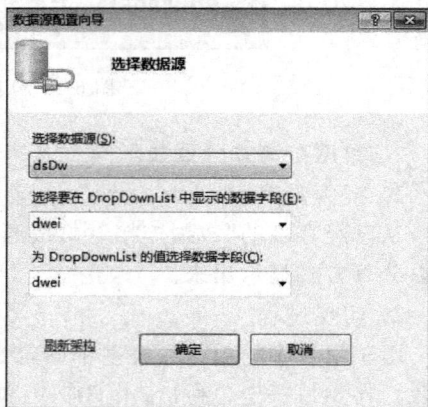

图 6-20　为 ddlDw 绑定数据源，设置选项字段

选择"编辑列"，改变此 GridView 的标题行，选择"出生日期（csdate）"列，设置其 DataFormatString 为{0:d}。

（6）设置 ddlDw 对 gvXs 的控制

首先，选择数据源 dsXs，在【属性】面板中找到 SelectQuery 属性，通过单击其右侧的小按钮打开【命令和参数编辑器】对话框，如图 6-21 所示。

其次，单击左下角的按钮【添加参数】，为本对象添加参数 danwei，并通过右部的【参数源】下拉列表框选择 Control，表示以控件作为参数源。最后选择 ddlDw 作为 ControlID 的值。即设置了窗体中的对象 ddlDw 的值作为参数 danwei 的值。

最后，单击右上部的【查询生成器】按钮，打开"查询生成器"。如图 6-22 所示，为 dwei（单位）行的筛选器设置参数"@danwei"。

经过上述操作，就把 ddlDw 控件和 gvXs 控件关联了起来。

图 6-21　为数据源 dsXs 绑定参数，以 ddlDw 控件的值作为参数

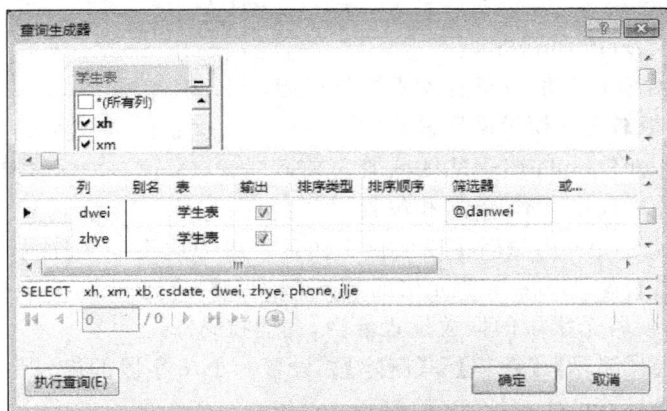

图 6-22　以查询生成器设置 SQL 语句——绑定筛选器的值

（7）为按钮 btnDw 的 Click 事件编程

双击按钮 btnDw，系统进入到 sjcx. aspx. cs 的编程模式下，为 btnDw_Click 事件添加代码"gvXs. DataBind();"。通过此语句，保证用户在下拉式列表框选定了单位后，下面的 GridView 中能够正确地显示出查询结果。

3. 以 FormView 显示单个指定记录

如果需要以 FormView 显示单个指定记录，可以设计为按照学号查找某个学生并显示出来。因此可以首先定义一个文本框 TextBox，由这个文本框控制 FormView 中要显示的那条记录。具体操作过程如下。

（1）新增窗体并布局

在项目 DataBaseTest 中新增窗体 FormView。在其【设计】视图下，通过【工具箱】的 HTML 栏目向窗体中添加一个 Table 对象，适当调整单元格的数量、宽度和高度，使页面适当布局。

（2）创建窗体所需的控件

在 Web 窗体的【设计】视图状态，向窗体的适当位置输入文字"请输入学生学号："，并在后边添加一个"标准"控件 TextBox，修改其 ID 为 xsxh。然后再添加一个"标准"控件 Button，修改其 ID 为 btnXs，其 Text 属性为"查找"。

（3）添加 SqlDataSource 和 FormView

首先，打开【服务器资源管理器】面板，从"数据连接"的 XSGL.DBO 下找到"学生表"，以鼠标拖动"学生表"到 Web 窗体底部。系统会自动在 Web 窗体中创建两个对象：SqlDataSource1 和 GridView1。修改 SqlDataSource1 的名字为 dsXsb，并删除对象 GridView1。

然后，从【工具箱】的【数据】栏目中拖动 FormView 控件到 Web 窗体的适当位置，创建一个 FormView1 对象。利用【属性】面板修改其 ID 属性为 xsForm，设置这个对象的 DataSource 属性的值为 dsXsb（前面创建的数据源对象名），设计界面如图 6-23 所示。

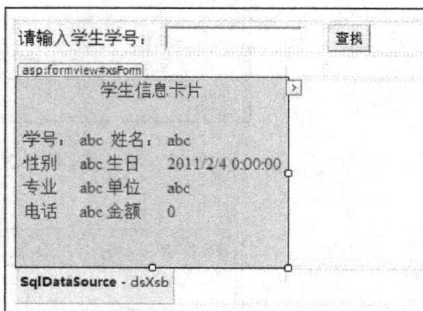

图 6-23　针对学生表的 FormView 初步效果图

（4）调整并优化 xsForm 对象

单击 xsForm 对象右上角的智能按钮打开智能菜单，选择【编辑模板】，进入模板编辑模式。

首先选择 HeaderTemplate，为此区域加入文字"学生信息卡片"，并可设置字形、字号和位置。

接着选择 ItemTemplate，编辑字段项目工作区。可为此工作区加入一个 HTML 方式的 Table 对象，适当调整 Table 中单元格的数量、大小，然后把 FormView 中的字段移动到 Table 的单元格中，使各个字段的摆放位置恰当，合理布局。

删除底部的按钮【编辑】、【新建】和【删除】。设置 csdate 字段的格式为{0:d}。

（5）建立文本框 xsxh 对 xsForm 的控制

文本框 xsxh 对 xsForm 的控制应该通过修改 xsForm 的数据源来实现，即找到数据源对象 dsXsb，找到其属性 SelectQuery，然后通过单击其右侧的小按钮启动【命令和参数编辑器】对话框。在【命令和参数编辑器】对话框中，首先【添加参数】stuxh，设置其参数源为"Control"，对应的控件是"xsxh"。然后单击【查询生成器】，打开【查询生成器】对话框，把参数"@stuxh"添加到 xh 行的筛选器中。使控件 xsxh 能够控制 xsForm 的显示内容。

经过上述操作，就把 xsxh 控件和 xsForm 控件关联了起来。

（6）为按钮 btnXs 的 Click 事件编程

双击按钮 btnXs，系统进入到 formView.aspx.cs 的编程模式下，为 btnXs_Click 事件添加代码："xsForm.DataBind();"通过此语句，保证用户在用下拉式列表框选定了单位后，在下面的 GridView 中就能够正确地显示出查询结果。

6.4.2　级联程序

在动态网站开发中，设计级联程序也是一种常见的要求。所谓级联程序，就是一个控件的选定值能够控制另外一个控件中的显示数据。常见的模式有两个：GridView 程序的级联,一个 GridView 程序与一个 FormView 程序的级联。

1. 选定学生并以 FormView 显示其详细信息

制作如图 6-24 所示的程序:当从左侧的 GridView 中选定一个学生后,会在右侧的 FormView 中显示出此学生的详细信息。

1) 设计思路

按照图 6-24 的示例,需要在左侧放置一个 GridView 控件,此控件只显示学生表的 3 列数据并包含一个"选取"列。右侧放置一个 FormView 控件,能够显示出一条记录的所有数据项的内容。这两个控件应该依托于两个 SqlDataSource 控件。由于当 GridView 中的选定数据发生变化时,FormView 中的记录自动变化。因此,FormView 的数据源控件要受到 GridView 控件的约束。

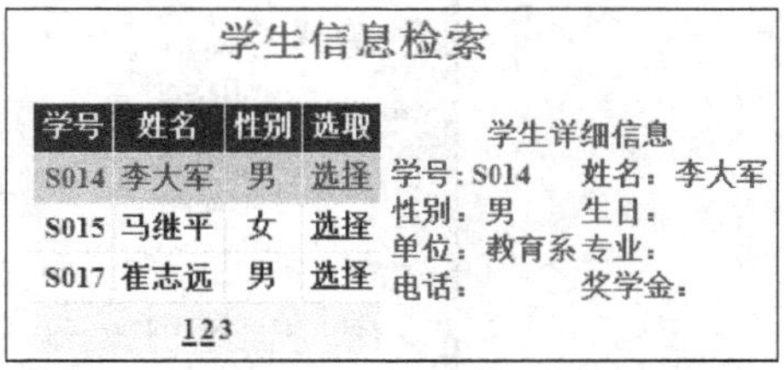

图 6-24　学生查询级联程序的最终效果图

2) 设计过程

(1) 新建窗体并布局

新建一个 Web 窗体,命名为 showDetail。然后,在其【设计】视图下,插入一个表格,进行适当布局。

(2) 添加控件并初步设置

首先,向窗体中的单元格中添加标题文字"学生信息检索",并适当设置文字的外观。

其次,添加一个 DropDownList 控件,修改其 ID 为 ddlDw;再添加一个 Button 控件,修改 ID 为 btnDw,修改其 Text 属性为"选择单位"。

第三,从【服务器资源管理器】面板中把数据连接"XSGL.DBO"下的表"学生表"拖动到窗体的左侧位置,系统自动创建两个对象:GridView1 和 SqlDataSource1。修改这两个对象的 ID 为 gvXsb 和 dsXsb,并且设置 gvXsb 的 DataSourceID 属性为 dsXsb,绑定新的数据源。

第四,从【服务器资源管理器】面板中把数据连接"XSGL.DBO"下的表"学生表"拖动到窗体的右侧部分,系统自动创建对象 GridView2 和 SqlDataSource2。修改 SqlDataSource2 对象的 ID 为 dsForm。

最后,删除多余的对象 GridView2,再从【工具箱】的【数据】栏目中拖动一个 FormView 对象到窗体的右侧,系统将创建一个名字为 FormView1 的对象,最终结果如图 6-25 所示。

(3) 配置 GridView 对象

选中控件 gvXsb,启动其右上角的智能菜单,选择【自动套用格式】,先为本 GridView 选择比较理想的格式;然后把【启用选定内容】复选框设置为有效,使之出现"选取"列。最后再选择【编辑列】,把每列的"HeaderText"更新为中文,并删除多余的列,只保留"学号"、"姓名"、"性别"和"选取"列。

(4) 配置 FormView 对象

首先,选中 SqlDataSource 控件 dsForm,从【属性】面板中找到其属性"SelectQuery"。通过"SelectQuery"右侧的小按钮打开【命令和参数编辑器】对话框。

其次,为此控件添加参数 xh,而且让参数 xh 绑定到控件 gvXsb,如图 6-26 所示。

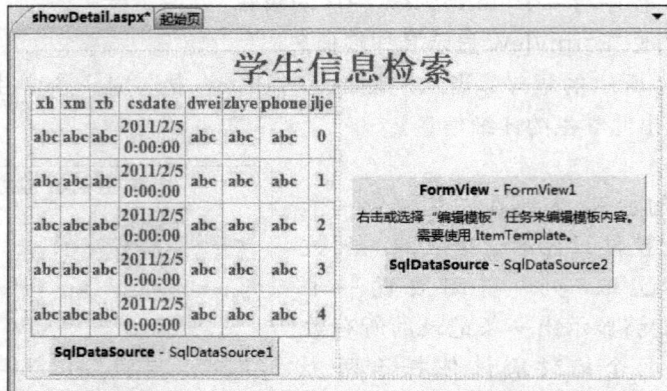

图 6-25　级联查询程序的初步设置效果图

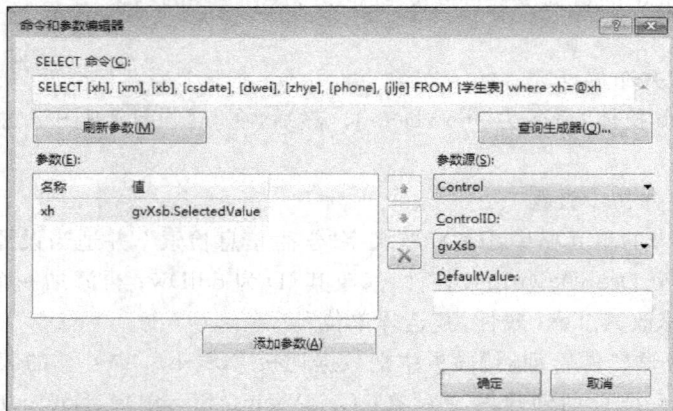

图 6-26　设置 FormView 数据源的【命令和参数编辑器】对话框

最后,单击 FormView1 的智能按钮,启动智能菜单。首先,【选择数据源】设置为dsForm。然后选择【编辑模板】,进入到模板编辑状态。可先编辑【HeaderTemplate】,为页面设置页眉,输入文本"学生详细信息";再编辑【ItemTemplate】模板,删除底部的【编辑】、【新建】和【删除】按钮;最后,对数据表的数据项重新排列、摆放,使页面协调。在这个过程中,可以借助 Table 布局工具。

(5) 为 GridView 对象的 gvXsb 选择事件编写 C♯代码

回到【设计】视图,双击 GridView 控件 gvXsb,进入到 C♯编程状态。在 showDetail. aspx. cs下,为 gvXsb_SelectedIndexChanged 添加如下代码:

```
FormView1.DataBind();
```

(6) 保存所有程序,用浏览器预览效果

2. 显示选定学生的成绩单

1)案例要求

制作如图 6-27 所示的程序,当选定学生单位后,在上面的 GridView 中列出学生表的关键信息；当用户单击上面一个 GridView 中的学生后，将在下面一个 GridView 中列出该学生选修的课程的课程号、课程名、学分、成绩和考试时间。

图 6-27 两个 GridView 实施级联的最终效果图

2）设计思路

按照图 6-27 的样式，创建一个下拉式列表框、两个 GridView。以下拉式列表框的选项控制上面 GridView 的显示记录，用上面 GridView 的选中记录控制下面 GridView 的显示信息。

为了控制下拉式列表、第一个 GridView 和第二个 GridView，分别需要三个 SqlDataSource 控件。服务于下拉式列表框的数据源控件仅需唯一性地输出单位信息，服务于第一个 GridView 的数据源控件仅需要学生表的 3～4 个关键字段，服务于第二个 GridView 的数据源控件需要课程表和成绩表的连接，需要包含两张数据表的综合信息。

3）设计过程

（1）新建窗体并布局

新建一个 Web 窗体，命名为 showCjd。在其【设计】视图下，插入一个表格，进行适当布局。

（2）添加控件并初步设置

向窗体中的单元格中添加标题文字"学生成绩管理系统"、"请选择学生单位："、"学生的成绩单："，并适当设置文字的外观。

然后添加一个 DropDownList 控件，修改其 ID 为 ddlDw；再添加一个 Button 控件，修改 ID 为 btnDw，修改其 Text 属性为"选择单位"。

从【服务器资源管理器】面板中把数据连接"XSGL. DBO"下的表"学生表"拖动到窗体的适当位置，系统自动创建两个对象：GridView1 和 SqlDataSource1。修改这两个对象的 ID 为 gvXsb 和 dsXsb，并且设置 gvXsb 的 DataSourceID 属性为 dsXsb，绑定新的数据源。

同理，从【服务器资源管理器】面板中把数据连接"XSGL. DBO"下的表"成绩表"拖动到窗体的适当位置，修改这两个对象的 ID 为 gvCjb 和 dsCjb，并且设置 gvCjb 的 DataSourceID 属性为 dsCjb。绑定新的数据源，如图 6-28 所示。

（3）配置 DropDownList 控件

把 SqlDataSource 控件 dsXsb 复制一份，重命名为 dsDw。利用【属性】面板修改新控件 dsDw 的 SelectQuery 属性，在【命令和参数编辑器】对话框中进行如图 6-29 所示的设置，使此数据源仅输出单位名称，而且能够过滤掉重复的单位名称，并按照单位名称升序输出。

图 6-28　两个 GridView 级联程序的初步设计图

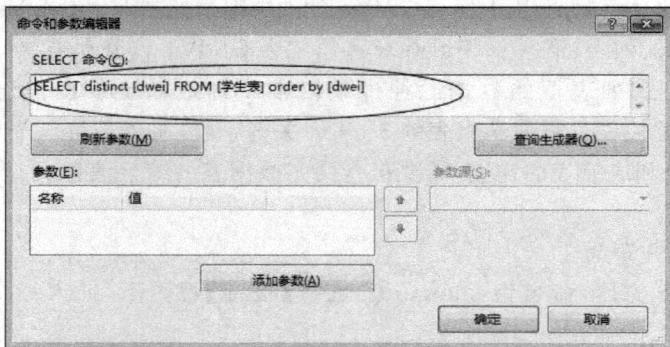

图 6-29　数据源 dsDw 的 Select 命令配置对话框(对单位唯一性输出)

选中下拉式列表框控件(ddlDw),打开其右上角的智能菜单,从中选择【选择数据源】,为 ddlDw 选择数据源"dsDw",设置其【显示的数据字段】为"dwei",【值的数据字段】为"dwei"。

(4) 配置 dsXsb,使 gvXsb 受 ddlDw 的控制

选中 SqlDataSource 控件 dsXsb,从【属性】面板中找到其属性"SelectQuery"。通过"SelectQuery"右侧的小按钮打开【命令和参数编辑器】对话框。为此控件添加参数 danwwei,而且让参数 danwei 绑定控件 ddlDw,并且利用【查询生成器】把 SQL 语句设置成"找出所在单位等于参数 danwei 的学生"的信息,设置界面如图 6-30 所示。

通过这种设置,就建立了 ddlDw 与 gvXsb 之间的控制关系。

(5) 配置 gvXsb,使之优化

选中控件 gvXsb,启动其右上角的智能菜单,选择【自动套用格式】,为本 GridView 选择比较理想的格式;把【启用选定内容】复选框设置为有效,使之出现"选择"列。最后再选择【编辑列】,先把每列的"HeaderText"更新为中文,并可适当地删除一些列。

图 6-30　为第一个 GridView 绑定查询参数

（6）配置 dsCjb，使之包含全部所需字段，并受控于 gvXsb 的选项

选中 SqlDataSource 控件 dsCjb，从【属性】面板中找到其属性"SelectQuery"。通过
"SelectQuery"右侧的小按钮打开【命令和参数编辑器】对话框。利用此对话框，为此控件添
加参数 xh，而且让参数 xh 绑定到控件 gvXsb。

利用右上部的【查询生成器】按钮打开【查询生成器】。首先，右击上部区域，从弹出菜单
中选择【添加表】，把"成绩表"、"课程表"添加到【查询生成器】中。由于这三张表已经创建过
外键联系，所以它们自动创建了连接。接着，利用中部的【输出】复选框选择要输出的字段
kch、kcm、score、xuefen、kstime。最后，在"筛选器"列的 xh 行输入筛选条件"@xh"，表示查
找"xh"等于参数"@xh"值的学生的成绩，如图 6-31 所示。

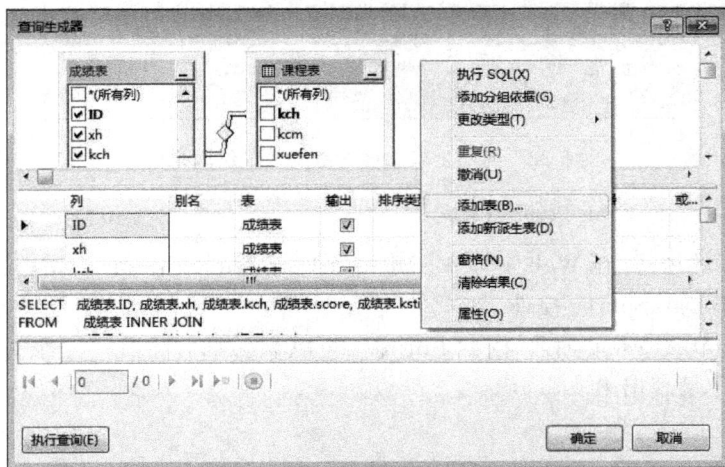

图 6-31　设置从多表查询数据的查询生成器

（7）修改 C♯程序

回到【设计】视图，双击按钮【选择单位】，进入到 C♯编程状态。在 showCjb. aspx. cs
中，为 btnDw_Click 添加代码"gvXsb. DataBind()；"。

再次回到【设计】视图,双击 GridView 控件 gvXsb,进入到 C♯编程状态。在 showCjb. aspx. cs 下,为 gvXsb_SelectedIndexChanged 添加代码"gvCjb. DataBind();"。

(8) 保存所有程序,以浏览器预览效果

6.5　基于 SqlDataSource 的更新程序的实例

6.5.1　简单更新程序

1. 以 FormView 实现数据输入

1) 案例要求

制作如图 6-32 所示的程序,通过 FormView 向"学生表"中插入记录后,能够在 GridView 中显示出插入的结果。

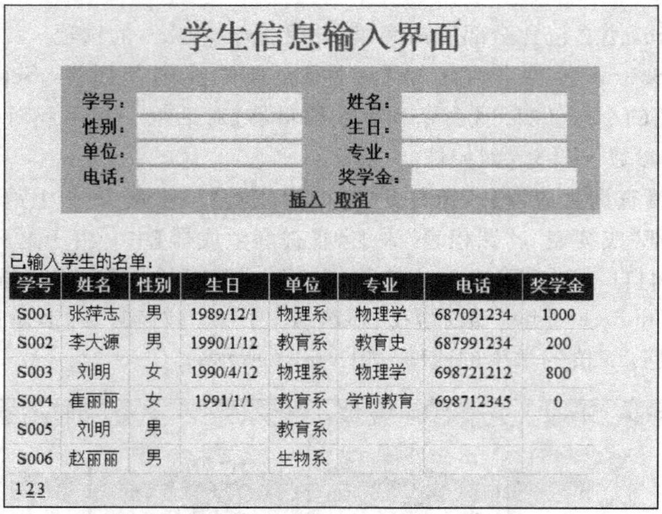

图 6-32　向学生表中插入数据的最终效果图

2) 设计思路

按照图 6-32 的样式,在 Web 窗体中创建一个 FormView 和一个 GridView,二者可以使用一个共同的 SqlDataSource 控件。

新记录通过 FormView 插入,因此 FormView 默认为插入方式。记录被保存后可自动地在 GridView 中呈现出来。

3) 设计过程

(1) 新建窗体并布局

新建一个 Web 窗体,命名为 FormInsert。在其【设计】视图下,插入一个表格,进行适当布局。

(2) 添加控件并初步设置

向新窗体中的单元格中添加标题文字"学生信息输入界面"、"已输入学生的名单:"等文字,并适当设置文字的外观。

首先从【工具箱】的【数据】栏目下拖动一个 FormView 到窗体的适当位置。然后从【服务器资源管理器】面板中把数据连接"XSGL. DBO"下的表"学生表"拖动到窗体的适当位置,系统自动创建两个对象:GridView1 和 SqlDataSource1。

（3）设置相关控件属性

利用【属性】面板依次设置相关控件的属性,如表 6-4 所示。

表 6-4　设置相关控件的属性

原 始 控 件	属 性 名	值
SqlDataSource1	(ID)	dsForm
FormView1	DefaultMode	Insert
	DataSourceID	dsForm
GridView1	(ID)	gvXsb
	DataSourceID	dsForm
	AllowPaging	true
	PageSize	6

（4）配置 FormView 控件

选择 FormView1 控件,打开其智能菜单,从中选择【自动套用格式】,为 FormView1 设置外观格式。接着选择【编辑模板】,针对"InsertItemTemplate"模板进行重新布局、调整各个数据项在模板中的位置。修正模板完成后,单击【结束编辑模板】链接,返回到【设计】视图。

（5）以浏览器浏览本网页,观察效果

2. 基于 FormView 的记录更新

尽管 GridView 也提供了对记录的编辑功能,但此功能把所有记录放在一行中编辑,不适合多字段记录的编辑。本例将提供一种针对多字段记录的编辑方式。

1）案例要求

制作如图 6-33 所示的程序,使之可先通过 GridView 选定需要编辑的学生,然后以FormView 修改学生的信息。在保存修改结果后,会自动在 GridView 中显示出编辑的结果。

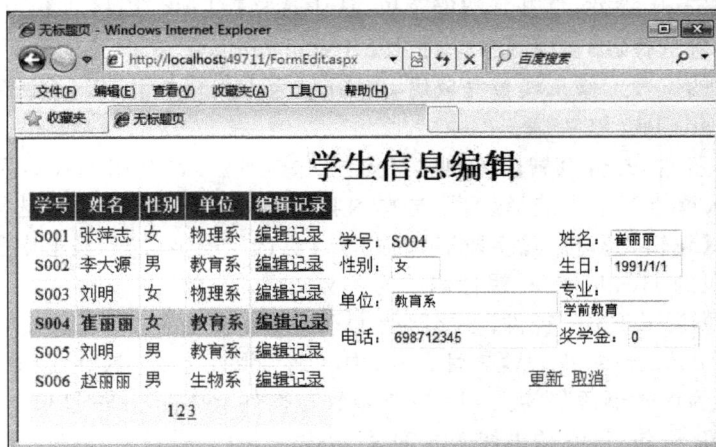

图 6-33　基于 FormView 实施记录更新的最终效果图

2）设计思路

按照图 6-33 的样式,在 Web 窗体中创建一个 FormView 和一个 GridView,二者各自使用独立的数据源控件。FormView 使用的数据源受 GridView 选定项的控制。

用户首先通过 GridView 选定记录,然后由 FormView 提供编辑和保存,因此 FormView 默认为编辑方式。记录被保存后可自动地在 GridView 中呈现出来。

3）设计过程

（1）新建窗体并布局

新建一个 Web 窗体,命名为 FormEdit,然后在其【设计】视图下,插入一个 HTML 形式的表格,通过调整其中单元格的高度和宽度,完成页面的布局。

（2）添加控件并初步设置

向新窗体中的单元格中添加标题文字"学生信息编辑"等文字,并适当设置文字的外观。

首先,从【服务器资源管理器】面板中把数据连接"XSGL. DBO"下的表"学生表"拖动到窗体的适当位置,系统自动创建两个对象：GridView1 和 SqlDataSource1。

其次,从【工具箱】的【数据】栏目下拖动一个 FormView 到窗体的适当位置。

最后,复制数据源对象 SqlDataSource1,得到一个新的数据源对象 SqlDataSource2。

（3）设置控件属性

利用【属性】面板依次设置相关控件的属性,如表 6-5 所示。

表 6-5　设置相关控件的属性

原 始 控 件	属 性 名	值
SqlDataSource1	(ID)	dsXsb
SqlDataSource2	(ID)	dsForm
GridView1	(ID)	gvXsb
	DataSourceID	dsXsb
	AllowPaging	true
	PageSize	6
FormView1	(ID)	formXsb
	DefaultMode	Edit
	DataSourceID	dsForm

（4）配置 FormView 控件

选择 FormView1 控件,打开其智能菜单,从中选择【自动套用格式】,为 FormView1 设置外观格式。接着选择【编辑模板】,针对"EditItemTemplate"模板进行重新布局、调整各个数据项在模板中的位置。修正模板完成后,单击【结束编辑模板】链接,返回到【设计】视图。

（5）配置 GridView 控件

选择 gvXsb 控件,打开其智能菜单。首先,从中选择【自动套用格式】,为 gvXsb 设置外观格式；其次,从智能菜单中选择【启用选择内容】,为 gvXsb 增加一个"选择"列；最后,从智能菜单中选择【编辑列】,打开【字段】对话框,从【已选定的字段】列表框中删除不需要的字段,并把每个字段的 HeaderText 属性修改为中文文字。

（6）配置数据源 dsForm 控件,使之接受 gvXsb 控件的控制

选中数据源 dsForm 控件,从【属性】面板中找到 SelectQuery 属性,打开其【命令和参数编辑器】对话框,为编辑器添加参数 xh,并把参数与控件 gvXsb 关联起来。然后利用【查询生成器】设置 SQL 语句,最终结果如图 6-34 所示。

（7）保存所有程序,以浏览器预览效果

图 6-34 参数编辑器——绑定学号与 GridView 的选定值相等

注意: 为了使 FormView 对数据的更新能及时地反映到 GridView 中,可在 FormXsb 的 ItemUpdated 事件中编写如下代码:

```
gvXsb.DataBind();
```

3. 基于 Web 窗体标准控件的记录输入程序

除了使用 FormView 控件实施记录的输入与编辑外,也可以直接利用 Web 的标准控件实现记录的输入。

1) 案例要求

制作如图 6-35 所示的程序,通过 Web 标准控件向"学生表"中插入记录,能够在 GridView 中显示出插入的结果。

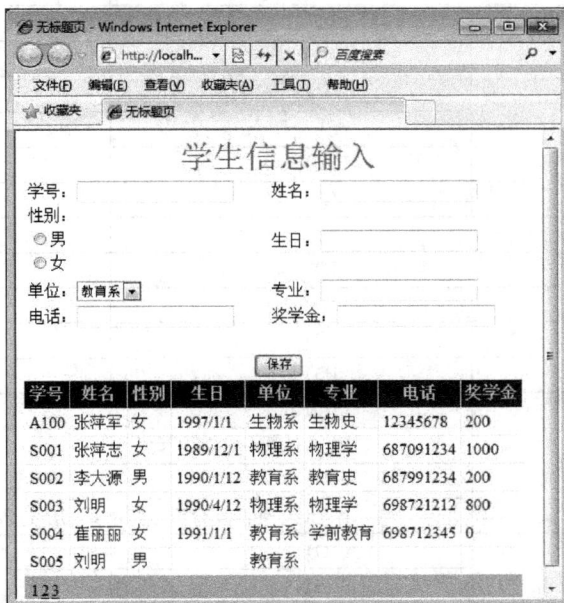

图 6-35 基于 Web 窗体的记录输入程序的最终效果图

2) 设计思路

按照图 6-35 的样式，在 Web 窗体中创建一个 GridView 和若干个具有特色的标准控件。其中，在创建 GridView 时，VS2008 自动创建了一个可共用的 SqlDataSource 控件。

新记录通过 SqlDataSource 控件的 InsertQuery 语句及其绑定的控件实施插入功能。因此，利用 SqlDataSource 控件对其他标准控件进行绑定是本设计的关键问题。

新记录将根据数据源控件的 Insert() 方法被保存，然后自动地在 GridView 中呈现出来。

3) 设计过程

(1) 新建窗体并布局

新建一个 Web 窗体，命名为 WebInput。然后，在其【设计】视图下，插入一个表格，利用此表格进行适当的页面布局。

(2) 添加控件并初步设置

首先，向新窗体中的单元格中添加标题文字"学生信息输入"等文字，并适当设置文字的外观。

其次，从【服务器资源管理器】面板中把数据连接"XSGL. DBO"下的表"学生表"拖动到窗体的适当位置，系统自动创建两个对象：GridView1 和 SqlDataSource1。

最后，从【工具箱】的"标准"下拖动若干个控件到窗体的适当位置，实现如图 6-35 所示的效果。

(3) 设置控件属性

利用【属性】面板依次设置相关控件的属性，如表 6-6 所示。

表 6-6　设置控件的属性

原 始 控 件	属 性 名	值
SqlDataSource1	(ID)	dsXsb
GridView1	(ID)	gvXsb
	DataSourceID	dsXsb
	AllowPaging	true
	PageSize	6
TextBox1	(ID)	txtXh
TextBox2	(ID)	txtXm
TextBox3	(ID)	txtSr
TextBox4	(ID)	txtZhy
TextBox5	(ID)	txtDh
TextBox6	(ID)	txtJxj
RadioButtonList1	(ID)	rblXb
	添加选项"男"和"女"	
DropDownList1	(ID)	ddlDw
	添加选项：教育系、生物系、历史系、物理系等	
Button1	(ID)	btnSave
	Text	保存

（4）配置数据源 dsXsb 控件，使之能够接收各 Web 标准控件的数据

选中数据源 dsXsb 控件，从【属性】面板中找到 InsertQuery 属性，打开其【命令和参数编辑器】对话框，会发现系统已经自动添加了各字段的对应参数，现在的工作就是把各参数与 Web 控件连接起来，操作后的结果如图 6-36 所示。

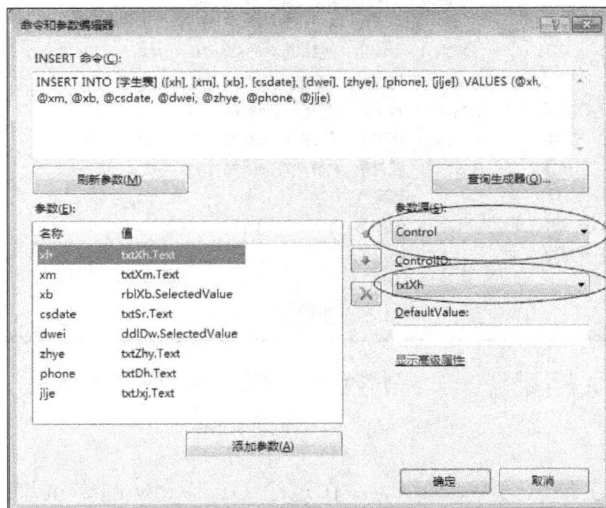

图 6-36　设置数据源 dsXsb 的插入语句——参数绑定控件

注意：当 Web 标准控件与数据源控件的参数建立绑定关系后，只须使用"数据源控件名.Insert()；"方法即可完成把 Web 控件的输入数据保存到数据库中的目的。

（5）修改 aspx.cs 程序代码

回到【设计】视图，双击【保存】按钮，进入到 C♯ 编程状态。在 WebInput.aspx.cs 中为 btnSave_Click 添加代码，如图 6-37 所示。

（6）保存所有程序，以浏览器预览效果

```
protected void btnSave_Click(object sender, EventArgs e)
{
    dsXsb.Insert();        //执行数据源的InsertQuery语句，保存数据；
    gvXsb.DataBind();      //把新数据结果反馈到GridView中
    txtXh.Text = "";       //保存完毕，使相关文本框清空数据
    txtXm.Text = "";
    txtSr.Text = "";
    txtZhy.Text = "";
}
```

图 6-37　保存数据并清空所有控件中内容的代码

6.5.2　记录的批量处理

1. 从 GridView 列表中选择记录并批量修改

1）案例要求

设计如图 6-38 所示的程序。在学生列表的最后一列是复选框。对于复选框选中的学生，奖学金增加 100 元。对于原奖学金为空值的记录，则认为原奖学金为 0 元。

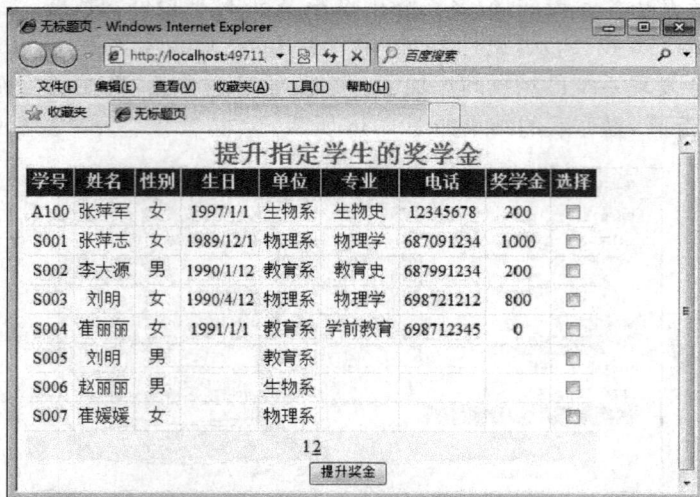

图 6-38　学生表列表输出并配置 CheckBox 模板列

2) 设计思路

创建一个显示学生信息的 GridView。在这个 GridView 的末尾增加一个模板列,把一个复选框存放到模板列内。当单击按钮【提升奖金】时,会逐条记录判定,如果该复选框被选中,则【奖学金】字段的值增加 100 元。

3) 设计流程

(1) 新建窗体并布局

新建一个 Web 窗体,命名为 AddJxj。在其【设计】视图下,插入一个表格,进行适当布局。

(2) 添加控件并初步设置

向新窗体中的单元格中添加标题文字"提升指定学生的奖学金",并适当设置文字的外观。

首先,从【服务器资源管理器】面板中把数据连接"XSGL.DBO"下的表"学生表"拖动到窗体的适当位置,系统自动创建两个对象 GridView1 和 SqlDataSource1。

其次,从【工具箱】的【标准】栏目下拖动 Button,放到窗体的适当位置,实现如图 6-38 所示的效果。

(3) 设置控件属性

利用【属性】面板依次设置相关控件的属性,如表 6-7 所示。

(4) 优化 gvXsb 控件,添加模板列

选择 gvXsb 控件,打开其智能菜单。首先,从中选择【自动套用格式】,为 gvXsb 设置外观格式;其次,从智能菜单中选择【编辑列】,打开【字段】对话框,从【已选定的字段】栏目中删除不需要的字段,并把每个字段的 HeaderText 属性修改为中文文字;再次,从【字段】对话框的【可用字段】中选择"TemplateField"添加到【已选定的字段】中,并修改其 HeaderText 属性为"选择";最后,退出【编辑列】状态。

从 gvXsb 控件的智能菜单中选择【编辑模板】,打开编辑模板的对话框,如图 6-39 所示。选择"ItemTemplate"模板,为模板增加一个 CheckBox 控件。设置此 CheckBox 控件的 ID 为 Ck,Text 属性为空白。最后,单击链接【结束模板编辑】,退回【设计】视图。

表 6-7　相关控件的属性配置

原 始 控 件	属 性 名	值
SqlDataSource1	(ID)	dsXsb
GridView1	(ID)	gvXsb
	DataSourceID	dsXsb
	AllowPaging	true
	PageSize	6
Button1	(ID)	btnJxj
	Text	提升奖金

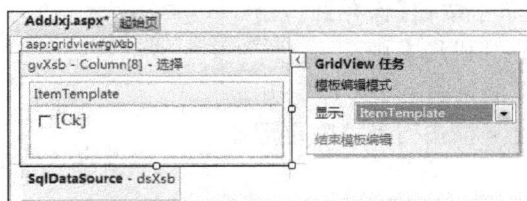

图 6-39　为 GridView 设置模板列，并编辑模板列

（5）修改 aspx.cs 代码

回到【设计】视图，双击按钮【保存】，进入到 C♯编程状态。在 AddJxj.aspx.cs 中，为 btnJxj_Click 添加代码。为避免奖学金空值引起的计算错误，为 Page_Load 增加了对数据表进行初始化的代码，对所有的奖学金为空值的记录赋予了初值 0。

添加的代码如图 6-40 所示。

```
namespace DataSourceTest
{
    public partial class AddJxj : System.Web.UI.Page
    {
        protected void Page_Load(object sender, EventArgs e)
        {
            if (!IsPostBack)      //是初次调用这个页面
            {
                dsXsb.UpdateCommand = "update 学生表 set jlje=0 where jlje is null;";
                dsXsb.Update();   //把奖学金为空值的记录替换为0值
            }
        }

        protected void btnJxj_Click(object sender, EventArgs e)
        {
            foreach (GridViewRow gvr in gvXsb.Rows)       //对GridView的每行数据进行处理
            {
                String xsxh = gvr.Cells[0].Text.Trim();   // 获得GridView的首列数值（学号）
                CheckBox jlck = gvr.FindControl("ck") as CheckBox;   //如果被选中了
                if (jlck.Checked)
                {
                    String jxje = gvr.Cells[7].Text;      //获得原来奖学金的值
                    String jxj = Convert.ToString(Convert.ToInt32(jxje.Trim()) + 100);  //累加100元
                    String sqls = String.Format("update 学生表 set jlje={0} where xh='{1}';", jxj, xsxh);
                    dsXsb.UpdateCommand = sqls;
                    dsXsb.Update();                       //执行更新数据的命令，更新记录
                }
            } gvXsb.DataBind();
        }
    }
}
```

图 6-40　逐个寻找已选中的学生，然后修改其奖学金值的程序代码

（6）保存所有程序，以浏览器预览效果

2．按照课程批量录入学生成绩

1）案例要求

设计如图 6-41 所示的程序。要求能够按照课程显示出学生选课的列表，在输入考试成绩后，单击底部的【保存】按钮，即可把输入的成绩保存到成绩表中。

2）设计思路

创建一个显示学生信息的 GridView。在这个 GridView 中增加一个模板列，把一个文本框存放到模板列内，绑定到成绩表中的考试成绩（Score）字段上。当单击按钮【保存】时，会逐条记录地把新成绩保存到成绩表中。

为避免一次出现的记录过多，可以采用 GridView 分页，而且通过下拉式列表框限定课程名称。

图 6-41　选择某类学生并修改其成绩的最终效果图

GridView 的数据项来自于多张表，其数据源建立在多表连接的基础上。

3）设计流程

（1）新建窗体并布局

新建一个 Web 窗体，命名为 ScoreGL。在其【设计】视图下，插入一个表格，进行适当布局。

（2）添加控件并初步设置

首先，向新窗体的适当位置添加文字"请选择课程名称："，然后添加一个 DropDownList 控件和一个 Button 控件，初始名称为 DropDownList1 和 Button1。

其次，从【服务器资源管理器】面板中把数据连接"XSGL.DBO"下的表"成绩表"拖动到窗体的中部位置，系统自动创建两个对象：GridView1 和 SqlDataSource1。

再次，从数据连接"XSGL.DBO"下把表"课程表"拖到窗体的底部，系统自动创建对象 GridView2 和 SqlDataSource2，然后删除 GridView2，只保留数据源对象 SqlDataSource2。

最后，在底部加入一个 Button 控件，其初始 ID 为 Button2。

（3）设置控件属性

利用【属性】面板依次设置相关控件的属性，如表 6-8 所示。

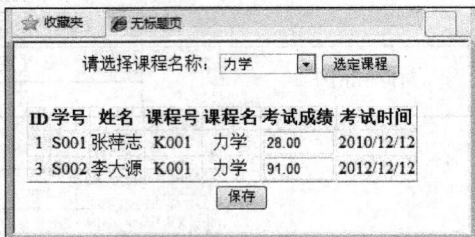

表 6-8　设置相关控件的属性

原 始 控 件	属 性 名	值
SqlDataSource1	(ID)	dsCjb
SqlDataSource2	(ID)	dsKcb
DropDownList	(ID)	ddlKcb
	DataSourceID	dsKcb
	DataTextField	kcm
	DataValueField	kch

续表

原 始 控 件	属 性 名	值
GridView1	(ID)	gvCjb
	DataSourceID	dsCjb
	AllowPaging	true
	PageSize	6
Button1	(ID)	btnkc
	Text	选定课程
Button2	(ID)	btnSave
	Text	保存

（4）设置数据源 dsCjb 控件，使之可显示多表数据

选中数据源控件 dsCjb，从【属性】面板中找到其属性"SelectQuery"。通过"SelectQuery"右侧的小按钮打开【命令和参数编辑器】对话框，为数据源控件添加参数 kcbh，而且让参数 kcbh 绑定到控件 ddlKcb。

利用右上部的【查询生成器】按钮打开【查询生成器】。首先，右击上部区域，从弹出菜单中选择【添加表】，把"学生表"、"课程表"添加到【查询生成器】中。由于这三张表已经创建过外键联系，所以它们自动创建了连接。其次，利用中部的输出"复选框"选择要输出的字段 ID、xh、xm、kch、kcm、score、kstime。最后，在【筛选器】列的 kch 行输入筛选条件"@kch"，表示查找"kch"等于参数"@kch"值的成绩记录，并通过"ORDER BY"子句指明按照学号升序输出记录。

设置后的【命令和参数编辑器】对话框如图 6-42 所示。

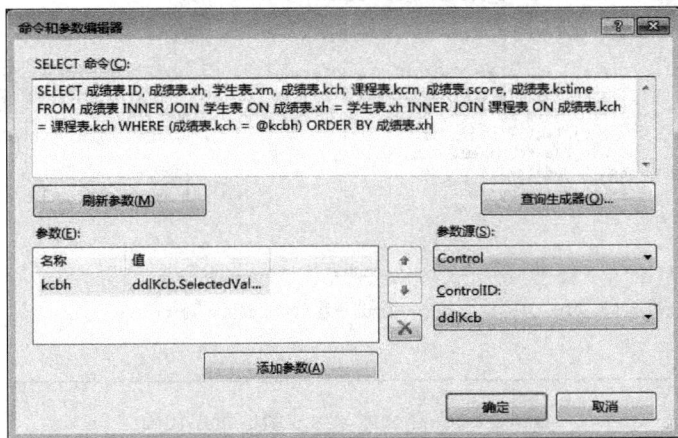

图 6-42　从多表中查询数据的 SELECT 语句配置器

注意：顶部窗口中的 SQL 命令语句由查询生成器以可视化操作方式生成。当然也可直接输入正确的 SQL 语句。

（5）优化 gvCjb 控件，添加模板列

选择 gvCjb 控件，打开其智能菜单。首先，从中选择【自动套用格式】，为 gvCjb 设置外观格式；其次，从智能菜单中选择【编辑列】，打开【字段】对话框，从【可用字段】中挑选字段

加入到【已选定的字段】列表框中,同时删除不需要的字段,并把每个字段的 HeaderText 属性修改为中文文字。特别要注意把 score 列从【已选定的字段】中删除。再次,从【字段】对话框的【可用字段】中选择"TemplateField",添加到【选定的字段】中,并修改其 HeaderText 属性为"考试成绩"。最后,退出【编辑列】状态。

从 gvXsb 控件的智能菜单中选择【编辑模板】,打开【编辑模板】对话框。选择【ItemTemplate】模板,为模板增加一个 TextBox 控件。设置此 TextBox 控件的 ID 为 sco,Text 属性为空白,如图 6-43 所示。

单击此文本框的智能按钮,选择【编辑 DataBindings】,在随后弹出的对话框中为 Sco 绑定字段"Score"。最后,单击 GridView 的智能菜单中的链接【结束模板编辑】,退回到【设计】视图。

图 6-43 配置 GridView 的模板列, 添加 TextBox 控件

(6)修改 aspx. cs 代码

回到【设计】视图,双击【选定课程】按钮,进入到 C♯ 编程状态。在 ScoreGl. aspx. cs 中,为 btnKc_Click 和 btnSave 添加代码,如图 6-44 所示。

```
14  namespace DataSourceTest
15  {
16      public partial class ScoreGl : System.Web.UI.Page
17      {
18          protected void Page_Load(object sender, EventArgs e)
19          {
20
21          }
22
23          protected void btnSave_Click(object sender, EventArgs e)
24          {
25              foreach (GridViewRow gvr in gvCjb.Rows)          //获取GridView的每一行
26              {
27                  String cjID = gvr.Cells[0].Text.Trim();          //获取当前行的成绩记录号
28                  TextBox cj = gvr.FindControl("Sco") as TextBox;   //获取当前记录的成绩值
29                  String sqls = String.Format("Update 成绩表 set score={0} where ID={1}",
30                      cj.Text.Trim(), cjID);                        //形成更新成绩的Update语句
31                  dsCjb.UpdateCommand = sqls;
32                  dsCjb.Update();                                   //执行Update语句
33                  gvCjb.DataBind();                                 //把成绩的更新及时地反映到GridView
34              }
35          }
36
37          protected void btnkc_Click(object sender, EventArgs e)
38          {
39              gvCjb.DataBind();                    //选定课程后,及时反映到GridView上
40          }
41      }
42  }
```

图 6-44 保存全体学生成绩的程序代码

(7)保存所有程序,以浏览器预览效果

思考题

1. 什么是 DataSource 控件? 在 .NET 3.5 体系中,DataSource 有哪些类型?
2. SqlDataSource 控件的配置涉及哪些要素? SqlDataSource 的输出有哪些类型?

3. 如何利用"服务器资源管理器"中的"数据连接"创建 SqlDataSource 对象？如何利用【工具箱】中的 SqlDataSource 配置 SqlDataSource 对象？

4. 如何以 SqlDataSource 更新后台数据库中的记录？对后台数据库中的数据表有什么要求？SqlDataSource 中的 DataKeyNames 属性有什么用途？

5. 如果需要把窗体中的某个控件与 SqlDataSource 控件中的 SQL 语句联系起来，以窗体控件作为 SQL 语句的参数，应该如何操作？

6. 什么是 GridView 控件？它与 FormView 和 DetailsView 控件有什么不同？

7. GridView 中的"选择"列有什么作用？在启用了"选定内容"后，如何获取当前选定记录的主键值？

8. 什么是 GridView 的模板列？如何为 GridView 增加一个独立的 CheckBox 列或TextBox 列？如何绑定模板列与后台数据库的相应字段？

9. 如何获取 GridView 中模板列的输入数据？

10. 在 GridView 的"删除"、"编辑"模式下，如何获取当前行的信息？

11. Eval() 与 Bind() 命令有什么区别？

12. 如何使用 SqlDataSource 对象实现记录删除？

13. 如何使用 SqlDataSource 对象实现记录插入？

14. 如何利用字符串参数方式准备 SQL 语句并以此 SQL 语句作为 SqlDataSource 的命令？

15. 在利用 SqlDataSource 为 GridView 提供数据源时，是否需要执行 Select() 命令？如何才能让 GridView 控件执行刷新功能？

16. 如何才能使 FormView 控件的默认呈现方式为 Insert 状态？

上机实训题

基于第 5 章创建的"商品销售系统数据库"，新建商品销售项目 ShangPin，在此项目中利用 SqlDataSource 完成以下操作。

（1）新建售货员信息管理窗体 Shouhuoyuan，在其中添加 GridView 控件，重点显示售货员信息的前 4 个字段，并为 GridView 添加"选择"列、"删除"列。设置 GridView 为自动分页模式，每页显示 6 条记录。

（2）利用"选择"列，可以选定一个售货员，并用 FormView 控件显示出被选定售货员的详细信息，而且可以切换到 FormView 的编辑状态，对选定的售货员进行编辑。

（3）利用"删除"列的按钮，可以把被单击的售货员删除，而且要求在真正执行删除命令前先要核实，提问"您确实想删除这名售货员吗？"，只有客户选定"是"后，才可把该售货员删除。

（4）利用模板列，为 GridView 添加 CheckBox 列，对于 CheckBox 列中被选中的所有售货员，其基本工资增长 200 元。

（5）不使用 FormView 技术，而是直接使用标准控件和字符串参数组织 SQL 语句，然后利用为 SqlDataSource 配置 InsertCommand 语句和执行 Insert() 方法的方式实现售货员信息的插入。

第7章

LINQ访问数据库

学习要点

本章主要学习在 ASP.NET 下以 LINQ 技术实现数据库访问。要求了解 LINQ 的概念与发展，掌握以 LINQ 技术实现记录查询、记录修改、记录插入和记录删除的关键流程，简要了解 LINQ 操作 XML 的方法。本章要求重点关注以下内容：

- 在项目中创建 LINQ to SQL 类和实体类的技术。
- LINQ 查询表达式的格式与撰写方法。
- 以 LINQ 实现记录插入、删除和更新的技术。

7.1 LINQ 技术简介

最近 20 年，面向对象编程技术在信息系统开发的应用已经进入了一个稳定的发展阶段。程序员现在都已经认同类（class）、对象（object）、方法（method）这样的语言特性。而针对数据库的操作则是基于另外一条线的——以基于关系数据库的 SQL 语句实施数据管理。

在信息系统开发和动态网站的建设中，传统的方法是采用在高级语言中嵌入 SQL 语句的方式实现二者的结合。在这种结构中，高级语言不负责 SQL 语句的语法检查，开发者必须把 SQL 语句提交给 DBMS 处理后才能验证其有效性，而且需要开发者解决 SQL 语句的集合处理模式与高级语言的单记录处理模式之间的矛盾，综合处理二者之间的通信问题、变量交换等问题。

为了使高级语言程序设计与数据库操作能够在同一体系下开发，使开发者对数据库的操作能和操作本地对象一样方便，在高级语言体系中直接内置数据库操作对象，形成一套内置于高级语言体系中的数据库操作技术就成为许多高级语言的发展方向之一。LINQ 技术就是这种技术之一。

7.1.1 什么是 LINQ 技术

1. LINQ 技术的起源与目标

LINQ 即语言集成查询（Language Integrated Query，LINQ），是 Microsoft 为解决以面向对象的程序设计方法访问数据库而开发的一种技术，这种技术基于 .NET Framework，为多种数据源的查询提供了统一的语法，以对象的视角看待数据库。它能够与 .NET 支持的编程语言(Visual Basic 和 C♯)整合为一体,使得对数据库的访问功能直接被嵌入编程语言的代码中,被高级语言的编译系统统一地管理。它能够充分利用 VS2008 的智能提示功能,使用高级语言的编译器也能检查查询语句的语法错误。可以说,LINQ 是一组用于 C♯ 和 Visual Basic 语言的扩展,它允许编写 C♯ 或者 Visual Basic 代码以操作内存数据的方式查询数据库,以对象的视角看待和管理数据库。

2. LINQ 技术的类型

与 DataSource 的理念相似,为解决不同数据类型的操作问题,LINQ 也提供了针对不同类型数据的类。主要有 LINQ to Object、LINQ to SQL、LINQ to XML 和 LINQ to DataSet 等。其中,LINQ to Object 主要用于连接数组和列表等集合类型,LINQ to SQL 用于解决关系数据库的操作问题,而 LINQ to XML 面向 XML 数据,LINQ to DataSet 面向 DataSet 型数据。

LINQ 提供了面向不同类型数据的类(class)。当针对具体数据的对象建立后,LINQ 提供了像操作本地对象一样的、统一的操作模式,使开发者可以便利地操作各种类型的数据。

7.1.2 LINQ to SQL 技术

LINQ to SQL 为关系数据库提供了一个对象模型,即把关系数据库映射为类对象,使开发者可以用操作对象的方式实现对记录的查询、修改、删除和插入操作。表 7-1 列出了关系数据库中的概念与 LINQ 概念之间的对应关系。

表 7-1   关系数据库概念与 LINQ 概念之间的对应关系

关系数据库的概念	LINQ 的概念	关系数据库的概念	LINQ 的概念
数据库	DataContext 对象	外键关系	关联
数据表	实体类对象	存储过程	方法
属性(字段)	属性(成员变量)		

从表 7-1 可以看出,LINQ 会把一个数据库映射为一个 DataContext 对象,把数据库中的数据表映射为多个实体类对象,数据表中的属性(字段)将成为实体类的列(Column)或者成为成员变量。因此一个 LINQ 的 DataContext 对象反映了整个数据库的结构,而且封装了针对数据库实施操作的一些方法(函数)。这些方法提供了统一对数据库实施操作的技术。

依据关系数据库创建 LINQ 对象的操作可由 VS2008 自动完成,也可由开发者自行建立。当然,"自动完成"具有速度快、开发效率高、设置规范等特点,是常见的方式。

7.1.3 LINQ 的查询表达式

LINQ 查询表达式是 LINQ 实现数据操作的基本语句,是 ASP.NET 技术对 C♯ 或 Visual Basic 语言的扩展,可以和其他的高级语言语句一样看做是高级语言的组成部分。

由于 LINQ 主要面向复杂数据类型操作,而这些数据的内部结构具有多样性,为此 LINQ 常常使用隐类型变量存放返回数据,即在变量定义之初把它定义成不明确结构的 var

类型,在程序真正地运行时才根据运行结果填充相应的数据类型。

1. LINQ 查询表达式的基本形式

与 SQL 语言相似,LINQ 的查询表达式也有一个基本的格式,大多数查询都可以依托此格式进行设计。LINQ 查询表达式的基本形式如下:

```
var result = from r in <DataContext 对象>.<实例类对象>
        [where <条件式>]
        [group r by r.<列名> [into g]]
        [orderby r.<列名>]
        select [r; | new
        { r.<列名>,r.<列名>, …
        g.统计函数(<列名>) … ];
```

从上述基本格式可知,LINQ 的查询表达式必须以 from 子句开始,说明从什么地方提取数据。以 select 或者 group 子句结束,表示输出结果,语句执行完毕,变量 result 中存储的就是 select 子句或 group 子句指定的输出结果。在这两者之间可以包括 where、group by、orderby 等子句,甚至可以嵌套使用 from、join、let 等子句。

与标准 SQL 语句不同,LINQ 语句以 from 开始,其目的在于让集成化开发环境尽快知道查询的数据源,从而为后续语句的设计提供智能化的引导。

2. LINQ 查询表达式子句的含义

LINQ 查询表达式与 SQL 语句相似,包含了 8 个子句。比较关键的子句是 where、select 和 group by。where 子句表示查询条件,执行记录选择操作。group by 表示对记录进行分组。如果输出全部字段,select 子句直接使用 select r 即可。如果需要投影输出部分字段,则需要另外定义变量 new,并随之说明 new 中包含的列名。

下面简单介绍各个子句的含义。

- from 子句——指定查询操作的数据源,通常是一个实体类对象的名称。
- where 子句——指定查询条件,通常是一个条件表达式。
- select 子句——指定查询结果的类型,通常是记录变量名、或者由列名、统计函数表达式构成的集合变量。
- group 子句——对查询结果进行分组,后面通常跟作为分组依据的列名。
- orderby 子句——对查询结果进行排序。
- join 子句——实现多个查询数据源的连接。
- let 子句——引入范围变量。
- into 子句——指向一个临时标识符,把操作的中间结果保存到这个标识符命名的临时变量中。

3. LINQ 查询表达式示例

假设已经定义了 DataContext 对象 mydb,其中包括一个实体对象"学生表",学生表包括了学号、姓名、性别、生日、电话、奖学金、单位等列。那么可利用 LINQ 实现以下查询。

(1) 查询学生表的全部信息

```
var result = from r in mydb.学生表 select r;
```

（2）查询学生表中教育系学生的信息

var result = from r in mydb.学生表 where 单位 == "教育系" select r;

注意：在 C♯ 中判断二者相等使用"=="符号，不能只写一个"="号。

（3）查询姓名中包含文字"兰"字的学生

var result = from r in mydb.学生表 where SqlMethods.Like(r.姓名,"兰")
　select r;

注意：字符串的模糊查询可以使用 SqlMethods.Like 方法进行处理。

（4）查询学生表中教育系学生的姓名、性别

var result = from r mydb.学生表 where 单位 == "教育系"
　select new {r.姓名,r.性别};

（5）查询每个单位的学生人数，及其学生获得奖学金的总额

var result = from r mydb.学生表 group r by r.单位 into g
　select new { Key = g.Key, Count = g.Count(), sumjl = g.Sum(p => p.奖学金);

上述 5 个操作获得的对象 result 是一个位于内存中的二维表对象，可直接被 GridView
等数据库控件绑定，以适当的形式呈现出来。

另外，由于 LINQ 语句中涉及的数据都是以对象的形式存在的，因此相关的变量可以看
做是内存变量，其操作语句属于高级语言范畴的程序语句。所以其变量可以直接被内存变
量赋值，也可以直接被读取并赋值到其他变量中。在 LINQ 查询语句中可以直接使用控件
变量，也可以使用大部分的 C♯ 的运算符、函数。例如：

var result = from r mydb.学生表 where 单位 == TextBox1.Text select r;

7.2　VS2008 的 LINQ to SQL 体系

7.2.1　VS2008 项目应用 LINQ 技术的流程

要在 VS2008 项目中使用 LINQ 技术，必须引入 LINQ 命名空间，并创建 DataContext
对象，以此对象作为关系数据库的映射，把对关系数据库的操作转化为对 DataContext 对象
的操作。其关键流程如下。

1．为数据库项目增加 DataContext 类

为数据库项目增加 DataContext 类的过程就是添加 LINQ to SQL 类的过程。即向项
目中新建一个 LINQ to SQL 类定义，然后借助【服务器资源管理器】面板中的"数据连接"把
相关数据表添加到其中，形成一个 DataContext 对象。

在这一过程中，系统会自动把命名空间 System.linq 添加到程序中；并自动为相关数据
表创建对应的实体类。实体类的名称与数据表名称相同。

2．基于 DataContext 对象实施查询操作

在创建了 DataContext 对象后，就可以利用 LINQ 的查询表达式构造查询语句了。

针对 LINQ 查询语句,通常会获得一个记录集变量。假设这个变量的名字是 result,那么很多操作都可以建立在这个 result 变量的基础上。

(1) 把 result 记录集对象显示出来——把此变量赋予 GridView1 对象

```
GridView1.DataSource = result; GridView1.DataBind();
```

(2) 把首条记录的值赋予控件对象——直接赋到控件的对应属性上

```
var rec = result.first();
TextBox1.Text = rec.<字段名>;
```

(3) 逐条记录进行处理——把记录集看成记录的集合,逐个读取并处理

```
foreach(var rec in result) {
        //此时可以把 rec 看成一个结构变量类型,对各个字段任意处理
}
```

3. 基于 DataContext 对象的删除操作

首先,利用 LINQ 查询表达式获取一个记录集变量 result,然后只须使用命令

```
<DataContext 对象名>.<实体类对象名>.DeleteAllOnSubmit(result);
<DataContext 对象名>.SubmitChanges();
```

就会把记录集内包含的记录全部删除。

4. 基于 DataContext 对象的记录修改操作

首先,利用 LINQ 查询表达式获取一个记录集变量 result。

通常这个记录集中只有一条记录,因此只须使用赋值语句把新值赋予该记录对象的相应列,然后利用 DataContext 对象更新后台数据库即可。

```
var rec = result.first();                 //获取记录对象
rec.<字段名> = <新值>; ...                //为字段赋予新的数据
<DataContext 对象名>.SubmitChanges();     //更新到后台数据库
```

如果获得的记录集是多条记录,则可以逐条获取,逐条赋值,最后集中更新后台数据库。

```
foreach(var rec in result){               //获取每一条记录
  rec.<字段名> = <新值>; ...              //为当前记录的字段赋予新值
}
<DataContext 对象名>.SubmitChanges();     //更新到后台数据库
```

5. 基于 DataContext 对象的插入操作

由于在 DataContext 对象中已经为数据库中的数据表创建了对应的实体类。因此可以利用实体类实现记录插入操作。假设原始的数据表中包含一个学生表,表名为 XSB,那么新增记录的操作为:

```
XSB rec = new XSB();                       //创建一个学生表的记录对象
rec.<字段名> = <新值>
...

<DataContext 对象名>.XSB.InsertOnSubmit(rec);
<DataContext 对象名>.SubmitChanges();
```

注意：基于 DataContext 的数据库更新操作也要求数据列中包括表的主键，满足数据库实施更新的基本条件。

7.2.2　在 VS2008 项目中创建 DataConText 类

假设学生管理数据库（XSGL）已经存在，共包括学生表、课程表和成绩表三张数据表，数据表的结构如 5.1.2 节所述。

VS2008 已经创建了针对学生管理数据库的数据连接，该连接已经在 VS2008 的【服务器资源管理器】面板中存在。现在需要创建一个项目，此项目将借助 LINQ 技术访问 XSGL 数据库。

1. 为新 Web 项目添加 DataContext 类

启动 VS2008，使用系统菜单【文件】→【项目】，选择"Web"、"ASP.NET 应用程序"，然后输入项目名称 MyLINQ。最后单击【确定】按钮，系统自动创建一个名称为 MyLINQ 的新项目。

在【解决方案资源管理器】面板中右击项目名称 MyLINQ，在弹出的菜单中选择【添加】→【新建项】，然后从各种模板中选择"LINQ to SQL 类"，在底部的【名称】文本框中输入新名称"mydb.dbml"。最后单击【添加】按钮，把 mydb 添加到项目中。

此时系统会自动进入到针对 mydb.dbml 实施配置的状态，系统界面如图 7-1 所示。

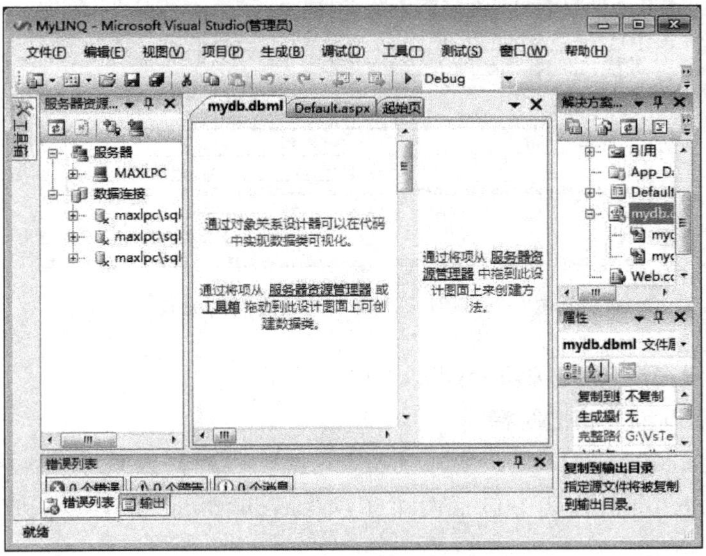

图 7-1　新建 LINQ to SQL 类的操作界面

最左侧的面板是【服务器资源管理器】面板，左侧第 2 个面板是创建"数据类"的面板，左侧第 3 个面板是创建"方法"的面板。最右侧的面板是【解决方案资源管理器】面板。

注意：如果【服务器资源管理器】面板或【解决方案资源管理器】面板不在屏幕上，则可以通过系统菜单【视图】把它们调出来。

2．为 mydb 创建实体类

展开【服务器资源管理器】面板中的数据连接"XSGL.DBO"，从其"表"的子项中依次把3个数据表"学生表"、"课程表"和"成绩表"拖动到"数据类"面板中。此时系统自动为这三张表创建了对应的实体类，如图 7-2 所示。

如果在数据库创建的时候已经为这 3 张表建立了关系，那么这 3 张表被添加到数据类面板后，就会自动地保留这种关联关系。反之，如果发现添加到数据类面板中的这 3 张表之间没有关系，那么需要根据语义为这 3 张表建立关联。具体方法是：右击"成绩表"，在其快捷菜单中选择【添加】→【关联】，系统会打开【关联编辑器】对话框，如图 7-3 所示。创建"课程表的课程号（kch）"与"成绩表的课程号（kch）"之间的关联和"学生表的学号（xh）"与"成绩表的学号（xh）"之间的关联。图 7-3 所示为课程表与成绩表之间创建关联的界面。

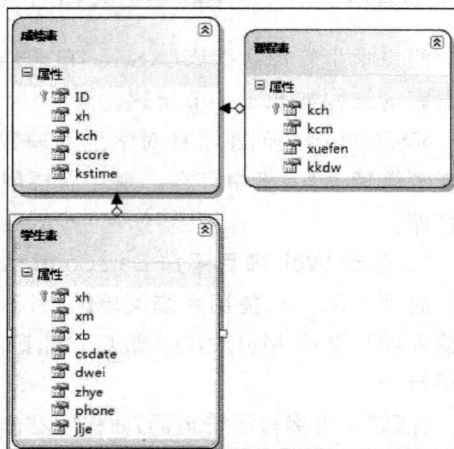

图 7-2　LINQ 实体类及其关联图

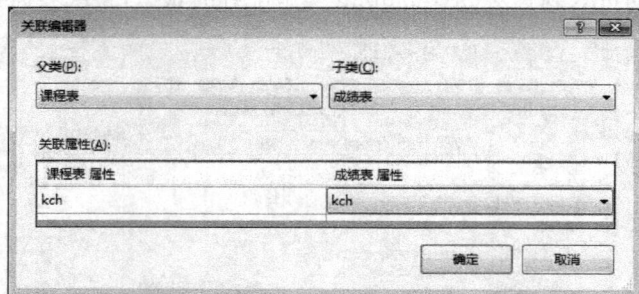

图 7-3　新建 LINQ 实体类之间的关联

对实体类配置完毕，就可关闭 mydb.dbml 文档了。

3．对 mydb.dbml 文档的解释

在为项目添加和配置 LINQ to SQL 类完毕，会发现【解决方案管理器】面板中添加了一个新的资源"mydb.dbml"，其中包括两个子项"mydb.dbml.Layout"和"mydb.designer.cs"。

子项 mydb.dbml.Layout 定义了每个数据表在设计视图中的布局。mydb.designer.cs 则定义了自动生成的多个类（class），例如，在本项目中，包括 DataContext 类派生的 mydbDataContext 类、与数据库 XSGL 对应的类、与各个数据表（学生表、课程表、成绩表等）对应的实体类等。

为了实施对实体类的操作，实体类包含了多个内部类，其中的 TableAttribute 类负责管理与数据表密切相关的信息，比如其中的属性"Name"就指明了数据表的名称；ColumnAttribute 类负责管理与表结构相关的信息，明确列之间的映射关系；AssociationAttribute 类映射数据表

之间的关联关系；FunctionAttribute 类负责对存储过程的管理，并通过 ParameterAttribute 类实现参数传递与控制。

对于 mydb.dbml 文档的内部机理，初学者可暂不关注。

7.2.3 基于 DataContext 的简单应用程序

在项目中添加并配置了 LINQ to SQL 类后，就可以借助 DataContext 技术实现 Web 应用程序开发了。

在 Web 应用程序开发中，LINQ 查询表达式和其他的 C♯ 语句一起被编写到 cs 文档中，用于相应窗体控件的各类事件。

下面将通过 4 个例子说明借助于 LINQ 技术的开发过程。在下面的例子中，假设项目 MyLINQ 已经创建，并且在项目 MyLINQ 中添加了一个关于数据库"学生管理（XSGL）"的名字为 mydb 的 LINQ to SQL 类。

1. 借助 LINQ 技术实现对学生表的查询

1）案例要求

编写程序，实现如图 7-4 所示的功能，使程序能够根据学号显示出学生的信息。

图 7-4 以 LINQ 设计查询程序的最终效果图

2）设计过程

（1）新建 Web 窗体，命名为 DispAll。在其【设计】视图下，首先利用表格进行简单的页面布局，并输入提示文字"请输入学生姓名："。

（2）从【工具箱】的【标准】栏目下拖动一个 TextBox 到窗体中，修改其 ID 为 txtXm。然后从【工具箱】的【数据】栏目下拖动一个 GridView 到窗体的适当位置，修改其 ID 为 gvXscx。最后从【工具箱】的【标准】栏目下拖动一个 Button 放到 TextBox 后面，修改 Button 的 ID 为 btnLook，Text 值为"查找"。

（3）双击【查找】按钮，进入 C♯ 代码设计状态，为 btnLook_Click 方法编写代码。最终得到的程序语句如图 7-5 所示。

3）总结

（1）从本例可知，在使用 LINQ 操作数据库时，需要使用 mydbDataContext 类创建一个数据库类的对象 db，然后各种操作都是针对这个 db 对象的。

（2）熟练掌握 LINQ 查询表达式的设计对于应用 LINQ 技术至为关键。

2. 依托 LINQ 技术设计课程表的插入程序

1）案例要求

使用 LINQ 技术编写课程信息输入程序，使课程信息输入后能够在底部的 GridView 中显示出来。要求实现的界面如图 7-6 所示。

```
14  namespace MyLINQ
15  {
16      public partial class _Default : System.Web.UI.Page
17      {
18          mydbDataContext db=new mydbDataContext();  //新建一个DataContext对象
19          protected void Page_Load(object sender, EventArgs e)
20          {
21          }
22
23          protected void btnLook_Click(object sender, EventArgs e)
24          {
25              var result=from r in db.学生表 where r.xm==txtXm.Text.Trim()
26                         select r;    //LINQ的查询表达式,结果存放在result中;
27              gvXscx.DataSource = result;  //把查询结果赋予GridView对象
28              gvXscx.DataBind();
29          }
30      }
31  }
```

图 7-5　以 LINQ 实现查询的 C♯代码

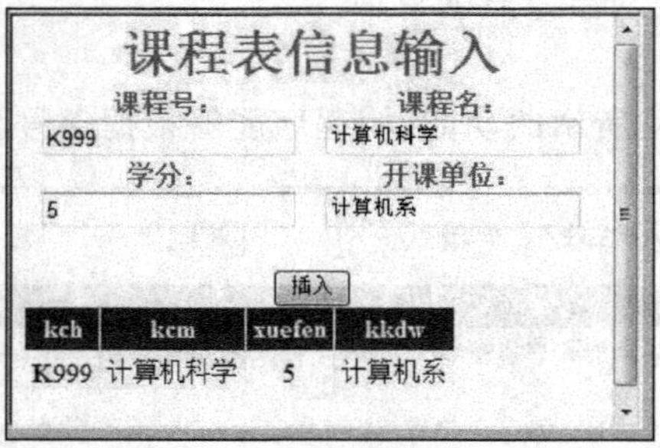

课程表信息输入

kch	kcm	xuefen	kkdw
K999	计算机科学	5	计算机系

图 7-6　利用 LINQ 实现记录插入的最终效果图

2) 设计过程

(1) 新建 Web 窗体,命名为 KcbInsert。在其【设计】视图下,首先利用表格进行简单的页面布局,并输入提示文字:"课程表信息输入",适当设置文字的外观。

(2) 从【工具箱】的【标准】栏目下拖动 4 个 TextBox 到窗体中,依次设置其 ID 为 txtXh、txtXm、txtXf、txtKkdw。然后从【工具箱】的【标准】栏目下拖动一个 Button 放到 TextBox 后面,修改 Button 的 ID 为 btnSave,Text 值为"插入"。最后从【工具箱】的【数据】栏目下拖动一个 GridView 到窗体的适当位置,修改其 ID 为 gvKcb。

(3) 双击【插入】按钮,进入 C♯代码设计状态,为 btnSave_Click 方法编写代码。最终得到的程序语句如图 7-7 所示(此处忽略了若干个 using 语句)。

3. 使用 LINQ 技术实现多表查询

1) 案例要求

使用 LINQ 技术编写综合查询程序,能够查询出指定课程的学生选修课程及其考试成绩的情况。要求实现的界面如图 7-8 所示。

2) 设计过程

(1) 新建 Web 窗体,命名为 MultiTable。在其【设计】视图下,首先利用表格进行简单的页面布局,并输入提示文字"学生选课情况查询"和"请选择学生的所在单位:",适当设置文字的外观。

```
14 namespace MyLINQ
15 {
16     public partial class KcbInsert : System.Web.UI.Page
17     {
18         protected void Page_Load(object sender, EventArgs e)
19         {
20
21         }
22
23         protected void btnSave_Click(object sender, EventArgs e)
24         {
25             mydbDataContext db = new mydbDataContext();//创建DataContext对象db
26             课程表 kcb = new 课程表();                    //建立实体类kcb
27             kcb.kch = txtKch.Text.Trim();               //控件值赋予实体类中
28             kcb.kcm = txtKcm.Text.Trim();
29             kcb.xuefen = Convert.ToInt32(txtXf.Text.Trim());
30             kcb.kkdw = txtKkdw.Text.Trim();
31             db.课程表.InsertOnSubmit(kcb);                //把插入的数据插到db
32             db.SubmitChanges();                          //更新后台数据库
33
34             var result = from r in db.课程表 where r.kch == txtKch.Text select r;
35             gvKcb.DataSource = result;
36             gvKcb.DataBind();
37         }
38     }
39 }
```

图 7-7　以 LINQ 实现记录插入的 C♯ 代码

图 7-8　以 LINQ 实现多表连接查询的最终效果图

（2）从【工具箱】的【标准】栏目下拖动一个 DropDownList 控件到窗体中，修改其 ID 为 ddlDw。然后从【工具箱】的【标准】栏目下拖动一个 Button 放到 DropDownList 后面，修改 Button 的 ID 为 btnFind，Text 值为"查找"。最后从【工具箱】的【数据】栏目下拖动一个 GridView 到窗体的适当位置，修改其 ID 为 gvZhb。

（3）双击【查找】按钮，进入 C♯代码设计状态，为 btnFind_Click 方法编写代码。最终得到的程序语句如图 7-9 所示（此处忽略了若干个 using 语句）。

3）补充说明

（1）本程序专门采用手工为 DropDownList 对象赋予选项的方式，即程序第 24～29 行。程序首先清空了 DropDownList 对象的原有选项，然后执行 LINQ 查询把课程表中的课程号和课程名查找出来，保存到记录集对象 res 中，然后把 res 中的每条记录都添加到 DropDownList 对象的选项中。

（2）本程序的输出结果涉及多张表，因此使用了两表连接操作。第 36 行体现了数据来源于两张表，而且表记录的别名为 r 和 x；第 37 行则说明了连接条件；第 38 行是普通的查询条件；第 39 行的 select 语句指明了最终的输出结果。

```
14  namespace MyLINQ
15  {
16      public partial class MultiTable : System.Web.UI.Page
17      {
18          mydbDataContext db = new mydbDataContext();
19
20          protected void Page_Load(object sender, EventArgs e)
21          {
22              if (!IsPostBack)
23              {
24                  ddlDw.Items.Clear();                //清空DropDownList的选项
25                  var res = from r in db.课程表 select new { r.kch, r.kcm };
26                  foreach (var xx in res)             //对于课程表中的每个记录
27                  {
28                      ddlDw.Items.Add(new ListItem(xx.kcm, xx.kch));
29                  }                                   //添加到DropDownList的选项中
30              }
31          }
32
33          protected void btnFind_Click(object sender, EventArgs e)
34          {
35              Response.Write(ddlDw.SelectedValue);
36              var result = from r in db.课程表 join x in db.成绩表   //多表连接
37                           on r.kch equals x.kch                  //连接条件
38                           where r.kch == ddlDw.SelectedValue
39                           select new {x.xh,r.kch,r.kcm,x.score,x.kstime };
40              gvZhb.DataSource = result;                 //查询结果送GridView
41              gvZhb.DataBind();                          //刷新显示
42          }
43      }
44  }
```

图 7-9   以 LINQ 实现多表连接查询的代码

4. 数据分组计算程序

1) 案例要求

使用 LINQ 技术编写程序,能够计算出每个单位的学生获得奖学金的总额和学生的人数。要求上部的 GridView 中显示出学生的信息,下部的 GridView 中分单位显示学生人数和学生获得奖学金总额,要求实现的界面如图 7-10 所示。

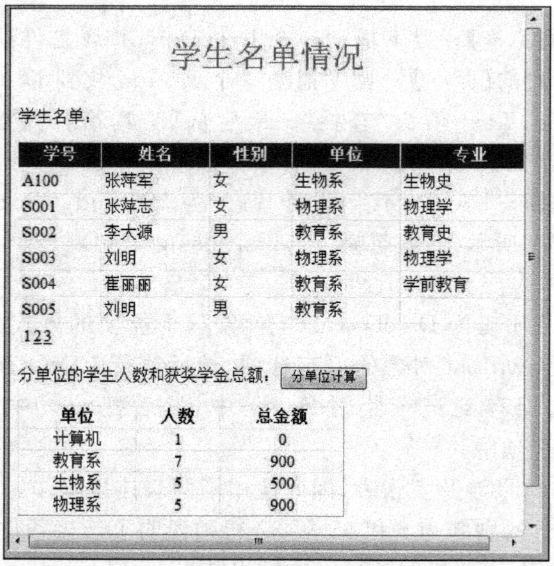

图 7-10   以 LINQ 实现分组计算查询的最终效果图

2）设计过程

（1）新建 Web 窗体，命名为 StuJl。在其【设计】视图下，首先利用表格进行简单的页面布局，并输入提示文字"学生名单情况"、"学生名单："和"分单位的学生人数和获奖学金总额："，适当设置文字的外观。

（2）首先，从【工具箱】的【数据】栏目下拖动一个 GridView 控件到窗体中，修改其 ID 为 gvXsb。然后从【工具箱】的【标准】栏目下拖动一个 Button 控件放到中部的文字后面，修改 Button 的 ID 为 btnCal，Text 值为"分单位计算"。最后从【工具箱】的【数据】栏目下拖动一个 GridView 到窗体的适当位置，修改其 ID 为 gvXshz。

（3）双击【分单位计算】按钮，进入 C♯代码设计状态，为初始化程序 Page_Load 方法和 btnCal_Click 方法编写代码。最终得到的程序语句如图 7-11 所示（此处忽略了若干个 using 语句）。

```
14  namespace MyLINQ
15  {
16      public partial class StuJl : System.Web.UI.Page
17      {
18          mydbDataContext db = new mydbDataContext();
19
20          void showdata()              //定义一个显示数据的函数showdata
21          {
22              var res = from r in db.学生表    //执行LINQ查询表达式
23                          orderby r.xh
24                          select new
25                          {
26                              学号 = r.xh,        //显示为中文标题
27                              姓名 = r.xm,
28                              性别 = r.xb,
29                              单位 = r.dwei,
30                              专业 = r.zhye
31                          };
32              gvXsb.DataSource = res;
33              gvXsb.DataBind();
34          }
35
36          protected void Page_Load(object sender, EventArgs e)
37          {
38              if (!IsPostBack)             //如果是首次进入本页
39              {
40                  showdata();              //显示学生名单
41              }
42          }
43
44          protected void btnCal_Click(object sender, EventArgs e)
45          {
46              var rs = from r in db.学生表        //执行一个分组查询
47                          group r by r.dwei into g
48                          select new
49                          { 单位=g.Key, 人数=g.Count(),总金额=g.Sum(p=>p.jlje) };
50              gvXshz.DataSource = rs;
51              gvXshz.DataBind();
52          }
53
54          protected void gvXsb_PageIndexChanging(object sender, GridViewPageEventArgs
55          {
56              gvXsb.PageIndex = e.NewPageIndex;    //执行翻页功能
57              showdata();
58          }
59
60          protected void gvXsb_SelectedIndexChanged(object sender, EventArgs e)
61          {
62
63          }
64      }
65  }
```

图 7-11 以 LINQ 实现分组计算查询的 C♯代码

3）补充说明

（1）为保证显示学生名单的 gvXsb 支持翻页功能,本程序专门定义了一个函数 show-data,此函数负责执行查询并把查询结果赋予 gvXsb 控件。此函数供页面初始化和翻页时调用。

（2）本程序在 btnCal_Click 的方法中设计了一个支持分组查询的 LINQ 语句,是本实例的重点和难点。

7.3   基于 LINQ 的程序实例

下面将通过 3 个例子说明借助于 LINQ 技术的开发过程。在下面的例子中,假设项目 MyLINQ 已经创建,并且在项目 MyLINQ 中添加了一个关于数据库"学生管理（XSGL）"的名字为 mydb 的 LINQ to SQL 类。

7.3.1   基于 LINQ 技术的级联程序

1）案例要求

设计如图 7-12 所示的 Web 程序,上部的 GridView 中显示学生表的基本信息。当单击上部 GridView 中的某个记录后,将在下部的 GridView 中显示出这名学生选修课程的课程号、课程名、考试成绩、考试时间、学分,并在成绩单的上部显示出这名学生的学号、姓名、单位。

学生成绩显示

选择	学号	姓名	性别	单位
选择	A100	张萍军	女	生物系
选择	S001	张萍志	女	物理系
选择	S002	李大源	男	教育系
选择	S003	刘明	女	物理系
选择	S004	崔丽丽	女	教育系
选择	S005	刘明	男	教育系
123				

学生学号: S002   学生姓名: 李大源   学生单位: 教育系

课程号	课程名	学分	考试成绩	考试时间
K001	力学	4	94	2012/12/12 0:00:00
K002	热学	3	85	2011/1/10 0:00:00
K003	教育心理学	3	71	2011/1/14 0:00:00

图 7-12   以 LINQ 实现级联查询的最终效果图

2）设计过程

（1）新建 Web 窗体,命名为 StuScor。在其设计视图下,首先利用表格进行简单的页面布局,并输入提示文字"学生成绩显示"和中部的"学生学号:"、"学生姓名:"和"学生单位:",适当设置文字的外观。

（2）首先，从【工具箱】的【数据】栏目下拖动一个 GridView 控件到窗体中，修改其 ID 为 gvXsb。然后再从【工具箱】的【数据】栏目下拖动一个 GridView 到窗体的适当位置，修改其 ID 为 gvCjb。

其次，利用 GridView 智能菜单的【自动套用格式】，分别为两个 GridView 选择恰当的外观；然后，利用智能菜单的【编辑列】功能，为 gvXsb 增加一个"选择"列。

最后，通过【属性】面板，为 gvXsb 设置 AllowPaging 为 true、PageSize 的值为 6，DataKeyNames 为"学号"。

（3）在选中 gvXsb 的状态下，单击【属性】面板的"方法"（ ）按钮，打开方法状态。分别双击其 SelectedIndexChanged 和 PageIndexChanging，为这两个事件在 cs 文档中添加对应的方法（gvXsb_SelectedIndexChanged 和 gvXsb_PageIndexChanging）。

最后，进入 C♯ 代码设计状态，为初始化程序 Page_Load 方法和新创建的两个方法编写代码。最终得到的程序语句如图 7-13 所示。

7.3.2 基于 LINQ 技术的记录批量处理程序

1）案例要求

设计如图 7-14 所示的 Web 程序，要求在最左侧有一列复选框，用户可以通过复选框选择记录。对于选中的记录，如果单击底部的【批量删除】按钮，则可以把选中的记录全部删掉。

2）设计过程

（1）创建窗体文档

新建 Web 窗体，命名为 XsDelete。在其【设计】视图下，首先利用表格进行简单的页面布局，并输入提示文字："利用 LINQ 批量删除学生"，并适当设置文字的外观。其次，从【工具箱】中【标准】栏目下拖动一个 Button 控件放到底部，命名为 btnDelete，修改 Text 属性为"批量删除"。

（2）创建 GridView 并优化

首先，从【工具箱】的【数据】栏目下拖动一个 GridView 控件到窗体中。通过【属性】面板，修改其 ID 为 gvXsb，为 gvXsb 设置 AllowPaging 为 true、PageSize 的值为 6。

其次，利用 GridView 智能菜单的【自动套用格式】，为 GridView 选择恰当的外观；然后，利用智能菜单的【编辑列】功能，为 gvXsb 增加一个 Template 列，设置列的 HeaderText 为"删除记录"。

最后，利用 GridView 智能菜单的【编辑模板】，为 Template 的 ItemTemplate 区域添加一个 CheckBox 控件，并命名为 CK。

（3）修改 cs 程序代码

双击按钮"批量删除"，进入到 XsDelete.aspx.cs 的编辑状态，为初始化程序 Page_Load 方法和 btnDelete_Click 方法编写代码。最终得到的程序语句如图 7-15 所示。

7.3.3 基于 LINQ 技术的记录编辑程序

1）案例要求

设计如图 7-16 所示的 Web 程序，能够对选中的记录进行编辑。要求以 GridView 方式显示学生表的信息,当用户单击【选择编辑】超链接时,程序会把选中的记录的详情显示在底部的 Web 控件里,并请用户进行编辑,单击底部的【保存】按钮,可把编辑后的数据保存下来。

```
14 namespace MyLINQ
15 {
16     public partial class StuScor : System.Web.UI.Page
17     {
18         mydbDataContext db = new mydbDataContext();
19         void showData() {
20             var res = from r in db.学生表
21                       orderby r.xh
22                       select new
23                       {
24                           学号 = r.xh,
25                           姓名 = r.xm,
26                           性别 = r.xb,
27                           单位 = r.dwei
28                       };
29             gvXsb.AllowPaging = true;
30             gvXsb.PageSize = 6;
31             gvXsb.DataSource = res;
32             gvXsb.DataBind();
33         }
34         protected void Page_Load(object sender, EventArgs e)
35         {
36             if (!IsPostBack) showData();
37         }
38
39         protected void gvXsb_SelectedIndexChanged(object sender, EventArgs e)
40         {
41             String xsxh=gvXsb.SelectedValue.ToString().Trim();
42             var rs = from r in db.成绩表
43                      join x in db.课程表
44                         on r.kch equals x.kch
45                      where r.xh == xsxh
46                      select new
47                      {
48                          课程号 = r.kch,
49                          课程名 = x.kcm,
50                          学分 = x.xuefen,
51                          考试成绩 = r.score,
52                          考试时间 = r.kstime
53                      };
54             gvCjb.DataSource = rs;
55             gvCjb.DataBind();
56
57             var xsrs = from r in db.学生表 where r.xh == xsxh select r;
58             var xs=xsrs.First();
59             lblXh.Text = xs.xh;
60             lblXm.Text = xs.xm;
61             lblDw.Text = xs.dwei;
62
63         }
64
65         protected void gvXsb_PageIndexChanging(object sender, GridViewPageEventArgs
66         {
67             gvXsb.PageIndex = e.NewPageIndex;
68             showData();
69         }
70     }
71 }
```

图 7-13 以 LINQ 实现级联查询的 C#代码

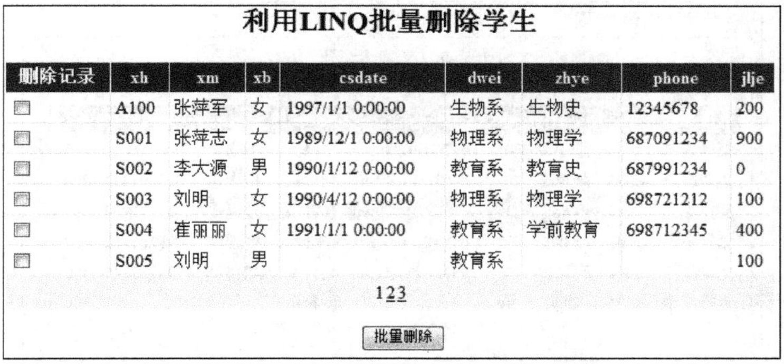

图 7-14　以 LINQ 实现记录批量处理的最终效果图

```
14  namespace MyLINQ
15  {
16      public partial class XsDelete : System.Web.UI.Page
17      {
18          mydbDataContext db = new mydbDataContext();
19
20          void showData() {          //新定义的显示学生表信息的函数
21              var res = from r in db.学生表 orderby r.xh select r; //LINQ语句，获得数据
22              gvXsb.DataSource = res;          //记录集绑定到GridView上
23              gvXsb.DataBind();
24          }
25          protected void Page_Load(object sender, EventArgs e)
26          {
27              if (!IsPostBack) showData();   //首次进入本网页，显示学生表内容
28          }
29
30          protected void btnDel_Click(object sender, EventArgs e) //响应按钮的Click事件
31          {
32              foreach (GridViewRow gvr in gvXsb.Rows)      //对GridView逐条记录处理
33              {
34                  String xsxh = gvr.Cells[1].Text.Trim();
35                                      //获取当前行第2列的信息（第1列是模板列）
36                  CheckBox ck = gvr.FindControl("ck") as CheckBox; //获得模板列信息
37                  if (ck.Checked)
38                  {
39                      var xres = from r in db.学生表 where r.xh == xsxh select r;
40                      db.学生表.DeleteAllOnSubmit(xres);      //在DataContext执行删除语句
41                  }
42              } db.SubmitChanges(); showData();              //更新后台数据库，刷新显示
43          }
44
45          protected void gvXsb_SelectedIndexChanged(object sender, EventArgs e)
46          { }
47
48          protected void gvXsb_PageIndexChanging(object sender, GridViewPageEventArgs e)
49          {                                      //响应翻页事件
50              gvXsb.PageIndex = e.NewPageIndex;
51              showData();
52          }
53      }
54  }
```

图 7-15　以 LINQ 实现记录批量删除的 C#代码

2）设计过程

（1）创建窗体文档

新建 Web 窗体，命名为 StuEdit。在其【设计】视图下，首先利用表格进行简单的页面布局，并输入提示文字"学生信息编辑"和"请编辑学生的信息"，并适当设置文字的外观。

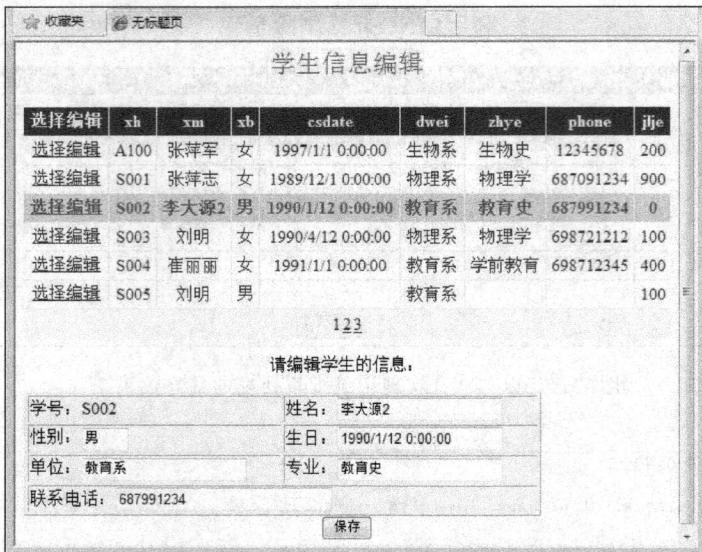

图 7-16　以 LINQ 实施编辑指定记录的最终效果图

（2）创建 GridView 并优化

首先，从【工具箱】的【数据】栏目下拖动一个 GridView 控件到窗体中。通过【属性】面板修改其 ID 为 gvXsb，为 gvXsb 设置 AllowPaging 为 true、PageSize 的值为 6。

其次，利用 GridView 智能菜单的【自动套用格式】为 GridView 选择恰当的外观；然后，利用智能菜单的【编辑列】功能为 gvXsb 增加一个"选择"列，设置列的 HeaderText 和 SelectText 属性都是"选择编辑"。再通过【属性】面板修改此 GridView 的 DataKeyNames 值为 xh。

注意：要使用"选择"列，就必须为 GridView 声明 DataKeyNames 的字段名称。

（3）创建数据编辑区域

在窗体中添加一个 Table 控件，适当设置其行数和列数。然后在其中添加如图 7-16 所示的控件和文字。把 Label 命名为 lblXh，其他的文本框控件依次命名为 txtXm、txtXb、txtSr、txtDw、txtZhy、txtDh。

在窗体底部添加一个 Button 控件，命名为 btnSave，设置其 Text 属性为"保存"。

注意：因学号为主键，其值不允许被修改，所以学号对应的控件为 Label 型控件。

（4）添加 C#代码

选择 gvXsb 控件，然后单击【属性】面板上的【方法】按钮，使【属性】面板进入"方法"设置状态，分别双击 SelectedIndexChanged 和 PageIndexChanging，在 cs 文档中添加对应的方法，并为这两个方法编写代码。

双击【保存】按钮，为初始化程序 Page_Load 方法和 btnSave_Click 方法编写代码。最终得到的程序语句如图 7-17 所示。

最后，按 Ctrl+F5 键运行程序，检查程序的执行情况。

```
14 namespace MyLINQ
15 {
16     public partial class StuEdit : System.Web.UI.Page
17     {
18         mydbDataContext db = new mydbDataContext();
19
20         void showData()
21         {                                  //新定义的显示学生表信息的函数
22             var res = from r in db.学生表 orderby r.xh select r; //LINQ语句，获得数据
23             gvXsb.DataSource = res;        //记录集绑定到GridView上
24             gvXsb.DataBind();
25         }
26         protected void Page_Load(object sender, EventArgs e)
27         {
28             if (!IsPostBack) showData();    //首次进入本网页，显示学生表内容
29         }
30
31         protected void btnSave_Click(object sender, EventArgs e)
32         {
33             if (txtXm.Text.Trim().Length == 0)    //对输入信息进行服务器端验证
34                 Response.Write("<Script>alert('姓名不能为空值！');</Script>");
35                                                    //使用JavaScript提示框警示
36             if (txtXb.Text.Trim().Length == 0)
37                 Response.Write("<Script>alert('性别不能为空值！');</Script>");
38             if (txtDw.Text.Trim().Length == 0)
39                 Response.Write("<Script>alert('单位不能为空值！');</Script>");
40             var res = from r in db.学生表 where r.xh == lblXh.Text select r;
41             var rec = res.First();                 //获取被修改的记录
42             rec.xm = txtXm.Text;                    //把修改后的值存入DataContext对象
43             char []xsxb = txtXb.Text.ToCharArray();//String型转化为字符数组
44             rec.xb = xsxb[0];
45             rec.dwei = txtDw.Text;
46             rec.csdate =Convert.ToDateTime(txtSr.Text); //String型转化为日期时间型
47             rec.zhye = txtZhy.Text;
48             rec.phone = txtDh.Text;
49             db.SubmitChanges();                     //新数据更新到后台数据库
50             showData();                             //用GridView显示结果
51         }
52
53         protected void gvXsb_PageIndexChanging(object sender, GridViewPageEventArgs e)
54         {                                  //响应翻页事件
55             gvXsb.PageIndex = e.NewPageIndex;
56             showData();
57         }
58
59         protected void gvXsb_SelectedIndexChanged(object sender, EventArgs e)
60         {
61             String xsxh = gvXsb.SelectedValue.ToString();  //获取GridView的选择结果
62             var res = from r in db.学生表 where r.xh == xsxh select r;
63             var rec=res.First()                     //得到被选中的记录
64             lblXh.Text = rec.xh;                     //把记录值送到对应的Web控件中
65             txtXm.Text = rec.xm;
66             txtXb.Text = rec.xb.ToString();
67             txtSr.Text = rec.csdate.ToString();
68             txtDw.Text = rec.dwei;
69             txtZhy.Text = rec.zhye;
70             txtDh.Text = rec.phone;
71         }
72     }
73 }
```

图 7-17　以 LINQ 实施编辑指定记录的 C#代码

7.4　LINQ 技术其他应用简介

除了 LINQ to SQL 技术，LINQ 体系还提供了面向 Object、面向 XML 的技术。下面将主要对 LINQ to XML 的技术进行简要的介绍。

7.4.1 LINQ to XML 的目的和关键方法

XML 文档的结构是众所周知，本节就不再赘述，这里将主要就 LINQ 技术针对 XML 的关键类定义和主要方法展开说明。

1. LINQ to XML 概述

由于 XML 文档支持树状结构，因此在描述计算机软件系统配置、进行层次结构描述方面具有关系数据库难以比拟的优势。LINQ to XML 技术的出现，为 XML 文档的进一步应用提供了有力的支持。

LINQ to XML 技术提供了在 .NET 3.5 编程语言中对 XML 文档进行处理的技术，它针对 XML 文档结构开发了新的对象模型，使得开发者可以把 XML 文档保存在内存中，便利地操作 XML 类型的数据，对 XML 数据实施插入、删除等操作，甚至可以使用查询表达式对 XML 文档中的元素进行检索。

2. LINQ to XML 技术概述

LINQ to XML 也是一个复杂的技术体系，但比较关键的类和操作还是比较容易理解的。目前用得比较多的类如下：

- XDocument 类——用于声明一个 XML 文档，其他的类都处于这个文档的内部。XDocument 类有一个非常关键的方法 Save()，其作用是保存 XML 文档。Save 方法以 XML 文档的完整名称作为参数，要求使用绝对路径形式。
- XDeclaration 类——用于表达 XML 文档的声明信息，如说明 XML 文档的版本号、编码等。
- XComment 类——用于为 XML 文档添加注释信息。由 XComment 类声明的信息被包括在 XHTML 的注释符号"<!--   -->"之中。
- XElement 类——用于定义 XML 文档中的一个元素。XElement 对象可以多重嵌套，从而实现复杂的属性体系。
- XAttribute 类——用于定义一个元素的属性，它是一个"名称/值"对。XAttribute 对象用于说明与自身最邻近的外层 XElement 对象的属性。

3. XElement 类

XElement 类的对象可以嵌套，用多层小括号表示元素之间的层次关系。其关键属性和方法如表 7-2 所示。

表 7-2   XElement 类的关键属性和方法

属性/方法名	作　　用
Name	获取元素的名称
Value	获取元素的值
Attribute()	获取元素的属性值
SetAttributeValue(值)	设置元素的属性值
load()	把元素从 XML 文档调入内存
Save()	把元素保存到 XML 文档中
Remove()	删除元素
Add(子元素名)	向本元素中添加一个子元素

7.4.2 LINQ to XML 的应用示例

1. 创建 XML 文档

1）案例要求

要求创建如图 7-18 所示的 XML 文档。在此文档中，把学校各个单位的基本信息存储在 XML 文档中，其实质是用 XML 文档存储了一张关系表的信息。

```
<?xml version="1.0" encoding="utf-8" ?>
- <学校单位>
  - <直属单位 ID="教务处" 地址="主楼123">
      <单位名>教务处</单位名>
      <负责人>黎明科</负责人>
      <电话>77992</电话>
    </直属单位>
  - <直属单位 ID="财务处" 地址="主楼124">
      <单位名>财务处</单位名>
      <负责人>张志兰</负责人>
      <电话>98762</电话>
      <地址>主楼124</地址>
    </直属单位>
  - <直属单位 ID="科研处" 地址="科技楼128">
      <单位名>科技处</单位名>
      <负责人>刘亦云</负责人>
    </直属单位>
  </学校单位>
```

图 7-18　要实现的 XML 文档的最终效果

2）设计方法

新建普通 Web 窗体，在窗体中添加一个创建 XML 文档的 Button，修改其 ID 为 btnCreateXML，然后为此按钮编写响应 Click 事件的 C♯代码。

利用 LINQ to XML 技术，设计如图 7-18 所示效果使用的代码如图 7-19 所示。

2. 查询信息

1）案例要求

针对图 7-19 所示的 XML 文档，现在假设界面上有一个文本框 T1，要求通过 T1 查找单位名称为 T1 值的元素，并输出与此单位名相关的负责人、电话等信息。

2）程序代码

利用 LINQ to XML 技术编程，针对【查询】按钮 btnFind 的 Click 事件的响应方法如图 7-20 所示。

从图 7-20 中可以看出，LINQ to XML 技术支持对 XML 文档使用 LINQ 的查询表达式，实现对特殊数据的查询。

3. 删除指定的结点

1）案例要求

针对图 7-19 所示的 XML 文档，现在假设界面上有一个文本框 T2，要求通过 T2 查找单位名称为 T2 值的元素，并把与该元素相关的信息删除，然后显示此 XML 文档的内容。

```
24    protected void btnCreateXML_Click(object sender, EventArgs e)
25    {
26        String XMLFn = Server.MapPath("~/MyXML.xml");
27        XDocument doc = new XDocument();
28        new XDeclaration("1.0","utf-8","yes");
29        new XComment("学习XML文档");
30
31        XElement zong=new XElement("学校单位");
32        XElement Ajwc = new XElement("直属单位");
33        XElement Acwc = new XElement("直属单位");
34        XElement Akyc = new XElement("直属单位");
35
36        XAttribute AjwcID = new XAttribute("ID", "教务处");
37        XAttribute AcwcID = new XAttribute("ID", "财务处");
38        XAttribute AkycID = new XAttribute("ID", "科研处");
39
40        XAttribute AjwcDZ = new XAttribute("地址", "主楼123");
41        XAttribute AcwcDZ = new XAttribute("地址", "主楼124");
42        XAttribute AkycDZ = new XAttribute("地址", "科技楼128");
43
44        XElement Ajwc1 = new XElement("单位名","教务处");
45        XElement Ajwc2 = new XElement("负责人", "黎明科");
46        XElement Ajwc3 = new XElement("电话", "77992");
47
48        XElement Acwc1 = new XElement("单位名", "财务处");
49        XElement Acwc2 = new XElement("负责人", "张志兰");
50        XElement Acwc3 = new XElement("电话", "98762");
51        XElement Acwc4 = new XElement("地址", "主楼124");
52
53        XElement Akyc1 = new XElement("单位名", "科技处");
54        XElement Akyc2 = new XElement("负责人", "刘亦云");
55        XElement Akyc3 = new XElement("电话", "92381");
56
57        doc.Add(zong);
58        zong.Add(Ajwc); zong.Add(Acwc);zong.Add(Akyc);
59
60        Ajwc.Add(AjwcID); Ajwc.Add(AjwcDZ);
61        Ajwc.Add(Ajwc1); Ajwc.Add(Ajwc2); Ajwc.Add(Ajwc3);
62
63        Acwc.Add(AcwcID); Acwc.Add(AcwcDZ);
64        Acwc.Add(Acwc1); Acwc.Add(Acwc2); Acwc.Add(Acwc3);Acwc.Add(Acwc4);
65
66        Akyc.Add(AkycID); Akyc.Add(AkycDZ);
67        Akyc.Add(Akyc1); Akyc.Add(Akyc2);
68        doc.Save(XMLFn);
69        Response.Redirect("~/MyXML.xml");
70    }
71  }
72 }
```

图 7-19 以 LINQ 实施 XML 文档的 C# 代码

```
72    protected void btnFind_Click(object sender, EventArgs e)
73    {
74        String XMLFn = Server.MapPath("~/MyXML.xml");
75        XElement xxjg = XElement.Load(XMLFn); //装入XML文件
76        String node = T1.Text.Trim();        //获得要查询的名称
77        var xmlnode=from el in xxjg.Elements("直属单位")
78               where (String)el.Element("单位名")==node
79               select el;                    //执行查询
80        foreach (XElement ele in xmlnode)     //显示结果
81        { Response.Write(ele.Element("单位名").Value+" ");
82        Response.Write(ele.Element("负责人").Value + " ");
83        Response.Write(ele.Element("电话").Value + "<br/> ");
84        }
85    }
86  }
```

图 7-20 以 LINQ 实现在 XML 文档中查询信息的 C# 代码

2）命令代码

利用 LINQ to XML 技术编程，针对【查询】按钮 btnDel 的 Click 事件的响应方法如图 7-21 所示。

```
87    protected void btnDel_Click(object sender, EventArgs e)
88    {
89        String XMLFn = Server.MapPath("~/MyXML.xml");
90        XElement xxjg = XElement.Load(XMLFn);    //装入XML文件
91        String node = T2.Text.Trim();            //获得要查询的名称
92        var xmlnode = from el in xxjg.Elements("直属单位")
93                      where (String)el.Element("单位名") == node
94                      select el;                  //执行查询
95        foreach (XElement ele in xmlnode)        //逐个元素进行删除
96        {
97            ele.Remove();   //执行删除语句，把ele结点删除
98        }
99        xxjg.Save(XMLFn);
100       Response.Redirect("~/MyXML.xml");  //回显删除后的结果
101   }
```

图 7-21　以 LINQ 实现在 XML 文档中删除元素的 C♯代码

4. 在指定结点中插入元素

1）案例要求

针对图 7-19 所示的案例，假设界面上有三个文本框，分别为 txtName、txtValue 和 txtPos，分别表示元素名称、元素的值和新元素的插入位置。插入元素完毕，显示此 XML 文档的内容，界面效果如图 7-22 所示。

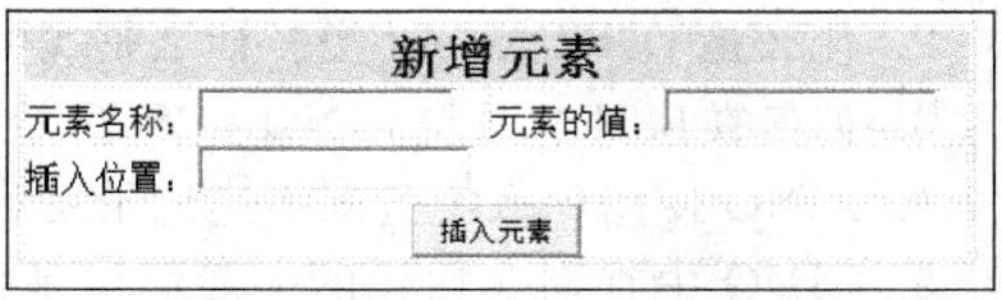

图 7-22　以 LINQ 向 XML 文档中新增元素的界面效果图

2）命令代码

利用 LINQ to XML 技术编程，针对【插入元素】按钮 btnIns 的 Click 事件的响应方法如图 7-23 所示。

```
103   protected void btnIns_Click(object sender, EventArgs e)
104   {
105       String XMLFn = Server.MapPath("~/MyXML.xml");
106       XElement xxjg = XElement.Load(XMLFn);  //装入XML文件
107       String node = txtPos.Text.Trim();        //获得要查询的名称
108       var xmlnode = from el in xxjg.Elements("直属单位")
109                     where (String)el.Element("单位名") == node
110                     select el;                  //执行查询
111       if (xmlnode.Count() == 0)                 //插入位置判定
112           Response.Write("<Script>alert('插入位置不存在');</script>");
113       else {
114           XElement pnode = xmlnode.First();     //获取插入位置
115           String nodeName = txtName.Text.Trim();
116           String nodeValue = txtValue.Text.Trim();
117           XElement nNode = new XElement(nodeName, nodeValue);
118                                                 //产生新元素
119           pnode.Add(nNode);                     //新元素插入
120           xxjg.Save(XMLFn);                     //保存结果
121           Response.Redirect("~/MyXML.xml");  //回显插入后的效果
122           }
123       }
124   }
```

图 7-23　以 LINQ 实现在 XML 文档中插入元素的 C♯代码

7.5　结语

LINQ 技术是 .NET 3.5 推出的技术,深受 Microsoft 的推崇,把它作为数据处理的主要推荐标准。事实上,LINQ 技术确实在简化数据处理语句的书写、集成面向对象程序设计与数据库操作、提升开发效率方面发挥了重大作用。因此,有志于从事信息系统和动态网站开发的人员,应该在 LINQ 技术领域进一步钻研。特别是针对 LINQ to SQL 的复杂使用,具有广阔的应用前景。

思考题

1. 什么是 LINQ? 这种技术有什么特点? 针对不同类型的数据,主要有哪些具体的 LINQ 类?

2. 什么是 DataContext 类? 什么是实体类?

3. 如何在项目中增加 LINQ to SQL 类? 如何在 DataContext 中增加实体类?

4. LINQ 使用什么类型来描述记录集和记录?

5. LINQ 中查询表达式的一般结构是什么? 在 LINQ 查询语句中,为什么把 from 语句放在了语句的开始处? 查询表达式通常以什么语句结尾?

6. 如果把 LINQ 的查询结果作为 GridView 的数据源,这个数据源是否支持无代码的自动分页和无代码删除技术? 如果不支持,应该怎么做?

7. 在 LINQ 体系中,是如何实现数据插入操作的? 在执行 InsertOnSubmit(新记录)方法后,还需要执行什么命令?

8. 在 LINQ 体系下是如何实现记录删除操作的? 方法 DeleteOnSubmit 与方法 Delete-AllOnSubmit 有什么区别?

9. 在 LINQ 技术中,如何实现两个表的连接操作?

10. LINQ 支持 XML 文档吗? XElement 类的作用是什么?

上机实训题

基于第 5 章创建的“商品销售系统数据库”,新建商品销售项目 SPLINQ,在此项目中利用 LINQ 完成以下操作。

(1) 新建商品信息管理窗体 ShangPin,在其中添加 GridView 控件,重点显示商品信息的前 4 个字段,并为 GridView 添加“选择”列、“删除”列。设置 GridView 为自动分页模式,每页显示 6 条记录。

(2) 利用“选择”列可以选定一种商品,并用 ASP.NET 的标准控件显示出被选定商品的详细信息;或者使用 DetailsView 控件显示被选定商品的详细信息。

(3) 利用“删除”列的按钮,可以把被单击的商品删除,而且要求在真正地执行删除命令前先要核实“您确实想删除这种商品吗?”;只有客户确实选定为“是”,才可使用 LINQ 技术把该商品删除。

（4）利用模板列，为 GridView 添加 TextBox 列，重新批量输入每种商品的进货价，并及时地返存回商品数据库的商品表中。

（5）不使用 FormView 技术，而是直接使用标准控件编写商品信息输入界面，然后利用为 LINQ 技术实现商品信息的插入。

注意：在使用 LINQ＋GridView 技术管理数据库的过程中，由于后台数据库与 GridView 的绑定并不十分密切，要注意在 GridView 翻页或后台数据库更新时，必须做好 GridView 控件的界面刷新问题。

第8章

以SqlConnection访问数据库

学习要点

本章主要学习 ASP.NET 访问数据库的传统技术,主要讲授基于 SqlConnection 的 SqlCommand 技术和 SqlDataAdapter 技术,并对 ASP.NET 访问数据库中的关键概念进行了系统的梳理。本章要求重点关注以下内容:

- SqlCommand 和 SqlDataAdapter 技术访问数据库的技术体系。
- DataSet、DataTable、DataView、DataReader 的概念及其相互转化方法。
- 数据表示层控件 GridView、DataGrid、FormView、DataList、ListView 的用法、基本配置。

8.1 基于 SqlCommand 访问数据库

8.1.1 SqlCommand 技术简介

1. 什么是 SqlCommand

从 Microsoft 系列开发工具访问数据库的发展看,通过执行嵌入式 SQL 语言进行数据库访问是最初的技术。在这个体系下,开发工具提供的可用控件较少,绝大多数的工作都必须由开发人员完成。也正是基于此,利用 SqlCommand 访问数据库的技术方案非常简单,主要涉及创建数据库连接、执行嵌入式的 SQL 命令,获得执行结果三个内容。至于其他工作,都必须由开发人员编程实现。

从当时的技术需求看,为适应不同的数据库连接要求,提出了适应不同数据库类型的 Connection(连接)类和 Command(命令)类,如连接 Access 数据的 OleDbConnection、连接 SQL Server 数据库的 SqlConnection 等。尽管种类繁多,但仅仅是语法的差异,使用方法基本相同,本书主要以连接 SQL Server 数据库为例,对相关技术进行简要的介绍。

2. SqlCommand 访问数据库的技术体系

从 SqlCommand 访问数据库的方法看,其技术体系比较清晰。相关控件及其结构如图 8-1 所示。

从图 8-1 中可知,在利用 SqlConnection 对象建立数据库连接的基础上,把 SQL 语句以字符串的形式赋予 SqlCommand 的 CommandText 属性,然后由 SqlCommand 对象执行,或者直接把 SQL 语句提交给 SqlCommand 对象执行。

如果用户提交的 SQL 语句是一条查询语句(Select),则需要使用 ExecuteReader 来执行,执行结果是一个只读的记录集对象 DataReader。开发者可以从 DataReader 中获取数据,进行显示或其他处理。

如果用户提交的 SQL 语句是一条更新语句(Insert、Update 或者 Delete),则不需要返回记录集对象,需要用 ExecuteNonQuery 来执行。

由于 Microsoft 为 SqlConnection 和 SqlCommand 提供了多种结构的重载,因此其命令参数的书写有多种形式。

注意:因 .NET 3.5 推荐使用 DataSource 和 LINQ 技术,默认的开发环境已经不支持 SqlCommand 和 SqlConnection 控件,所以需要在 C#代码的开始部分添加引用命名空间的语句"using System. Data. SqlClient;"。

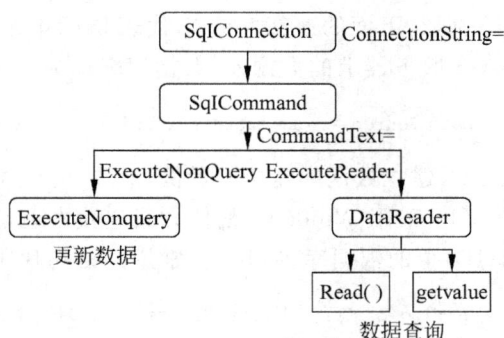

图 8-1 以 SqlCommand 访问数据库的技术体系示意图

8.1.2 SqlCommand 相关技术简介

1. SqlConnection 控件

1) SqlConnection 控件的目的

SqlConnection 控件是数据库连接控件,主要目的是创建一个指向特定数据库的数据连接。本控件需要开发者提供准确的连接字符串,用以说明被连接数据库的详细信息。本控件的执行结果是获得一个可用的数据连接对象。当然,如果连接失败,则获得 null 值。

2) SqlConnection 控件的使用形式

(1) 方式一

```
SqlConnection <连接名>= new SqlConnection(连接字符串);
<连接名>.Open();
```

(2) 方式二

```
SqlConnection <连接名>= new SqlConnection();
<连接名>.ConnectionString = 连接字符串
<连接名>.Open();
```

3) 连接字符串的常见格式

顾名思义,连接字符串是说明数据库连接信息的一个字符序列,常见格式如下。

(1) 采用 Windows 信任方式访问数据库

```
Data Source = <数据库服务器名>; Initial Catalog = <数据库名>; Integrated Security = True;
Pooling = False
```

(2) 采用 SQL 方式访问数据库

```
Data Source = <数据库服务器名>; Initial Catalog = <数据库名>; uid = <用户名>; pwd = <密码>;
```

```
Pooling = False
```

例如,下面的连接字符串代表访问本地计算机(用英文句号代替)的 sqlexpress SQL Server 服务器上的数据库,数据库名称为 XSGL,采用 Windows 信任方式连接:

```
Data Source = .\sqlexpress; Initial Catalog = XSGL; Integrated Security = True; Pooling = False
```

4) 建立数据库连接的示例

(1) 采用 Windows 信任方式连接本地计算机 SQL Server 2005 服务器(服务器名称为 JXHD)上的数据库 WebJx。常用的语句片段为:

```
String strCon = " Data Source = . \ JXHD; Initial Catalog = WebJx; Integrated Security = True;
Pooling = False;"
SqlConnection conn = new SqlConnection(strCon);
conn.Open();
```

(2) 采用用户名 Test、密码 abc123 连接本地计算机 SQL Server 2005 服务器(服务器名称为 JXHD)上的数据库 WebJx。常用的语句片段为:

```
SqlConnection conn = new SqlConnection();
conn.ConnectionString = "Data Source = .\JXHD; Initial Catalog = WebJx; uid = Test; pwd = abc123;
Pooling = False;"
conn.Open();
```

2. SqlCommand 控件

1) SqlCommand 控件的作用

SqlCommand 控件的作用是在 SqlConnection 的基础上执行 SQL 语句,从而对数据库的内容产生影响。

SqlCommand 控件可以执行的语句分为两类,一类是查询语句,返回记录集结果,使用 ExecuteReader()方法执行;另一类是更新语句,不返回记录集,使用 ExecuteNonQuery()方法执行。

2) SqlCommand 控件的两种语法形式

与 SqlConnection 相似,SqlCommand 也有两种语法形式。其一,是直接把 SQL 语句作为 SqlCommand 构造函数的参数;其二,是把 SQL 语句作为 SqlCommand 的 CommandText 属性的值使用。二者实现的功能相同,但方法一更为简洁。

(1) 方法一:SqlCommand <命令对象名>=new SqlCommand(SQL 语句,连接名);

(2) 方法二:SqlCommand <命令对象名>=new SqlCommand();

```
<命令对象名>.CommandText = SQL 语句;
<命令对象名>.Connection = 连接名;
```

注意:定义 SqlCommand 时并没有真正地执行 SQL 语句,只有发送执行命令时才真正地执行 SQL 语句。

3) 执行 SqlCommand 中的 SQL 语句

(1) 对于查询语句,需要返回结果值,因此使用以下命令:

```
SqlDataReader <记录集名称> = <命令对象名>.ExecuteReader();
```

（2）对于更新语句，不需要返回结果值，因此使用以下命令：

`<命令对象名>.ExecuteNonQuery();`

3．输出查询结果

1）SqlDataReader 控件的作用

SqlDataReader 对象保存查询结果，实质上是一个记录集对象。对于记录集对象来讲，其方法"Read()"表示读取一条记录，而方法"getString(列序号)"；则表示从当前记录中获得指定列的数据。

例如，语句"rs.getString(1);"表示获得当前记录中第 2 个字段中的数据，因为列序号从 0 开始。

2）输出 SqlDataReader 对象中的数据

作为一个多记录的记录集，C♯没有提供直接输出其全部数据的语句，通常需要编写一段程序，以循环语句输出其全部记录。其流程图如图 8-2 所示。

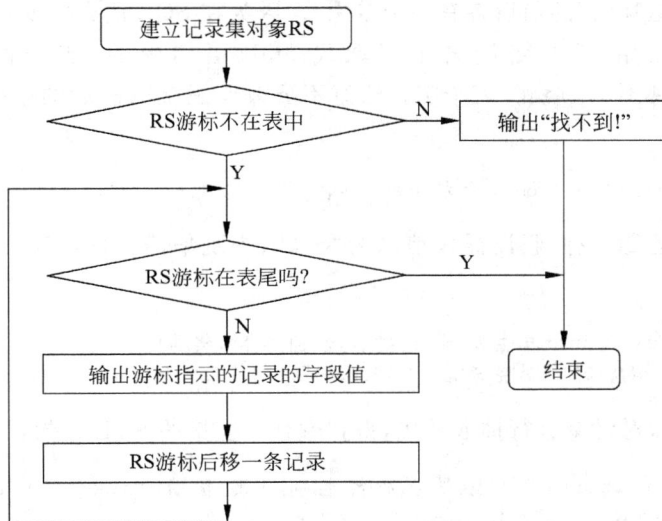

图 8-2　以 SqlCommand 查询记录并输出信息的程序流程图

假设记录集对象名称为 rs，那么最简单的语句为：

```
while(rs.Read())
{ Response.Write(rs.getString(0));
  Response.Write(rs.getString(1));
  Response.Write(rs.getString(2));
}
```

随着 ASP.NET 的发展，VS2005 及其以后的版本提供了 GridView 控件，为批量显示数据表的内容提供了便利。SqlDataReader 对象可以直接赋予 GridView 数据源，利用 GridView 批量输出。

4．书写 SQL 语句

在动态网站开发中，与数据库交互是无法回避书写 SQL 语句的，特别是书写带有参数的交互语句,一直令很多初学者困惑。由于 SQL 语句是以字符串的形式嵌入到高级语言中的,常常导致在 SQL 字符串中出现层层嵌套的双引号、单引号和逗号,往往令初学者困惑。下面笔者将通过具体的案例,对 SQL 语句的撰写进行简单总结。

例如,在窗体中有一个 TextBox 控件,控件的名称为 T1;已经定义的学生表(结构为学号、姓名、性别、年龄、奖励)。问题:①如果要查询姓名等于控件 T1 之值的学生的全部信息,这个 SQL 语句应该如何写? ②如果要为这个学生表编写一个插入程序,分别由文本框 TA、TB、TC、TD、TE 提供数据,那么插入语句又该如何撰写呢?

1) 抽取替代法

所谓抽取替代法,就是先对未知变量假设一个初值,撰写出一个完整的 SQL 语句,然后用""+变量名+""取代对应位置的常量(注意:替代时不包含最外层的中文双引号)。

对于问题①,假设查找已知姓名(例如,王晓丽)同学的信息,可以写出 SQL 语句:

```
String sqls = "select * from 学生表 where 姓名 = '王晓丽'";
```

注意在人名"王晓丽"的前后各有一个单引号,因为在 SQL 语言中要把字符串常量用单引号括起来。现在用""+ 变量名 +""取代 SQL 语句中的"王晓丽"三个字,即用""+T1.Text+""取代"王晓丽"三个字。注意不要改变王晓丽前后的单引号,于是得到如下所示的结果:

```
String sqls = "select * from 学生表 where 姓名 = '" + T1.Text + "'";
```

同样,对于问题②,我们假设插入信息为"S109、李晓华,女,19,200",那么可以书写出 SQL 语句:

```
String sqls = "Insert into 学生表(学号,姓名,性别,年龄,奖励)
            Values('S109','李晓华','女',19,200)";
```

按照前述思路,对常量进行抽取替代,得到融合了变量的 SQL 语句:

```
String sqls = "Insert into 学生表(学号,姓名,性别,年龄,奖励) Values('" + TA.Text + "','" + TB.
Text + "','" + TC.Text + "','" + TD.Text + "'," + TE.Text + ")";
```

对于以此法获得的 SQL 语句,可以直接交给 SqlCommand 执行。如果直接使用 Response.Write 语句输出此字符串 sqls,会发现这是一个包含了各个输入值的完整的 SQL 语句。

2) SqlCommand 参数法

SqlCommand 支持在用户提交的 SQL 语句中包含以"@"标记的参数,但要求用户必须在正式执行命令前为所有的参数赋值。

对于前述问题①,可以使用下面的语句序列:

```
String sqls = "select * from 学生表 where 姓名 = @XM";
SqlCommand sqlcmd = new SqlCommand(sqls,<连接名>);
但在真正执行 sqlcmd.ExecuteReader()前,必须先为参数赋值:
  sqlcmd.Parameters.AddWithValue("@XM",T1.Text);
```

同理,对于问题②,可以写出带有多个参数的 SQL 语句:

```
String sqls = "Insert into 学生表(学号,姓名,性别,年龄,奖励)
        Values(@xh,@xm,@xb,@xsAge,@xsJl)";
SqlCommand sqlcmd = new SqlCommand(sqls,<连接名>);
```

然后,在真正执行 sqlcmd. ExecuteNonQuery()前,必须先为参数赋值:

```
sqlcmd. Parameters. AddWithValue("@xh",TA. Text);
sqlcmd. Parameters. AddWithValue("@xm",TB. Text);
sqlcmd. Parameters. AddWithValue("@xb",TC. Text);
sqlcmd. Parameters. AddWithValue("@xsAge",Convert. ToInt32(TD. Text));
sqlcmd. Parameters. AddWithValue("@xsJl",Convert. ToInt32(TE. Text));
```

注意:参数赋值时,必须要注意类型匹配,不要赋予与字段类型不匹配的错误参数。

3) 借用 String. Format()方法

归根结底,SQL 语句是一个高级语言交付数据库管理系统运行的字符串,其预处理必然可以和普通字符串一样使用各种参数和函数。为此,笔者认为借助 String. Format()方法对参数进行设置,可以极为便利地处理 SQL 字符串。

对于问题①,可以先预设查询"王晓丽",写出如下所示的 SQL 语句:

```
String sqls = "select * from 学生表 where 姓名 = '王晓丽'";
```

借助参数法,更改为如下语句:

```
String sqls = String.Format("select * from 学生表 where 姓名 = '{0}'",T1.Text);
```

在此语句中,{0}代表此格式化语句中的第一个参数,String. Format 会自动用 T1. Text 的内容取代它。通过这种方式,可以获得一个完整的、无参数的 SQL 语句。

同理,对于问题②,可以先给予预设值,写出如下形式的语句:

```
String sqls = "Insert into 学生表(学号,姓名,性别,年龄,奖励)
        Values('S109','李晓华','女',19,200)";
```

然后借用格式化语句方法,用变量取代其中的常量。SQL 语句可以如下书写:

```
String sqls = String.Format("Insert into 学生表(学号,姓名,性别,年龄,奖励)
    Values('{0}','{1}','{2}','{3}','{4}')",TA. Text,TB. Text,TC. Text,TD. Text, TE. Text);
```

以此方法撰写带有参数的 SQL 语句,具有效率高、易懂的特点。

8.1.3 SqlCommand 应用实例

1. 以 SqlCommand 实现数据查询

已知本地计算机 SQL Server 2005 服务器(服务器名称为 sqlexpress)上的数据库为 xsgl。其中包括学生表,其结构为{学号,姓名,性别,生日,单位,电话}。请以 Windows 信任方式连接数据库,并根据学生姓名查询学生信息。

(1)设计思路

新建一个 Web 窗体,并在其中加入一个文本框和一个按钮。当用户在文本框中输入数据并单击按钮后,程序应该能够连接数据库,并利用 SqlCommand 命令执行 SQL 查询语句,最后把查询结果 SqlDataReader 的内容输出。

（2）设计过程

首先，在项目中新增 Web 窗体 DbCommTest，并输入必要的提示性文字，设置好字体。

其次，加入一个 TextBox、一个 Button 和一个 Label。修改 TextBox 的 ID 为 T1；修改 Button 的 ID 为 btnFind，Text 属性为"查找"；修改 Label 的 ID 属性为 txtRes，Text 属性为空白。

最后，双击按钮 btnFind，为 btnFind_Click 事件编写代码。

注意：因 .NET 3.5 推荐使用 DataSource 和 LINQ 技术，已经默认不支持 SqlCommand 和 SqlConnection，所以需要在 C♯代码的开始部分添加引用命名空间的语句"using System. Data. SqlClient；"。

（3）最终代码

运行效果如图 8-3 所示，最终代码如图 8-4 所示。

图 8-3　以 SqlCommand 查询记录的最终效果图

图 8-4　以 SqlCommand 查询记录的 C♯代码

2. 以 SqlCommand 实现数据插入

（1）案例要求

已知本地计算机 SQL Server 2005 服务器（服务器名称为 sqlexpress）上的数据库为 xsgl。其中包括学生表，该表结构为{学号，姓名，性别，生日，单位，电话}。以 Windows 信任方式连接数据库，能够向学生表中插入学生信息，程序的运行效果如图 8-5 所示。

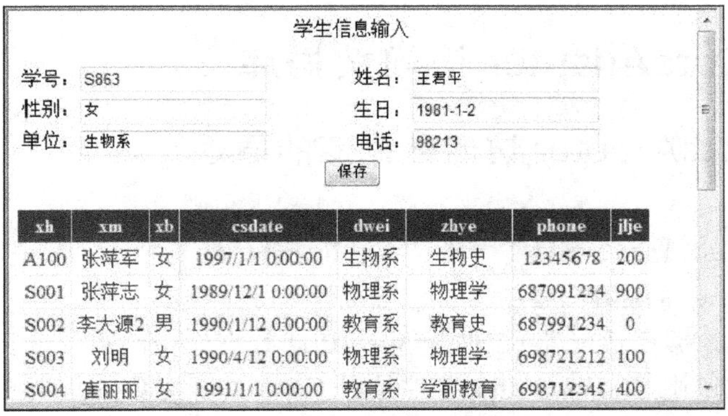

图 8-5　以 SqlCommand 插入记录的程序运行效果图

（2）设计思路

新建一个 Web 窗体，并在其中加入 6 个文本框和 1 个按钮。当用户在文本框中输入数据并单击按钮后，程序应该能够连接数据库，并利用 SqlCommand 命令执行 SQL 插入语句，把记录插入到数据表中，并输出数据表的内容。

（3）设计过程

首先，在项目中新增 Web 窗体 DbCommInsert，并输入必要的提示性文字。

其次，加入 6 个 TextBox、1 个 Button 和 1 个 Label。依次修改 TextBox 的 ID 为 txtXh、txtXm、txtXb、txtSr、txtDw、txtDh；修改 Button 的 ID 为 btnSave，Text 属性为"保存"；修改 Label 的 ID 属性为 lblRes，Text 属性为空白。

最后，双击按钮 btnSave，进入到 C♯ 编码状态。首先在 C♯ 代码的开始部分添加引用命名空间的语句"using System. Data. SqlClient；"，然后为 btnSave_Click 事件编写代码。

（4）最终代码

运行效果如图 8-5 所示，程序的最终代码如图 8-6 所示。

```
24  protected void btnSave_Click(object sender, EventArgs e)
25  {
26      String strCon = "Data Source=.\\sqlexpress;Initial Catalog=XSGL; ";
27      strCon += "Integrated Security=True;Pooling=False";  //数据库连接字符串
28      SqlConnection conn = new SqlConnection(strCon);      //建立数据库连接对象
29      conn.Open();                                          //打开数据库连接
30
31      String sqls = String.Format(@"insert into 学生表(xh, xm, xb, csdate, dwei,phone)
32  values('{0}','{1}','{2}','{3}','{4}','{5}')", txtXh. Text, txtXm. Text,txtXb.Text,txtSr.Text,
33      txtDw. Text, txtDh. Text); //插入数据的SQL语句，因过长而换行，以@开头
34
35      SqlCommand scmd = new SqlCommand(sqls, conn);      //在连接上创建SqlCommand对象
36      scmd.ExecuteNonQuery();
37
38      String sql = String.Format("select * from 学生表 order by xh");
39                                  //SQL语句，输出所有记录
40      SqlCommand sqlcmd = new SqlCommand(sql, conn);      //在连接上创建SqlCommand对象
41      SqlDataReader dr = sqlcmd.ExecuteReader();          //执行查询
42      gvXsb.DataSource = dr;                              //显示查询结果
43      gvXsb.DataBind();
44      sqlcmd = null;
45      conn.Close();
46  }
```

图 8-6　以 SqlCommand 插入记录的 C♯ 代码

8.2 基于 DataAdapter 访问数据库

8.2.1 DataAdapter 访问数据库的原理

1. DataAdapter 简介

（1）DataAdapter 的起源

DataAdapter（数据库适配器）控件是 Web 访问数据库中的重要成员。在 Microsoft 提供的数据库访问技术中，DataAdapter 控件是对 Command 对象的重要扩展，首次把查询操作和更新操作统一在同一对象中，使开发者能够真正地把高级语言范畴以外的数据库看做一个完整的对象，是数据库访问技术的重要进步。

如果把基于 Command 对象的数据库访问看做 Web 数据库技术的发端，那么 DataAdapter 技术可以称为第 2 代，DataSource 则是第 3 代，LINQ 技术就是第 4 代，代表着 Web 数据库访问技术发展方向。

（2）DataAdapter 的地位

DataAdapter 控件在建立 Connection 的基础上，负责 SQL 语句的执行。与后来的 DataSource 控件相似，它也提供了 SelectCommand、UpdateCommand、InsertCommand、DeleteCommand 等属性，允许开发者利用它实施数据查询、数据修改、数据插入和数据删除操作。

与 DataAdapter 同时代的重要控件是 DataSet 控件。人们可以把 DataSet 看做一个针对实际数据库的内存映像，是一个内存数据库。与客观数据库相似，在这个内存数据库中也可以存放多张数据表，供用户快速便捷地访问。因此，DataSet 为人们提供了一种机制，使得人们可以在无连接的情况下访问数据表的内容。存放于 DataSet 中的记录可以被高层控件调用，支持读取和更新操作，它和 DataReader 控件（DataReader 控件提供只读服务）一起构成了内存数据库的两种形态。

DataAdapter 控件起到一种承上启下的功能，它建立在 Connection 的基础上，通过执行 SQL 语句为 DataSet 填充数据，或者把 DataSet 中的更新回写到磁盘数据库，实现数据的持久化。

（3）DataAdapter 的类

与前述的 Command 对象相似，为适应不同的数据库访问要求，Microsoft 也提出了适应不同数据库类型的 DataAdapter 类，如访问 Access 数据的 OleDbDataAdapter 类、访问 SQL Server 数据库的 SqlDataAdapter 类等。不过二者仅是语法的差异，使用方法基本相同，本节主要以访问 SQL Server 数据库为例，讲授 SqlDataAdapter 的使用。

2. DataAdapter 访问数据库的结构体系

（1）SqlDataAdapter 技术的发展与体系

为便利地访问数据库，从 .NET 1.1 版本开始，Microsoft 就不断地为 ASP.NET 开发工具增添新的数据库访问控件。随着版本的更替，控件数量日益增多，部分控件已经逐步退出系统开发的主战场。目前，比较典型的控件有 Connection、DataAdapter、DataSet、DataView、DataList、DataGrid、GridView、Repeater、DataReader、DataTable、FormView、DetailsView 等。

在众多数据库访问控件中,最基础的控件是数据库连接控件(Connection),第二层的控件是数据库适配器控件(DataAdapter)和数据库命令控件(Command),第三层的控件是数据集控件(DataSet)、读取数据集控件(DataReader),第四层的控件是数据表控件(DataTable)和数据表视图控件(DataView)。最高层是表示层控件,其目标是在 Web 页面中呈现数据记录,即窗体显示控件。这些控件能够直接放在窗体中,为记录的个性化显示提供支持,主要有 DataGrid、DataList、Repeater、GridView、FormView 等。各种控件的层次关系如图 8-7 所示。

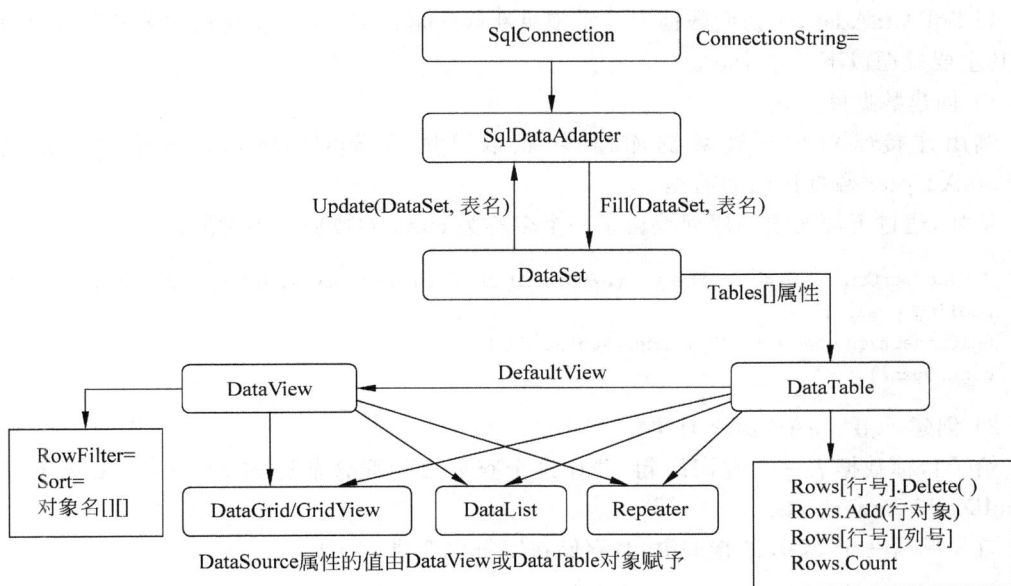

图 8-7 以 SqlDataAdapter 访问数据库的结构体系图

在数据库对象的层次关系图中,前面的 3 层都是用于数据库后台操作的,其中前面 2 层与具体的数据库管理系统相关,需要使用对应的子类。例如,访问 SQL Server 使用 SqlDataAdapter 和 SqlConnection,访问 Access 使用 OleDbDataAdapter 和 OleDbConnection 对象。后面的 2 层则与具体的 DBMS 没有关系,使用统一的对象名称。

位于末端的 DataGrid、DataList、Repeater、GridView、FormView 和 DetailsView 则是用于前台显示的,可直接被拖放到 Web 窗体中,仅与开发工具版本相关,与 DBMS 无关。其中的 DataGrid 和 GridView 是使用比较频繁的窗体控件。

(2) 控件与 ASP.NET 版本的版本关系

图 8-7 描述了以数据库适配器对象访问数据库的体系,这一体系结构建立在 .NET 1.1 的基础上,是 VS 2003 支持的结构。随后,Microsoft 逐步地对上述体系进行整合,尽可能地屏蔽数据库操作的底层体系。至 .NET 2.0 以后的版本,把数据库连接对象(Connection)、数据库适配器对象(DataAdapter)、数据库命令对象(Command)和内存数据集 DataSet 对象、DataReader 对象整合为一体,提出了 DataSource 控件的概念。与此同时,Microsoft 也对表示层的控件进行了整合和优化,到 VS2008 体系下,表示层的控件只保留了 GridView、ListView、DetailsView、DataList 和 Repeater 等几个。

因此,在 VS2008 开发工具中,把 DataSource 和 LINQ 技术作为默认的开发环境,已经基本摈弃了 DataAdapter 这一技术。要在 VS2008 下利用这一技术开发系统,就必须在 C♯文档的开头引入相关的命名空间 System. Data. SqlClient(或 System. Data. OleDb),即在 C♯的引用命名空间区域增加语句: using System. Data. SqlClient(或 using System. Data. OleDb)。

8.2.2 SqlDataAdapter 数据库访问技术

1. SqlDataAdapter 实施数据库访问的流程

以 SqlDataAdapter 访问数据库并实施更新操作是 .NET 1.1 支持的主要的数据处理模式,其主要遵循以下 5 个步骤。

1) 创建数据库连接

利用连接字符串创建数据库连接,获取可用的 SqlConnection 连接对象是实施 SqlDataAdapter 数据访问的前提。

例如,通过下面的语句序列获得了一个名称为 conn 的数据连接对象:

```
String strCon = "Data Source = . \ JXHD; Initial Catalog = WebJx; Integrated Security = True;
Pooling = False;"
SqlConnection conn = new SqlConnection(strCon);
conn.Open();
```

2) 创建 SqlDataAdapter 对象

给予目标数据表一个查询语句,并让这个查询语句配合前述的 SqlConnection 对象创建 SqlDataAdapter 对象。

首先撰写一个 SQL 的查询语句,存储在字符串变量 sqls 中。

```
String sqls = "select …";
```

然后创建 SqlDataAdapter 对象:

```
SqlDataAdapter sqlcd = new SqlDataAdapter(sqls,conn);
```

如果需要利用此 SqlDataAdapter 对象实施数据更新操作,则要求它对应的数据表应该已经设置主键,而且其查询语句满足行列子集视图的规范。那么可以利用下列语句为此对象完善其他 SQL 语句:

```
SqlCommandBuilder cb = new SqlCommandBuilder(sqlcd);
```

3) 填充 DataSet,获得 DataSet 对象

创建一个 DataSet 对象,然后让 SqlDataAdapter 对象把数据填充到这个 DataSet 中:

```
DataSet ds = new DataSet();
sqlcd.Fill(ds,"数据表别名");
```

4) 利用业务层控件实施数据处理

当 DataSet 对象被创建后,就可以利用这个对象实施业务活动了。由于 DataSet 是一个内存数据库,为节约服务器资源,此时可以让服务器断开数据库连接,专心处理用户的业务。

常见的操作有:

- 利用 DataSet 对象获得 DataTable 对象,利用 DataTable 实现数据修改、数据插入、数据删除等操作。
- 利用 DataSet 对象获得 DataView 对象,利用 DataView 对象实施记录过滤、数据提取等操作。

当然,在这个过程中可以借助 GridView、DataList、DataGrid 等控件。

5) 处理结果回存到数据库

如果曾经修改了数据内容而且需要把更新回写到磁盘上,那么就需要调用 SqlDataAdapter 对象的 Update()方法,实现对外存数据的更新。

2. SqlDataAdapter 实施数据库访问示例

(1) 基于 SqlDataAdapter 的数据查询

基于前述的学生数据库,查找学号为文本框 T1 之值的学生的姓名,姓名显示在 Label 指明的位置。

假设 Button 按钮的 ID 是 btnFind,显示姓名的 Label 的 ID 显示 lblXm。那么响应 btnFind 按钮的 Click 事件的代码如图 8-8 所示。

```
25  protected void btnFind_Click(object sender, EventArgs e)
26  {
27      String strCon = "Data Source=.\\sqlexpress;Initial Catalog=XSGL; ";
28      strCon += "Integrated Security=True;Pooling=False"; //数据库连接字符串
29      SqlConnection conn = new SqlConnection(strCon);    //建立数据库连接对象
30      conn.Open();
31
32      String sqls = "select * from 学生表";
33      SqlDataAdapter sqlAdap = new SqlDataAdapter(sqls, conn);
34                  //本命令仅仅用于查询,不需配置完整的更新用SQL语句
35      DataSet ds = new DataSet();
36      sqlAdap.Fill(ds, "xsb");       //填充数据到ds中,内存数据表别名为xsb
37      DataView dv = ds.Tables["xsb"].DefaultView;  //获得DataView对象
38
39      dv.RowFilter = "xh='" + T1.Text.Trim() + "'";  //书写数据过滤条件
40      if (dv.Count > 0)                       //判断是否找到了记录
41          lblXm.Text = dv[0][1].ToString();       //输出首个记录第2列的值
42      else lblXm.Text = "记录不存在!";
43      sqlAdap = null;
44      conn.Close();
45
46  }
```

图 8-8 以 SqlDataAdapter 实现数据查询的程序代码

提示:不要忘记引用命名空间"using System. Data. SqlClient;"。

(2) 基于 SqlDataAdapter 的数据插入

基于前述的学生数据库,在如图 8-9 所示的输入界面已经设计成功的情况下,为【保存】按钮编写保存程序。

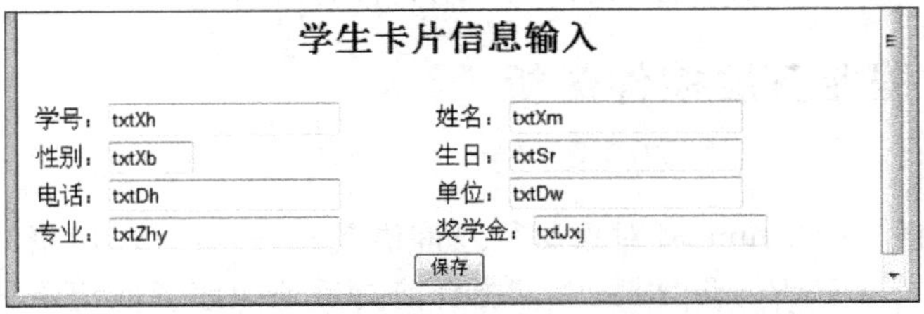

图 8-9 以 SqlDataAdapter 实现记录插入的最终效果图

假设 Button 按钮的 ID 是 btnSave,其他文本框控件的 ID 如图 8-9 所示。那么响应 btnSave 按钮的 Click 事件的代码如图 8-10 所示。

```
48   protected void btnSave_Click(object sender, EventArgs e)
49   {
50       String strCon = "Data Source=.\\sqlexpress;Initial Catalog=XSGL; ";
51       strCon += "Integrated Security=True;Pooling=False"; //数据库连接字符串
52       SqlConnection conn = new SqlConnection(strCon);    //建立数据库连接对象
53       conn.Open();
54
55       String sqls = "select * from 学生表";
56       SqlDataAdapter sqlAdap = new SqlDataAdapter(sqls, conn);
57       SqlCommandBuilder cb = new SqlCommandBuilder(sqlAdap);
58           //因本程序需要更新数据, 由对象cb负责创建更新用的SQL语句
59       DataSet ds = new DataSet();
60       sqlAdap.Fill(ds, "xsb");           //填充数据到ds中, 内存数据表别名为xsb
61       DataTable dt = ds.Tables["xsb"];   //获得DataTable对象
62
63       DataRow row = dt.NewRow();         //依据dt的结构新建一个空行
64       row[0] = txtXh.Text.Trim();        //把数据存储到对应的字段中
65       row[1] = txtXm.Text.Trim();
66       row[2] = txtXb.Text.Trim();
67       row[3] = Convert.ToDateTime(txtSr.Text.Trim());//类型转换
68       row[4] = txtDw.Text.Trim();
69       row[5] = txtZhy.Text.Trim();
70       row[6] = txtDh.Text.Trim();
71       row[7] = Convert.ToInt32(txtJxj.Text.Trim());  //数据类型转换
72       dt.Rows.Add(row);                  //把行添加到数据表中
73       sqlAdap.Update(ds, "xsb");         //更新后台数据库
74       sqlAdap = null;
75       conn.Close();
76       txtXh.Text= txtXm.Text=txtXb.Text=txtSr.Text="";//清空数据
77       txtDw.Text= txtZhy.Text=txtDh.Text=txtJxj.Text="";
78   }
```

图 8-10   以 SqlDataAdapter 实现记录插入的 C♯源程序代码

至于删除与更新程序,其解决思路与前述两种技术的思路一致,此处不再赘述。

8.3   数据库访问的主要控件

以传统的 DataAdapter 体系访问数据库,是一种四层结构,而新型的 DataSource 和 LINQ 体系,则只有两层,极大地简化了数据库访问的流程。然而,在具体的开发中,笔者发现:尽管新型的数据库访问体系只有两层,但在开发过程中仍然不时地涉及以前技术的相关概念。例如,对于 DataSource 数据源的类型,就有 DataSet 或 DataReader 两种方式供开发者选择。至于在数据处理过程中,更是多次涉及 DataTable、DataView 等概念。如果不清楚这些概念,对于理解程序的工作原理、阅读成功的技术案例和开发高效的程序都是非常不利的。为此,下面将对相关概念及其相互关系进行简要的剖析。

8.3.1   数据业务层控件剖析

1. DataReader

DataReader 控件由 Command 对象运行查询语句获得,具有占用资源小、效率高、操作方式单一的特点。在 DataReader 对象中只能自前向后地顺序读取记录。DataReader 对象不便于处理规模巨大、查询、更新混杂的数据库访问。

1）获得 DataReader 对象

```
SqlCommand sqlcd = new SqlCommand(sqlu 查询语句,连接对象名);
DataReader dr = sqlcd.ExecuteReader();
```

2）应用 DataReader 对象

假定 DataReader 对象 dr 已经存在,那么对象 dr 的用法主要有以下形式:

```
dr.Read()                    //执行记录读取,返回值如果为 false,则游标位于表尾
dr.getString(列序号)          //获得指定列号的字符型字段之值
dr.getDateTime(列序号)        //获得指定列号的日期时间型字段之值
```

3）常见用法

```
if(!dr.Read()) Response.Write("记录不存在!");
else while(dr.Read()){
    Response.Write(dr.getString(0));
    …
}
```

2. DataAdapter

DataAdapter 对象相当于针对一个数据表的 SQL 命令的集合,它包含了针对一个数据表的 Select、Update、Insert、Update 命令语句,而且提供了一种机制,能够把 Select 语句的执行结果填充到 DataSet 对象中,而且可以把 DataSet 的更新回写到磁盘数据库中。

需要特别说明的是,要使 DataAdapter 对象支持更新,该对象必须包含正确的更新语句,而且后台的磁盘数据库已经正确地设置了主键,具有从外部更新数据的权限。

1）获取 DataAdapter 对象

假设数据库连接对象已经存在,名称为 conn;SQL 查询语句也已经撰写完毕,则可以通过以下命令获得 DataAdapter 对象:

```
SqlDataAdapter sqladp = new SqlDataAdapter(sql 查询语句,conn);
```

注意:如果 Select 语句的查询结果中包括数据表的主键、而且全体数据列来源于一张数据表。那么此 DataAdapter 应该具备数据更新的功能。为此,可以使用下列命令自动地为 DataAdapter 对象生成全部 SQL 语句:

```
SqlCommandBuilder cb = new SqlCommandBuilder(DataAdapter 对象名);
```

当然,熟练使用 SQL 语句的开发者也可以手工为 DataAdapter 配置插入、修改、更新所需的 SQL 语句。例如:

```
SqlCommand sqlcmd = new SqlCommand("update 学生表 set 姓名 = '马平',年龄 = 19 where 学号 =
'01011234'");
sqlAdap.UpdateCommand = sqlcmd;.
```

2）DataAdapter 对象的常见应用

DataAdapter 的主要应用就是实现 DataSet 与后台数据库的填充与相互更新。假设 DataAdapter 对象 sqladp 已经存在,填充数据到 DataSet 的命令是:

```
DataSet ds = new DataSet();
```

```
sqladp.Fill(ds,"数据表别名");        //数据表别名与磁盘数据表名称可以不同;
```

把 DataSet 中的数据更新到后台数据库的命令是:

```
sqladp.Update(ds,"数据表别名");
     //此处的数据表别名应该与填充命令中的别名一致;
```

3. DataSet

DataSet 是磁盘数据库在内存中的一个映像,可称为内存数据库,它可以包括多张数据表,支持数据更新。DataSet 中的数据表由 DataAdapter 负责填充,建立 DataSet 与磁盘数据库的对应关系。如果对应 DataAdapter 包含有效的数据更新语句,则允许用户直接更新 DataSet 中的数据,然后再利用 DataAdapter 对象把用户对 DataSet 的修改持久化到磁盘数据库中。

1) 获取 DataSet 对象

假设已经存在一个 SqlDataAdapter 对象 sqladp,而且已经正确地配置了 Select、Update、Insert、Update 命令语句,则可以利用以下命令填充 DataSet 对象:

```
DataSet ds = new DataSet();
sqladp.Fill(ds,"内存数据表别名");
```

2) DataSet 对象的常见应用

假设数据集 ds 已经创建,则 Data Set 常见应用如下:

```
DataTable dt = ds.Tables["数据表别名"];
DataTable dt = ds.Tables[数据表序号];
DataView dv = ds.Tables[数据表序号].DefaultView;
```

4. DataTable

DataTable 表示内存中数据的一个表,它完全是在内存中的一个独立存在,包含了对应磁盘数据库中某一数据表的全部信息。DataTable 对象是通过连接从数据库中读取出来的记录在内存中形成的一个表,一旦将内容读到 DataTable 中,此 DataTable 就可以与数据源断开而独立存在。另外,DataTable 也可以完全由程序通过代码来创建。

1) 创建 DataTable

假设 ds 是一个已经填充了数据的 DataSet,那么可以利用下面的命令获得 DataTable 对象:

```
DataTable dt = ds.Tables["数据表别名"];
```

或者

```
DataTable dt = ds.Tables[序号];
```

DataTable 对象还可以从当前的 DataSource 对象中获得,如果存在 DataSource 对象 dsource,那么让 DataSource 对象执行无参数的 Select 语句,就能获得一个 DataTable 对象,代码如下:

```
DataTable dt = (DataTable)dsource.Select(DataSourceSelectArguments.Empty);
```

2) DataTable 对象的应用

假设 DataTable 对象名称为 dt,那么可以使用以下常见的方法:

```
dt.Rows[行号].Delete();                    //删除指定行号的行
dt.Rows.Add(行对象名);                      //把指定行添加到数据表中
String xx = dt.Row[行号][列号].ToString();  //把指定行、指定列的数据赋予变量 xx
int num = dt.Rows.Count;                   //获得数据表的记录数,赋予变量 num
```

5. DataRow

DataRow 通常表示 DataTable 中的一行,可以作为一个整体被添加到 DataTable 中,也可以把 DataTable 对象中的一行提取出来,构成 DataRow 对象。

在下面的例子中,假设数据表 DataTable 的对象 dt 已经存在。

1) 获得 DataRow 对象

```
DataRow drow = dt.Rows[行号];              //获得指定的行,构成一个 DataRow 对象;
DataRow drow = dt.NewRow();                //按照 DataTable 的结构创建新的空白行;
```

2) DataRow 对象的应用

```
dt.Rows.Add(行对象名);                      //把行对象添加到数据表 dt 中;
String xx = drow[列号].ToString();         //获取 drow 对象中指定列的数据;
```

6. DataView

DataView 是基于数据库基本表的一个视图,它可以用于排序、筛选、搜索等操作,可以看做是针对 DataTable 的可绑定数据的自定义视图。DataView 只能对某一个 DataTable 建立视图。在下面的例子中,假设数据表 DataTable 的对象 dt 已经存在。

1) 获得 DataView 对象

```
DataView dv = dt.DefaultView;                //获得数据表 dt 的默认 DataView 视图;
DataView dv = ds.Tables["表别名"].DefaultView; //从 DataSet 获得 DataView 对象;
```

DataView 对象还可以从当前的 DataSource 对象中获得,如果存在 DataSource 对象 dsource,那么让 DataSource 对象执行无参数的 Select 语句,就能获得一个 DataView 对象,代码如下:

```
DataView dv = (DataView)dsource.Select(DataSourceSelectArguments.Empty);
```

2) 应用 DataView 对象

假设 DataView 的对象 dv 已经存在,则常见的操作有:

```
dv.RowFilter = "条件表达式"                  //对 DataView 执行查询,数据过滤
  String xx = dv[行号][列号].ToString;       //获得指定行、指定列的数据
dv.Sort = "排序依据的列名";                  //按照指定列排序
  int num = dv.Count;                       //获得 DataView 对象中的记录数
```

8.3.2　数据表示层控件剖析

VS2008 为数据显示提供了多种控件,在前面的案例中已经多次使用过 GridView 控件和 FormView 控件。对于 ASP.NET 开发中常见的控件,本节将进行一个较为系统的总结。

1. GridView 与 DataGrid

在.NET 的 1.1 版本中提供了重要的控件 DataGrid,到.NET 3.5 后该控件已经被 GridView 所取代。对比两个控件,二者的用法和用途都非常相似。主要具有以下特点:

- 以二维表格的形式显示数据表的内容,按照每行一条记录、每列一个字段的方式呈现。
- 提供分页、编辑、排序等特性。
- 提供了功能强大的编辑器以及模板列,灵活性强,内置事件丰富。
- 内置多种布局风格,对于表格的操作非常方便。

与优点相比,这两种控件也存在着少量的缺陷。比如,个性化设置有限,只能以二维表格方式输出数据,性能不是很高。

GridView 可由 DataSource 对象、DataTable 对象、DataView 对象和 DataSet 对象提供数据源。如果由 DataSet 方式提供数据源,需要指明数据表名称。

GridView 运行的效果图如图 8-11 所示,利用其右上角的智能菜单能够实施绝大多数的配置功能。

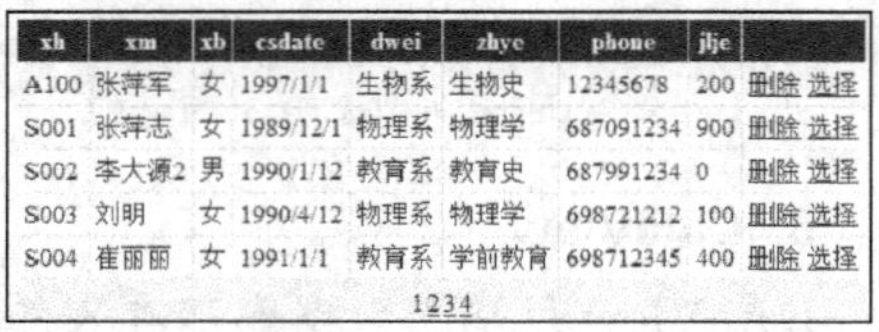

图 8-11　GridView 控件的运行效果图

2. DetailsView 与 FormView

顾名思义,DetailsView 主要用于显示某一记录的详细信息,因此它常常受到 GridView 的控制,用来显示选定记录的详细信息。而 FormView 则用来制作一个编辑表单,可以便利地为数据表输入内容。因此这两个控件都主要用于处理单条项目,默认为每条记录占据一个页面、每个字段占据一行的模式。

DetailsView 和 FormView 都可由 DataSource 对象和 DataTable 对象提供数据源。另外,这两个显示对象都有智能菜单,可以【自动套用格式】,支持三种模式:ReadOnly、Insert、Edit,可通过 DefaultMode 属性设置其初始模式。为开发者开发数据表输入、编辑界面提供便捷的支持。

需要指出的是,FormView 控件允许开发者重新编辑 ItemTemplate 模板,可以重新排列各个字段在页面上的位置,并不局限于每个字段占据一行的模式,使用起来更加灵活。

DetailsView 的显示效果如图 8-12 所示,FormView 的现实效果如图 8-13 所示。

图 8-12　DetailsView 运行效果图

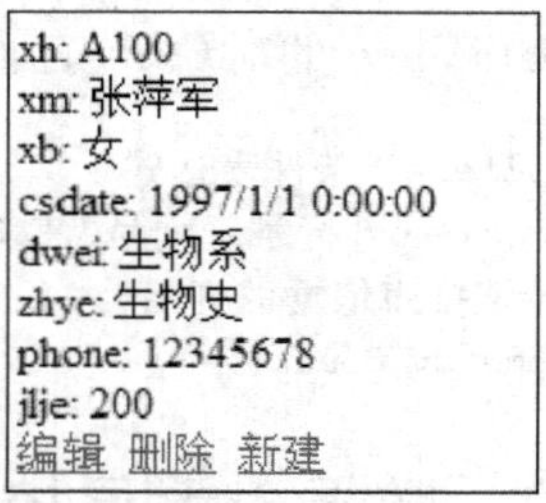

图 8-13　FormView 运行效果图

3. DataList

DataList 是一个历史较为悠久的数据显示控件,从.NET 1.1 开始就已经存在了。这是一个主要用于数据显示的控件。其特点是拥有强大的模板特性,可以便利地设置各字段在页面中的位置。DataList 默认的显示效果如图 8-14 所示。

DataList 对象的智能菜单中包含了"编辑模板"的功能,而且支持对页眉页脚、ItemTemplate区域的编辑,利用它能够快捷地设计出记录布局灵活的完美页面。

与 FormView 相比,DataList 对象支持在一个页面、甚至一行中显示多条记录,更有利于大量短记录数据(每条记录的信息量都较少)的显示任务。开发者可以通过修改 RepeatColumns 和

图 8-14　DataList 运行效果图

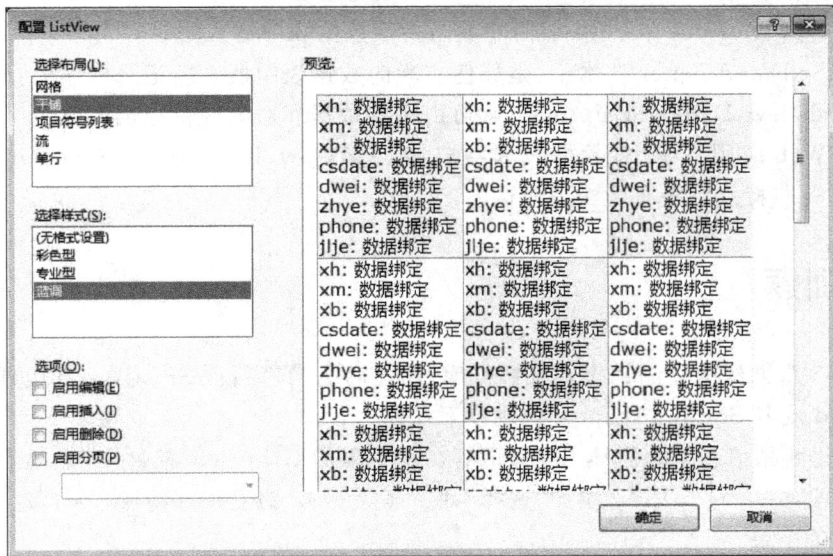

RepeatDirection 属性的值改变每行显示记录的数量和显示方向。

DataList 也通过其 DataSource 属性值所给出的字符串获知数据源名称,然后才能从指定的 DataSource 对象或 DataTable 对象中提取数据。

4. ListView

ListView 是以罗列方式显示记录内容的。它支持以多种方式在一个页面中同时显示多条记录。按照"平铺"、"网格"、"项目符号"等形式来布局多条记录的显示是常用的技巧。

在创建 ListView 对象后,首要任务就是利用智能菜单为此对象配置数据源DataSource,其数据源也可以是 DataSource 对象或 DataTable 对象。然后可以利用智能菜单的"配置 ListView"实施页面布局,打开如图 8-15 所示的对话框,可根据需要选用适合自己要求的布局形态。

其左下角的选项提供了【启用编辑】、【启用插入】、【启用删除】和【启用分页】等功能。

图 8-15　ListView 的配置界面

5. Repeater

Repeater 控件是 ASP.NET 中一直保留的一个控件,这个控件为开发者提供了一个充分发挥个性的平台,允许开发者完全自主地利用代码实施布局。其特点是:

- 控件完全以 HTML 方式呈现,更加个性化。
- 不支持分页、编辑和排序功能。
- 不提供默认的风格,需手工编写。
- 主要用于一些灵活性、性能更高的数据展现。
- 相比之下,Repeater 控件性能最好,但对开发者的要求也最高。

思考题

1. SqlConnection 是什么? 在数据库访问中居于什么地位?
2. SqlCommand 对象的输入、输出是什么?
3. 对于一个 Select 命令语句来讲,SqlCommand 的运行结果是什么? 该结果有什么特点?
4. 什么是 SqlDataAdapter? 在以 SqlDataAdapter 技术实施数据库访问的技术体系中主要有哪些控件? 各居于什么地位?
5. 什么是 DataSet? DataSet 的数据从哪里来?
6. 如何实现 DataSet、DataTable、DataView 和 DataRow 之间的类型转换?
7. 如何才能从 DataTable 中获取指定行、指定列的数据?
8. DataView 具有查询功能吗? 如何利用 DataView 实现数据查询?
9. 如何利用 SqlDataAdapter 和 DataSet 实现记录更新?
10. 在 SqlCommand 体系中,如何才能向指定数据表中插入记录?
11. 在 SqlDataAdapter 技术中,是如何实现向数据表中插入新记录操作的?
12. GridView、DataGrid、FormView 可由哪些数据库对象提供数据源?
13. 在 Web 应用系统中,数据表示层控件 GridView、DataGrid、FormView、DataList、ListView 有哪些特点? 各有什么适应性?

上机实训题

基于第 5 章创建的商品销售系统数据库,新建商品销售项目 SPLINQ,在此项目中利用 SqlCommand 或者 SqlDataAdapter 完成以下操作。

(1) 新建商品信息管理窗体 ShangPin,在其中添加 GridView 控件,重点显示商品信息的前 4 个字段,并为 GridView 添加"选择"列、"删除"列。设置 GridView 为自动分页模式,每页显示 6 条记录。

(2) 利用"选择"列,可以选定一个商品,并用 ASP.NET 的标准控件显示出被选定商品的详细信息;或者使用 DetailsView 控件显示被选定商品的详细信息。

(3) 利用"删除"列的按钮,可以把被单击的商品删除,而且要求在真正地执行删除命令前先要核实"您确实想删除这个商品吗?";只有客户确实选定为"是",才可使用 LINQ 技术把该商品删除。

（4）利用模板列,为 GridView 添加 CheckBox 列,对于 CheckBox 列中被选中的所有商品,其进货价增长 2 元。

（5）不使用 FormView 技术,而是直接使用标准控件编写商品信息输入界面,然后利用为 SqlDataAdapter 技术实现商品信息的插入。

第9章

应用程序配置与网页切换

学习要点

本章主要学习 ASP.NET 程序的应用环境配置与网页切换的关键技术。要求了解 ASP.NET 应用程序的 machine.config 与 web.config 文件的用途、格式与相互关系，了解 Global.asax 文档的用途与结构，了解网页信息的获取与输出技术、Session 和 Application 变量的概念和用途、网页切换及参数传递技术等访问数据库的传统技术。本章要求重点关注以下内容：

- Request 命令的用途，特别是 Request.QueryString 和 Request 服务器变量信息的技术。
- Response 命令的用途，特别是利用 Response 实施网页切换的技术。
- Session 变量与 Application 变量的概念及其用法。
- 以 Global.asax 文件实现应用程序运行控制的技术。
- 网页切换过程中的参数传递技术。

9.1 Web 页面的内部对象综述

在 Web 应用程序运行时，ASP.NET 将为维护当前的应用程序、用户与应用程序的会话、网站与客户机状态信息而组织了一批管理型的类和特殊文档，这些文档对于管理动态网站发挥着重要的作用。

ASP.NET 页框架包含了一系列封装上下文信息的类。在代码中可以使用这些类的实例来访问内部对象，获取与服务器或客户机相关的信息。表 9-1 列出了常用的一些内部对象以及与生成这些对象相关的类。

表 9-1 ASP.NET 页框架中常用的内部对象

对 象 名	说 明	ASP.NET 的类
Response	提供对当前页的输出流的访问	HttpResponse
Request	提供对当前页的请求信息的访问，获取外部变量包含的信息	HttpRequest
Context	提供对整个上下文信息（包括请求对象）的访问	HttpContext
Server	公开可以用于在页之间传输控件的实用工具方法，例如对 HTML 文本进行编码、解码等	HttpServerUtility
Application	提供对作用于所有会话的应用程序范围的方法、事件的访问，主要用于提供全局范围内的共享变量	HttpApplicationState
Sesssion	为当前用户的会话提供信息，主要用于为应用程序标记提供访问者的个人信息	HttpSessionState
Trace	提供要在 HTTP 页面输出中显示的跟踪与诊断消息的方法	TraceContext

9.2　HTTP 请求与响应对象

HTTP 请求与响应对象就是信息的输入与输出对象，主要由两个关键的类生成：Response 和 Request。其中的 Response 负责输出，而 Request 则负责输入。

9.2.1　Response 对象

Response 对象用于向客户端发送信息，常见的属性和方法见表 9-2。

表 9-2　Response 对象的常用属性与方法

属性名或方法	用　　途
Buffer 属性	如果取值 true，表示打开输出缓冲区，而且服务器在数据处理过程中使用缓冲区。缓冲区已满或数据处理完毕，才向客户端浏览器发送信息
	如果取值 false，表示关闭输出缓冲区。服务器在处理数据时，直接把处理结果发送到客户端浏览器
Clear()方法	清空输出缓冲区，只在 Buffer＝＝true 时有效
End()方法	终止 ASP.NET 应用程序的输出
Flush()方法	立即向客户端发送输出缓冲区中的所有信息，清空缓冲区
Redirect(URL)方法	页面重定向，立即转向指定的网页
Write(字符串)方法	在页面上输出字符串信息
AppendToLog()方法	将自定义日志信息添加到 IIS 日志文件中

在具体开发中，Response 主要包括以下 3 种使用方式。

1. Response.Write(字符串)

"Response.Write(字符串)"用于将字符型常量、字符型数组、字符型变量的值送到客户端输出。在 ASP 技术发展的早期，Response.Write 是一个非常重要的方法，负责整个逻辑代码部分的输出。然而在 ASP.NET 开发技术中，Response.Write 已经不是逻辑代码部分输出信息的主要方法。在 ASP.NET 技术时代，由于 Response.Write 不易控制数据的输出位置和难以直接通过【属性】面板设置样式，更多的开发者更愿意在 Web 窗体中放置一个 Label 对象，然后通过为 Label.Text 赋值而达到输出字符型信息的目的。

在 Response.Write 命令的参数中，如果其字符串是一行包括 JavaScript 代码或 HTML 代码的程序，Web 服务器就会把这段代码直接发送到客户的浏览器中，客户端浏览器会自动地执行这段代码，达到一种特定的效果。

【例 9-1】　以警示框的形式输出一段警告性文字。

```
Response.Write("<Script>alert('不允许输入 0 值!');</Script>");
```

【例 9-2】　以表格形式输出变量的值。

```
String dat = "<Table><Tr><td>" + T1.Text + "</td><td>" + T2.Text + "</td></Tr>"
    dat = dat + "<Tr><td>" + T3.Text + "</td><td>" + T4.Text + "</td></Tr></Table>"
Response.Write(dat);
```

在例 9-1 中,Response. Write 输出的是一个 JavaScript 语句,利用此语句可以实现输出警示框的目的。在例 9-2 中,Response. Write 输出的是一段 HTML 代码,负责绘制一个 2 行 2 列的表格,分别输出 Web 窗体对象 T1、T2、T3 和 T4 的 Text 值。

注意：Response. Write 的参数是单一的字符串形式。如果要输出的信息比较复杂,甚至其中包括引号。建议先用字符串处理语句进行预处理,然后再输出。对于其中的多重引号,建议内层引号使用单引号。

2. Response. WriteFile(文件名称)

"Response. WriteFile(文件名称)"用于把指定的文件送到客户机的浏览器上输出,其目的是快速地发布一段文字内容。例如:

```
Response. WriteFile("m1.txt");
```

其含义是把存储在当前文件夹中的文件 m1. txt 的内容输出到客户端的浏览器上。

3. Response. Redirect(URL)

"Response. Redirect(URL)"作用是把客户端重新定向到新的 URL,即让客户的浏览器跳转到指定的新网页上。URL 信息既可以使用绝对地址,也可以使用相对地址。

【例 9-3】 浏览器从当前位置跳转到北京师范大学主页(www. bnu. edu. cn)。

```
Response. Redirect("http://www.bnu.edu.cn");
```

【例 9-4】 浏览器从当前位置跳转到服务器当前文件夹中的 xuesheng. aspx 页面上。

```
Response. Redirect("xuesheng.aspx");
```

Response. Redirect 支持携带参数的网页跳转。假设 showData. aspx 是显示某一条新闻详细内容的 aspx 程序,那么开发者常常使用

```
Response. Redirect("showData.aspx?ID = 5");
```

来表示要显示第 5 条新闻的详细内容。这种方式表示携带参数执行 showData 程序,这里"?"后面的内容就是网页的参数。"ID"是参数名称,"5"是参数的值。当然,参数名称和参数值都可由开发者根据需要任意定义。

假设存在一个显示新闻标题的 GridView 对象 gvNews,那么语句

```
Response. Redirect("showData.aspx?ID = " + gvNews. SelecteValue. ToString());
```

则表示要显示出 GridView 中被用户选中的那条新闻的详细内容。

4. 对于信息输出的示例

(1) 输出普通文本

响应按钮 btnTxt(输出普通文本按钮)的 Click 事件的源代码如图 9-1 所示。

单击按钮 btnTxt 后,执行的效果如图 9-2 所示。

```
49   protected void btnTxt_Click(object sender, EventArgs e)
50   {
51       Response.Write("不允许输入数值0! ");
52   }
```

图 9-1　Response. Write 输出字符串的源代码

不允许输入数值0!

图 9-2 Response.Write 输出字符串的效果图

（2）输出警示性信息

响应按钮 btnJsxx（输出 JavaScript 警示框按钮）的 Click 事件的源代码如图 9-3 所示。

```
54    protected void btnJsxx_Click(object sender, EventArgs e)
55    {
56        Response.Write("<script>alert('不允许输入数值0! ');</script>");
57    }
```

图 9-3 Response.Write 输出 JavaScript 程序的源代码

单击按钮 btnJsxx 后，执行的效果图如图 9-4 所示。

（3）输出 m1.txt 文件的内容

响应按钮 btnOut（输出指定文件的内容按钮）的 Click 事件的源代码如图 9-5 所示。

运行后将在屏幕上显示出 m1.txt 文件的内容。

（4）跳转到清华大学主页

响应按钮 btnTsinghua（跳转到清华大学主页按钮）的 Click 事件的源代码如图 9-6 所示。

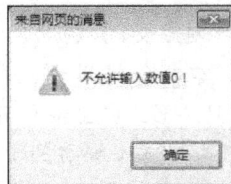

来自网页的消息

⚠ 不允许输入数值0!

确定

图 9-4 Response.Write 输出 JavaScript 程序的效果图

```
23    protected void btnOut_Click(object sender, EventArgs e)
24    {
25        Response.WriteFile("m1.txt");
26    }
```

图 9-5 Response.WriteFile 输出指定文件内容的源代码

```
59    protected void btnTsinghua_Click(object sender, EventArgs e)
60    {
61        Response.Redirect("http://www.tsinghua.edu.cn");
62    }
```

图 9-6 Response.Redirect 跳转到指定网页的源代码

9.2.2 Request 对象

Request 对象用于从网页以外的渠道获取信息，包括获取客户端的表单数据、获取前级程序调用本网页时携带的参数、获取服务器或客户端的状态信息等。常见的用法主要包括以下 4 种使用方式。

1. Request.QueryString("参数名")

"Request.QueryString("参数名")"用于从前级调用语句的参数中获得信息。

在前面的例子中曾经谈及应用程序通过执行"Response.Redirect("showData.aspx? ID=5")"方式携带参数执行 showData 程序，即上级程序发出了携带参数 ID 执行 showData 程序的需求。那么 showData.aspx 程序必须要接收这个参数的值并在程序中使之发生作用。为此需要在 showData.aspx 程序中使用接受参数数值的语句：

```
String xx = Request.QueryString["ID"];
```

这里，QueryString 后面括号内的 ID 是参数的名称，应与前级程序指定的参数名称一致，而 xx 是开发者定义的内存变量名称，可根据需要任意定义。在此例中，当 showData 程序获取了 xx 变量后，就可以根据 xx 的值来确定显示哪一条消息的内容了。

2．Request.Form("表单域名称")

"Request.Form["表单域名称"]"的功能是从前级程序的 HTML 表单中获得表单变量的值。如果调用此程序的前级程序内包含了一个 HTML 表单而且是通过表单提交来调用本程序的，那么在本程序中就需要使用命令：

```
String xx = Request.Form("表单域名称");
```

来获取客户端提交的数据。

注意：本命令仅用于获取客户端的 HTML 表单提交的数据，不包括 Web 窗体控件。由于在 ASP.NET 中主要使用 Web 窗体控件设计程序，而 Web 窗体控件的输入值可直接被后台的逻辑代码(本书为 C♯代码)调用，不需要专门的命令索取。因此本命令在 ASP.NET时代已基本被废弃，但在 ASP 程序和 JSP 程序中曾经被广泛地应用。

3．获取客户端状态信息

在 Web 应用程序开发中，获取服务器及客户端的信息是常规工作。常见的用法主要有以下命令：

```
Request.Browser.Platform          //获得客户端计算机安装的操作系统名称
Request.Browser.Type              //获得客户端浏览器的类型
Request.Browser.MinorVersion      //获得客户端浏览器的版本号
Request.UserHostAddress           //获得客户机的 IP 地址
```

4．获取服务器状态信息

在 ASP 系列应用程序的开发中，还可以通过服务器端变量获取系统的状态信息。命令格式如下：

```
Request.ServerVariables["变量名称"];
```

常见的 ServerVariables 变量如表 9-3 所示。

表 9-3　常见的 ServerVariables 变量及其含义

变　量　名	含　　义
http_user_agent	HTTP 的用户端代理
remote_addr	客户机的 IP 地址
remote_host	客户机的主机名，一般也是 IP 地址
request_method	数据获取方法
server_name	服务器名称
server_port	服务器端口
server_software	服务器端的系统软件
Local_Addr	服务器端的 IP 地址

5. Request 获取信息示例

（1）获取客户端状态信息

响应按钮 btnClient（获取访问者的客户端信息按钮）的 Click 事件的源代码如图 9-7 所示。

```
23 protected void btnClient_Click(object sender, EventArgs e)
24 {
25     Response.Write("用户主机名:" + Request.UserHostName + "<br>");
26     Response.Write("客户机地址:" + Request.UserHostAddress + "<br>");
27     Response.Write("客户端操作系统:" + Request.Browser.Platform + "<br>");
28     Response.Write("浏览器版本号:" + Request.Browser.MinorVersion + "<br>");
29     Response.Write("浏览器类型: " + Request.Browser.Type + "<br>");
30 }
```

图 9-7　以 Request 获取客户端状态信息的源代码

单击按钮 btnClient 后，执行的效果图如图 9-8 所示。

（2）获取服务器状态信息

响应按钮 btnServer（获取服务器状态信息按钮）的 Click 事件的源代码如图 9-9 所示。

单击按钮 btnServer，程序执行后的效果如图 9-10 所示。

```
用户主机名:127.0.0.1
客户机地址:127.0.0.1
客户端操作系统:WinNT
浏览器版本号:0
浏览器类型：IE8
```

图 9-8　Request 获取到的客户端信息

由于最后一个变量 Server_software 没有返回值。因此在结果中只看到了 6 行信息。因为本程序只在程序设计的主机进行了测试，所以客户机的名称和 IP 地址都是本机地址 127.0.0.1。系统以 POST 模式传递数据，服务器名称为 localhost，使用端口 63460 进行了 Web 服务。

```
32 protected void btnServer_Click(object sender, EventArgs e)
33 {
34     Response.Write(Request.ServerVariables["http_user_agent"] + "<br>");
35     Response.Write(Request.ServerVariables["remote_addr"] + "<br>");
36     Response.Write(Request.ServerVariables["remote_host"] + "<br>");
37     Response.Write(Request.ServerVariables["request_method"] + "<br>");
38     Response.Write(Request.ServerVariables["server_name"] + "<br>");
39     Response.Write(Request.ServerVariables["server_port"] + "<br>");
40 }
```

图 9-9　以 Request 获取服务器状态信息的源代码

```
Mozilla/4.0 (compatible; MSIE 8.0; Windows NT 6.1; Trident/4.0; SLCC2;
127.0.0.1
127.0.0.1
POST
localhost
63460
```

图 9-10　通过服务器变量获取的信息

至于使用 Request.QueryString 方式获取数据的方式，将在讲授网页参数传递的部分给予详细示例。

9.3　Application 与 Session

9.3.1　ASP.NET 应用程序中的变量及作用域

在一个 ASP.NET 的应用程序系统中，绝大多数的内存变量在逻辑代码（C♯）部分定义。例如在方法内部定义的变量,其作用域就是该方法体,一旦离开此方法体,该变量就自动被系统回收;定义于代码块的变量(常用 using(){}来声明一个代码块),其作用域就是这个代码块;同理,定义在 class 层次内、不属于任何一个方法的变量被称为成员变量,其作用域为这个网页。总之,在 ASP.NET 逻辑代码中定义的内存变量尽管可能很多,但没有一个作用域超过该网页的变量。

然而,Web 应用系统常常由多个网页组成,这些网页中应该有一些需要共同维护的信息。这些信息大致上可以被分为两类:其一是隶属于整个应用程序,能够被所有访问者共享的信息,比如网站的访问量计数器变量;其二是隶属于访问者但可以贯穿于多个网页之间的变量。

第一类变量贯穿于整个应用程序,在网站服务中一直有效,能够被所有用户分享。从其对程序的覆盖范围、对用户的覆盖范围、存在时间三个维度看,这种变量在整个应用系统的运行期内针对全体用户一直有效。此类针对一个以名称命名的变量,在整个应用系统中只有一个。这种变量被称为 Application 变量,由 Application 对象负责管理。

第二类变量贯穿于用户的一次会话过程,可以在网站中的多个网页中有效。此类针对以一个名称命名的变量,对不同的用户会对应不同的内存空间,允许取不同的数值。从其对程序的覆盖范围、对用户的覆盖范围、存在时间三个维度看,这种变量的值只在一次会话期间针对登录用户有效。一旦用户结束会话或者长时间没有操作,该用户在此变量上的值就会被取消。这种变量被称为 Session 变量,由 Session 对象负责管理。

9.3.2 Session 对象

1. 什么是 Session 变量

Session 变量是被标记为 Session 的变量,隶属于每个在线用户,作用域为用户在线期间,可以跨页面存在。一个带 Session 变量的站点,会为每个访问者建立一个 Session 实例,然后把其 Session 变量 ID 及其取值都存储到他的 Session 实例中。由于 Session 实例是属于在线用户的,一个用户对于 Session 变量的修改,不会被其他用户知道。Session 变量通常被用作用户身份管理。

Session 变量是 ASP.NET 体系中用于存储用户信息的特殊对象。例如 Session["xsno"]表示变量 xsno 被标记为 Session 类型的变量。在用户访问定义 Session["xsno"]的网页时,Session 对象会对每个在线用户都产生一个特定的实例,在实例中存储针对该用户的特定值。用户一旦离开此站点,该用户的 Session 实例会自动消失。即 Session 实例在客户登录包含 Session 变量的页面时建立,在此客户离开该站点时消亡。A 用户 Session 实例不会与 B 用户的 Session 实例交叉、冲突。

除了 Session 实例到期、Session 被终止、关闭浏览器和客户离开站点,Session 实例不会消逝。也就是说,如果用户在访问站点的某一页面时创建了一个 Session 实例,即使用户离开了这个页面,只要他没离开此站点,而且实例没有到期和被终止,那么它将一直存在。因此在动态网站开发中,Session 变量经常被用于定义用户的全局变量和标记用户身份。例如,信息系统开发中经常需要利用 Session 变量记下登录者的用户名、操作权限,以便限定该用户只能查询其个人信息,而且能在他更新数据时,自动记录用户名,保留操作痕迹。

　　总之,Session 实例只属于创建它的用户,其他用户也只能使用他自己的实例;Session 实例可以跨页面存在,但 Session 实例不可以跨站点存在。Session 实例常常被 Session 对象以 Cookie 的方式写到客户机上。

2. Session 变量的使用

1) 创建 Session 实例

创建 Session 变量的一般格式为:

```
Session["变量名"] = 变量值;
```

例如,"Session["loginno"] = login. Text;"将创建值为"login. Text"的 Session 变量 Loginno。

Session 变量将在用户访问包含此变量的网页时被实例化。每个访问者都会在访问此网页时针对此 Session 变量创建一个自己的 Session 实例。

2) Session 对象的属性

Session 对象的重要属性有 3 个: SessionID、Timeout 和 Mode。

其中,SessionID 是 Session 的唯一标志号;而 Timeout 的功能是设置 Session 实例的有效期(以分钟为单位);通过 Mode 属性可以获取当前 Session 的模式。

例如,"Session. Timeout=120"表示设定 Session 实例的有效期为 120 分钟,Session 实例在被用户激发、创建后的第 120 分钟时会自动消亡。

3) Session 对象的方法

Session 对象的最常用方法是 abandon,其功能是清除 Session 的实例,使 Session 无效。Session. Abandon 表示执行此命令的用户的所有 Session 变量全部消亡。在信息系统开发中,常把此方法用在注销系统时,利用它注销用户的登录身份。

对于 Session 的复杂应用,将会在第 10 章"登录模块设计"中进行详细的探索。

注意: 由于针对 Session 变量每个访问者都要创建独立的实例。因此,对访问量较大的 Web 服务器来讲,应尽可能减少 Session 变量的使用,以免因 Session 实例过多而导致服务器性能下降。

Session 使用的变量名称不区分大小写,因此不要使用大小写字母来区分变量。

3. 应用 Session 变量的示例

对于如图 9-11 所示的登录界面,如果登录成功,就创建两个 Session 变量,可以在该用户的会话期中有效。

假设图 9-11 中的两个文本框对象的 ID 依次为 uname 和 pswd,【登录】按钮的 ID 为 btnLogin,而且 pswd 的 TextMode 为 password。当用户输入合法的用户名和正确的密码后,系统应该创建两个 Session 变量,分别保存登录用户的用户名和登录状态。登录代码如图 9-12 所示。

注意: 本例中暂时假设用户名为 MaXiulin、密码为 mxl123 为合法用户。在实际 Web 应用系统的设计中,合法的用户名和密码应该从数据库的用户表中获取,只有通过合法性验证的用户才被创建 Session 变量。

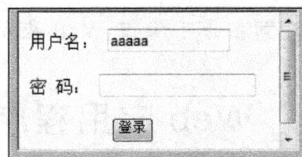

图 9-11　输入用户名和密码的
　　　　　界面图

```
23   protected void btnLogin_Click(object sender, EventArgs e)
24   {
25       String yhm = uname.Text.Trim(); //获取输入的用户名信息
26       String psd = pswd.Text.Trim();  //获取输入的密码信息
27       if (yhm == "MaXiulin" && psd == "mxl123")
28       {
29           Session["logname"] = yhm;
             //创建名字为logname的Session变量,记录登录名
30       Session["logState"] = "OK";
31           //创建名字为logState的Session变量,记录登录状态
32       Response.Write("欢迎光临！");
33
34       }
```

图 9-12　把文本框信息保存到 Session 中

9.3.3　Application 对象

1．Application 对象的概念

默认情况下,一个项目中的所有 ASP.NET 文档构成一个 Web 应用系统。当这个应用系统开始提供服务时,允许多个客户同时访问这个 Web 应用系统。为了让所有的访问者都能够共享一些数据,可以把这些数据的存储对象定义为 Application 类型,由 Application 对象统一管理。

定义为 Application 类型的变量在整个应用程序范围内对所有访问者有效。所有的访问者共享同一个内存区域中的变量。

2．Application 变量的应用

1）创建 Application 变量

创建 Application 变量的一般格式为：

`Application["变量名"] = 变量值;`

例如,"Application["Counter"]=128;"将创建值为 128 的 Counter 变量,该变量为 Applieation 变量。

Application 变量将在首次运行此代码时实例化,不论有多少访问者都共用一个实例。

2）Application 变量的应用

由于 Application 对象是同一个应用程序中所有的动态网页所共有的,所以如想对它进行操作,就必须先锁定 Application,操作完成后立即解除锁定。

假设想用 Counter 记录网站的访问总人次（网站访问计数器）,那么只须把下列语句添加到用户登录的代码段中：

```
Application.Lock();
Application["Counter"] = (int)Application["Counter"] + 1;
Application.UnLock();
T1.Text = Application["Counter"];
```

注意：为了保证 Web 应用程序的并发能力,应尽量减少 Application 对象的锁定时间。

9.4　Web 应用程序的配置文档

在 Web 应用程序中,对页面对象的响应由各网页的代码隐藏页中存储的逻辑代码负责,诸如 btn_Click 等形式的诸多方法高效地处理了动态网页中的绝大多数业务活动。然

而对于整个程序的运行环境构造和针对整个应用程序的一些事件的响应,则不是某一动态网页内部的代码隐藏页能够解决的。因此,与 Web 应用程序的运行环境配置和针对应用程序级别事件的处理需要有专门的机制。在 ASP.NET 3.5 体系中,提供了两个专门的配置文档:其一是 machine.config 文档,位于 .NET Framework 文件夹的 CONFIG 文件夹中;其二是 Web.config 文档,位于项目文件夹中,这两个文件主要保存一些系统配置信息,为应用程序的运行设置工作环境;另外,还有一个全局性的应用系统响应程序,名称是 global.asax 文档,主要处理与应用程序相关的事件,并为响应应用程序级别的事件准备方法。

9.4.1 配置文档 Web.config 和 machine.config

1. 什么是 ASP.NET 配置文档

Web 站点的配置信息文档,用于保存应用程序运行环境的一些信息。其目的是为应用程序的运行提供高效的、合理的运行环境,通常采用 XML 格式的文档。ASP.NET 的配置文档由两个文件构成,分别为 machine.config 和 web.config 文档,两个文档的结构相同,作用基本相同,都是 XML 格式的文档,都是为 ASP.NET 应用系统的运行环境进行设置,为 ASP.NET 的运行提供一个有效的环境。

文档 machine.config 位于 .NET Framework 文件夹的 CONFIG 文件夹下,被存放在系统盘的 Windows 文件夹下的子文件夹 Microsoft .NET\ Framework 之下,而 Web.config 位于项目文件夹之中。从两个文件的存放位置可以看出,machine.config 是一个全局性配置文档,为 Web 服务器的所有项目提供配置信息;Web.config 是一个项目内部的配置文档,用于为当前项目提供独特的配置信息。通常,Web.config 首先从 machine.config 中继承配置信息,然后才使用自己独特的配置信息。

为了提高扩展性和灵活性,ASP.NET 允许一个应用程序配置多个 Web.config 文档,而且 Web.config 文档也不一定放在应用程序的根目录下。在这种机制下,系统允许每个子目录都可以有自己独立的配置文档。当然,如果某个子目录没有自己的 Web.config,它就可以从自己的上级目录中继承配置信息。如果针对某一设置项有多种设置,则以最邻近的 Web.config 文档提供的配置值覆盖其他值。

2. Web.config 文档的结构

打开一个最基础的 Web.config 文档,会发现它是 XML 文档结构,其中的内容由许多节组成,而每个节的下面又可以包含更细小的节。因此,Web.config 是一种由节点构成的树状结构,如图 9-13 所示。

图 9-13 给出了一个 Web.config 文档的局部内容,从这个图中可以明显地看出其树形结构的性质。Web.config 中包含了许多配置节,这些节的绝大部分都是通用的。另外,也允许开发者自行定义所需要的节,并加上特定的节标记。

3. 以 Web.config 管理会话状态

在 9.3.2 节中对 Session 变量进行了讨论,明确指出 Session 实际上是一种面向用户的会话。为了对访问者进行管理,ASP.NET 系统提供了针对访问者的 Session 变量与实例的概念,并允许开发者通过 Global.asax 文档对会话的启动与结束编制专门的处理代码。

```
1   <?xml version="1.0" encoding="utf-8"?>
2
3   <configuration>
4
5       <configSections>
6           <sectionGroup name="system.web.extensions" type="System.Web.Configuration.Sy
7             <sectionGroup name="scripting" type="System.Web.Configuration.ScriptingSec
8               <section name="scriptResourceHandler" type="System.Web.Configuration.Scr
9               <sectionGroup name="webServices" type="System.Web.Configuration.Scriptin
10                  <section name="jsonSerialization" type="System.Web.Configuration.Scrip
11                  <section name="profileService" type="System.Web.Configuration.Scriptin
12                  <section name="authenticationService" type="System.Web.Configuration.S
13                  <section name="roleService" type="System.Web.Configuration.ScriptingRo
14              </sectionGroup>
15            </sectionGroup>
16          </sectionGroup>
17      </configSections>
18
19      <appSettings/>
20      <connectionStrings/>
21
22      <system.web>
23          <!--
24              设置 compilation debug="true" 可将调试符号插入已编译的页面中。但由于这
25              影响性能，因此只在开发过程中将此值设置为 true。
26          -->
27          <compilation debug="false">
28
29            <assemblies>
30              <add assembly="System.Core, Version=3.5.0.0, Culture=neutral, PublicKe
31              <add assembly="System.Data.DataSetExtensions, Version=3.5.0.0, Culture
32              <add assembly="System.Web.Extensions, Version=3.5.0.0, Culture=neutral
33              <add assembly="System.Xml.Linq, Version=3.5.0.0, Culture=neutral, Publ
34            </assemblies>
```

图 9-13　Web.config 文档的内容及结构

　　既然 Session 如此重要，作为 Web 服务器，应该提供一种专门的机制或者配置一种合适的运行环境支持 Session 技术的应用。为此，在 Web.config 文档中专门配置了一个小节，用于对会话配置合适的运行环境——这就是 SessionState 配置。

　　1) mode 属性

　　mode 属性用于说明 Session 的存储类型，主要有以下 4 种方式。

- mode="off"——表示关闭 Session，不采用 Session 技术。
- mode="InProc"——表示将 Session 存放于本地服务器上。
- mode="SQLServer"——表示将 Session 存放在指定的 SQL Server 服务器上。
- mode="StateServer"——表示将 Session 存放在独立的状态服务器中。

　　注意：在实际的工程项目中，常常选用 InProc 或者 StateServer，而大型的应用系统则常常选用 SQL Server，采用专门的数据库来存储 Session 信息。另外，只有在 mode 为 InProc 时，才支持 Session_End 事件。

　　2) stateConnectionString 与 sqlConnectionString

　　当 Sesssion 的 mode 设置为 StateServer 时，需要用 stateConnectionString 指明连接的状态服务器的连接字符串，这个字符串通常以"TcpIp=server:port"格式描述。

　　当 Sesssion 的 mode 设置为 SQLServer 时，需要用 sqlConnectionString 指明连接的 SQL Server 服务器的连接字符串，这个字符串通常以"Data Source=数据库名;Integrated Security=True;"的格式描述。

　　3) cookieless 属性

　　用于设置是否使用 cookie 存储 Sesssion。

如果取值为 False,则表示选用 Cookies 存储 Sesssion;如果取值为 True,则表示不采用 Cookies 存储 Sesssion。

4) timeout

设置 Session 的默认生命期,时间的单位为分钟。例如设置"timeout="120"",则表示本站点中 Session 的生命周期为 120 分钟。

4. 以 Web.config 设置用户身份认证与授权

作为一个 Web 应用程序,对访问者进行限制是 Web 应用程序开发中经常要涉及的内容。在目前 Web 应用系统的开发中,主要有两种形式的用户身份认证方式。其一是由开发者自行设计用户数据表和角色表,然后通过编写 ASP.NET 代码并结合 Session 技术来实现认证;其二是使用 ASP.NET 自身提供的认证方式。

如果是选用第二种方式,则需要修改 Web.config 文档的<authentication mode="认证方式">节,对身份认证方式进行设置。

在 Web.config 文件的<authentication mode="?">节,共有以下 4 种模式可供设置。

- none——不使用 Web.config 执行身份验证。
- Windows——采用 Windows 进行身份验证。由 Web 服务器(IIS 服务器)根据应用程序和 IIS 的配置来执行身份验证。
- Forms——为用户提供一个能够输入验证凭据的自定义窗体,然后在应用程序中验证用户的身份;通过验证的用户的凭据标记被记录在本地的 Cookies 中。
- Passport——利用 Microsoft 提供的 Passport Web Service 进行身份验证。

对于身份验证的问题,在第 10 章"登录模块设计"中,还会进行比较详细的探讨。

5. 设置数据库连接字符串信息

大型的动态网站离不开后台数据库的支持,而连接数据库离不开连接字符串,因为数据库的连接必须通过连接字符串提供数据库的服务器名称、数据库名称以及数据库访问验证等信息。在具体的 Web 应用系统开发中,如果把连接字符串直接嵌入到 C#代码中,会导致编译后的应用系统只能访问固定名称的 SQL Server 服务器,即每次更换 Web 服务器,都需要重新编译整个 Web 应用程序,是不利于应用系统迁移的。

为此,VS2008 提供了一种机制,把数据库的连接字符串书写在 Web.config 文档中,在应用程序的 C#代码中只说明连接字符串的名称。在这种方式下,当更换 Web 服务器时,不须重新编译 Web 应用系统,而是直接修改数据库连接字符串的内容即可。

本书中多次使用的学生信息管理数据库(XSGL)的连接字符串如图 9-14 所示,字符串的名称为"XSGLConnectionString"、位于"add name"标记后面,随之出现的 connectionString 的内容就是连接字符串的具体内容。本例表示访问本地服务器上的名字为"sqlexpress"的 SQL Server 2005 服务器,被访问的数据库名称为 XSGL,采用"Winodws 信任"方式进行访问。

```
22  <connectionStrings>
23      <add name="XSGLConnectionString"
24          connectionString="Data Source=.\SQLExpress;Initial Catalog=XSGL;Integrated Security=True"
25          providerName="System.Data.SqlClient" />
26      <add name="TestConnectionString"
27          connectionString="Data Source=.\SQLExpress;Initial Catalog=Test;Integrated Security=True"
28          providerName="System.Data.SqlClient" />
29  </connectionStrings>
```

图 9-14　Web.config 中有关 connectionString 的节

在具体开发中，可根据需要添加多个连接字符串。但在实际的 Web 应用系统中，应该尽量把所有的数据需求交给一个数据库负责，减少连接字符串的数量，从而降低程序的运行风险和运行成本。

6. 设置成员资格管理标准

为提高 Web 应用系统的开发效率，VS2008 内置了一套应用系统的访问控制机制，允许开发者在几乎不需要编写任何代码的情况下完成应用系统登录模块的开发，实施"依照用户所属角色（权限）控制用户运行"的目标。对这一问题的相关内容，可参阅本书 10.2 节。

为实现对成员及其资格的管理，须对成员名称（用户名）、成员密码的设置进行约束，保证每个成员的用户名和密码符合一定的标准，可以在 Web.config 文档中组织＜membership＞节，对成员资格的管理标准进行设置。

注意：＜membership＞节仅用于限定成员资格管理标准，即约束用户名和密码的最短长度、密码的组成方式等。至于具体的用户名、密码内容等信息，则存储于项目的后台数据库 ASPNETDB 中。

如果 Web.config 中没有＜membership＞节，系统会自动从 Machine.config 文档中继承内容，开发者也可以从 machine.config 文档直接把相关内容复制到当前项目的 Web.config 中。

9.4.2　Global.asax 文档

Global.asax 文档（也称为 ASP.NET 应用程序文档）位于应用程序的根目录下，主要用于响应 ASP.NET 应用程序级别事件的代码。Global.asax 文件是可选的，如果不定义该文件，ASP.NET 页框架假设未定义任何应用程序或会话事件处理程序。

1. 创建 Global.asax 文档

在 VS2008 下，可以直接利用 VS2008 开发工具的内置功能快速创建 Global.asax 文档，形成 Global.asax 文档的框架，以便开发者在此框架下编写对应的代码。具体方法是：

在一个打开的 ASP.NET 的应用程序下，右击【解决方案资源管理器】面板中的项目名称，选择【添加】→【新建项】，然后选择【全局应用程序类】，不要改变默认的文件名，直接添加即可创建一个 Global.asax 文档，并自动建立代码隐藏页 Global.asax.cs 文件。

注意：如果当前项目中已经有了 Global.asax 文件，则在项目的【添加】→【新建项】时找不到【全局应用程序类】栏目，不允许重复添加 Glabal.asax 文档。

2. Global.asax 文档的结构

打开新建立的 Glabal.asax 文档，会发现其内容如图 9-15 所示。

从图 9-15 可知，本文档由 7 个方法组成，主要面向 Application 和 Session 两个层次。下面分别解释主要方法（函数）的含义和用途。

1) Application_Start 方法

此方法用于响应 Web 应用程序启动事件，其中包含的代码在本应用程序首次运行时触发。因此，开发者可以把初始化整个应用程序的代码撰写到此处。

在很多网站开发中，开发者通常把网站访问量计数器的初始化语句撰写在这个方法之中。

本方法仅在整个应用系统重启时才会再次执行。

```
11  namespace aaaWebApplication1
12  {
13      public class Global : System.Web.HttpApplication
14      {
15          protected void Application_Start(object sender, EventArgs e)
16          {
17          }
18          protected void Session_Start(object sender, EventArgs e)
19          {
20          }
21
22          protected void Application_BeginRequest(object sender, EventArgs e)
23          {
24          }
25
26          protected void Application_AuthenticateRequest(object sender, EventArgs e)
27          {
28          }
29
30          protected void Application_Error(object sender, EventArgs e)
31          {
32          }
33
34          protected void Session_End(object sender, EventArgs e)
35          {
36          }
37
38          protected void Application_End(object sender, EventArgs e)
39          {
40          }
41      }
42  }
```

图 9-15　Global.asax 文档的基本结构

2）Session_Start 方法

此方法在每个用户登录系统时触发。每个用户在首次访问此应用系统时会触发此方法，系统会自动运行包含在此方法中的语句。

因此，开发者通常在此方法中撰写用户登录时需要执行的关键性语句。比如统计网站在线人数和设计网站计数器时都需要在这个方法中使用累加语句。

注意：如果登录系统的用户在 Session 有效期中再次访问页面，则不会触发此方法。但用户的每一次在 Session 无效状态下登录都会触发此方法。

3）Session_End 方法

此方法在每个用户的 Session 消亡前触发。在客户关闭浏览器、客户长时间没有进行任何网页内的操作时，会导致客户的 Session 消亡，此时系统就先自动运行包含于此方法中的语句。

例如，在统计网站在线人数的程序中，需要在 Session 消亡时使网站在线人数减 1，因此，需要把在线人数减 1 的语句放在 Session_End 方法之中。

4）Application_End 方法

此方法用于响应 Web 应用程序关闭事件，其中包含的代码在应用程序被彻底关闭前执行。其中的代码常常被用于清理系统的状态和环境。

3．Global.asax 文档的运行机制

Global.asax 文档属于 Web 应用程序的配置文档，不需要专门调用它。在应用程序运行过程中会根据相关事件触发 Global.asax 文档中的相关方法。

另外，Global.asax 文档发生改变，也会导致 ASP.NET 页框架检测到该文档的变动，从而激发 Web 服务器完成应用程序的所有当前请求,将 Application_End 事件发送到任何侦听器,并重新启动应用程序域。即导致 Web 服务器重新启动应用程序,关闭所有浏览器会话并刷新所有状态信息。当来自浏览器的下一个传入请求到达时,ASP．NET 页框架将重新分析并重新编译 Global．asax 文件,而且在这个过程中引发 Application_Start 事件。

9.4.3 Global．asax 与 Application、Session 的综合应用

1．制作统计网站访问量的程序

1) 设计思路

作为记载网站访问量的数字,是一个被所有用户共享的数字。因为每个用户的登录都会改变这个数字的值,而且这个数字的值可以被所有用户看到。因此这是一个 Application 变量。

作为一个 Application 变量,需要在应用程序启动时被创建,赋予初值 0。因此此变量在 Application_Start 时被创建并初始化。

在每个用户登录的时候,都需要修改计数器的值。即在每个用户登录系统、创建会话的时候就要修改此计数器的值,使之累加。因此,在 Session_Start 时需要封锁 Application 变量,修改此变量的值。当然,修改完毕,要立即解除封锁。

最后,在应用程序的首个 Web 窗体中增加一个控件,用于显示总访问量计数器的值。

2) 设计过程

在当前项目的 Web 窗体中新建一个 Label 控件,修改其 ID 为 lblCounter。

为当前项目选择【添加】→【新建项】,选择【全局应用程序类】后系统将自动创建 Global．asax 文档,并处于编辑状态。修改 Global．asax．cs 的内容为如图 9-16 所示。

```
11  namespace WebStat
12  {
13      public class Global : System.Web.HttpApplication
14      {
15          protected void Application_Start(object sender, EventArgs e)
16          {
17              Application["Counter"] = 0;    //定义并初始化Application里Counter
18          }
19          protected void Session_Start(object sender, EventArgs e)
20          {                                  //用户开始登录时要修改Counter的值
21              Application.Lock();            //登录者先封锁Application变量
22              Application["Counter"] = (int)Application["Counter"] + 1; //变量累加
23              Application.UnLock();          //变量累加毕,解锁Application变量
24          }
25          protected void Application_BeginRequest(object sender, EventArgs e)
26          {
27          }
28          protected void Application_AuthenticateRequest(object sender, EventArgs e)
29          {
30          }
31          protected void Application_Error(object sender, EventArgs e)
32          {
33          }
34          protected void Session_End(object sender, EventArgs e)
35          {
36          }
37          protected void Application_End(object sender, EventArgs e)
38          {
39          }
40      }
41  }
```

图 9-16　以 Global．asax 设计统计网站访问量的代码

最后,把 Application["Counter"]的值赋予 lblCouter 控件,使之显示在当前 Web 窗体中。因此需要在当前窗体的 cs 文档中,为 Page_Load 方法添加以下语句:

```
lblCounter.Text = String.Format("您是第{0}位访问者,欢迎您的光临!",
Application["Counter"]);
```

3) 补充说明

由于本程序把访问量的值存放在内存变量 Counter 中,所以每次重新启动本网站,都会导致网站访问量计数器归 0。如果需要永久地保存网站访问总量的值,可以考虑把 Appication["Counter"]的值存放到数据库或服务器上的文本文件中。

2. 制作统计网站在线人数的程序

1) 设计思路

作为存储在线人数的数字,也应该是一个被所有用户共享的变量,每个用户的登录或者其会话的结束都会改变这个数字的值。因此它必须是一个 Application 型的变量。

作为一个 Application 变量,应该在应用程序启动时被创建,赋予初值 0。因此此变量在 Application_Start 时被创建并初始化。

在每个用户登录的时候需要对此计数器累加,而在用户会话结束时需要使此计数器递减。因此,在 Session_Start 时需要封锁 Application 变量并使其值加 1,修改完毕要立即解除封锁。同理,在 Session_End 时则需要在封锁 Application 变量的情况下使此变量的值减 1。

最后,在应用程序的首个 Web 窗体中增加一个控件,用于显示在线人数变量的值。

2) 设计过程

在当前项目的 Web 窗体中新建一个 Label 控件,修改其 ID 为 lblZxNum。

为当前项目选择【添加】→【新建项】,选择【全局应用程序类】后系统将自动创建 Global.asax 文档,并处于编辑状态。修改 Global.asax.cs 的内容为如图 9-17 所示。

最后,要把 Application["onLineNum"]的值赋予 lblZxNum 控件,使之显示在当前 Web 窗体中。因此需要在当前窗体的 cs 文档的中,为 Page_Load 方法添加语句:

```
ZxNum.Text = String.Format("目前共有{0}人在线!",Application["onLineNum"]);
```

3) 补充说明

由于一个 Web 应用程序只允许有一个 Global.asax 文档。因此,如果某网站既需要统计在线人数,又需要统计网站的总访问量,则可以把统计访问量和统计在线人数的程序拼合在一起,使之在一个 Global.asax 文档中并存。

在统计在线人数的过程中,屏幕显示的人数可能存在误差。主要由两种因素引起:其一,当前用户获得的在线人数数据是登录时刻的统计数据,当用户在本站点停留一段时间后,如果不刷新页面,那么在这段时间内发生的登录与注销操作并不能自动地反馈到用户的页面上;其二,某些用户的离线并没有使用正规的注销方式,不会立即触发 Session_End 事件,需要等候一段时间,等这类用户的 Session 消亡时才能触发在线计数器的递减操作。

```
11 □ namespace WebStat
12   {
13 □     public class Global : System.Web.HttpApplication
14       {
15 □         protected void Application_Start(object sender, EventArgs e)
16           {
17               Application["onLineNum"] = 0;    //定义并初始化Application变量onLineNum
18           }
19 □         protected void Session_Start(object sender, EventArgs e)
20           {                                //用户开始登录时要修改onLineNum的值
21               Application.Lock();          //登录者先封锁Application变量
22               Application["onLineNum"] = (int)Application["onLineNum"] + 1; //变量累加
23               Application.UnLock();        //变量累加毕,解锁Application变量
24           }
25 □         protected void Application_BeginRequest(object sender, EventArgs e)
26           {
27           }
28 □         protected void Application_AuthenticateRequest(object sender, EventArgs e)
29           {
30           }
31 □         protected void Application_Error(object sender, EventArgs e)
32           {
33           }
34 □         protected void Session_End(object sender, EventArgs e)
35           {                                //用户注销时要修改Counter的值
36               Application.Lock();          //登录者先封锁Application变量
37               Application["onLineNum"] = (int)Application["onLineNum"] - 1; //变量递减
38               Application.UnLock();        //变量递减毕,解锁Application变量
39           }
40 □         protected void Application_End(object sender, EventArgs e)
41           {
42           }
43       }
44   }
```

图 9-17   以 Global.asax 统计在线人数的代码

9.5   网页切换与网页间参数传递

一个 Web 应用程序通常由若干个 Web 窗体(页面)构成。在这些窗体为完成一个共同的项目而协同工作时,网页的切换与网页间的数据传递是 Web 应用系统开发中必须统筹思考的问题。

9.5.1   网页切换方法

1. 主流的网页切换方法

常用的网页切换主要有以下几种方法。

(1) 利用 HTML 文档的超链接实现切换

在 HTML 文档中,可以为文字或图片添加超链接。在访问者浏览网页时可通过单击超链接实现网页切换。例如:

< a href = "Url" target = "显示网页的目标框架">提示性文字</a>

(2) 利用 Web 窗体控件 HyperLink 实现切换

在 Web 窗体中,从【工具箱】的【标准】栏目中把 HyperLink 控件添加到窗体的适当位置,并为此控件设置有效的 Text 属性和 NavigateUrl 属性,实现 Web 窗体类型的超链接。例如:

```
<asp:HyperLink ID = "HyperLink1" runat = "server"
NavigateUrl = "http://www.bnu.edu.cn">北京师范大学</asp:HyperLink>
```

（3）利用客户端脚本实现切换

针对某个 Web 控件（如按钮），为其 onClientClick 属性添加 JavaScript 代码"window.open(Url,样式信息);"从而实现切换到另外的页面。例如：

```
<asp:Button ID = "Button1" runat = "server"
onclientclick = "window.open('http://www.bnu.edu.cn','')" Text = "北京师范大学" />
```

（4）利用 Response.Redirect(Url)实现切换

在 Web 应用程序的逻辑代码设计状态，可以使用语句"Response.Redirect(Url);"切换到指定的网页。例如：

```
if(id == 5) Response.Redirect("jsfs.aspx");
表示如果 id 的值等于 5,就切换到网页 jsfs.aspx。
```

（5）使用 Server.Transfer(Url)方法实现切换

在 Web 应用程序的逻辑代码编辑状态，可以使用语句"Server.Transfer(Url);"切换到指定的网页。

在网站程序运行过程中，系统如果遇到了 Server.Transfer(Url)指令，则停止执行当前网页，切换到新网页中，新网页执行完毕不再返回到原网页中。例如：

```
if(id == 5) Server.Transfer.("jsfs.aspx");
```

表示如果 id 的值等于 5,就切换到网页 jsfs.aspx。

（6）使用 Server.Execute(Url)方法实现切换

此命令的用法与 Server.Transfer 相似。

在应用系统运行过程中，若系统遇到了 Server.Execute(Url)指令，则停止执行当前网页，切换到新网页中，但在新网页执行完毕还会返回到原网页中。

2. 网页切换技术比较

对比以上网页切换技术，主要有以下规则。

① 方法（1）是纯 HTML 文档采用的方法，在 Web 窗体中仍然可以应用。方法（2）、方法（3）则属于在 Web 窗体的【设计】视图使用的方法，其中，方法（3）可以通过样式指定浏览器窗口的形态，在一些要求特效的站点中用得较多。

② 方法（4）、方法（5）、方法（6）都是在代码隐藏类中通过编写代码实施网页切换，属于 C♯代码的范畴。

③ Response.Redirect(Url)中的目的 Url 并不局限于网页，也可以是其他类型的文件。对于浏览器不能解析的文件，则给予提示，请用户选择是"保存"还是"打开"。而 Server.Transfer(Url)和 Server.Execute(Url)中的 Url 必须是同一个应用程序中的 aspx 文档。

④ Response.Redirect(Url)命令的网页切换工作发生在客户端，在切换到目的网页后，会在浏览器的地址栏显示出新网页的 Url 信息，而且在退出新的网页后，不会自动返回到原来的网页中。而 Server.Execute(Url)和 Server.Transfer(Url)命令是一种真正的调

用。网页切换动作发生在服务器端,在切换到新网页后,浏览器的地址栏仍显示原来网页的 Url。而且在以 Server. Execute(Url)实现的切换中,如果退出新网页,系统会返回到原来的页面。

⑤ Server. Transfer(Url)和 Response. Redirect(Url)都可以在切换网页时携带参数,但 Response. Redirect(Url)只能携带小于 2KB 的参数数据,而 Server. Transfer(Url)可以传递更大的参数数据块。

3. 网页切换技术的示例

(1) 案例要求

下面将提供 7 种方法实现网页切换,采用的技术和界面如图 9-18 所示。

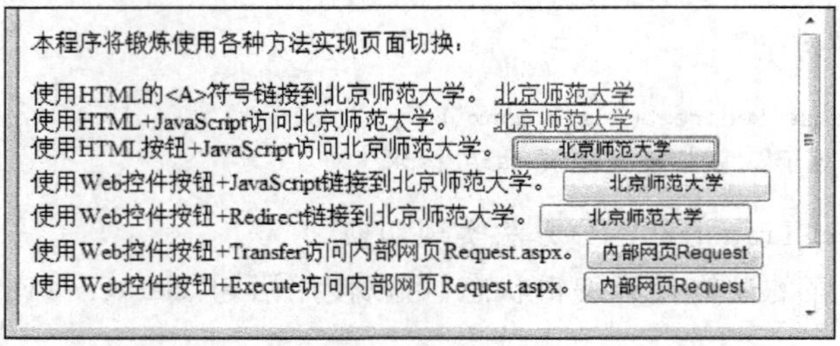

图 9-18　集中展示网页切换技术的界面效果图

(2) 实施功能所用的代码

为实现图 9-18 所示的功能,对应的 WebChange. aspx 文档的代码如图 9-19 所示。

图 9-19　集中展示网页切换技术的 aspx 文件的代码

由于后三种方式采用 C♯代码实现网页切换,因此需要编写 WebChange. aspx. cs 的内容,对应的代码如图 9-20 所示。

```
14  namespace WebStat
15  {
16      public partial class WebChange : System.Web.UI.Page
17      {
18          protected void Page_Load(object sender, EventArgs e)
19          {
20          }
21
22          protected void btnRedirect_Click(object sender, EventArgs e)
23          {
24              Response.Redirect("http://www.bnu.edu.cn");
25          }
26
27          protected void btnTrans_Click(object sender, EventArgs e)
28          {
29              Server.Transfer("Request.aspx");   //不能调用外部网页
30          }
31
32          protected void btnExecute_Click(object sender, EventArgs e)
33          {
34              Server.Execute("Request.aspx");   //不能调用外部网页
35          }
36      }
37  }
```

图 9-20　集中展示网页切换技术的 C#代码

9.5.2 网页间参数传递技术

在实际应用中,经常需要把一个网页的数据传递到另外一个网页,或者一个网页产生的数据长久有效,可以供后续的其他网页使用。这就是网页间的参数传递技术。

在网页间传递参数的方法主要有以下几种方式。

1. 在 URL 中利用"?"内嵌参数

如果上级页面在调用下级页面时需要传递数据给下级页面,则可以在使用网页切换命令时,在 URL 中的文件名后面用"?"携带需要传递的数据。带有的参数的 URL 通常采用以下格式:

<网页文件全称>?<参数名>=<参数值>

前面例子中的"Response.Redirect("showData.aspx? id=5")"就是一种典型带有参数的 URL 形式。如果系统需要携带多个参数,则参数之间可以使用"&"分隔开来。例如:

Response.Redirect("lookfor.aspx?xb=女 &age=20");

对于利用"?"传递参数的方式,在下级程序中必须有 Request.QueryString["参数名"]来获取参数的值,并把值赋予本程序内的内存变量中。例如,在 showData.aspx 中必须包含语句

String id=Request.QueryString["id"];

从而把上级程序提供的数值"5"传入到 showData.aspx 内部。同理,在 lookfor.aspx 程序中至少应该包含以下两个语句:

String xb=Request.QueryString["xb"];
String age=Request.QueryString["age"];

从而把上级程序提供的查询条件导入到 lookfor.aspx 之中。

在这两个小例子中,需要注意下级程序内"[ ]"中的参数名必须与上级程序中"?"后面的参数名一致。至于 String 类型后面的内存变量名,可以与参数名相同,也可以不同。

2. 利用 Session 实现参数传递

在一个应用程序中,经常存在某些变量需要跨多个网页存在,而且在一个会话周期中多次使用。例如信息系统中的用户账号、用户姓名和用户角色信息。如果对这些变量的跨页面使用都采用参数传递,网页链接中的 URL 将变得非常复杂。

对于这种情形,通常可以通过定义 Session 变量的方法来解决。对于 Session 变量来讲,由于每个访问者都有自己的 Session 实例,不必担忧此用户的操作对彼用户产生影响。因此,利用 Session 实例能够跨页面存在的属性就可以实现大范围的参数传递。

由于一旦定义了某个 Session 变量,将会为每个登录用户创建其实例。因此对一个并发量很大的网站来讲,每个 Session 变量都可能导致很大的服务器开销。因此,在 Web 网站设计中,应该尽量减少 Session 的定义。

3. 通过数据库或中间文件传递数据

如果网页间需要传递的数据规模非常大,难以采用 URL 携带参数方式或 Session 方式传递,则可以另辟蹊径。

提供数据的前级程序可以创建一个临时文档,把需要传递的数据存储到这个临时文档中。作为接收方的后继程序则可以直接从这个临时文档中读取数据。这是以临时文件作为中介实施网页间数据传输的模式。

当然,也可选用数据库作为中介,实现不同网页之间的数据传递。

4. 对网页参数的编码处理

在以"?"携带参数实现网页间数据传递的技术中,如果参数中的字符串比较复杂,甚至其中含有能够引起歧义的"&"和"?"时,就会导致接受方无法获取到正确的数据。例如,要在参数中传递两个人名:李萍和王丽。如果书写为如下的格式:

```
showData.aspx?xm = 李萍 & 王丽
```

必然导致接受错误,丢失"王丽"二字。因为系统把"李萍 & 王丽"之间的"&"解析成了参数分隔符。

为了保证参数传递的正确性,建议首先对参数采取特定的编码处理,再作为参数值传输,而接受方则需要先解码再使用。

例如,要在新闻信息系统中查询指定标题的消息,消息的标题由文本框 txt 提供,如果以参数传递的方式把要查找的标题传递给显示程序 showNews.aspx,那么可以这样书写调用语句:

```
Response.Redirect("showNews.aspx?id = " + Server.UrlEncode(txt.Text.Trim()));
```

表示在获取文本框 txt 的输入内容后先进行去空格处理,然后再按照 UrlEncode 规范实施编码,把编码结果作为参数值放在"id ="的后面。由于上级程序对网页参数值进行了编码处理,那么在 showNews.aspx 中提取参数值时就必须进行解码处理,可以采用下面的语句:

```
String id = Server.UrlDecode(Request.QueryString["id"]);
```

正是由于采取了这种编码处理,避免了新闻标题中的特殊字符引发歧义,保证了数据的正确传递。

如果需要对网页内容编码处理,则可以使用"Server. HtmlEncode(字符串变量名)"和"Server. HtmlDecode(字符串变量名)"实施编码与解码。

9.5.3 网页间参数传递示例

已知在当前应用中,存在两个 Web 窗体文件 DataZongin. aspx 和 DataZongRes. aspx。如图 9-21 和图 9-22 所示。希望当在 DataZongin. aspx 的文本框中输入姓名和性别后,将会在 DataZongRes. aspx 窗体中显示出对应信息。如果在 DataZongin. aspx 中输入的姓名为"张三",性别为"女",则在 DataZongRes. aspx 窗体显示"您好,欢迎张三小姐光临!";如果在 DataZongin. aspx 输入姓名"张三"、性别"男",则在 DataZongRes. aspx 窗体显示"您好,欢迎张三先生光临!"。

这是一个典型的在网页间实现数据传递的题目。下面将采用不同的技术实现数据传递。

1. URL 内嵌参数的模式——参数值无编码方式

1)案例要求

设计如图 9-21 和图 9-22 所示的两个窗体程序 DataZongin. aspx 和 DataZongres. aspx,其中 DataZongin. aspx 作为调用 DataZongres. aspx 的前级程序。分别用 4 个按钮体现在 URL 中携带参数进行数据传递的模式。说明:图 9-21 中两个文本框的 ID 分别是 txtXm 和 txtXb,分别用于输入姓名和性别信息。

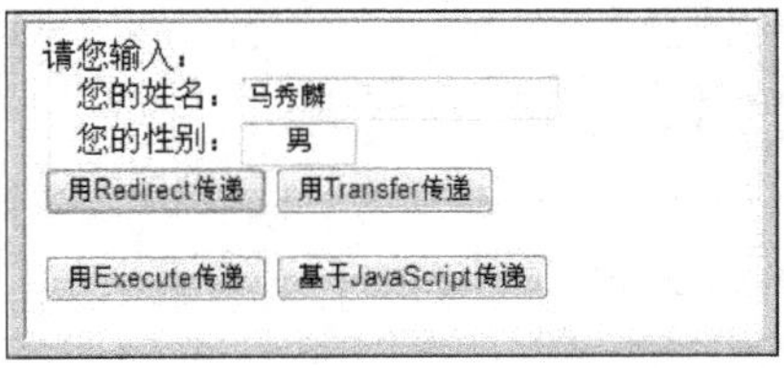

图 9-21 DataZongin 效果图    图 9-22 DataZongres 效果图

2)实现图示功能所需的代码

(1)前级程序 4 个按钮的 Click 事件的响应代码如图 9-23 所示。

(2)接受程序通过 Request. QueryString 语句获取 URL 参数的值。为保证读取的正确性和系统效率,本程序把接收数据语句放在了页面的 Page_Load 阶段。对应的代码如图 9-24 所示。

2. URL 内嵌参数的模式——参数值编码方式

为保证参数值的正确性与完整性,通常需要在前级程序中使用 URL 编码模式对参数值进行编码。在前级程序中,为响应网页切换按钮(BtnCode)的 Click 事件而编制的代码如图 9-25 所示。

接受程序按照解码方式接收数据,即接收数据后立即解码,然后再存储到相应的内存变量中。对应的代码如图 9-26 所示。

```
22  protected void btnRedirect_Click(object sender, EventArgs e)
23  {
24      String xm = txtXm.Text.Trim(); //获取姓名信息，并去掉多余空格
25      String xb = txtXb.Text.Trim(); //获取性别信息，并去掉多余空格
26      String url=String.Format("DataZongRes.aspx?xm={0}&xb={1}",xm,xb);
27                  //借助字符串格式化方式，构造URL字符串
28      Response.Redirect(url);
29  }
30
31  protected void btnTranfer_Click(object sender, EventArgs e)
32  {
33      String xm = txtXm.Text.Trim();
34      String xb = txtXb.Text.Trim();
35      String url = String.Format("DataZongRes.aspx?xm={0}&xb={1}", xm, xb);
36      Server.Transfer(url);
37  }
38
39  protected void btnExecute_Click(object sender, EventArgs e)
40  {
41      String xm = txtXm.Text.Trim();
42      String xb = txtXb.Text.Trim();
43      String url = String.Format("DataZongRes.aspx?xm={0}&xb={1}", xm, xb);
44      Server.Execute(url);
45  }
46
47  protected void btnJS_Click(object sender, EventArgs e)
48  {
49      String xm = txtXm.Text.Trim();
50      String xb = txtXb.Text.Trim();
51      String url = String.Format("DataZongRes.aspx?xm={0}&xb={1}", xm, xb);
52      Response.Write("<Script>window.open('"+url+"','');</Script>");
53  }
```

图 9-23 实施网页切换的前级程序(调用者)

```
18  protected void Page_Load(object sender, EventArgs e)
19  {
20      String xm=Request.QueryString["xm"];
21      String xb = Request.QueryString["xb"];
22      if (xb == "女") lblInfo.Text = "您好,欢迎" + xm + "小姐光临! ";
23      else lblInfo.Text = "您好,欢迎" + xm + "先生光临! ";
24  }
```

图 9-24 实施网页切换的后级程序(被调用者)

```
23  protected void btnCode_Click(object sender, EventArgs e)
24  {
25      String xm =Server.UrlEncode(txtXm.Text.Trim()); //获取姓名信息并编码
26      String xb =Server.UrlEncode(txtXb.Text.Trim()); //获取性别信息并编码
27      String url = String.Format("DataCodeRes.aspx?xm={0}&xb={1}", xm, xb);
28      //借助字符串格式化方式，构造URL字符串
29      Response.Redirect(url);
30  }
```

图 9-25 采用 URL 参数编码模式的网页切换的前级程序(调用者)

```
18  protected void Page_Load(object sender, EventArgs e)
19  {
20      String xm =Server.UrlDecode(Request.QueryString["xm"]);
21              //获取参数值并解码
22      String xb = Server.UrlDecode(Request.QueryString["xb"]);
23              //获取参数值并解码
24      if (xb == "女") lblInfo.Text = "您好,欢迎" + xm + "小姐光临! ";
25      else lblInfo.Text = "您好,欢迎" + xm + "先生光临! ";
26  }
```

图 9-26 采用 URL 参数编码模式的网页切换的后级程序(被调用者)

3. 基于 Session 的参数传递模式

使用 Session 实施数据在网页间传递是一种比较简单的方式,而且可以跨多个页面存在。创建 Sesssion 变量的代码如图 9-27 所示。

```
23  protected void btnSession_Click(object sender, EventArgs e)
24  {
25      String xm = txtXm.Text.Trim(); //获取姓名信息并去除空格
26      String xb = txtXb.Text.Trim(); //获取性别信息并去除空格
27      Session["Sxm"] = xm;    //定义Session变量Sxm
28      Session["Sxb"] = xb;    //定义Session变量Sxb
29      Response.Redirect("DataSessionRes.aspx");
30  }
```

图 9-27　采用 Session 传递参数的网页切换的前级程序(调用者)

由于使用了 Session,接受程序不必使用专门的语句读取数据,而是可以像使用本地内存变量一样直接应用 Session 的实例。相关代码如图 9-28 所示。

```
18  protected void Page_Load(object sender, EventArgs e)
19  {
20      String xm = Session["Sxm"].ToString();    //从Session实例中获取参数值xm
21      String xb = Session["Sxb"].ToString();    //从Session实例中获取参数值xb
22      if (xb == "女") lblInfo.Text = "您好,欢迎" + xm + "小姐光临!";
23      else lblInfo.Text = "您好,欢迎" + xm + "先生光临!";
24  }
```

图 9-28　采用 Session 传递参数的网页切换的后级程序(被调用者)

思考题

1. 如何获得远程访问者的 IP 地址? 如何获得远程访问者的浏览器版本?

2. 在 Web 应用程序中,实现网页切换的技术主要有哪些? 哪些隶属于 HTML 方式? 哪些属于 C♯代码方式?

3. Response.Redirect()切换有什么特点? Server.Transfer()与 Server.Execute()的切换方式有什么不同? 对目标文件有什么限制?

4. 什么是 Session 变量和 Application 变量? 这两种变量在作用域方面有哪些不同?

5. Web 应用程序的配置文件有哪两个? 分别位于什么位置? 各有什么作用? 二者的关系是什么?

6. Web.config 以什么格式保存 Web 应用程序的配置信息? 主要包括哪些方面的配置信息?

7. Web 应用系统的数据库连接字符串存储于什么位置? 为什么不直接把数据库连接字符串写到 C♯的源程序中?

8. Global.asax 文档位于什么位置,有什么作用? 其主要结构是什么?

9. 如果要设计一个统计网站访问量的模块,计数器变量应该配置为什么类型? 应该在什么位置初始化计数器变量? 应该在什么位置进行计数器的累加?

10. URL 参数方式是实现网页间数据传递的一种主要形式。为了保证传递参数值的正确性与完整性,通常对参数值执行哪些操作?

11. 在 Web 应用程序中,如何使用 Session 变量实现网页间的参数传递?

12. 在 Web 应用程序中,被调用程序如何获取前级程序以 URL 参数模式传递过来的参数值?

上机实训题

新建项目 TEST9,在此项目中实现以下功能。

(1) 新建窗体 ClientInfo,在此窗体中获取访问者的 IP 地址、浏览器类型等信息,并列出服务器变量的反馈信息。

(2) 新建窗体 Counter,在此 Counter 中创建网站访问量计数和在线人数计数功能。

(3) 打开当前项目的 Web.config 文档,观察 Web.config 文档的内容、结构,并尝试能够通过 Web.config 文档修改 Web 应用程序的配置信息。

(4) 新建窗体 A1 和 A2。首先,在 A1 中设置 TextBox 控件和 Button 控件;其次,针对 A1 窗体中的 Button 控件,为其 Click 事件添加对应方法。在其中加入各种以"URL 参数模式"调用 A2 窗体的语句;再次,在 A2 中设置"获取 URL 参数值"的语句并输出获得的数据;最后,预览 Web 窗体 A1,测试网页间参数传递的有效性。

(5) 新建窗体 B1 和 B2。首先,在 B1 中设置 TextBox 控件和 Button 控件,并为 Button 控件的 Click 事件添加方法,在方法中完成以下操作:把 TextBox 的值设置为 Session 变量;直接调用 B2 窗体;其次,在 B2 窗体中显示出相应 Session 量的值;最后,预览 Web 窗体 B1,测试网页间 Session 传递数据的有效性。

第 10 章

登录模块设计

学习要点

本章主要学习 ASP.NET 应用程序中实现用户登录与操作权限控制的技术。要求学习者了解 ASP.NET 技术中实现登录与权限控制模块的基本组织体系,了解实现登录模块的两种方法。了解.NET 3.5 内置的成员资格管理体系的组成要素和组织方法,掌握自主开发登录模块的关键技术。本章重点关注以下内容:

- 实现登录与权限控制模块的主要方法和思路。
- 内置的成员资格管理体系的组成,ASPNETDB 文件的结构,及创建用户、创建角色、创建访问规则的含义。
- 为实现内置的成员资格管理而配置关键控件:Login,CreateUserWizard,Change-Password,PasswordRecovery 等,为超级管理员准备的 Membership 类和 Roles 类的简单使用。
- 自主开发登录模块的关键技术、Session 变量的应用。
- 在自主开发权限控制体系中,对应用程序访问者的控制方法。

10.1 Web 应用系统安全性机制

在动态网站开发中,为约束外部用户对 Web 系统的访问,需要采取一定的安全机制,把非法用户屏蔽到系统之外。从 Web 应用系统安全性管理的视角看,主要可通过网络技术、ASP.NET 内置的认证技术、自主开发认证模块等技术手段实现。

10.1.1 基于网络技术的访问控制机制

1. 以防火墙、路由器隔离 Web 服务器

在动态网站开发中,可以在 Web 服务器与 Internet 之间设置防火墙,或者利用路由器限制外部用户对服务器的访问,甚至可以采用物理隔离(断开 Web 服务器与外网的物理连接)方式把网站的用户约束在一个有限的范围之内。

2. 通过 IP 地址限制 Web 服务器用户

在 Web 服务器中,存在针对虚拟目录的 IP 约束机制。开发者可以利用 Web 服务器配置文件,设置可以访问虚拟目录的客户端 IP 地址,把非法用户的 IP 地址限定在系统之外。

关于 Web 服务器的配置内容,请参阅 Web 服务器配置的章节。

10.1.2　基于 ASP.NET 体系的访问控制机制

在 ASP.NET 中,提供了一套有效的控制机制对外部用户进行控制,涉及的主要技术有以下几个。

1. 通过 Web.config 文档配置访问控制模式

在 Web.config 文档中专门配置了一个小节,用于对当前 Web 应用系统的身份认证方式进行设置,这就是 authentication 配置。

在 Web.config 文件的<authentication mode="?">节,共有 4 种模式可供设置。其中:

* none——表示不使用 Web.config 执行身份验证。
* Windows——表示采用 Windows 系统内置的账号进行身份验证,即由 Web 服务器 (IIS 服务器)调用 Windows 内置的用户名、权限等设置来执行身份验证。
* Forms——为用户提供一个能够输入验证凭据的自定义窗体,然后在应用程序中验证用户的身份;把通过验证的用户凭据记录在本地的 Cookies 或者 Session 中,从而实现用户操作管理。
* Passport——利用 Microsoft 提供的 Passport Web Service 进行身份验证。

2. 基于 Windows 实施身份验证

基于 Windows 的身份验证根据 Windows 服务器的文件系统 NTFS 和 Windows 的内置账户实施身份验证,使只有隶属于 Windows 服务器账户而且对 Web 服务器的文件夹具有操作权限的用户才能访问 Web 应用系统。

基于 Windows 实施身份验证技术建立在 Windows 服务器账户、NTFS 文件系统、IIS 的 Web 服务器配置三个维度的密切配合。

3. 基于 Forms 的用户身份验证

基于 Forms 实施用户身份验证是当前信息系统、动态网站开发中用得最广泛的方式。其基本思路是:以窗体表单接受用户输入的身份信息(如用户名、密码),然后由身份验证模块对用户输入的身份信息进行检验。只有通过检验的用户才可以访问 Web 应用系统。

10.2　Form 认证机制的工作原理

所谓 Form 认证(表单认证),就是利用 Form 验证用户身份,并使通过验证的用户在允许的范围操作。其中包括两重含义:用户和用户在应用系统内的操作范围。而要真正地实现这两重约束,则需要角色和访问规则概念的支持。

10.2.1　成员资格管理

1. 成员与角色的概念

在 Web 应用系统开发中,成员(Users)与角色(Roles)的概念是无法回避的知识。所谓成员,就是 Web 应用系统中的用户,而角色就是 Web 应用系统中成员的类别。

从现实世界中人工管理的视角看,成员就是组织机构内部的一个个的工作人员,而角色则是与成员密切相关的职位信息、人员类别的信息。例如,在一个图书馆的内部管理中,张三、李四等工作人员是具体的成员,同时张三、李四等人又必须承担一定的职责,即他们必须具备一定的角色成分。在客观现实中,管理权限是赋予角色的,而不是赋予成员的。成员只有承担某个角色,才能具备相关的权利。

因此,在 Web 应用系统开发过程中,对成员和角色的设计是实施表单认证机制的首要任务。特别是角色设计,对系统的成败具有决定性的作用。

注意:ASP.NET 内置了一套成员资格管理体系,供开发者在应用程序开发时用来设计登录模块和系统的访问规则。

有时,角色也被称为用户组(Group),二者具有相同的语义功能和语义环境。

2. 访问规则

在客观世界的管理活动中,管理权限是赋予角色的,每一角色承担相应的任务。每个角色具有的权限是约定俗成或者是经批准的。

同理,在 Web 应用系统的设计中,需要清晰地设计出每个角色的访问权限,指定每个角色访问程序模块的范围,不允许角色超出自己的管理范围越位操作。

人们把限定角色访问范围的设计叫访问规则设计,针对角色制定的访问约束条件被称为访问规则。

10.2.2 表单认证机制的工作原理

1. 实施成员访问权限管理的数据库机制

由于任一 Web 应用系统的成员都不是 1 个、2 个,而是成员众多,而且角色繁多,为了对成员和角色实施管理,建立基于数据库技术的成员表和角色表是必不可少的。即利用数据库技术首先在数据库内部创建角色表,用于管理系统的角色信息;然后创建成员表,用以管理系统内部的成员信息。

由于成员具有的操作权利需要通过角色获取,因此清晰地描述成员所具备的角色是非常必要的。如果每名成员只承担一个角色,那么只须在成员表中增加角色字段来说明成员的角色即可。如果允许一名成员承担多种角色,则需要新建专门的数据表"成员权限表"来描述成员与角色的关系。

角色具备的操作权利由访问规则决定。对于一个小型系统来讲,可以直接在程序代码中实施访问规则。只需通过简单的代码,制作出面向角色的个性化菜单,就可完成针对角色的授权。而对大型的系统来讲,则需要在后台数据库中创建访问规则表,利用访问规则对角色和程序模块、数据表之间的控制关系进行描述。

角色、成员与程序模块之间的关系如图 10-1 所示。

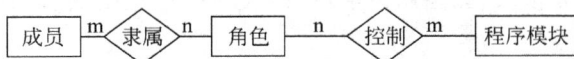

图 10-1 成员、角色、程序模块之间的关系

2. 表单认证机制的工作流程

根据表单认证的特点,要实施表单认证机制,必须遵循以下流程。

(1) 事先设计角色,确定角色的访问规则。然后完成相关的成员表、角色表的制作。如果系统很大,还需要制作成员角色关系表和访问规则表。

(2) 为成员表、角色表等关键表格输入部分初始信息。

(3) 制作用于用户输入个人信息的表单。

(4) 对用户输入的个人信息进行验证。这一过程主要包括到用户表中检查用户输入的用户名和密码是否正确。对于正确登录的合法用户,则需要通过其角色和访问规则来确定用户的访问权限。

(5) 根据用户的访问权限显示出个性化菜单,为用户使用 Web 系统提供清晰的、允许范围内的导航体系。

注意:在使用表单认证机制进行用户访问控制时,要注意采取一定规则加强用户身份的认证,同时还要防止没有通过登录页面验证的用户直接调用内部 aspx 文件,造成不应有的损失。

设计表单认证机制的关键工作步骤如图 10-2 所示。

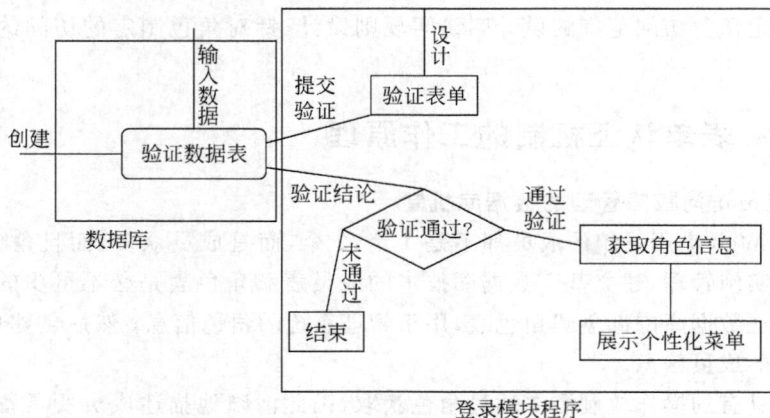

图 10-2　表单认证机制的关键工作步骤

10.2.3　表单认证机制的组成体系

要真正地实施一套完整的表单认证系统是非常复杂的。

从功能上看,既要包含面向终端用户的前台操作,还要包括面向系统管理员的用户管理机制。对终端用户来讲,需要有系统登录与验证模块、修改密码模块、密码重置模块、获取角色并设置个性化菜单模块;而对系统管理来讲,还需要包括新增角色模块、新建用户模块、用户列表模块、角色列表模块、删除用户模块、修改用户信息模块、设置用户角色模块、设置访问规则模块等功能。

从系统的信息组成上看,需要包括后台数据库、上述功能模块,而且还要包括必要的配置信息。

从表单认证机制的实施看,其组成体系如图 10-3 所示。

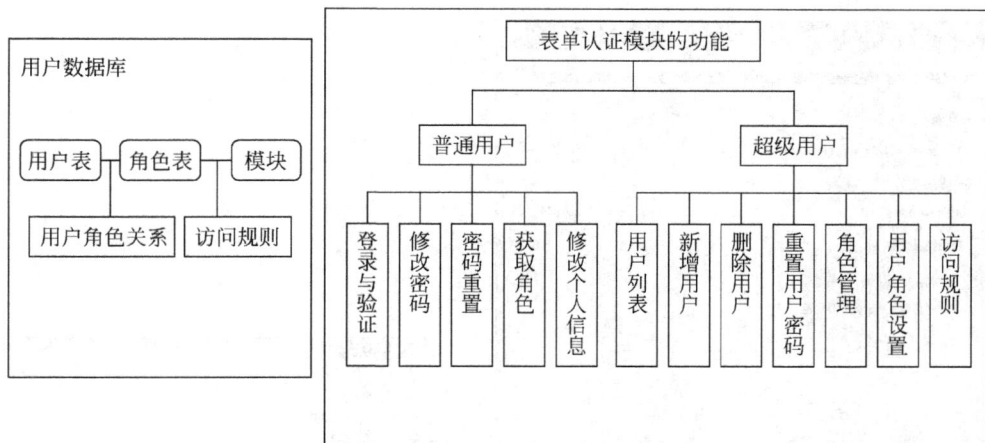

图 10-3　表单认证机制的组成体系

10.3　VS2008 内置的登录体系

为支持登录与验证，VS2008 内置了一套完整系统，这套系统以 ASPNETDB 作为 Form 的认证数据库，用于存储用户表、角色表等相关信息，同时以 Class 的形式对为各功能模块设计专用的类。由于 VS2008 的内置成员资格体系非常完整，开发者不需编码就能完成一个 Web 应用系统的访问控制工作。

10.3.1　VS2008 内置登录体系的构件

1. 后台数据库 ASPNETDB

以 VS2008 内置的登录体系构造登录模块，需要建立在数据库 ASPNETDB 的基础上。ASPNETDB 是一个 SQL Server 2005 数据库，存储在项目的 App_Data 文件夹下。

注意：默认状态下，VS2008 不会在用户的项目中创建 ASPNETDB 数据库。只有在 Web 窗体中添加了登录控件，并且利用登录控件的【管理网站】功能进入到网站配置状态，把网站的"身份验证方式"选择为【通过 Internet】验证后，VS2008 才会自动在项目的 App_Data 文件夹中创建 ASPNETDB 数据库。

利用【服务器资源管理器】面板的添加【数据连接】，然后按照【附加一个数据库文件】的方式可以把 App_Data 下的 ASPNETDB 数据库添加到【数据连接】下，如图 10-4 所示。

利用【服务器资源管理器】面板的【数据连接】可以打开数据库 ASPNETDB，从图 10-5 中显示出的数据库结构可以看出，ASPNETDB 的结构很复杂，其中包括了对用户表（aspnet_Users）、角色表（aspnet_Roles）和用户角色关联表（aspnet_UserInRoles）等后台数据表的定义。

在此状态下，可以像操作普通数据库一样操作 ASPNETDB 数据库，执行诸如添加新表、设置表间关系等操作。开发者甚至可以把自己业务活动中需要处理的数据表添加到这个数据库中，以便与登录模块的后台数据表整合在统一的体系中。

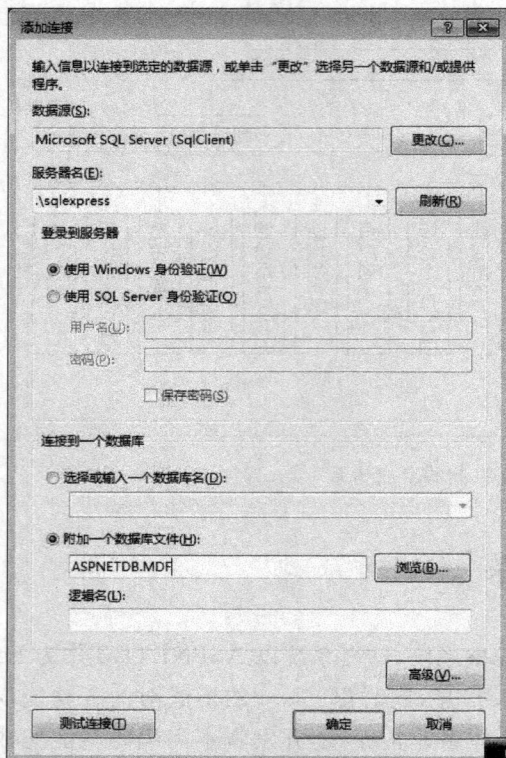

图 10-4　把 ASPNETDB 附加到服务器资源管理器

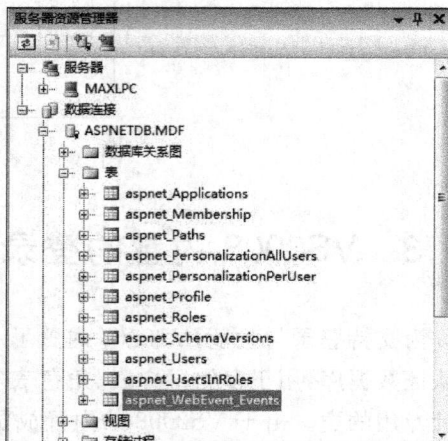

图 10-5　ASPNETDB 中的数据表

由于 ASPNETDB 数据库中与登录模块相关的数据表是为适应大型的 Web 系统设计的,其内在结构和关联关系都比较复杂。作为初学者,不必对以 aspnet 开头的数据表做深入的研究。因为对这些数据表的操作都可由 VS2008 内置的控件自动完成。

注意:在进行 VS2008 内置登录模块开发的过程中,请断开服务器资源管理器与 ASPNETDB 的连接,以保证登录模块控件对 ASPNETDB 具有较高的控制权限,避免因登录控件对 ASPNETDB 的操作权限不足而引发异常。

2．内置的登录控件与类

为支持登录模块开发,VS2008 在工具箱中专门预设了【登录】栏目,并在其中放置了 7 个非常重要的控件: Login(登录控件)、LoginView(登录后显示视图控件)、PasswordRecovery(密码重置控件)、LoginStatus(登录状态控件)、LoginName(登录用户名控件)、CreateUserWizard(新增用户控件)和 PasswordChange(更新密码控件)。

从上述控件名称可知,对于登录过程和用户个人信息管理,内置的登录控件提供了非常强大的支持。但对角色管理、罗列用户信息、设置用户角色、删除用户等超级管理员所必需的模块,上述控件中并没有提供支持。为此,VS2008 允许开发者直接调用 Membership 和 Roles 两个类,利用它们提供的方法完成相关操作。Membership 类中的重要方法如表 10-1 所示。

表 10-1　Membership 类中的重要方法

方　法　名	用　　途
CreateUser()	添加一个新用户
DeleteUser()	删除一个指定用户
FindUsersByEmail()	根据电子邮件信息查找用户
GetAllUsers()	获取所有用户信息的列表,结果可直接赋予 GridView
GeneratePassword()	产生一个特定长度的随机密码
ValidateUser()	实现对用户的验证

Roles 类中的重要方法如表 10-2 所示。

表 10-2　Roles 类中的重要方法

方　法　名	用　　途
AddUsersToRole()	把用户添加到某一角色中
RemoveUserFromRole()	从指定角色中删除一个指定用户
CreateRole()	创建一个新角色
DeleteRole()	删除一个指定角色
GetAllRoles()	获取所有角色的列表
GetUsersInRole()	获取指定角色中的用户的列表
IsUserInRole()	判定某个用户是否属于某种角色
RoleExists()	检测是否已经存在指定的角色

注意：表 10-1 和表 10-2 中的类仅适合于 VS2008 内置的登录模块设计,与其相关的全部操作都建立在对数据库 ASPNETDB 实施操作的基础上。

3. 网站管理模块

"网站管理模块"是 VS2008 为 Web 网站管理而专门开发的一个模块,利用此模块可以实施网站验证方式修改、添加用户与删除用户、管理角色、设计访问规则等操作。

此模块主要是为系统开发者初始化系统状态而设计的。当开发者决定使用 VS2008 的内置登录控件进行登录模块的开发时,通常都会利用"网站管理模块"对当前应用程序的环境进行设置,临时添加几个初始用户和初始角色,以便在程序开发过程中调试程序。

1) 启动"网站管理模块"

当开发者向当前窗体中添加 Login 控件后,只需单击 Login 控件右上角的智能按钮就可启动智能菜单。在智能菜单下选择【管理网站】,系统会启动 IE 浏览器,进入到基于浏览器的"网站管理工具"状态下,初始界面如图 10-6 所示。

在"安全"选项卡下,单击"选择身份验证类型",系统会切换到新的页面中,请开发者选择站点的访问类型,如图 10-7 所示。

如果决定使用 Windows 验证方式进行用户身份验证(即只允许 Windows 的内置账号或者通过局域网用户访问此 Web 应用程序),则选择【通过本地网络】单选按钮。

如果决定使用 Forms 进行验证,则选中【通过 Internet】单选按钮,然后单击右下角的【完成】按钮确认设置。此时 VS2008 会自动在当前项目的 App_Data 文件夹下创建 ASPNETDB 数据库,为使用 Forms 验证做好准备。在此过程中,VS2008 还会修改 Web.config文件中的相关项,使之符合 Forms 验证的要求。

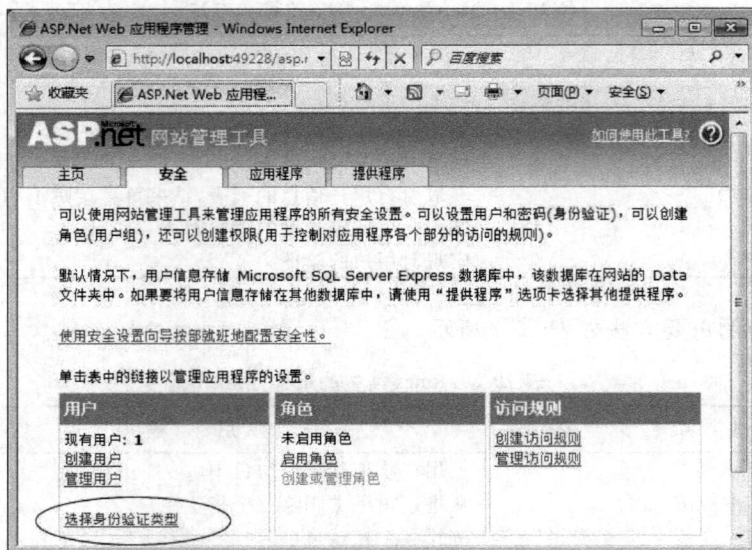

图 10-6　【ASP.NET 网站管理工具】界面

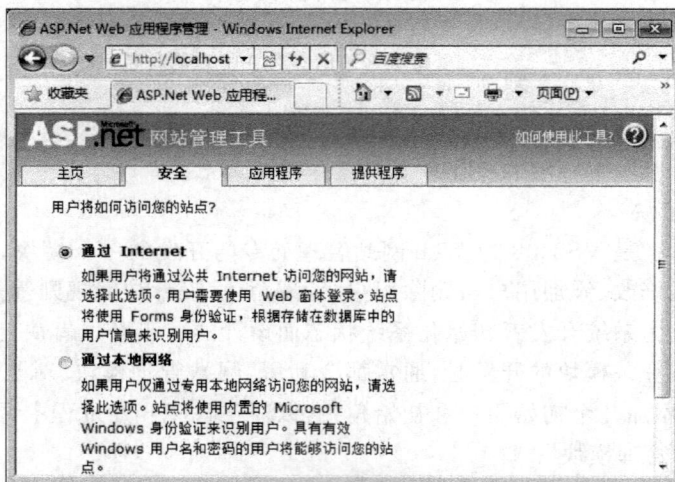

图 10-7　设置网站的访问类型

2）创建新角色

在如图 10-6 所示的窗口中，单击中部的【启用角色】链接，启用角色功能。然后单击【创建与管理角色】链接，切换到创建新角色界面，如图 10-8 所示。

输入角色名称到【新角色名称】文本框，然后单击【添加角色】按钮，把新角色添加到系统中。实际上，角色信息是被添加到了 ASPNETDB 数据库的 aspnet_Roles 数据表中。

3）创建新用户

在如图 10-6 所示的窗口中，单击左下部的【创建用户】链接，打开新增用户界面，如图 10-9 所示。

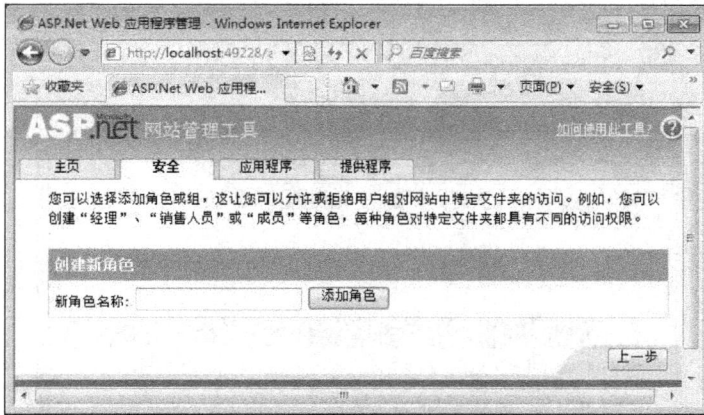

图 10-8 设置网站的角色

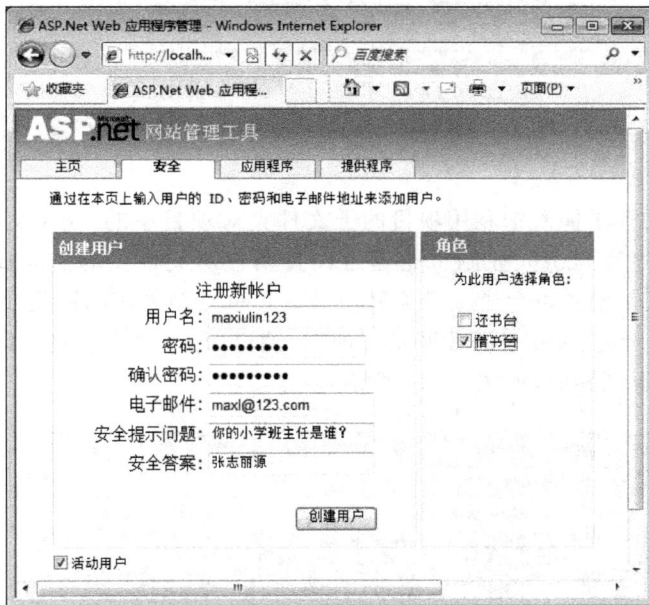

图 10-9 利用网站管理工具添加用户

正确地输入新用户的用户名、密码、确认密码、电子邮件信息,而且预设一个只有用户知道答案的问题,并给予正确的答案,以备万一遗忘了密码,可以通过这个问题及其回答找回密码。然后为此用户选择一个角色。最后单击【创建用户】按钮,就会创建一个新用户。

注意:由于 ASP.NET 比较注重安全机制,因此对密码的复杂度有一定的要求,不要设置过于简单的密码。不然可能会被系统拒绝,无法注册新用户。

4)管理用户或角色

在【ASP.NET 网站管理工具】界面上,还有链接"管理用户"和"创建或管理角色"。单击对应的链接,就可以打开相应的界面,执行对用户和角色的管理,如图 10-10 所示。

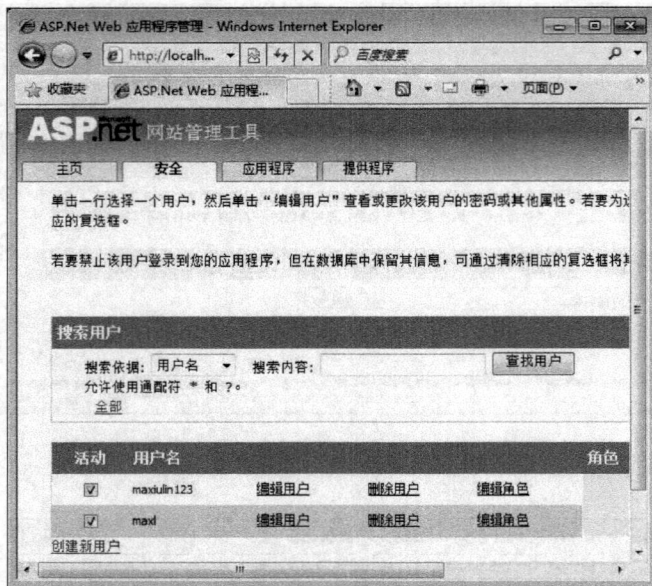

图 10-10   利用网站管理工具管理用户、设置角色

5）添加访问规则

VS2008 内置的登录体系中利用项目的子文件夹对项目中的 aspx 文档进行程序归类，因此角色对应用程序实施访问控制也是通过设置角色对文件夹的访问权限来确定的。因此，编辑访问规则就是设置每个子文件夹针对某一角色是拒绝访问还是允许访问来实现的。

在如图 10-6 所示的【ASP.NET 网站管理工具】界面上，单击右侧的【创建访问规则】就可以打开新建访问规则界面，如图 10-11 所示。

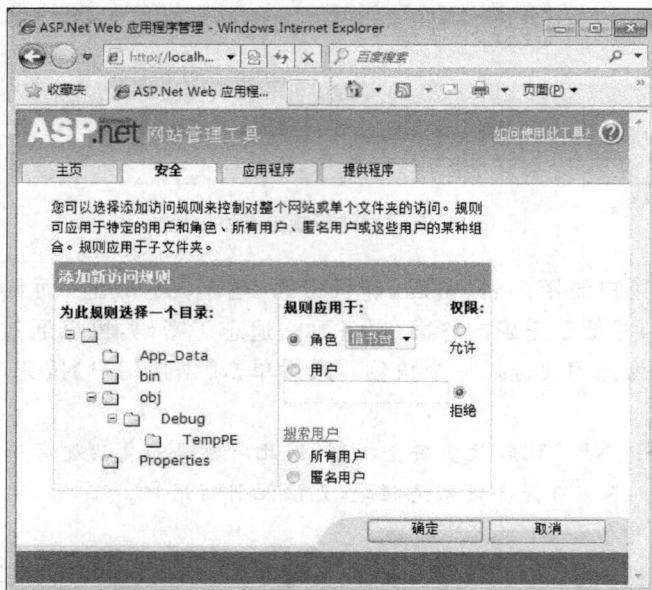

图 10-11   新建"访问规则"

在执行【网站管理工具】的【启动 Internet 身份认证（Form 认证）】和利用【网站管理工具】添加了几个临时角色和临时用户后，就做好了使用 VS2008 内置的成员资格体系开发登录模块的准备了。

6）配置站点，使之可自动发送 Email

如果希望站点具有自动发送 Email 的能力，比如购物网站的自动发送订单成功信息、自动发送送货安排信息，用户重置密码时 Web 服务器自动发送重置的新密码等，都需要站点具备自动发送 Email 的能力。因此，这里讨论的不是构建 Email 服务器，而是为站点提供一个向外发送 Email 的信息通道。

在【网站管理工具】主界面中，选择【应用程序】选项卡，进入应用程序配置状态，从中间区域选择超链接【配置 SMTP 电子邮件】，打开如图 10-12 所示的界面，进行配置。

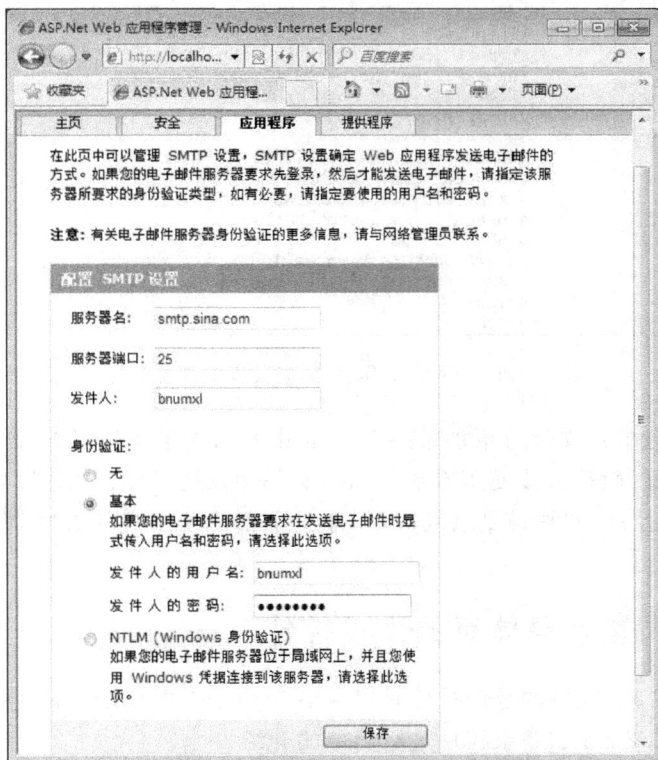

图 10-12　利用【网站管理工具】配置网站自动发送邮件功能

因笔者在新浪网上有一个免费信箱 bnumxl，笔者希望本网站能够利用新浪网的免费邮箱自动发送信息，就进行了如图 10-12 所示的配置。配置信息说明了负责发送邮件的发件服务器的名字、端口号以及发送人的账号、密码，发件人的签名信息等。

本配置信息被自动地存储到项目的 Web.config 文件中，如图 10-13 所示。

4．成员资格配置的 Membership 节

在 VS2008 开发工具的系统文件夹 Config 中有一个重要的配置文件 Machine.config，在其中有专门的一节 Membership，是专门负责对成员资格进行配置与限制的。

通常情况下，隶属于项目文件夹的 Web.config 从 Machine.config 中继承关于

```
126 <system.net>
127     <mailSettings>
128         <smtp from="bnumxl">
129             <network host="smtp.sina.com" password="mm123456" userName="bnumxl" />
130         </smtp>
131     </mailSettings>
132 </system.net>
```

图 10-13　发送邮件功能在 Web.config 中的配置信息

Membership 的配置信息。如果开发者有特殊需要,可以把这一节复制到项目配置文件 Web.config 文件的 System.web 中,然后修改某些选项的值,如图 10-14 所示。

```
21 <membership>
22     <providers>
23         <clear />
24         <add name="AspNetSqlMembershipProvider"
25         type="System.Web.Security.SqlMembershipProvider"
26         connectionStringName="LocalSqlServer"
27         enablePasswordRetrieval="false"
28         enablePasswordReset="true"
29         requiresQuestionAndAnswer="true"
30         applicationName="/"
31         requiresUniqueEmail="false"
32         passwordFormat="Hashed"
33         maxInvalidPasswordAttempts="5"
34         minRequiredPasswordLength="4"
35         minRequiredNonalphanumericCharacters="0"
36         passwordAttemptWindow="10"
37         passwordStrengthRegularExpression="" />
38     </providers>
39 </membership>
```

图 10-14　Web.config 中的成员资格管理配置节

在本例中,在段首定义部分增加了一个<clear />,表示不使用 Machine.config 内关于 membership 的配置,而是直接使用本地 Web.config 的配置信息。另外,本例把密码的最低长度修改为了 4,使用户的密码复杂度降低,减少了创建新用户的难度,但也牺牲了一部分安全性。

10.3.2　内置登录体系的预设控件

熟练使用 VS2008 提供的登录控件是以 VS2008 的内置登录体系编写登录模块的必要条件。下面将对 VS2008 的登录控件进行简单的介绍。

1. Login 控件

Login 控件用于实现登录界面,即为开发者提供一个输入用户名、密码信息的表单,并能够对用户提交的登录信息进行验证。由于 Login 控件与 VS2008 内置的用户管理密切集成,因此其验证过程可由系统自动完成而不需编写 C♯代码,其验证凭据为已经存储在 ASPNETDB 数据库中的用户信息。

作为一款功能强大的控件,Login 控件右上角的智能菜单为开发者美化登录面板、进行个性化设置提供了方便。其智能菜单中的【自动套用格式】提供了多种登录模板供开发者选用,【管理网站】则为启动网站管理工具、实施用户管理提供了入口。

另外,Login 控件还提供了一些属性,通过这些属性可以完成个性化设置,如表 10-3 所示。

表 10-3　Login 控件的属性及其用途

属　　　　性	说 明 信 息
CreateUserText	如果要在 Login 中增加一个"注册新用户"的链接,则可在 CreateUserText
CreateUserUrl	属性上给予提示文字;在 CreateUserUrl 属性中填写负责注册新用户的那个网页文档的程序名称,这个程序通常是一个包含 CreateUserWizard 控件的页面
DestinationPageUrl	说明登录成功后,系统要跳转到的页面。这个页面通常是一个包含个性化菜单的页面,因此其中通常包括 LoginView 控件
DisplayRememberMe	设置是否在登录面板上显示"记住我"的复选框。默认为 true,即显示出"记住我"复选框
PasswordRecoveryText	设置是否提供密码恢复。如果 PasswordRecoveryText 属性中有文本信息
PasswordRecoveryUrl	(如"我忘记密码了,找回密码"),该信息将被显示在 Login 控件底部,而 PasswordRecoveryUrl 则链接到找回密码的网页,该网页中通常包括 PasswordRecovery 控件
UserName	获取或者设置用户名文本框的数据
Password	获取用户提交的密码数据

2. CreateUserWizard 控件

CreateUserWizard 控件用于新建用户,与数据库 ASPNETDB 中的 aspnet_users 数据表密切集成,能够快速地在用户数据表中增加记录。

与 Login 一样,VS2008 也为 CreateUserWizard 控件设置了智能菜单,允许开发者通过智能菜单对 CreateUserWizard 控件进行配置,美化界面。另外,对 CreateUserWizard 最关键的属性就是 ContinueDestinationPageUrl,用于设定当用户成功注册户后系统应该跳转到哪一个网页。除此之外,还有几个属性也需注意,如表 10-4 所示。

表 10-4　CreateUserWizard 控件的属性和方法

属性或方法名	说 明 信 息
ContinueDestinationPageUrl	获取或设置在用户成功创建新用户后需要跳转到的目标网页名称
LoginCreatedUser	设置在创建新用户后是否以新用户登录系统
UserName	获取或设置新的用户名信息
Email	获取或设置在电子邮件文本框中的信息
UserName	获取或者设置用户名文本框的数据
Password	获取用户提交的密码数据
DisableCreatedUser	设置是否允许新用户登录到网站,默认为 false
CreatedUser 事件	在新用户被创建后触发此事件。通常可在此事件的处理方法中包含设置新用户角色的语句

在 CreateUserWizard 控件中,有一个复合属性"MailDefinition",其功能是自动给新注册用户发送 Email,即向新注册用户刚刚登记的邮箱中发送一封 Email,如图 10-15 所示。

在开始配置此属性前,必须先准备好一个纯文本文档,用于保存邮件内容。由于这种邮件通常属于格式公文,因此邮件的主体内容是固定的,只是收件人的用户名和密码等个别信息不同。因此,在这种文件中,通常使用<% username %>和<% password %>分别指代收件人(即新用户)的用户名、密码,然后适当撰写"感谢注册、感谢注册"之类的句子。

如图 10-15 所示,子属性 BodyFileName 用于指定存放邮件内容的文件的名称;CC 则是抄送地址;From 指明发件人地址,通常是站点负责人的邮箱地址;Subject 说明邮件的主题。

注意:使用此功能的前提条件是:已经在"网站管理"界面中配置好了"SMTP 电子邮件"。

3. LoginName 控件

LoginName 控件是一个非常简单的控件,用于显示成功登录者的用户名。它不仅可以用来显示 Forms 验证的用户名,而且还可以显示在以其他验证方式登录系统之后的用户名。

图 10-15　设置 CreateUserWizard 的
自动发送邮件功能

LoginName 的属性 FormatString 用于设置输出的用户名格式,其格式串支持常用的字符串格式定义及字符串参数。例如用户名"Zhang001"正确登录系统,如果设置 FormatString＝"热烈欢迎{0}登录本系统!",那么将会在放置 LoginName 的位置显示出"热烈欢迎 Zhang001 登录本系统!"。

在 Web 应用系统开发中,如果开发者需要使用登录者的用户名填充某些更新操作的"操作人"文本框,为更新操作保留痕迹,则可以使用 User.Identity.Name 获取当前用户的用户名。事实上,LoginName 控件也是从这个变量中获取数据的。

4. LoginStatus 控件

LoginStatus 控件又称为登录状态控件,它能够获取用户登录网站的状态。如果用户未登录,系统应处于可执行登录程序的状态,因此,该控件应该链接到登录页面上,并显示为"登录"标志,表示只要用户单击"登录"链接,就会跳转到登录页面。反之。如果用户已经登录,系统就已处于可随时退出登录的状态,因此该控件应该链接到注销页面上,并显示为"注销"或"退出系统"的标记。

LoginStatus 控件提供了多个与登录状态相关的属性,如导航到登录页面的链接、导航到注销页面的链接等,常见的属性如表 10-5 所示。

表 10-5　LoginStatus 控件的主要属性

属 性 名	含 义
LoginText	链接到登录页面的导航信息,默认为"登录"二字
LoginImageUrl	如果以图片作为链接到登录页面的导航信息,则以此属性指定图片文件的 URL
LogoutImageUrl	如果以图片作为链接到注销页面的导航信息,则以此属性指定图片文件的 URL
LogoutText	链接到注销页面的导航信息,默认为"注销"二字
LogoutPageUrl	执行注销后转向的页面
LogoutAction	执行注销操作后系统下一步的动作,有三个选项
	① Redirection:跳转到指定 URL 的网页,URL 值由 LogoutPageUrl 指定
	② Refresh:刷新当前页面
	③ RedirectToLoginPage:跳转到指定的登录页面

注意：在本控件中，没有 LoginPageUrl 属性，不能在此控件内指定登录页面的 URL，它使用系统默认的登录页面文件 Login. aspx。系统默认登录页面的 URL 指向项目根目录下的文档 Login. aspx。如果确实需要修改默认的登录页面，则可以修改配置文档 Web. config，在此文档的＜authentication mode＝"Forms"＞的下面添加一行＜forms loginUrl＝登录文件名.aspx"＞＜/forms＞，用于声明系统的登录文件是什么名称。

5. LoginView 控件

1) LoginView 控件的用途

LoginView 控件又称为登录视图控件，它根据用户是否登录网站以及用户的角色来显示不同的内容。

从 Web 应用系统的用户来讲，主要有 3 类成员：匿名用户、已登录但无角色的用户、具备一定角色的用户。而具备一定角色的用户又可根据角色划分为不同的权限组。因此，从严格意义上讲，Web 程序的用户主要为 1+1+X 类，其中 X 特指是每一种角色。

LoginView 控件包括两个模板：AnonymousTemplate 和 LoggedInTemplate。第一个模板用于定义针对匿名用户（未登录用户）的显示内容；第二个模板又可以被定义为 1+X 个子模板，其中的 1 面向"已登录但无角色配置"的用户，另外的 X 个模板则面向各种角色用户。下面将通过一个实例说明 LoginView 控件的设计过程。

2) LoginView 控件用法示例

假设要设计一个图书馆内部管理系统，在此系统下，学生为匿名用户，图书馆全体员工都是登录用户，但只有少量职工承担着借书、还书、图书入库、图书报废的业务，与信息有着密切的关系。因此开发者为此系统设置了 4 种角色，分别是借书员、还书员、入库员、报废员，分别以拼音命名为 Jieshu、Huanshu、Ruku、BaoFei。现在为此系统设计 LoginView。

首先，添加 LoginView 控件，即向窗体中添加 LoginView 控件，更改其 ID 为 lvTsg。

其次，添加角色。打开其智能菜单，选择【编辑 RoleGroups】选项，则打开一个【RoleGroups 集合编辑器】对话框，如图 10-16 所示，把上述 4 种角色添加到 RolesGroups 中。

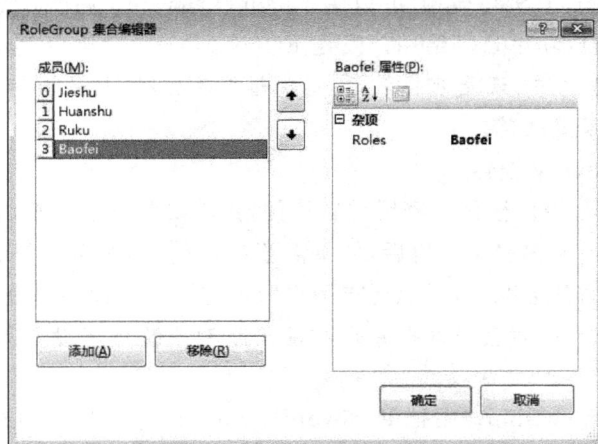

图 10-16　为 LoginView 添加角色、创建相应的角色面板

最后,分别设计各类显示模板。打开 LoginView 的智能菜单,从中选择一种模板,然后在 LoginView1 下面的窗体中编辑。例如,可把登录状态控件 LoginStatus、关于公告等公开信息的链接添加到 Anonymous Template 面板中;把有关还书操作的超链接添加到【RoleGrop[1]-Huanshu】的面板中,如图 10-17 所示。

总之,LoginView 是成员资格管理中用于实现个性化菜单的重要手段,它能保证各类用户仅能操作自己职权范围内的业务。

6. ChangePassword 控件

ChangePassword 控件用于修改用户的密码。它提供了两个视图:更改密码视图和成功视图。顾名思义,更改密码视图提供了两个更改密码的操作界面。已登录用户修改密码的视图如图 10-18 所示,未登录后用户修改密码的视图如图 10-19 所示。

图 10-17　在 LoginView 内选择一种面板并进行编辑

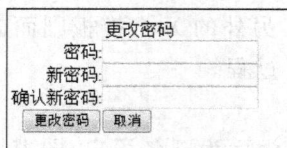

图 10-18　已登录用户更改密码　　　图 10-19　未登录用户更改密码

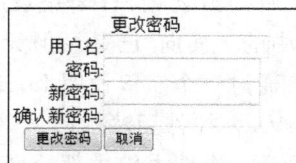

系统默认为不允许未登录用户修改密码。如果希望未登录用户也可以修改密码,则需要把属性 DisplayUserName 设置为 true。因为只有更改 DisplayUserName 为 true 后,系统才能知道未登录用户想更改哪个账户的密码。

在"成功视图"中提供了一个更改密码成功的提示信息,而且有一个【成功】按钮,可利用 SuccessPageUrl 属性为此按钮设置一个跳转的页面。

如果站点已经配置过 SMTP,则可以为 ChangePassword 属性配置 MailDefinition 属性,使站点在修改密码成功后自动给用户发送 Email。

注意:不论已登录用户,还是未登录用户,要想更改密码,都必须知道原密码,而且新设置的密码要符合密码设置规范。

7. PasswordRecovery 控件

PasswordRecovery 控件被称为密码重置控件,其主要服务于用户因密码遗忘而需要重新找回密码的情形。当用户遗忘密码后,如果需要找回密码,则单击【密码重置】链接,此时启动密码重置控件。通常情况下,系统要求用户回答注册时预设的安全问题,如果能够正确答出安全问题的答案,系统就会自动把原来的密码或者系统重新设置的密码通过 Email 发送到用户的邮箱中。

如果站点的<membership>中把 PasswordFormat 设置为 Clear 或 Encrypted 模式,系统会采用发回原密码的方式;如果站点的<membership>中把 PasswordFormat 设置为 Hashed 模式,系统就会重新自动生成一个随机密码发送给用户,用户可以使用此随机密码登录系统,然后重新修改密码。

当把 PasswordRecovery 控件放置到窗体中,运行窗体后,得到的效果如图 10-20 和图 10-21 所示。

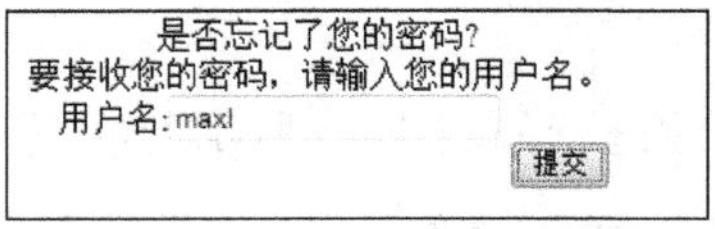

图 10-20　密码重置的第 1 步骤 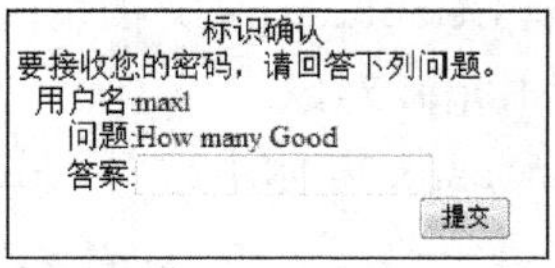　　　　图 10-21　密码重置的第 2 步骤

10.3.3　基于内置的成员资格管理开发登录模块

1. 案例的基本要求

红星图书馆需要设计一个图书馆内部管理系统。在此系统下,学生为匿名用户,图书馆全体员工都是登录用户,但只有少量职工承担着借书、还书、图书入库、图书报废的业务,与内部信息处理有着密切的关系。因此开发者为此系统设置了 4 种角色,分别是借书员、还书员、入库员、报废员,并计划分别以拼音命名为 Jieshu、Huanshu、Ruku、BaoFei。另外,需要为管理员增加一种角色 Admin。

2. 系统模块设计与命名规范

根据题目要求,系统规划以 VS2008 内置的成员资格管理体系实施用户管理。

首先预设全局性程序名称:首页窗体名 Default. aspx,登录窗体名 Login. aspx,新建用户窗体名 NewUser. aspx,修改密码窗体名 ChangePwd. aspx,重置密码窗体名 PwdRecover. aspx,项目的主界面与个性菜单窗体名 BookMain. aspx,超级用户管理用户和角色的窗体 UserRole. aspx。

预设 4 个文件夹,分别存储与借书、还书、入库、报废 4 个环节有关的 Web 窗体文档,而且借书模块的首页命名为 Borrow. aspx,还书模块的首页命名为 BookBack. aspx,入库模块的首页命名为 BookStore. aspx,而报废模块的首页命名为:BookBad. aspx。

另外,预设两个纯文本文档。一个用于感谢用户的注册,命名为 Thank. txt;一个用于发回重置密码,命名为 Pwdmm. txt。

3. 新建项目并实现网站配置

(1) 新建一个 Web 项目,命名为 HxBookAuto,然后新增一个 Web 窗体,命名为 Login. aspx,存放在项目的根文件夹下。

(2) 根据规划在项目下创建 4 个文件夹。

(3) 从【工具箱】中拖动一个 Login 控件到 Login 窗体中,利用其智能菜单项中的【管理网站】启动网站管理工具。在网站管理工具下,完成以下配置工作。

首先,启动"通过 Internet"方式实现身份验证(即 Forms 方式)。

其次,启用角色,然后创建题目要求的 5 个新角色。

第三,创建用户,并分别为每个用户设置角色。至少为每种角色中添加 1 个用户。

第四,创建超级用户 super(当然,此用户的用户名也可随便定义),但它隶属于 Admin 角色。

第五,启动 SMTP 电子邮件。利用自己现有的电子邮箱的参数配置服务器的电子邮件,使站点能够向外发送电子邮件。

最后,创建访问规则,建立文件夹与角色之间的管理关系。

注意:角色 Admin 对所有文件夹都具有"允许"的权限。

(4) 回到 Default.aspx 文档,在其中添加一个超链接"登录",链接到文档 Login.aspx。

4. 配置 Login 对象

在 Login.aspx 窗体中选择 Login 控件,对其属性进行如表 10-6 所示的配置。

表 10-6　对 Login 控件的各属性的配置值

属 性 名	设 定 值
CreateUserText	注册新用户
CreateUserUrl	NewUser.aspx
DestinationPageUrl	BookMain.aspx
DisplayRememberMe	true
PasswordRecoveryText	我忘记密码了,找回密码!
PasswordRecoveryUrl	PwdRecover.aspx

5. 创建并配置 NewUser.aspx 文档

(1) 在项目 HxBookAuto 中新增窗体 NewUser.aspx。

(2) 在窗体中新增控件 CreateUserWizard,然后选定 CreateUserWizard 控件,对其属性进行如表 10-7 所示的配置。

表 10-7　对 CreateUserWizard 控件的各属性的配置值

属 性 名	设 定 值
ContinueDestinationPageUrl	Login.aspx
LoginCreatedUser	false
DisableCreatedUser	false
MailDefinition/BodyFileName	Thank.txt
MailDefinition/From	请输入网管的邮箱地址
MailDefinition/Subject	感谢您注册本网站,欢迎光临!

(3) 为 Thank.txt 输入内容,如图 10-22 所示。

```
<br>亲爱的<% username %>,您好: <br>
　非常感谢您在本网站注册。下面是您在本网站的注册信息。请您注意保管好自己的密码和用户名。为了您的账户安全,阅读本邮件完毕,请您务必删除本邮件。<br>
　用户名: <% username %><br>
　密码: <% password %>
```

图 10-22　当创建用户成功后,发送给用户的信件内容

说明:邮件内容中用<%%>标记的内容为变量,在发送邮件时系统会自动填入对应的信息。

6. 创建并配置 ChangePwd.aspx 文档

(1) 在项目 HxBookAuto 中新增窗体 ChangePwd.aspx。

(2) 在窗体中新增控件 ChangePassword,然后选定 ChangePassword 控件,对其属性进行如表 10-8 所示的配置。

表 10-8　ChangePassword 控件的属性配置值

属　性　名	设　定　值
SuccessPageUrl	Login. aspx
DisplayUserName	false

7. 创建并配置 PwdRecover.aspx 文档

（1）在项目 HxBookAuto 中新增窗体 PwdRecover.aspx。

（2）在窗体中新增控件 PasswordRecovery，然后选定 PasswordRecovery 控件，对其属性进行如表 10-9 所示的配置。

表 10-9　PasswordRecovery 控件的属性配置值

属　性　名	设　定　值
SuccessPageUrl	Login. aspx
MailDefinition/BodyFileName	Pwdmm. txt
MailDefinition/From	请输入网管的邮箱地址
MailDefinition/Subject	您的密码已经被重置，欢迎您使用新密码登录系统！

8. 创建并配置 BookMain.aspx 文档

（1）在项目 HxBookAuto 中新增窗体 BookMain.aspx。

（2）在窗体中新增控件 LogView，然后选定 LogView 控件，利用其智能菜单进行以下配置。

首先，选择【编辑 Roles Groups】，在弹出的对话框中登记 5 个角色组。

其次，从智能菜单中选择模板 Anonymous Template，然后设置此模板，输入"您还没有登录"和一个 LoginStatus 控件。当然还可以放置其他的文本、图片等公开信息。

最后，从智能菜单中选择一种角色模板进行设置。例如，对于 RoleGroups[0]-jieshu（面向借书台工作人员）模板，可以添加一个 LoginName 控件、一个链接到 Borrow. aspx 窗体的超链接和一个 LoginStatus 控件，当然还可以包括修改密码的超链接等。

同理，对其他模板进行设置。

9. 创建用户和角色管理程序

在 Web 应用系统中，超级管理员具有用户管理和角色管理的权限，他能够创建新用户并为用户设定角色。为此，需要为超级管理员设计用户和角色管理程序。程序的运行界面如图 10-23 所示，要求程序能够显示并删除用户，而且能够直接为用户设置角色。

（1）在项目 HxBookAuto 中新增窗体 UserRole. aspx，然后请把此窗体保存在只有 Admin 角色有访问权的安全文件夹中。

（2）在窗体中增加必要的说明文字，然后添加一个 GridView 控件，其 ID 为 GridView1，并利用智能菜单套用"秋天"格式；添加一个 Label 控件，ID 修改为 lblUser；再添加一个 CheckBoxList 控件，其 ID 修改为 cbl，最后添加一个 Button 控件，其 ID 修改为 btnRole，Text 属性设置为"设置用户角色"。

（3）利用 GridView 的智能菜单对它的输出列进行配置。即打开其【字段】对话框，如图 10-24 所示。取消选中左下角的"自动生成字段"复选框，为此控件增加 3 个 BoundField 列和两个 CommandField 列。

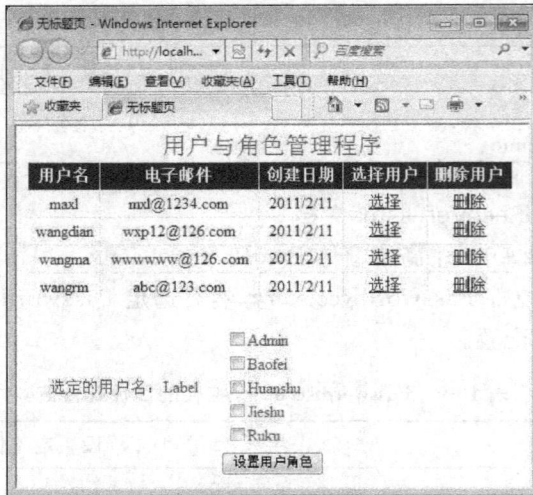

图 10-23　用户与角色管理程序的最终效果图

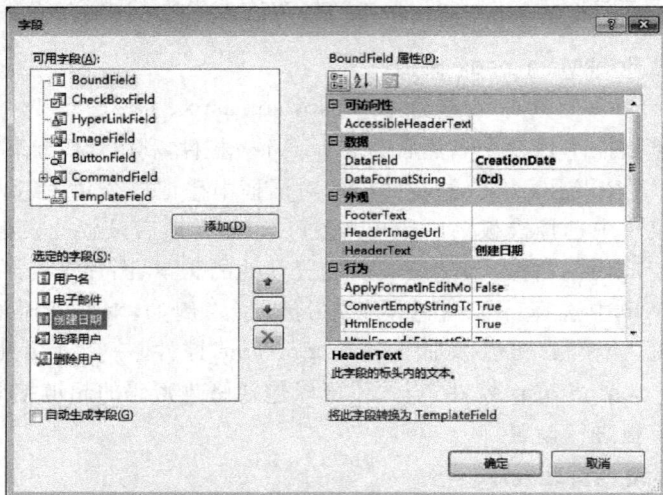

图 10-24　编辑 GridView（输出用户信息）的列的信息

（4）设置第一列的 DataField 为"username"、HeaderText 为"用户名"；第二列的 DataField 为"Email"、HeaderText 为"电子邮件"，第三列的 DataField 为"CreationDate"、HeaderText 为"创建日期"，并把 DataFormatString 属性设置为"{0:d}"。

说明：本例中 DataField 中的值就是 memebership 类中的列名。因在运行时需要从 membership 的对应列中提取数据，因此绝不能输错。

（5）设置 GridView 的 AutoPaging 属性为 true，PageSize 属性值为 5；然后为 GridView 的三个事件 PageIndexChanging、SelectedIndexChanged 和 RowDeleting 添加方法代码。最后为按钮 Button 的 Click 事件添加方法代码。

（6）代码设置完成后，运行程序，测试其效果。

最终得到的程序如图 10-25 所示。

```csharp
14  namespace LoginAuto
15  {
16      public partial class UserRole : System.Web.UI.Page
17      {
18          void showAllUsers()              //自定义方法，显示所有用户
19          {
20              MembershipUserCollection users = Membership.GetAllUsers();
21                                           //获取用户表的所有用户
22              GridView1.DataSource = users;  //把用户序列绑定到GridView
23              GridView1.DataBind();
24          }
25          protected void Page_Load(object sender, EventArgs e)
26          {
27              if (!IsPostBack)
28              {
29                  String[] roles = Roles.GetAllRoles(); //获取全体角色信息
30                  cbl.Items.Clear();        //清空CheckBoxList的选项
31                  for (int i = 0; i < roles.Length; i++)
32                  {                         //把角色信息添加到CheckBoxList中
33                      cbl.Items.Add(roles[i]);
34                  }
35                  showAllUsers();           //调用自定义的showAllUsers，显示GridView
36              }
37          }
38
39          protected void btnRole_Click(object sender, EventArgs e)
40          {                                //此函数的功能是把设置的角色保存起来
41              String []uname = new String[1];
42              uname[0]=lbluser.Text;        //把Label中显示的用户名转换为String型数组
43
44              for (int i = 0; i < cbl.Items.Count; i++) //逐个角色进行检查
45              {
46                  String rname = cbl.Items[i].Text.Trim();
47                  if(cbl.Items[i].Selected  && !Roles.IsUserInRole(uname[0], rname))
48                      Roles.AddUsersToRole(uname, rname);
49                  //如果当前角色被选定而且用户不在当前角色中，则把用户加入到角色中
50                  if (!cbl.Items[i].Selected && Roles.IsUserInRole(uname[0], rname))
51                      Roles.RemoveUserFromRole(uname[0], rname);
52                  //如果当前角色没被选定但用户在当前角色中，则把用户从当前角色中删除
53              }
54
55          }
56
57          protected void GridView1_SelectedIndexChanged(object sender, EventArgs e)
58          {                                //本函数用于响应某一用户被选定事件
59              int num = GridView1.SelectedIndex;
60              String uname = GridView1.Rows[num].Cells[0].Text;
61              lbluser.Text = uname;         //获取被选定用户的用户名
62
63              for (int i = 0; i < cbl.Items.Count; i++)
64              {  //针对此用户，逐个角色进行检查，若用户属于此角色，则复选框设为选中状态，
65                 //否则复选框置为没有选中状态。
66                  String rname = cbl.Items[i].Text.Trim();
67                  if(Roles.IsUserInRole(uname, rname)) cbl.Items[i].Selected=true;
68                  else cbl.Items[i].Selected = false;
69              }
70          }
71
72          protected void GridView1_RowDeleting(object sender, GridViewDeleteEventArgs e)
73          {
74              GridViewRow gvr = GridView1.Rows[e.RowIndex];
75              String uname=gvr.Cells[0].Text; //注意用户名在第0列
76              Membership.DeleteUser(uname);   //删除选定用户
77              showAllUsers();                 //重新显示用户；
78          }
79
80          protected void GridView1_PageIndexChanging(object sender, GridViewPageEventArgs e)
81          {
82              GridView1.PageIndex = e.NewPageIndex;   //响应换页事件
83              showAllUsers();
84          }
85      }
86  }
```

图 10-25 用户与角色设置程序的 C # 源代码

注意：在实际的 Web 项目开发中，为避免非法用户越过登录界面直接访问本页，往往需要采取以下技术措施。

其一，把本文件放在特殊的文件夹中，通过访问规则进行限制。

其二，在本页面的 Page_Load 中添加两个语句，首先利用 Roles. GetRolesForUser (User. Identity. Name)获得当前用户的角色名数组，然后进行判定：如果 Admin 不在此数组中，则当前用户无权访问本页，就直接利用 Response. Redirect 语句跳转到另外的页面上。

10.4　自主开发登录模块

VS2008 内置的成员资格管理体系为登录模块的设置提供了极大的便利，但其后台数据库的复杂性和配置的烦琐性也使许多开发者望而却步。另外，在 VS2005 出现以前的时代，许多程序员已经熟悉了使用 Session 自行开发登录系统的模式，这一模式仍然在 Web 项目广泛地使用。为此，下面将对自行开发登录模块、设置用户和角色问题进行探索。

10.4.1　自主开发登录模块的设计思想

自主开发登录模块的设计思路也遵循 Forms 验证的思想，其基本流程如下。

首先，开发者自行创建后台数据库，并在数据库中创建用户表和角色表，保存合法用户的用户信息和角色信息。

其次，开发登录验证程序。而登录验证程序的关键任务就是创建一个表单，使访问者可以通过表单提交用户名、密码等身份信息。由验证程序到后台数据库的用户表检索刚提交的用户名是否存在、密码是否有效。

再次，如果访问者提交的用户名和密码通过了验证，则立即读取其角色信息，并把用户名、角色等关键信息存储到 Session 变量中。

最后，在各应用程序的 Page_Load 函数中增加判定语句。利用 Page_Load 中的判定语句限制可以访问当前窗体的角色的名称。如果当前用户的角色名不属于当前页面判定语句的允许范围，则系统直接跳转到其他的页面，或者直接给予一个严重的警示信息。

总之，自主开发登录模块的思想可以归结为一句话："以数据表为基准，以 Session 做控制"。

自主开发登录模块的程序流程图如图 10-26 所示。

10.4.2　自主开发登录模块设计实例

针对前节提出的红星图书馆信息系统自主开发一套登录模块，其基本过程如下。

1. 创建后台数据库

(1) 利用【服务器资源管理器】面板的【数据连接】，启动【创建新的 SQL Server 数据库】对话框，如图 10-27 所示。

(2) 在此数据库中创建"角色表"，其结构定义为角色号、角色名、角色含义。设置"角色号"为主键。

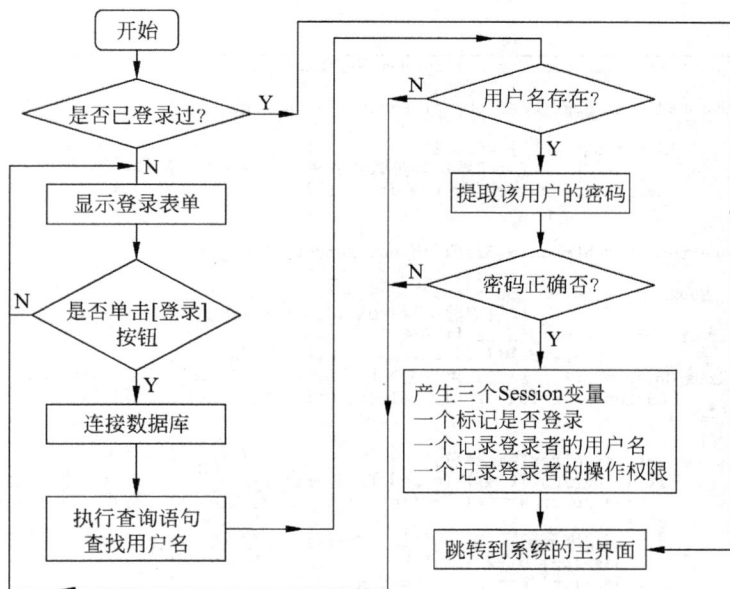

图 10-26　通用的登录模块的程序流程图

（3）在此数据库中创建"用户表"，其结构定义为用户名、密码、角色号、真实姓名、性别、联系方式、所在单位。设置用户名为主键，角色号为外键。

（4）向角色表中输入 5 种角色：Jieshu、Huanshu、Ruku、Baofei 和 Admin，并在角色名和角色含义字段中适当说明每种角色的含义。

（5）向用户表中输入 3～10 名用户，并适当地设置角色。

2．设计登录程序

（1）新建项目 LoginManual，向项目中新增Web 窗体，命名为 GzryLogin，并在其中添加一个布局表格，对页面适当布局。

（2）适当添加必要的文字信息（如"用户名："、"密码："等提示性文字）。向窗体 GzryLogin 中增加两个 TextBox 控件，分别修改其 ID 为 yhm 和psd，然后修改 psd 的 TextMode 属性为 Password。最后向窗体中增加一个 Button，修改其 ID 为btnLogin、Text 值为"登录"。

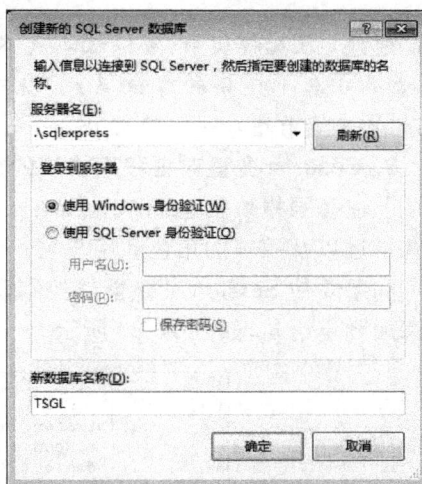

图 10-27　利用【服务器资源管理器】面板　　　　　新建 SQL Server 数据库

（3）为用户名文本框 yhm 和密码文本框 psd 添加必要的输入验证控件，要求用户必须输入用户名和密码。

（4）向项目中添加 LINQ to SQL 类，命名为 BOOKGL，把用户表和角色表添加到BOOKGL 的数据表类视图中，并设置两表通过"角色号"建立关联。

（5）为按钮 ButtonLogin 的 Click 事件和 Page_Load 事件编写程序，相应的代码如

图 10-28 所示。

```
16  public partial class GzryLogin : System.Web.UI.Page
17  {
18      protected void Page_Load(object sender, EventArgs e)
19      {
20          if (Session["dlok"] == "OK")
21                          //如果以前登录过，则直接进入到主菜单界面
22              Response.Redirect("BookMain.aspx");
23      }
24
25      protected void btnLogin_Click(object sender, EventArgs e)
26      {
27          BookGLDataContext db = new BookGLDataContext();
28                          //获得数据库的DataContext对象
29          var res = from r in db.用户表
30                  where r.用户名 == yhm.Text.Trim() select r;
31  if (res.Count == 0 ) //如果用户名在用户表中不存在，则提示用户名错误。
32          Response.Write("<Script>alert('用户名错误，请您检查！');</script>");
33      else
34      {
35          var rec = res.First();                //获取首条记录
36          if (rec.密码.Trim() != psd.Text.Trim())//若密码不相符，则提示密码错误
37              Response.Write("<Script>alert('密码错误，请您检查！');</script>");
38          else
39          { //如果全部正确，则创建三个Session变量,分别表示登录状态、用户名、角色
40              Session["dlok"] = "OK";
41              Session["UserName"] = yhm;
42              Session["Role"] = rec.角色;
43              Response.Redirect("BookMain.aspx");
44          }
45      }
46  }
```

图 10-28 自主开发登录模块的源程序 C♯代码

注意：在此模块中，可以根据大多数用户的在线时间长度设置 Session 的生命期。例如，制作一套 100 分钟考试系统，就可以设置 Session 生命期为 120 分钟。只须在定义 Session 变量前增加一个语句"Session. Timeout＝120；"即可。

3. Session 变量对各程序模块的控制

上述登录模块创建了 3 个 Session 变量，分别用于在用户的会话期内标记用户是否成功登录过以及用户的角色和用户名。

如果要使 Session 变量能够控制窗体程序的执行，则需在各个窗体的 Page_Load 事件中添加判定语句，如图 10-29 所示。

```
18      protected void Page_Load(object sender, EventArgs e)
19      {
20      if(Session["dlok"]==null)
21          Response.Redirect("登录窗体的文件名");
22      if(Session["Role"]==null)
23          Response.Redirect("登录窗体的文件名");
24      else
25          if(Session["Role"].ToString()!="预置某一权限")
26              Response.Redirect("登录窗体的文件名");
27      }
```

图 10-29 利用 Session 变量判断用户是否有权执行当前模块

4. 对用户表、角色表的管理

在自主开发登录模块的技术中，用户表和角色表是与其他数据表完全平等的数据表。因此对这两张表的操作可使用与其他数据表完全相同的方式。也就是说，向用户表中增加记录就是创建新用户，修改用户表的角色值就是修改用户的权限。在这种体系中，完

全可以把用户信息与业务数据纳入到同一数据库中，并且采用相同的数据处理方式进行管理。

需要特别指出的是，由于用户表的信息关系到用户在 Web 项目中的使用权力，因此对实施用户表编辑、增加、删除功能的窗体，要进行限制，规定只有管理员用户才有权使用。所以，需要在这种窗体的 Page_Load 事件中添加操作可行性的判定语句，如图 10-30 所示。

```
protected void Page_Load(object sender, EventArgs e)
{
    if (Session["dlok"] == null )  //未登录过
        Response.Redirect("gzryLogin.aspx");
    if(Session["Role"] == null)    //没有角色值
        Response.Redirect("gzryLogin.aspx");
    else if(Session["Role"].ToString()!="Admin") //不是管理员身份
        Response.Redirect("gzryLogin.aspx");
}
```

图 10-30　超级管理员专用页面中包含的程序运行资格判定代码

5. 注销模块的实现

用户访问 Web 应用系统完毕，应允许用户注销自己的登录信息，退出系统。在以 Session 控制用户操作权限、实现用户身份认证的系统中，杀死 Session 即可实现注销用户的目的。因此，实现注销功能的代码如图 10-31 和图 10-32 所示。

```
<%@ Page Language="C#" AutoEventWireup="true" CodeBehind="Logout.aspx.cs"
Inherits="LoginManual.Logout" %>
<!DOCTYPE html PUBLIC "-//W3C//DTD XHTML 1.0 Transitional//EN"
 "http://www.w3.org/TR/xhtml1/DTD/xhtml1-transitional.dtd">
<html xmlns="http://www.w3.org/1999/xhtml" >
<head runat="server">
    <title>无标题页</title>
</head>
<body onload="alert('注销成功');this.location='GzryLogin.aspx';">
    <form id="form1" runat="server">
    <div>
    </div>
    </form>
</body>
</html>
```

图 10-31　Logout.aspx 的源代码

```
namespace LoginManual
{
    public partial class Logout : System.Web.UI.Page
    {
        protected void Page_Load(object sender, EventArgs e)
        {
            Session.Abandon();  //注销当前用户的Session
        }
    }
}
```

图 10-32　Logout.aspx.cs 的源代码

注意：在 aspx 程序中，当 Body 被调入时，会利用 JavaScript 语句给予警示“注销成功”，然后跳转到 GzryLogin.aspx 程序。而其 C# 代码则负责在 Page_Load 事件中直接执行注销当前用户 Session 实例的操作：Session.Abandon()。

思考题

1. Web 应用系统的用户身份验证方式主要有哪些？各有什么特点和适应性？

2. Forms 身份验证的主要思路是什么？需要哪些要素的支持？

3. 什么是 .NET 3.5 内置的成员资格管理体系？需要哪个数据库的支撑？

4. 什么是成员？什么是角色？什么是访问规则？

5. 如何启动 .NET 3.5 内置的"网站管理工具"？在此"网站管理工具"中如何创建新用户、创建角色和创建访问规则？

6. Login 控件有哪些重要属性？如何利用这个对象触发 LoginView 对象？

7. 什么是 LoginView 对象？LoginView 对象的模板有哪些？

8. 如何修改用户的对应密码？如何使用 ChangePassword 控件？

9. 如果自主开发登录模块？应该准备哪些数据表？数据表的结构是什么？

10. Session 变量在自主开发的登录模块中承担什么样职责？在自主开发的登录模块中，如何保存用户的个人信息？

11. 作为填充密码的文本框(TextBox)控件，应该具备什么类型的 TextMode？

12. 在 Web 应用系统的其他模块(非登录模块)中，应如何利用 Session 变量控制模块的可运行性？

上机实训题

一、利用内置的成员资格体系构建登录系统

新建项目 TEST101，在此项目中实践以 .NET Framework 3.5 的内置成员资格体系创建登录系统，完成以下功能。

(1) 创建用户登录窗体 Login，在 Login 中新增 Login 控件，并进行配置，使得登录成功后直接调用 LoginSuccess 窗体。

(2) 在 LoginSuccess 窗体中增加 LoginView 控件，并为 LoginView 控件设置不同类型用户、不同角色用户的显示模板。

(3) 为项目 TEST101 添加更改密码、新用户注册、密码重置的窗体，并在各个窗体中放置对应的控件。

(4) 把新用户注册、密码重置窗体与 Login 控件链接起来，使无法登录的用户可以直接调用"新用户注册"和"密码重置"窗体。

(5) 在已登录用户的 LoginView 模板中添加"更改密码"按钮，并把更改密码功能链接到"更改密码"窗体上。

预览项目 TEST101，观察其效果。观察项目中 App_Data 文件夹下的数据库文件。

二、自主开发登录系统

新建项目 Test102，在此项目中创建后台数据库并自主开发登录系统。为此需要完成以下功能。

（1）利用服务器资源管理器，创建后台数据库，并建立用户表和角色表，输入若干角色信息和用户信息。

（2）在项目 TEST102 中新增登录窗体，并在窗体中增加文本框"用户名"和"密码"控件。

（3）根据后台数据库的用户表进行用户名和密码验证。对于通过验证的用户，利用 Session 变量记录其用户名和角色。

（4）在其他窗体的 Page_Load 方法中添加判断性语句，对于 Session 中角色值不满足要求的用户，则直接跳转到登录模块，不再继续执行本窗体中的其他内容。

第11章
文件管理

学习要点

本章主要学习 ASP.NET 中的文件管理技术。要求了解如何获取服务器的驱动器信息、文件夹信息和文件信息，掌握文件夹创建、文件读取与写入的关键技术，掌握文件上传与下载的主要方法。本章重点关注以下内容：

- 获取驱动器或文件夹信息的关键技术。
- 判定文件夹（或文件）是否存在并创建文件夹（或文件）的技术。
- 以 FileStream 和 StreamReader、StreamWriter 类实现文件读取与写入的关键技术。
- 把文件上传到服务器上指定文件夹内的技术。
- 把文件上传到数据库内指定字段中的技术。
- 从数据库内读取文件的技术。

11.1　驱动器与文件夹管理

随着 Internet 的普及，因特网中网络磁盘概念的提出，人们对远程的文件操作也提出了一定的需求。因此，本节将对驱动器管理和文件夹管理进行简要介绍。

11.1.1　获取驱动器信息

获取驱动器信息使用 DriveInfo 类，利用这个类提供的方法可以获取驱动器的详细信息。

1. DriveInfo 类的主要方法及其用法

DriveInfo 类的主要属性和方法如表 11-1 所示。

表 11-1　DriveInfo 类的主要属性和方法

属性、方法名称	说　　明
AvailableFreeSpace	获取驱动器的可用空间量。此命令会考虑磁盘的配额
DriveFormat	获取驱动器文件系统的格式是 NTFS、还是 FAT32、FAT16 等
DriveType	获取驱动器的类型
Name	获取驱动器的名称
RootDirectory	获取驱动器的根文件夹，返回值为文件夹型量
TotalFreeSpace	获取驱动器的空闲空间总量，不考虑配额问题
TotalSize	获取驱动器的总容量
GetDrives()方法	获取服务器的所有逻辑驱动器的名称

注意：除 GetDrives（）外，其他全部是属性，返回字符串型结果。GetDrives（）返回 DriveInfo 型的数组。使用 DriveInfo 类需要引入 System. IO 命名空间。

2．获取驱动器信息的示例

新建 Web 窗体 DriverGL，在其中增加一个 Label 控件，命名为 lblRes。在其逻辑代码部分进行如图 11-1 所示的设计，即可获得 Web 服务器的驱动器信息。

```
13  using System.IO;
14  using System.Text;
15
16  namespace FileGL
17  {
18      public partial class _Default : System.Web.UI.Page
19      {
20          protected void Page_Load(object sender, EventArgs e)
21          {
22              if (!IsPostBack)
23              {
24                  StringBuilder strb = new StringBuilder();
25                  DriveInfo []drvs = DriveInfo.GetDrives();
26                  foreach (DriveInfo drv in drvs)
27
28                      if (drv.IsReady)
29                      {
30                          strb.Append("驱动器名称: " + drv.Name+"<br>");
31                          strb.Append("  驱动器类型: " + drv.DriveType + "<br>");
32                          strb.Append("  驱动器的文件系统: " + drv.DriveType + "<br>");
33                          strb.Append("  驱动器大小: " + drv.TotalSize + "<br>");
34                          strb.Append("  驱动器可用空间: " + drv.AvailableFreeSpace + "<br>");
35                          strb.Append("  驱动器总可用空间: " + drv.TotalFreeSpace + "<br>");
36                      }
37              } lblRes.Text = strb.ToString();
38          }
39
40      }
41  }
42  }
```

图 11-1 "获得驱动器信息"程序的 C#源代码

注意：为了使用 DriveInfo 和 StringBuilder 类，本例中另外引入了两个名称空间：System. IO 和 System. Text。

程序的运行效果如图 11-2 所示。

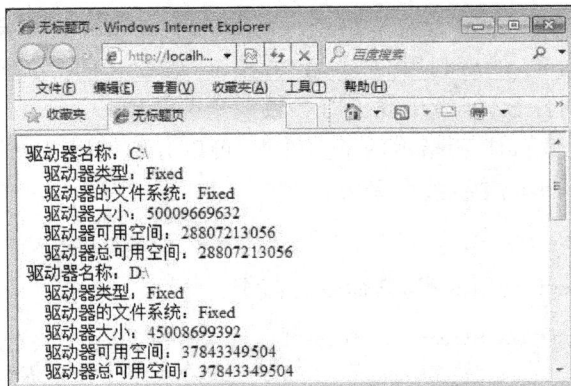

图 11-2 "获得驱动器信息"程序的运行效果图

11.1.2　文件夹管理

对文件夹的管理，.NET 3.5 提供了两个类：Directory 和 DirectoryInfo，这两个类的用法大同小异，只是 Directory 类中的所有属性和方法都是静态的，需要对每一步操作进行安全性检查，而 DirectoryInfo 类中属性和方法都是隶属于对象内部，只在对 DirectoryInfo 实例化的时候进行一次总的安全性检查。因此对于仅执行一个操作的文件夹处理，建议使用 Directory 类，而集中的、多样化的文件夹操作，则建议使用 DirectoryInfo 类。

1. 文件夹管理的主要方法

1）主要方法

对文件夹的管理以方法为主，表 11-2 列出常见的方法及其用法。

表 11-2　Directory 和 DirectoryInfo 类的主要方法及其用法

方　法　名	用　　途	隶　属　于
CreateDirectory(文件夹信息)	创建指定路径中的文件夹	Directory
Delete(文件夹信息)	删除指定的文件夹	Directory/DirectoryInfo
Exists(文件夹信息)	判断文件夹是否存在	Directory
GetCurrentDirectory()	获取应用程序的当前文件夹	Directory
GetDirectories(文件夹信息)	获取指定文件夹下的所有直属子文件夹	Directory/DirectoryInfo
GetFiles(文件夹信息)	获取指定文件夹下的所有直属文件	Directory/DirectoryInfo
GetFileSystemEntries(文件夹信息)	返回指定文件夹下的所有文件夹、文件的名称集合	Directory
Move(源文件夹,目标文件夹)	将文件夹及其内容移动到新的位置	Directory
Create()	创建文件夹	DirectoryInfo
CreateSubDirectory(基于当前对象的文件夹标志)	在指定位置创建子文件夹	DirectoryInfo
MoveTo(新位置)	将当前文件夹移动到新位置	DirectoryInfo

2）重要说明

由于 Directory 是静态类，对隶属于 Directory 的方法，必须使用"Directory. 方法名(参数)"进行调用，而且其参数通常为完整路径。而 DirectoryInfo 是对象类，要使用其中的方法必须先初始化一个对象，然后利用"对象名. 方法名(参数)"的方式调用，而且其参数一般是基于所属对象的相对路径，或者干脆没有参数。

例如，要删除字符串 path 所指示的子文件夹，可以分别使用以下几种方法。

（1）如果使用 Directory 类，其命令为：

```
Directory.Delete(path);                    //直接删除此文件夹
```

（2）如果使用 DirectoryInfo 类，其命令为两个：

```
DirectoryInfo dd = new DirectoryInfo(path);   //获取子文件夹对象
dd.Delete();                                  //子文件夹 dd 被删除
```

2. 文件夹及其路径表示

在文件夹和文件管理中，文件路径描述是管理的关键，错误的路径信息将导致操作失败。因此对文件夹的管理，采取了专门的技术进行文件夹路径描述。

1）路径分隔符的问题

由于在 C♯中，"\"充当转义字符，所以需要在所有真正的"\"符号前添加"\"，以保证 C♯语言编译器的正确解析。比如描述 C 盘根文件夹下的文件夹 ma 和 ma 中的文件 a1.txt，就需要使用如下格式"C:\\ma"和"C:\\ma\\a1.txt"。

上述描述方式对于计算机程序员来讲也许不是什么难事，但对普通用户来讲就显得很烦琐了。为此，C♯专门提供了一个取消转义功能的符号"@"。如果在一个字符串前面增加了"@"符号，就表示此字符串取消使用转义符"\"，凡是在字符序列中出现的"\"都是真正的"\"。那么对于上述的两个文件路径，就可以书写为"@C:\ma"和"@C:\ma\a1.txt"。

2）获取绝对路径的技术

在 Web 系统中，常常需要获取 Web 应用系统的绝对路径，以便实现各种文件操作。目前，获得 Web 应用程序的绝对路径主要有两种方式。

- 方法 1：利用"Request.PhysicalApplicationPath"获得当前的 Web 应用程序的绝对路径。
- 方法 2：利用"Server.MapPath(指定虚拟目录名或应用程序下的文件夹名称)"获得该目录或文件夹的绝对路径。

3）Path 类对路径管理的支持

为了支持路径管理，.NET 专门提供了一个 Path 类，其中的方法专门用于支持路径管理。其主要的方法如表 11-3 所示。

表 11-3　Path 类的主要方法

方　　法	说　　明
Combine(字符串 1,字符串 2)	把两个路径字符串合并
GetDirectoryName(路径)	获取指定路径的文件夹名称信息
GetExtension(路径)	获取指定路径的文件夹的扩展名信息
GetFileName(路径)	获取指定路径中文件名与扩展名信息
GetFullPath(路径)	获取指定路径的完整路径
GetRandomFileName()	获取随机的文件夹名或文件名

11.1.3　文件夹管理示例

1. 输出指定文件夹的下级结构

1）案例要求

设计如图 11-3 所示的程序，当在文本框中输入一个文件夹的名称后，系统将输出该文件夹中所有文件及其全体子文件夹的文件夹名称。

2）设计思路

由于文件系统本身是一种树状结构，因此可以使用树遍历的方式输出指定文件夹的整个体系。而树的遍历是一种递归遍历。因此本例也借用递归遍历的方式。

3）设计流程

新建窗体 DirStruct.aspx，在其中加入一个 TextBox、一个 Label 和一个 Button，并按图 11-3 适当排列其位置，添加必要的文字说明。设置三个控件的名称依次为 txtDirName、lblRes、btnRes，则相应的程序代码如图 11-4 所示。

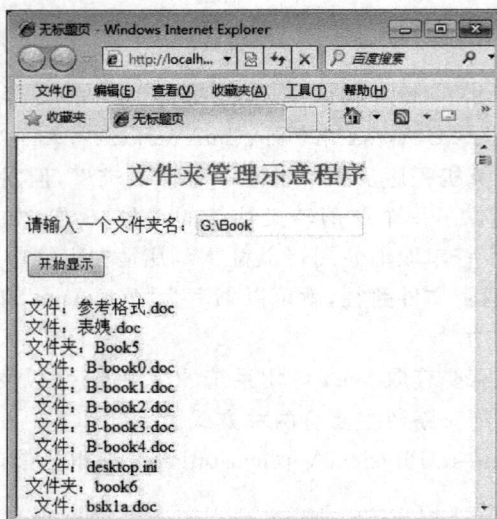

图 11-3 "获得文件夹和文件信息"程序的运行效果图

```
16 namespace FileGL
17 {
18     public partial class DirStruct : System.Web.UI.Page
19     {
20         protected void Page_Load(object sender, EventArgs e)
21         {
22         }
23         public static void dirDisp(DirectoryInfo d, StringBuilder strb, int xx)
24         {//自定义递归函数，用于显示并处理文件夹系统
25          //strb用于存储检索结果，xx用于标记文件夹的层次
26
27             String str =""; //产生所需的空格，以表达文件夹所述层次
28             for (int i = 0; i < 2*xx; i++) str = str + " ";
29
30             FileInfo[] fns = d.GetFiles();
31             foreach (FileInfo fn in fns)
32             {
33                 strb.Append(str); //加入若干个空格
34                 strb.Append("文件"+fn.Name+"<br>"); //获取文件名信息
35             }
36
37             DirectoryInfo []dns = d.GetDirectories();
38             foreach (DirectoryInfo dn in dns)
39             {
40                 strb.Append(str); //加入若干个空格
41                 strb.Append("文件夹" + dn.Name + "<br>"); //获取文件夹名称信息
42                 dirDisp(dn, strb, xx + 1); //递归调用，处理其子文件夹
43             }
44         }
45         protected void btnRes_Click(object sender, EventArgs e)
46         {
47             String path = txtDirName.Text.Trim();
48             if(Directory.Exists(path)){
49                 StringBuilder strb=new StringBuilder();
50                 DirectoryInfo dd=new DirectoryInfo(path);
51                 dirDisp(dd, strb, 0);
52                 lblRes.Text=strb.ToString();
53             }
54
55             else lblRes.Text="<script>alert('文件夹不存在！');</script>";
56         }
57     }
58 }
```

图 11-4 "获得文件夹和文件信息"程序的C#源代码

4）补充说明

对此程序当然可以添加更多的信息，例如，把文件的创建日期、文件的大小等信息显示出来，还可以把文件夹结点添加到 TreeView 控件中，以树状结构呈现出文件的结构。

2．在指定文件夹中创建新文件夹

1）案例要求

设计如图 11-5 所示的程序，首先在一个文本框中指定需要建立子文件夹的位置，然后说明要建立的子文件夹的名称。当单击【执行创建】按钮时，将在指定位置创建子文件夹。

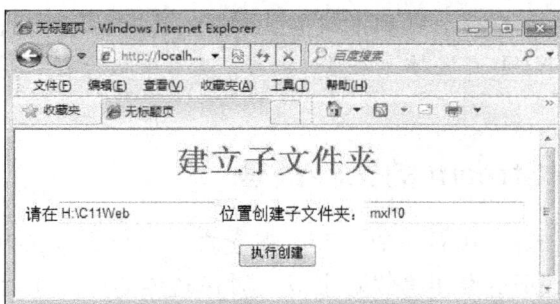

图 11-5　"在指定位置创建子文件夹"程序的运行效果图

2）设计流程

新建窗体 MkDir.aspx，在其中加入两个 TextBox 和一个 Button，并适当排列其位置，添加必要的文字说明，如图 11-5 所示。设置三个控件的名称依次为 txtPath、txtNewDir、btnMkdir。要实现创建文件夹的功能，相应的程序代码如图 11-6 所示。

```
13  using System.IO;
14
15  namespace FileGL
16  {
17      public partial class MakeDir : System.Web.UI.Page
18      {
19          protected void Page_Load(object sender, EventArgs e)
20          {
21          }
22
23          protected void btnMkdir_Click(object sender, EventArgs e)
24          {
25              String path = txtPath.Text.Trim();
26              String dirName = txtNewDir.Text.Trim();
27
28              if (Directory.Exists(path)) //判断建文件夹的位置是否正确
29              {
30                  DirectoryInfo dir = new DirectoryInfo(path);
31                  String newPath=Path.Combine(path, dirName);
32                  if (Directory.Exists(newPath)) {  //判断新文件夹是否存在
33                      Response.Write("<script>alert('新文件夹已存在！');</script>");
34                  }
35                  else {
36                      dir.CreateSubdirectory(dirName);    //创建新文件夹
37                      // 或者使用命令Directory.CreateDirectory(newPath);
38                      if (Directory.Exists(newPath))
39                      Response.Write("<script>alert('新文件夹建立成功！');</script>");
40                  }
41              }
42              else
43                  Response.Write("<script>alert('指定位置不存在，无法建立！');</script>");
44          }
45      }
46  }
```

图 11-6　"在指定位置创建子文件夹程序"的 C♯ 源代码

阅读程序时,注意 Directory 方法和 DirectoryInfo 方法的区别,体会其中的含义。

11.2 文件处理

读写文件是 Web 应用程序设计中的一个常见操作。在当前的计算机与网络技术中,人们把对文件的处理和对其他 I/O 设备输入与输出信息的处理等同看待,采用同样的技术进行管理。目前,数据流是输入输出信息处理的通用概念。即对于 CPU 来讲,不论是文件、内存、普通 I/O 设备,还是网络端口,都是在提供数据流的输入与输出。因此 Stream 类及其方法应运而生,它们在 .NET 开发技术和 Java 开发技术中被广泛地应用于文件管理、网络信息和 I/O 信息处理。

11.2.1 基于 Stream 的文件处理

在 .NET 框架中,Stream 类是一个从 I/O 概念之上抽象出来的基础性的类(class),它可以泛指一切字节流,其基本操作单位是字节。而在具体的应用中,Stream 总是要与具体的设备结合在一起使用的:与磁盘操作结合构成了 FileStream,与网络的输入输出结合则构成 NetworkStream,与内存管理结合则形成了 MemoryStream。因此 Stream 本身是一个抽象类,它不能直接生成对象。FileStream 是其关于文件处理的派生类。

1. 基于 FileStream 实施文件处理的流程

首先,需要以字符串形式形成完整的文件路径。

其次,建立 FileStream 流对象,在建立对象时指明流对象的类型。

第三,在内存中建立字节数组,用于实现与 FileStream 的交互。

第四,执行读写操作。

最后,关闭 FileStream 对象。

2. FileStream 流对象

1) Server. MapPath("文件标识")

Server. MapPath 是一个 Web 服务器的方法,用于获得指定文件的完整绝对路径。

注意:此处的文件标识使用相对路径,以当前文件夹为标准。如果要访问的文件处于当前文件夹的子文件夹中,那么在文件标识中应以"子文件夹名/文件名"的格式描述。

2) 创建 FileStream 流对象

创建 FileStream 流对象的最常见格式如下:

```
FileStream 对象名 = new FileStream(完整文件标识,文件模式);
```

另外,还有一种设置更为仔细的形式,使用率也很高:

```
FileStream 对象名 = new FileStream(完整文件标识,文件模式,存取方式,共享方式);
```

3) 文件流模式

在 FileStream 流技术中,人们以文件模式设置文件流的打开或使用方式。主要有以下几种常见的形式:

• FileMode. Open 表示打开文件。若文件不存在,系统将报错。

- FileMode. Create 表示将建立一个新文件。如果已经存在同名文件,原文件将被覆盖。
- FileMode. Append 表示以添加方式打开文件。如果文件不存在,系统会自动创建此文件。

4)文件存取方式

FileAccess 常量用于确定 FileStream 对象访问文件的方式。主要有以下几种常见形式:

- FileAccess. Read 表示流对象可读。
- FileAccess. Write 表示流对象可写。
- FileAccess. ReadWrite 表示流对象可读也可写。默认为 ReadWrite 方式。

5)文件共享方式

FileShare 常量用于确定 FileStream 是否可被共享。主要有以下几种常见形式:

- FileShare. None 表示不允许共享文件,默认为 None 方式。
- 其他值 Read、Write、ReadWrite、Delete 依次表示可共享读、可共享写、可共享读写、可删除。

3. FileStream 类的常用属性和方法

1)常用属性

FileStream 类的主要属性及其用法见表 11-4。

表 11-4 FileStream 类的主要属性及其用法

属 性	说 明
CanRead	逻辑值,用于判断当前流是否支持读取
CanWrite	逻辑值,用于判断当前流是否支持写入
Length	获取文件流对应的文件的大小(以字节为单位)
ReadTimeOut	设置或者获取读超时的时间值,以毫秒为单位
WriteTimeOut	设置或者获取写超时的时间值,以毫秒为单位

2)常用的方法

FileStream 类的主要方法及其用法见表 11-5。

表 11-5 FileStream 类的主要方法及其用法

方 法	说 明
Read(字节型数组名,位置,长度)	从文件流中读取指定长度的数据放到字节型数组的指定位置处
ReadByte()	从文件流中读取一个字节
Write(字节型数组名,位置,长度)	把字节型数组中从指定位置开始的、指定长度的数据存储到文件流中
Flush()	清空文件流缓冲区中的数据,常常用于写盘操作后
Close()	关闭文件流,回收文件流占用的内存空间
BeginRead()	启动异步读取
EndRead()	关闭异步读取
BeginWrite()	启动异步写入
EndWrite()	关闭异步写入

4. 实例：利用文件字节流实现文件复制

1) 案例要求

设计如图 11-7 所示的文件复制程序。利用两个文本框获取源文件名和目标文件名，然后单击【文件复制】按钮，对源文件实施复制操作。

图 11-7 "利用 FileStream 类实现文件复制程序"的运行效果图

2) 设计流程

新建窗体 FileStreamCopy.aspx，在其中加入两个 TextBox 和一个 Button，并适当排列其位置，并添加必要的文字说明，如图 11-7 所示。然后，设置三个控件的名称依次为txtSfn、txtDFn、btnCopy。则相应的程序代码如图 11-8 所示。

```
25  protected void btnCopy_Click(object sender, EventArgs e)
26  {
27      String sfn = txSFn.Text.Trim();    //获取源文件名
28      String dfn = txtDFn.Text.Trim();   //获取目标文件名
29      String path = Server.MapPath("");  //获取应用程序的绝对路径
30      sfn = Path.Combine(path, sfn);     //拼合源文件与路径
31      dfn = Path.Combine(path, dfn);     //拼合目标程序与路径
32      if(!File.Exists(sfn)){             //判定源文件是否存在
33          Response.Write("<Script>alert('源文件不存在！');</Script>");
34      return;}
35      try
36      {
37          FileStream sfs = new FileStream(sfn, FileMode.Open);
38                          //以读取方式获得源数据流
39          FileStream dfs = new FileStream(dfn, FileMode.Append);
40                          //以添加方式获得目标数据流
41          byte[] data = new byte[sfs.Length];
42          int counter = (int)sfs.Length;  //获取源文件的大小
43          sfs.Read(data, 0, counter);     //读取整个源文件
44          dfs.Write(data, 0, counter);    //写入整个目标文件
45          sfs.Close(); dfs.Flush(); dfs.Close();
46          Response.Write("<Script>alert('文件被成功复制！');</Script>");
47      }
48      catch (Exception eee) { Response.Write(eee.StackTrace.ToString()); }
49  }
```

图 11-8 "利用 FileStream 类实现文件复制"程序的 C# 源代码

3) 补充说明

(1) 本程序需要引用命名空间 System.IO。

(2) 出于安全性的原因，在默认设置下，.NET 程序只允许读取应用程序文件夹中的文件，不允许操作应用项目范围以外的文件夹和文件。

(3) 如果源文件很大，则需要定义一个较小的字节数组，利用循环语句控制读取和写入，以免因源文件过大导致系统崩溃；或者逐个字节读取并逐个字节写入。

5. **实例：利用文件字节流实现输入内容的存盘**

1）案例要求

设计如图 11-9 所示的程序，要求把文本区域中输入的内容利用 FileStream 类的方法存储到文本框指定名称的文件中。

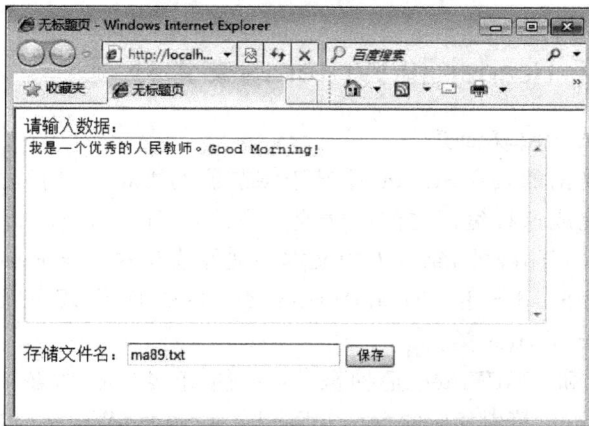

图 11-9 "把输入的信息保存到指定文件"程序的运行效果图

2）设计流程

新建窗体 FileStreamSave.aspx，在其中加入两个 TextBox 和一个 Button，并适当排列其位置，并添加必要的文字说明，如图 11-9 所示。设置三个控件的名称依次为 txtData、txtDfn、btnSave，然后设置 txtData 文本框的 TextMode 属性为 MultiLine。最终，btnSave 的 Click 事件对应的程序代码如图 11-10 所示。

```
25  protected void btnSave_Click(object sender, EventArgs e)
26  {
27      String dfn = txtDfn.Text.Trim();   //获取目标文件名
28      String tdata = txtData.Text.Trim();
29      String path = Server.MapPath("");  //获取应用程序的绝对路径
30      dfn = Path.Combine(path, dfn);     //拼合目标文件名与路径
31      try
32      {
33          FileStream dfs = new FileStream(dfn, FileMode.Append);
34                          //以添加方式获得目标数据流
35          byte[] data = Encoding.UTF8.GetBytes(tdata);
36          int counter = (int)data.Length;   //获取字节数组的大小
37          dfs.Write(data, 0, counter);      //写入目标文件
38          dfs.Flush(); dfs.Close();
39          Response.Write("<Script>alert('文件写入成功！');</Script>");
40      }
41      catch (Exception eee) { Response.Write(eee.StackTrace.ToString()); }
42  }
```

图 11-10 "把输入的信息保存到指定文件"程序的 C♯ 源代码

注意：本程序需要引用命名空间 System.IO 和命名空间 System.Text。

6. **关于文件字节流的补充说明**

由于 FileStream 采用字节流的方式完成文件操作。因此其处理信息的基本单位是字节，常用的文件类型是字节数组（byte[]）形式，而常用的 String 则是字符串的形式。为此，需要利用 System.Text 命名空间中的 Encoding 类实现数据的编码转换。

利用 Encoding.UTF8.GetBytes(字符串类型)可以把字符串类型转化为字节类型数组,其姊妹方法 Encoding.ASCII.GetBytes(字符串类型)可以把纯英文的字符串转化为字节数组,所以 Encoding.UTF8.GetBytes(字符串类型)具有更强的适应性。

而利用 Encoding.UTF8.GetString(bytes)可以把一个字节型数组转化为字符串(String)类型。

11.2.2　基于 Reader 和 Writer 的文件处理

1. Reader 类与 Writer 类简介

正如 11.2.1 节指出的,FileStream 是基于字节流的类,与人们习惯使用的字符型量有差异,需要专门编码完成这种编码之间的转换。为此,.NET 在 Stream 的基础上封装了针对字符的 Reader 类和 Writer 类,结合面向文本型文件读写的 TextReader 和 TextWriter 抽象类,形成了 StreamReader 和 StreamWriter 类,并进而出现了面向二进制文件的 BinaryReader 和 BinaryWriter 类。

由于 TextReader 和 TextWriter 是抽象类,不能直接生成对象,所以如果需要使用 TextReader 和 TextWriter,可由相应的 StreamReader 和 StreamWriter 对象来执行处理过程。

2. TextReader 类与 TextWriter 类的主要方法

1) TextReader 类的主要方法

TextReader 类的主要方法及其用法见表 11-6。

表 11-6　TextReader 类的主要方法及其用法

方　　法	说　　明
Read()	从 TextReader 流中读取一个字符,把结果作为字符返回
ReadLine()	从 TextReader 流中读取一行字符,把结果作为字符串返回
ReadToEnd()	从当前 TextReader 流中读取字符直到文件结束,并把读取结果作为一个字符串返回
Close()	关闭文件流,回收文件流占用的内存空间,释放资源

2) TextWriter 类的主要方法

TextWriter 类的主要方法及其用法见表 11-7。

表 11-7　TextWriter 类的主要方法及其用法

方　　法	说　　明
Write(数据)	将给定的一个数据写入文本数据流,不加换行符
WriteLine(数据)	将给定的一个数据写入文本数据流,并加一个换行符
Flush()	清空当前写入文本流的缓存
Close()	关闭文件流,回收文件流占用的内存空间,释放资源

3. TextReader 类与 TextWriter 类应用示例

1) 案例要求

设计如图 11-11 所示的程序,要求把文本区域中输入的内容利用 TextReader 技术存储到文本框指定名称的文件中,然后以【清空区域】按钮清除文本区中的数据后,单击【读取数据】按钮,利用 TextWriter 把数据从指定的文件中读取出来。

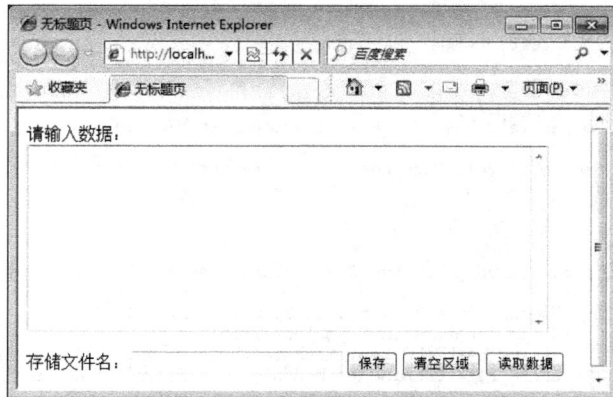

图 11-11 "利用 TextWriter 类保存输入信息"程序的运行效果图

2）设计方法

新建窗体 FileText.aspx，在其中加入两个 TextBox 和三个 Button，并适当排列其位置，添加必要的文字说明，如图 11-11 所示。设置两个文本框控件的名称依次为 txtData、txtDfn，三个按钮控件的名字为 btnSave、btnCls 和 btnRead，然后设置 txtData 文本框的 TextMode 属性为 MultiLine。

相关按钮的 Click 事件对应的程序代码如图 11-12 所示。

注意：本示例需要另外引入 System.IO 和 System.Text 命名空间。

4. 基于 BinaryReader 和 BinaryWriter 的技术

除了对文本格式实施处理的 TextReader 和 TextWriter 对象，.NET 还专门提供了面向二进制数据的读写类 BinaryReader 和 BinaryWriter。

在使用 BinaryReader 和 BinaryWriter 操作数据时，各种数据将以原始的二进制的形式被写入到文件中，因此为保证数据读取的正确性，必须使用对应的数据类型把数据读取出来。数据类型的使用错误和读写过程的不对称，都会导致乱码数据的发生。也就是说，如果以 BinaryWriter 方式向文件中写入了一个字符串、2 个 int 型量、1 个 bool 型量和 1 个浮点型量，那么在读取时也必须使用相应的语句。假设 BinaryReader 对象为 br，那么读取数据的语句对应是：

```
String ss = br.ReadString(); int x1 = br.ReadInt32(); int x2 = br.ReadInt32();
bool b1 = br.ReadBoolean(); float f1 = br.ReadSingle();
```

由于采用这种类型存取文件，对数据类型的使用要求较高，要求开发者在存取过程中对变量的存取顺序有非常清醒的认识，任何读写顺序错误和类型错误都会导致严重后果。因此，这种读取技术在图像文档、声音文档的管理领域使用较多。

11.2.3 文件管理

除了对文件的读写操作外，.NET 还专门提供了两个类 File 和 FileInfo，对文件实施整体上的管理。

```
13  using System.IO;
14  using System.Text;
15
16  namespace FileGL
17  {
18      public partial class FileText : System.Web.UI.Page
19      {
20          protected void Page_Load(object sender, EventArgs e)
21          {
22
23          }
24
25          protected void btnSave_Click(object sender, EventArgs e)
26          {
27              String dfn = txtDfn.Text.Trim();  //获取目标文件名
28              String tdata = txtData.Text.Trim();
29              String path = Server.MapPath("");  //获取应用程序的绝对路径
30              dfn = Path.Combine(path, dfn);    //拼合目标文件名与路径
31              try
32              {
33                  TextWriter tw = new StreamWriter(dfn, true);
34                                          //创建TextWriter对象,而且是允许添加模式
35                  tw.Write(tdata);   //把获得的字符串写入tw对象中。
36                  tw.Flush();
37                  tw.Close();
38              }catch(Exception eee){}
39          }
40
41          protected void btnCls_Click(object sender, EventArgs e)
42          {
43              txtData.Text = "";
44          }
45
46          protected void btnRead_Click(object sender, EventArgs e)
47          {
48              String dfn = txtDfn.Text.Trim();  //获取目标文件名
49              String path = Server.MapPath("");  //获取应用程序的绝对路径
50
51              dfn = Path.Combine(path, dfn);     //拼合目标文件名与路径
52              TextReader tr = new StreamReader(dfn);
53              String tdata = tr.ReadToEnd();
54              tr.Close();
55              txtData.Text = tdata;
56          }
57      }
58  }
```

图 11-12 "利用 TextWriter 类保存输入信息"程序的 C# 源代码

1. File 类与 FileInfo 类

与 Directory 类和 DirectoryInfo 类相似,File 类是静态类,其方法的调用以"File.方法名(参数)"方式直接执行。而 FileInfo 类是对象型的类,其操作建立在 FileInfo 对象的基础上,必须先建立 FileInfo 对象,然后以"对象名.方法名(参数)"的方式执行命令。

1) File 类的常见方法

File 类的主要方法及其用法见表 11-8。

表 11-8 File 类的主要方法及其用法

方 法 名	说 明
Open(文件标志)	打开指定的文件,返回 FileStream 类型
Copy(源文件,目标文件,可否覆盖)	实施文件的复制
Move(源文件,目标文件)	实施文件的移动
Delete(文件标志)	删除指定文件
Exists(文件标志)	检查文件是否存在

方 法 名	说 明
Create(文件标志)	以 FileStream 方式创建一个文件
CreateText(文件标志)	以 StreamWriter 方式创建一个文本文件
OpenText(文件标志)	以 StreamReader 方式打开一个文本文件
OpenRead(文件标志)	打开指定文件,并允许读取,命令返回 FileStream 型量
OpenWrite(文件标志)	打开指定文件,并允许写入,命令返回 FileStream 型量
AppendText(文件标志)	创建一个可以追加 Text 数据的文件,命令返回 StreamWriter 型量
AppendAllText(文件,内容,编码方式)	将指定的字符串追加到"文件"中

2）FileInfo 类的常见方法

FileInfo 类的主要方法及其用法见表 11-9。

表 11-9　FileInfo 类的主要方法及其用法

方 法 名	说 明
CopyTo(目标文件标志,是否可覆盖)	把当前文件复制到指定文件标志
MoveTo(目标文件标志)	把当前文件移动到指定文件标志
Delete()	删除当前文件
OpenRead()	创建只读型 FileStream
OpenWrite()	创建只写型 FileStream
AppendText()	创建一个可以追加 Text 数据的文件,命令返回 StreamWriter 型量
CreateText()	以 StreamWriter 方式创建一个文本文件
OpenText()	以 StreamReader 方式打开一个文本文件

2. 文件管理的简要示例

1）删除指定文件的示例

先判断 path 指示的文件是否存在,如果存在就删除它。如下：

```
if(File.Exists(path)) File.Delete(path);
```

或者

```
if(File.Exists(path)){FileInfo ff = new FileInfo(path); ff.Delete();}
```

2）复制指定文件的示例

先判断当前文件夹中是否存在文件 mmm. txt,如果存在,就将其复制到当前文件夹的下级文件夹 paper 中。

方法 1：

```
String path = Server.MapPath("");
String fn1 = Path.Combine(path,@"mmm.txt");
String fn2 = Path.Combine(path,@"paper\mmm.txt");
  if(File.Exists(fn1)) File.Copy(fn1,fn2,false);
```

方法 2：

```
String path = Server.MapPath("");
String fn1 = Path.Combine(path,@"mmm.txt");
String fn2 = Path.Combine(path,@"paper\mmm.txt");
  if(File.Exists(fn1)) {
  FileInfo finfo = new FileInfo(fn1);
  finfo.CopyTo(fn2,false); }
```

11.3 把文件上传到服务器的文件夹内

11.3.1 ASP.NET 实现文件上传的关键技术

FileUpLoad 是 ASP.NET 为客户上传文件而专门制作的一个控件，这个控件集屏幕显示和文件操作于一体，具有非常强大的功能。

1. 文件上传控件 FileUpLoad 界面

FileUpLoad 控件位于【工具箱】的【标准】栏目下，可像其他控件一样被直接拖动到 Web 窗体中。被添加到窗体中的 FileUp 控件显示为如图 11-13 所示的形式。

图 11-13 中左侧的文本框是一个只读的文本框，用于显示用户准备上传的文件的信息。

用户可单击右侧的【浏览】按钮，系统将启动一个【打开文件】对话框，此时就能直接选择文件了。被选中者的信息显示在【浏览】按钮前面的文本框中。

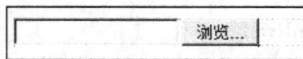

图 11-13 "文件上传"程序的
运行效果图

2. 文件上传控件的关键属性与方法

FileUpLoad 有一个关键属性 PostedFile，其子属性反映了被上传文件的关键信息。其关键的子属性及方法如表 11-10 所示。

表 11-10 FileUpLoad 属性 PostedFile 的主要子属性、方法及其用法

子属性名/方法名	用途
FileName	被上传文件的文件名
ContentLength	被上传文件的大小
ContentType	被上传文件的 MIME 类型
SaveAs(新的文件标志)方法	以新文件标志在服务器上保存文件，要求使用完整的文件标志

3. 文件上传的基本流程

如需要实现文件上传，必须在窗体中放置一个 FileUpLoad 控件和一个 Button 控件；用户利用 FileUpLoad 控件选择要上传的文件；当单击 Button 按钮时，由 Button 按钮的 Click 事件触发文件上传处理过程如下。

首先，获取用户上传文件的文件名。

其次，获取存放上传文件的文件夹的完整路径信息。

再次，把文件夹的完整路径与上传文件名合并，形成新的、完整的文件标志。

最后,调用上传控件的 PostedFile.SaveAs(完整文件标志)方法在服务器上保存文件,完成上传过程。

事实上,在实际应用中,通常还需要考虑上传文件的重名问题、文件信息的保存问题。在下面的案例中将会具体讨论相关的解决方法。

11.3.2 ASP.NET 实施文件上传示例

1. 文件上传的基本应用示例

1) 案例要求

设计如图 11-14 所示的程序,要求能够允许用户从客户机中选择文件,然后上传到本应用程序下的 UpLoads 文件夹中。如果应用系统的根文件夹中没有 Uploads 文件夹,则自动建立一个。

图 11-14 "利用 FileUpLoad 实施文件上传"程序的运行效果图

2) 设计方法

新建窗体 FileUp.aspx,在其中加入一个 FileUpLoad 控件和一个 Button,适当排列其位置,并添加必要的文字说明,如图 11-14 所示。设置按钮控件的名字为 btnUp、Text 属性为"上传文件",然后在代码隐藏页中编辑,为 btnUp 按钮编写代码。

相应的程序代码如图 11-15 所示。

```
15  namespace FileGL
16  {
17      public partial class FileUp : System.Web.UI.Page
18      {
19          protected void Page_Load(object sender, EventArgs e)
20          {
21
22          }
23
24          protected void btnUp_Click(object sender, EventArgs e)
25          {
26              String path = Server.MapPath(@"\");  //获取应用系统的根文件夹
27              path = path + @"\uploads";            //查找Uploads子文件夹
28              if (!Directory.Exists(path))          //如果子文件夹不存在,则创建
29                  Directory.CreateDirectory(path);
30              String fn = FileUpload1.PostedFile.FileName;  //获取上传文件的文件名
31              String newfn = Path.Combine(path, fn);   //形成新的文件名
32              FileUpload1.PostedFile.SaveAs(newfn);    //把上传文件保存到Web服务器
33              if (File.Exists(newfn))
34                  Response.Write("<Script>alert('文件上传成功!');</Script>");
35          }
36      }
37  }
```

图 11-15 "利用 FileUpLoad 实施文件上传"程序的 C# 源代码

注意:因为使用了 Path 类,本程序需要引入 System.IO 命名空间。本程序在 Windows 7 下调试通过。如果系统是 Windows XP,一般用"String fn=FileUpload1.FileName;"来获取上传文件的文件名。

2. 文件上传的高级应用示例

已知在数据库 XSGL 中已经存在数据表"文件表",专门用于存储用户上传的文件的信息。其结构为：ID(自动增量的标志字段,主键)、文件名称、文件主题、上传日期、上传人。

1) 案例要求

设计如图 11-16 所示的程序,使用户能够把选中的文件上传到 Web 应用程序所在的 Uploads 文件夹,并且把上传的文件名信息保存在数据库 XSGL 的数据表"文件表"中,而且在窗体底部 GridView 中显示出已经上传文件的信息。要求：如果出现文件重名现象,请重新为上传的文件命名；如果 Uploads 文件夹不存在,则帮助用户创建一个。

图 11-16　"文件上传"高级程序的运行效果图

2) 设计思路

根据图 11-16 要求,在窗体中放置必要的控件。因为要把上传文件的文件名、上传日期和上传人信息保存到数据库中,而且需要用 GridView 显示文件表的内容,因此可以借用 LINQ 技术实现数据库的查询与更新功能。

上传的文件名可以取自上传控件的 PostedFile 属性的 FileName 子属性,上传日期可以取系统的当前时间(DateTime. Now),而上传人信息可以从登录界面的用户名中获取。因本例是一个孤立的窗体,故而不保存"上传人"的信息。

本案例的难点在于对文件名的处理。本例的基本思路是首先检查文件名是否超长。由于开发者希望文件名(不超过 14 个字符(不含路径和扩展名),因此,如果文件名超长就对文件名部分进行截取。其次是检查在服务器上是否已经存在同名文件,如果存在同名文件,则为此文件添加自然序号。最后把文件用通过检测的新文件名存储到服务器的规定位置内。

3) 设计过程

(1) 新建窗体 FileUpDifficult,添加必要的文字说明信息。然后,在窗体上放置文件上传控件 FileUpLoad、按钮 Button 和一个 GridView,分别命名为 FileUpLoad1、btnUp 和 gvWjb,并正确设置按钮 Button 的 Text 属性为"文件上传"。

(2) 利用 GridView 的智能菜单为 GridView 选择一种较好的格式。

(3) 新增 LINQ to SQL 类,命名为 Mydb,然后从【服务器资源管理器】面板中把数据连接 XSGL 中的数据表"文件表"加到 Mydb 的数据表类图中。在执行此操作前一定要保证"文件表"已经设置 ID 为主键。

(4) 为按钮 btnUp 的 Click 事件编写代码,能够成功运行的代码如图 11-17 所示。

4) 补充说明

(1) 本案例需要引用命名空间 System. IO。

```
13    using System.IO;
14
15  □ namespace FileGL
16    {
17  □     public partial class FileUpDifficult : System.Web.UI.Page
18        {
19  □         protected void Page_Load(object sender, EventArgs e)
20            {
21                if (!IsPostBack) showData();
22            }
23  □         void showData() {                     //显示数据库中文件表的内容
24                MydbDataContext db = new MydbDataContext();
25                var res = from r in db.文件表 orderby r.文件名 select r;
26                gvFile.DataSource = res;
27                gvFile.DataBind();
28            }
29  □         protected void btnUp_Click(object sender, EventArgs e)
30            {
31                String path = Server.MapPath(@"\"); //获取应用系统的根文件夹
32                path = path + @"\Uploads";          //查找Uploads子文件夹
33                if (!Directory.Exists(path))        //如果子文件夹不存在,则创建
34                    Directory.CreateDirectory(path);
35                String fn = FileUpload1.PostedFile.FileName; //获取上传文件的文件名
36
37                              //分析文件名结构,形成新的文件名
38                String fn1 = Path.GetFileNameWithoutExtension(fn);
39                String fn2 = Path.GetExtension(fn);
40                int i = 0, nn = fn1.Length;
41                if (nn > 14)        //如果文件名长度超过14,则截掉后面的部分
42                {
43                    fn1 = fn1.Substring(0, 14);  //截取文件名的前14个字符
44                    fn = fn1 + fn2;
45                    nn = 14;
46                }
47                String newfn = Path.Combine(path, fn);
48
49                while (File.Exists(newfn))
50                {                    //如果同名文件已经在服务器上存在
51                    fn1 = fn1.Substring(0, nn)+i.ToString().Trim();
52                    fn = fn1 + fn2;    //文件名添加序号后,重新形成文件名
53                    newfn = Path.Combine(path, fn);
54                    i++;
55                }//如果同名文件在服务器上不存在且不超长,则保留此文件名
56
57                FileUpload1.PostedFile.SaveAs(newfn);  //把上传文件保存到Web服务器
58                MydbDataContext db = new MydbDataContext();
59                文件表 wjb=new 文件表();                 //利用LINQ技术把文件信息保存起来
60                wjb.文件名=fn;
61                wjb.上传日期=DateTime.Today;
62                db.文件表.InsertOnSubmit(wjb);    //执行插入操作
63                db.SubmitChanges();              //把更新反馈到后台数据库
64                showData();
65                if (File.Exists(newfn))
66                    Response.Write("<Script>alert('文件上传成功!');</Script>");
67
68            }
69        }
70    }
```

图 11-17　"文件上传"高级程序的 C#源代码

（2）为了能够方便地显示出文件表中的信息,本例专门编写了一个函数 showData,用于把文件表中的内容显示在 GridView 中,本函数可随时调用。

（3）如果把此窗体放在一个信息系统中,那么可以利用 Session 变量（自主开发登录模块）或者 User.Identity.Name（使用内置的成员资格管理体系开发登录模块）为文件表的"操作人"字段自动赋值,从而自动记录操作者,以便发现非法文件时能够及时追查责任人。

（4）程序第 35 行中的语句"String fn ＝ FileUpload1. PostedFile. FileName；"在 Windows XP 中简写为"String fn＝FileUpload1. FileName；"。

3．为上传的文件提供下载的链接

对于上例提供的文件上传并把该文件的信息存储到数据表中的案例，还可以利用 GridView 技术中的 HyperLink 列提供文件下载的功能。其具体方法为：在 Web 窗体中添加 GridView 控件，利用智能菜单中的【自动套用格式】适当设置 GridView 控件的外观。然后利用智能菜单【编辑列】打开列【字段】对话框，为 GridView 添加 HyperLinkText 列，设置该列的 HeaderText、DataNavigateUrlFields 和 DataNavigateUrlFormatString 属性的值，如图 11-18 所示。

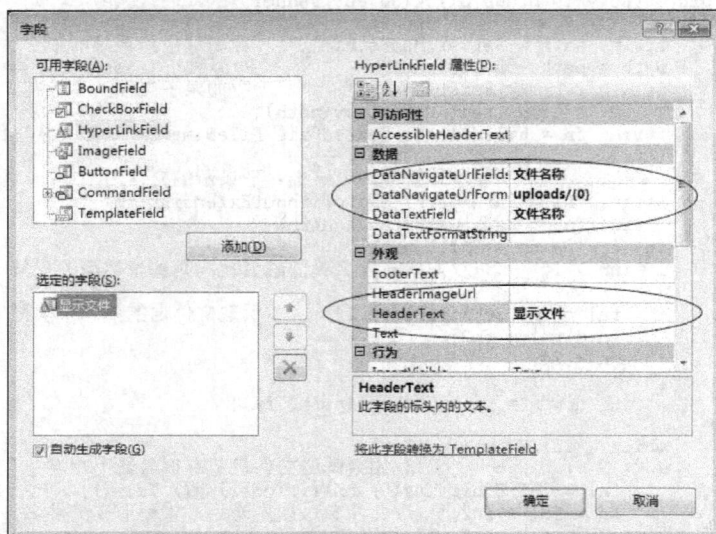

图 11-18　文件列表【字段】功能的操作界面

由于在数据表的【文件名】字段中仅包含文件名的信息，没有包括文件存放路径的信息，为此需要在 DataNavigateUrlFormatString 属性中通过设定格式"uploads/{0}"来设置下载文件的路径，然后由系统自动用"文件名称"中的信息取代格式中的参数"{0}"，形成含有路径的文件标志。这是解决欲显示数据与字段内容有差异的一种有效方式。

另外，由于存储在文件表的"文件名"字段中的字符串末尾可能存在空格，进而导致无法正确地产生连接字符串。为此，可通过改进 LINQ 的查询语句来修正这一问题。修正图 11-7 中的第 25 行，使之成为如图 11-19 所示格式，就能有效地解决"文件名"字段中信息末尾的空格问题，而且把查询结果的列名修改成了"文件名称"。

```
25    var res = from r in db.文件表 orderby r.文件名
26              select new{
27                  文件名称=r.文件名.Trim(),
28                  r.文件主题,
29                  r.上传日期
30              };
```

图 11-19　利用 LINQ 技术获取文件名称等信息的查询表达式

11.3.3　针对 Windows 禁止上传大文件的解决方案

在 Web 应用系统的开发中，常常面临这样一种尴尬的情况，运行中的 Blog 系统或者网上销售系统仅允许用户上传 200KB 以下的小文件，或者仅允许用户上传不超过 4MB 的文件。这种情形是由 Windows 操作系统或 ASP.NET 对上传文件的默认约束引起的，其目的是避免用户上传过大的文件，影响服务器的并发能力。

如果服务器具有较强的信息处理能力，而且确实需要上传较大的文件，那么可以通过以下方法放宽这种约束。

1. 放宽 Windows Server 2003 对上传文件长度的限制

Windows Server 2003 的默认设置限定了上传文件的最大值，规定上传文件不能超过 200KB，如果文件的容量超过这个限度，系统将拒绝上传并报错。

解决办法是修改其默认设置，改变 Windows Server 2003 对上传文件大小的限制。具体步骤如下。

（1）在 Windows Server 2003 服务器上利用【控制面板】→【管理工具】找到【服务】项，启动"服务管理器"，然后停止 IIS Admin service 服务。

（2）从文件夹 Windows\system32\inesrv\下找到配置文件 metabase.xml，编辑其中的 ASPMaxRequestEntityAllowed 项，将默认的 204 800 改为需要的值（如 20 480 000），增大 Windows Server 2003 允许上传文件的限制值。

（3）重新启动 IIS Admin service 服务。

2. 放宽 ASP.NET 禁止上传超过 4MB 文件的限制

为了保证服务器的并发处理能力，防止某个用户的上传文件流长时间占用服务器资源，ASP.NET 默认配置为：上传文件的上限为 4MB，拒绝上传超过 4MB 的文件。然而，如果系统确实需要允许用户上传大型文件，则可以通过修改 Web.config 文件放宽这一限制。具体方法是：在 Web.config 的 <System.Web> 节中加入语句"<HttpRuntime maxRequestLength="新容量" />"，用以设定允许上传的文件的最大容量。

由于该语句以 KB 为单位，所以语句"<HttpRuntime maxRequestLength="10240" />"代表允许上传的最大文件为 10MB。

注意：并不是允许上传的文件越大越好。由于单个用户上传大文件时，可能会导致该文件长时间占用服务器的网络端口，影响其他用户对系统的访问。所以，在具体的 Web 应用系统中，应该根据实际需要，为上传文件限定尽可能小的数值。

11.4　把文件上传到服务器的数据库内

让用户把文件上传到服务器的指定文件夹中，能够有效地解决用户向服务器上传文件的需求。但这一方法也有其缺陷：首先，当多用户向服务器上传文件时，难免出现文件重名文件，为解决文件重名而采取的措施可能会引发用户的反感；其次，当一个文件夹中文件的数量过多时，可能会引起服务器响应时间过长的问题。测试发现，如果在一个文件夹中直接存放了 1000 个以上的直属文件,服务器对此文件夹的检索效率就很低,其性能很不理想。而且,随着文件的增加,其性能下降的速度非常快。为此人们提出了一种把文件存储到数据库中的策略。

把文件上传到服务器上的数据库中,使文件作为数据库中的一条记录存储起来,这一策略能够有效地解决不同用户文件重名的问题,也可以解决数据高速检索的问题,是一种有效的处理策略。但对过于庞大文件,其处理仍不够理想,存在着一些局限性。因此,大多数的 Web 应用系统并不推荐把庞大的文件存放到数据库中。

11.4.1　把文件上传到服务器数据库内的基本方法

1. 把文件上传到服务器的数据库内的基本思路

首先,要为文件内容的存储在数据库中设计专门的字段。由于在计算机系统中存在着各种类型的文件,要把文件存储到数据库中,需要为存储文件内容而专门设置一个字段。SQL Server 2000 及以前的版本使用 Image 类型存储文件内容,而 SQL Server 2005 及以后的版本采用 varBinary(MAX)类型存储文件内容,这种字段结构最大支持 2GB 大小的文档,而且支持使用 LINQ 技术直接处理。

其次,利用 FileUpLoad 上传控件把文件上传到服务器上,然后利用 PostedFile 的 FileName、FileType 和 FileLength 获取文件的名称、类型和长度,通过流(Stream)对象从 PostedFile 中获取字节型数组的文件内容。

最后,利用 LINQ 技术把文件名称、长度、上传日期、类型等信息上传到数据库的对应字段中。

2. 把文件上传到数据库内的关键技术

把文件上传到数据库内的关键技术主要包括:
- 数据表及 varBinary(MAX)类型。
- FileUpLoad 控件及其应用技术。
- Stream 对象及其应用技术。
- LINQ 的数据插入技术。

11.4.2　把文件上传到服务器的数据库内的示例

1. 案例要求

用户能够通过本地客户机的浏览器选择文件,并把文件上传到服务器上的数据库内,并以列表方式显示出数据库内存储的文件目录,如图 11-20 所示。

2. 准备工作

首先,利用【服务器资源管理器】面板在【数据连接】中找到 XSGL 连接,为此连接添加一个数据表"文件内容表"。文件内容表的结构为文件名、文件类型、上传时间、文件内容、上传人、文件长度字段。其中"文件内容"字段为 varBinary(MAX)类型,上传类型为 nChar型、宽度 28,上传时间为 DateTime 型。另外添加字段 ID,设置为 INT 型,为标识种子,自增量是 1,以 ID 作为此表的主键。

其次,为当前项目添加"LINQ to SQL"类 MydbDataContext,把"文件内容表"添加到

MydbDataContext 的数据表类视图中，使之处于可使用 LINQ 技术实施操作的状态。

3．设计运行界面

1）添加控件

在项目中新增窗体 FileContent，然后按照图 11-20 所示的格式添加 3 个控件：FileUpLoad 控件、Button 控件和 GridView 控件，并依次修改 3 个控件的 ID 为 MyFile、btnUp 和 gvFile。

图 11-20　"把文件上传到服务器上数据库内"程序的运行效果图

2）对控件进行必要的配置

首先，利用 GridView 控件的智能菜单为 GridView 套用格式，使之比较美观。

其次，对 GridView【编辑列】，取消其"自动生成字段"，为 GridView 设置 5 个 BoundField 列，并分别设置其 DataField 属性为"ID、文件名、文件类型、上传时间、上传人、文件长度"。然后为 GridView 添加"删除"列，以便利用 GridView 实现文档管理。

最后，利用【属性】面板，设置 GridView 中的 AutoPaging 属性为 true，PageSize 属性为 5。然后切换到【属性】面板的【方法】选项卡下，双击"PageIndexChanging"项，自动为此事件在 cs 文档中创建方法框架，再双击"RowDeleting"项，自动为删除事件在 cs 文档中创建空的方法。以便以后为换页功能和删除功能编写相应的代码。

4．编写 C♯程序代码

切换到 FileContent.aspx.cs 编辑状态，为 FileContent.aspx 编写代码，最终结果如图 11-21 所示。

注意：由于本例中使用了 Stream 对象，因此需要引用 System.IO 名称空间。

11.4.3　从数据库内获取文件内容

1．从数据库内获取文件的基本思路

对于存放在数据库内的文件，可以显示在用户的浏览器中。或者根据用户的要求，把用户指定的记录转换为文件，并存放到指定的位置，供用户下载。

1）形成文件并存放到指定位置

首先，直接借用 LINQ 的查询技术，从数据库中读取文件内容和文件名称，获取二进制

(Binary)类型的文件内容；其次，把文件内容书写到指定的"文件流"对象中，形成文件；最后，为此文件建立可以下载的超链接。

　　2) 把文件内容显示在浏览器中

　　首先，直接借用 LINQ 的查询技术，从数据库中读取文件内容和文件类型，获取二进制(Binary)类型的文件内容；其次，向浏览器输出文件类型；最后，才向浏览器输出文件内容。

```
12  using System.Xml.Linq;
13  using System.IO;
14
15  namespace FileGL
16  {
17      public partial class FileContent : System.Web.UI.Page
18      {
19          MydbDataContext db = new MydbDataContext();
20
21          void showData()        //利用LINQ技术显示数据库中文件内容表内容的方法
22          {
23              var res = from r in db.文件内容表 orderby r.上传时间 select r;
24              gvFile.DataSource = res;  //设置GridView的数据源
25              gvFile.DataBind();        //刷新GridView
26          }
27          protected void Page_Load(object sender, EventArgs e)
28          {
29              if (!IsPostBack) showData(); //初次使用此网页，先以列表方式显示文件内容表的内容
30          }
31
32          protected void btnUp_Click(object sender, EventArgs e)
33          {
34
35              int fLen = MyFile.PostedFile.ContentLength;     //获取文件的大小值
36              string fName = MyFile.PostedFile.FileName;       //获取文件的名称
37              string fType = MyFile.PostedFile.ContentType;   //得到文件类型
38
39              Stream fs = MyFile.PostedFile.InputStream;       //获取用户提交的文件的流对象
40              byte[] fData = new byte[fLen];                    //按照文件大小创建字节数组
41              fs.Read(fData, 0, fLen);                          //把文件内容读入fData数组中
42
43              文件内容表 wjb = new 文件内容表();              //利用LINQ创建"文件内容表对象"
44              wjb.文件名 = fName;                               //此处的5个语句实现数据赋值
45              wjb.文件类型 = fType;
46              wjb.上传时间 = DateTime.Today;
47              wjb.文件长度 = fLen;
48              wjb.文件内容 = fData;
49              db.文件内容表.InsertOnSubmit(wjb);              //把新增内容添加到DataContext对象中
50              db.SubmitChanges();                               //更新后台数据库
51
52              showData();
53              Response.Write("<Script>alert('文件上传成功！');</Script>");
54          }
55
56          protected void gvFile_PageIndexChanging(object sender, GridViewPageEventArgs e)
57          {                                                     //本方法响应换页功能
58              gvFile.PageIndex = e.NewPageIndex;               //获取当前页码号
59              showData();                                       //重新刷新GridView
60          }
61
62          protected void gvFile_RowDeleting(object sender, GridViewDeleteEventArgs e)
63          {
64              String cid = gvFile.Rows[e.RowIndex].Cells[0].Text; //获取即将被删文件的ID
65              int id = Convert.ToInt32(cid.Trim());                //把文件ID转化为整型量
66
67              var recs = from r in db.文件内容表 where r.ID == id select r;//查找指定ID的文档
68              db.文件内容表.DeleteAllOnSubmit(recs);              //在DataContext中执行删除
69              db.SubmitChanges();                                  //更新后台数据库
70              showData();
71          }
94      }
95  }
```

图 11-21　"把文件上传到服务器上数据库内"程序的 C♯ 源代码

2．从数据库内读取文件的关键技术

从数据库中读取文件内容组成文件的相关技术主要包括 GridView 的"选择"列技术、LINQ 的数据查询技术、Binary 类型与 byte[] 类型的转换技术、流（Stream）与文件流（FileStream）技术、文件流操作技术、超链接与下载技术。

从数据库中提取文件内容并在浏览器中显示的相关技术主要包括 GridView 的"超链接"列技术、LINQ 的数据查询技术、Binary 类型与 byte[] 类型的转换技术、向浏览器书写完整文档的技术。

11.4.4 从数据库内读取文件的示例

为前例中的程序增加两个功能：其一是把选定文件的内容显示在浏览器中；其二是把选定文件的内容另存为其他文档，以供下载。

1．把选定文件另存为其他文档

1）对 GridView 添加"选择"列

首先，对 GridView 添加"选择"列，修改相关属性，如图 11-22 所示。

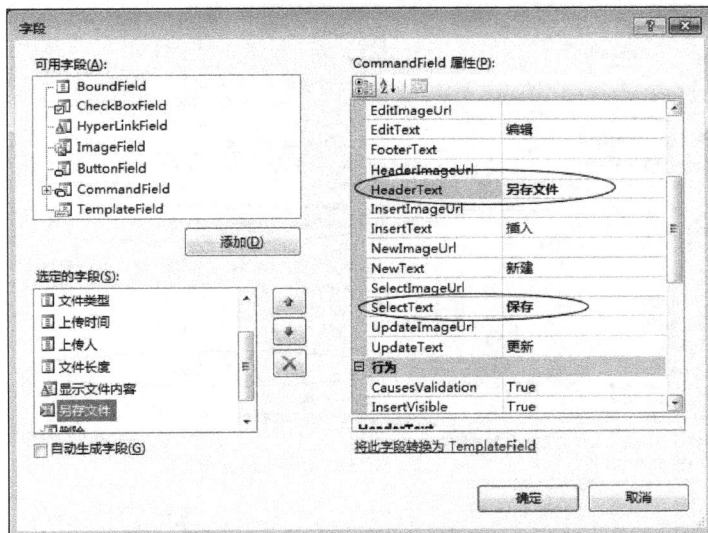

图 11-22　为把数据表内的信息另存而编辑 GridView 列

其次，利用【属性】面板的【方法】选项卡，为"SelectedIndexChanged"事件在 cs 文档中添加相应的方法框架。

2）针对 GridView 的"选择"列编写代码

能够实现功能要求的最终代码如图 11-23 所示。

2．把选定文件的内容显示在浏览器的新窗口中

本例通过 GridView 中的超链接选择要输出的文件并调用负责显示的程序，然后由新程序 FileContShow.aspx 负责把选定的文档显示在浏览器的新窗口中。

1）对 GridView 添加"HyperLinkField"列

首先，对 GridView 添加"HyperLinkField"列，修改相关属性如图 11-24 所示。

```
73  protected void gvFile_SelectedIndexChanged(object sender, EventArgs e)
74  {
75      int id = Convert.ToInt32(gvFile.SelectedValue.ToString()); //获取选中文档的id
76      var recs = from r in db.文件内容表 where r.ID == id select r;//执行LINQ查询
77      var rec = recs.First();
78      byte[] fData = rec.文件内容.ToArray();        //把文件内容字段的值转化为byte[]型
79
80      String path=Server.MapPath(@"\")+@"\FileTemp"; //设置存放新生成文档的存储位置
81      String fn = path+"\\" + rec.文件名.Trim();      //设置新文档的完整文件名
82      if(!Directory.Exists(path))                  //如果新的存储文件夹不存在
83          Directory.CreateDirectory(path);         //则新建立一个
84
85      if(File.Exists(fn)) File.Delete(fn);         //如果同名文件已经存在,则先删除
86      FileStream fs = new FileStream(fn, FileMode.Create); //以指定的文件信息创建新文件流
87      fs.Write(fData, 0, fData.Length);            //把文件内容写到文件流中
88      fs.Close();                                  //关闭文件流
89                        //创建关于下载的链接
90      String strb = "您的文件已经被另存为" + rec.文件名 + "。您可以可以直接【";
91      strb = strb + "<a href=FileTemp/" + rec.文件名.Trim() + ">下载文件】</a>";
92      lblRes.Text=strb;
93  }
```

图 11-23　为把数据表内的信息另存而编写的 C♯ 源代码

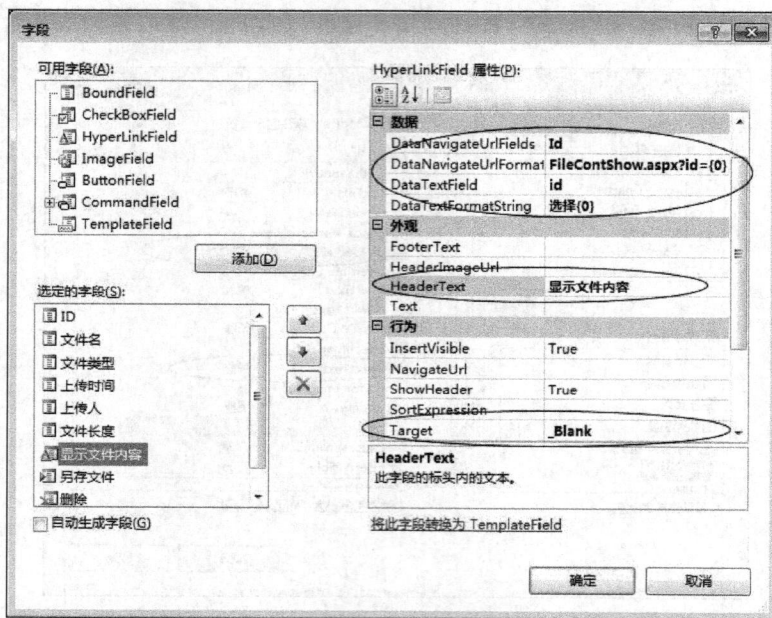

图 11-24　为把数据表内的文件内容显示出来而添加 HyperLinkField 列

其次,对 HyperLinkField 属性的配置进行说明。

在图 11-24 右侧的 HyperLinkField 属性中,对 HyperLinkField 进行了多项配置。第一,设置 DataNavigateUrlFields 的值为 id,指明了超链接信息与数据源中的 id 列密切相关。而 DataNavigateUrlFormatString 属性就以前面的 id 作为参数{0}的值,说明了超链接要调用的动态网页名称及需要传递的参数值。本例明确指出,超链接的字符串序列为 "FileContShow. aspx? id=",其参数值由前面的 DataNavigateUrlFields 指定的字段提供。第二,紧跟其后的 DataTextField 和 DataTextFormatString 属性则设置了在 GridView 每行中要显示的信息和格式。第三,底部 Target 属性值为"_Blank",表示在一个新窗口中打开

超链接。

2）新增 Web 窗体 FileContShow.aspx

为响应超链接列，在项目中新增 Web 窗体 FileContShow.aspx，并对此文件的代码隐藏页 FileContShow.aspx.cs 进行开发，针对 Page_Load 事件编写代码，最终结果如图 11-25 所示。

```
18  protected void Page_Load(object sender, EventArgs e)
19  {
20      int id =Convert.ToInt32(Request.QueryString["id"]); //获取URL传递来的参数值
21      if (id != 0)
22      {
23          MydbDataContext db = new MydbDataContext();      //启用LINQ功能
24          var recs=from r in db.文件内容表 where r.ID==id select r; //执行LINQ的查询
25          if (recs.Count() == 0)                          //如果文件不存在，则退出系统
26          {
27              Response.Write("您选定的文件不存在！");
28              return;
29          }
30          var rec = recs.First();                          //获取查询到的首条记录
31          byte[] fCont = rec.文件内容.ToArray();           //获取文件内容
32
33          Response.ClearContent();                         //清空当前页面的Content预置信息
34          Response.ContentType = rec.文件类型.Trim();      //按照文件类型设置页面的Content类型
35          Response.BinaryWrite(fCont);                     //把文件内容输出到浏览器中
36          Response.End();                                  //结束输出过程
37      }
38  }
```

图 11-25 为把数据表内的文件内容显示出来而设计的 C# 源代码

思考题

1. 如何获取指定驱动器的空闲空间？

2. 如何获取某个文件夹中的全体文件与文件夹？

3. 如何在指定的文件夹中创建一个新文件夹？如何判断在一个文件夹中是否存在某个文件？

4. 怎样才能把当前窗体中文本区域中的信息存储到服务器的指定文件夹中？

5. 在 Web 窗体中，通常使用什么控件实现文件上传？在文件上传对象中，如何获取被上传文件的文件名、文件类型和文件长度等关键信息？

6. 如果想把上传的文件保存到服务器的指定文件夹中，应该使用文件上传对象的什么方法？该方法的参数是什么？

7. 在服务器上保存上传文件的过程中，是否可以改变文件名称？

8. 在文件上传过程中，如何突破服务器对上传文件大小的限制？

9. 在文件上传并希望保存到服务器文件夹中的过程中，通过什么方法可以限制上传文件的类型？

10. ASP.NET 是否允许用户把文件存储到服务器中的数据库内？在 SQL Server 2005 中，通常使用什么类型的字段保存文件内容？SQL Server 2005 为什么不采用 Image 字段保存文件内容？在数据库中保存文件时，除了保存文件内容，通常还要保存什么信息？

11. 对于保存到数据库内的文件，如果需要显示在窗体中，应该使用什么命令？如何防

止浏览器不能正确地解析文件类型？

12. 对于保存到数据库内的文件,如果需要转存到服务器的特定文件夹中,应该借助什么类型的对象？应该注意什么？

上机实训题

新建项目 TEST11,在此项目中实现以下功能。

(1) 新增窗体 FILEINFO,利用此窗体可以显示出指定文件夹的结构,把该文件夹下的所有子文件夹名称和全体文件的名称显示出来。

(2) 新建窗体 FILEDIR,利用此窗体可以在指定的文件夹中创建子文件夹。

(3) 新建窗体 FILEUPDIR,利用此窗体可以选定文件,并把文件上传到服务器上的指定文件夹 UPLOAD 中,同时把上传文件的文件名、文件类型和上传日期保存到后台数据库的数据表中。要求：在上传过程中进行文件名称审查,如果同名文件在服务器上已经存在,则必须先调整为其他合法的文件名称,然后才能保存。

(4) 新建窗体 FILEUPDB,利用此窗体选定文件,然后把文件上传到服务器内的数据库中。要求在保存文件内容的同时,在数据库中保存上传文件的文件名、文件类型和上传日期。

(5) 基于题目(4)的设计,补充编写程序,实现在浏览器中显示出指定文件的内容的功能,或者能够把指定的文件从数据库中转存到服务器内的特定文件夹中。

第12章

Web服务器与网页发布

学习要点

本章主要学习与 ASP.NET 应用程序发布密切相关的技术。要求了解 IIS 服务器的安装与安全性配置技术、后台数据库管理系统的安装与配置技术、.NET Framework 运行环境的配置技术、ASP.NET 应用程序的发布技术。本章重点关注以下内容：

- IIS 服务器的安装与配置方法。
- 网站与虚拟目录的概念，网站与虚拟目录的创建方法、访问权限设置、默认文档、.NET Framework 的版本检测与配置技术。
- SQL Server 2005 的安装方法、基础配置，Management Studio 的用途与简单用法，数据库的创建与附加技术。
- 把 ASP.NET 应用程序发布到 Web 服务器上的方法。

12.1 网站运行环境简介

12.1.1 ASP.NET 网站的平台基础

1. ASP.NET 网站运行的必需软件

由于真正地为业务活动提供服务的 Web 应用系统要应对众多用户的并发访问，因此不论是操作系统，还是数据库管理系统、Web 服务器，都要使用服务器版本的，只有如此才能保证系统的性能，具有较强的并发能力。目前，对基于 ASP.NET 技术的 Web 应用系统，一般推荐使用 Windows Server 2003/2005/2008 作为服务器操作系统，以 IIS 6.0/7.0 构建 Web 服务器系统，并配置 .NET Framework 3.5 框架。

由于绝大多数的 Web 应用系统都需要后台数据库的支撑，而且 ASP.NET 系列的应用系统多数与 SQL Server 配合良好。特别是 ASP.NET 3.5 的默认后台数据库就是 SQL Server 2005。因此，要配置 ASP.NET 的应用系统，通常以 SQL Server 2005/2008 为 ASP.NET应用系统提供数据库支持。所以，通常需要在 Windows 服务器中安装并配置服务器版的 SQL Server 2005 数据库管理系统。

2. 系统软件的逻辑关系

表 12-1 描述了 ASP.NET 应用系统中各个软件之间的逻辑关系，在管理员配置与管理 Web 应用系统时，可以按照从低向高的层次逐层安装系统软件。

表 12-1　ASP.NET 的系统软件之间的逻辑关系

高	应用系统	Web 应用系统(如网上销售系统、图书馆信息管理系统 ASP.NET 版)
	开发工具	服务器端：可不安装开发工具
		开发端：Visual Studio .Net 2005/2008
	Web 服务器	IIS(支持 .NET Framework 3.5 版)
	DBMS	服务器端：SQL Server 2005 企业版
		开发端：SQL Server 2005 开发版
	操作系统	服务器端：Windows Server 2003/2008
		开发端：Windows XP Professional 或 Windows 7
底		裸机

12.1.2　IIS 服务器及特点

IIS 服务器(Internet Information Services, IIS)是微软公司为 Windows 平台开发的一个 Web 服务器系统。目前它的功能主要包括创建 Web 服务器,创建 FTP 服务器和创建 SMTP 虚拟服务器。也就是说,一个具有静态外部 IP 地址、已经连接到 Internet 的计算机,在安装了 Windows Server 2003/XP 操作系统后,如果安装上 IIS,此计算机就可以成为一台 Web 服务器,能够为普通用户提供 Web 服务和 FTP 服务。

1. IIS 服务器类型及其特点

IIS 服务器能够与 Windows Server 系统无缝结合,实现优良的效果。当前,基于 Windows 服务器的 IIS 服务器主要有 IIS 6.0 和 IIS 7.0 两个版本。其中 IIS 6.0 可以运行在 Windows XP 和 Windows Server 2003 操作系统上,而 IIS 7.0 则主要工作于 Windows 7 和 Windows Server 2008 操作系统之上。

Windows 2000 的服务器版、专业版、Windows XP 的 Professional 版和 Windows Server 2003 都能够安装 IIS 并提供相关服务。但是,在 Windows 2000 专业版和 Windows XP 上安装 IIS 后构成的 Web 服务器,仅能支持 10 个并发用户访问。因此,这种 IIS 通常用于实验室研究和个人用户进行程序调试。而 Windows 2000/2003 服务器版能够提供更安全和性能更强的服务、允许更多的用户访问服务器,是 IIS 式的 Web 服务器的专业应用。与 IIS 6.0 版本相似,基于 Windows 7 的 IIS 7.0 是面向应用系统开发、测试目的的,仅允许少量的并发用户测试使用。而基于 Windows Server 2008 的 IIS 7.0 才可真正地提供企业级服务,为大量的并发访问提供支持。

IIS 是 Windows Server 的集成组件,包含在 Windows Server 的安装光盘中,但在安装 Windows Server 时不会自动安装到系统中。因此,若需安装 IIS,需首先把对应版本的 Windows Server 安装光盘放到服务器的光驱中,然后利用【控制面板】中【添加/删除程序】的【Windows 组件】管理功能安装对应版本的 IIS。

2. IIS 服务器的相关概念

1) 虚拟目录

理论上讲,开发者可以把自己开发的网页发布到服务器的任何文件夹中,但发布网页的文件夹必须统一接受 IIS 的管理,即发布网页的文件夹必须在逻辑上隶属于 Web 服务器,成为其管理下的一个目录。为此,需要在 Web 服务器下做一个对实际文件夹的映射,这个映射就是虚拟目录。例如,实际的文件夹 D:\xyglxt 可以映射为 Web 服务器下的 bnuxy,这个 bnuxy 就是一个虚拟目录,因为它不是服务器上实际存在的文件夹。

使用虚拟目录有许多优势,主要表现如下。

(1)对远程访问者屏蔽真正的文件夹,使远程用户只能通过虚拟目录访问网页,提高了安全性,简化了操作。

(2)设置远程用户对虚拟目录的访问权限。

(3)限制能够访问此虚拟目录的客户机,把使用某些 IP 地址的客户机拦截在系统之外,杜绝一些非法访问。

(4)可以设置虚拟目录的默认文档,把远程用户对虚拟目录的访问转变成对虚拟目录下特定文件的访问。

2)文件映射

IIS 服务器对存储在虚拟目录下的文档提供两种方式的服务:其一,直接把文件内容发送到访问者的浏览器中,例如各种静态网页和文件下载;其二,对于某些特定的程序,先在服务器端执行,然后把执行结果发送到访问者的浏览器中,例如各种 ASP、ASP. NET 程序和 JSP 程序。

在 IIS 服务器中有一张文件映射表,用于标记哪些类型的文档是需要在服务器端解释运行的,并标记了支持其运行的动态链接库。从理论上讲,文件映射表包含的文件类型越多,Web 服务器支持运行的能力就越强。然而在 MIS 设计实践中,往往需要屏蔽不必要的文件映射,因为文件映射能力越强,给远程攻击提供的机会也越大。

3)访问权限

对于 IIS 服务器下的每个虚拟目录,都可以设置远程用户对它的访问权限。其中“读取”权限指远程访问者只能读取该虚拟目录下的文档,是最基本权限,常常赋予存放静态网页的虚拟目录;“运行脚本”权限允许远程访问者启动并执行某些脚本程序,ASP 程序就应存储在具有“运行脚本”权限的虚拟目录中。如果希望远程用户能够获得该虚拟目录中所有文件的名称列表并可以任意下载这些文件,则可以给予虚拟目录“目录浏览”的权限;如果允许远程用户向此虚拟目录中任意上传文档,则给予“写入”权限。

注意:如果服务器的文件系统采用的是 NTFS 格式,那么虚拟目录的最终访问权限还受到 Windows 对该文件夹访问权限的影响。例如,如果 bnuxy 对应的实际文件夹 D:\xyglxt在 NTFS 方案中被设置为“'everyone'没有任何权限”,那么即使已经对虚拟目录 bnuxy 设置了“读取”和“执行脚本”的权限,远程用户仍无权访问此虚拟目录。

12.2 IIS 服务器的安装与配置

本节将以 Windows Server 2003 和 Windows 7 为例,简要介绍 IIS 组件的安装与配置过程。

12.2.1 IIS 6.0 服务器的安装与配置

1. IIS 6.0 服务器安装

启动 Windows Server 2003 的【控制面板】,打开【添加/删除程序】窗口,选择【添加/删除 Windows 组件】，打开【Windows 组件向导】对话框，如图 12-1 所示。

选择【应用程序服务器】，然后单击【详细信息】按钮，打开【应用程序服务器】对话框，如图 12-2 所示。

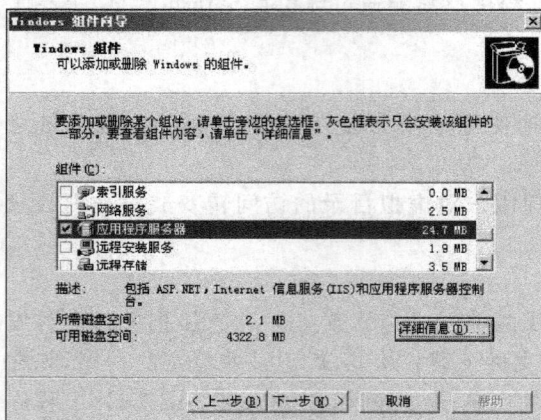

图 12-1　在 Windows Server 2003 中启动
"IIS 6.0 安装"

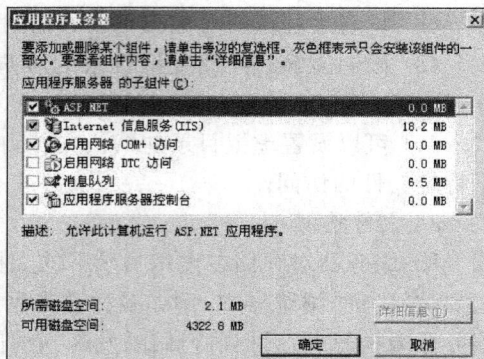

图 12-2　在 IIS 6.0 应用程序服务器安装过程中
选择安装组件

选择 ASP.NET，可以使此服务器支持 ASP.NET 运行。

选择【Internet 信息服务(IIS)】，使【Internet 信息服务(IIS)】复选框生效。然后单击【详细信息】按钮，在 Internet 信息服务(IIS)的详细信息中选择【万维网服务】，然后再次单击【详细信息】按钮，在这个界面内选中 Active Server Pages，保证 IIS 服务器能够支持 ASP 程序的运行。

设置完毕，单击若干次【确定】按钮，回到【Windows 组件向导】对话框，然后单击【下一步】按钮，就开始在服务器上安装 IIS 服务了。

系统安装完毕，会在服务器上建立一个名称为 Inetpub 的子文件夹，其下有 wwwroot、ftproot 等文件夹。其中，wwwroot 是 Web 服务器的根文件夹，ftproot 是 FTP 服务器的根文件夹。

通常，可以把一个文本文件复制到 wwwroot 文件夹下，然后在 IE 浏览器的地址栏中输入"http://127.0.0.1/文本文件名.txt"并回车，通过在 IE 界面下能否显示出此文本文件的内容来检测 IIS 安装是否成功。

注意：是否在安装 IIS 时安装 ASP.NET 组件，取决于项目的应用系统。如果计划以 ASP.NET 开发 MIS，则安装 ASP.NET 组件。如果计划以 ASP 开发系统，则一定不要安装 ASP.NET 组件。

2. 配置 IIS 6.0 服务器的虚拟目录

安装 IIS 服务后，将会在【控制面板】的【管理工具】中创建命令项【Internet 信息服务(IIS)管理器】，所有的 IIS 配置工作都由【Internet 信息服务(IIS)管理器】负责。下面将以红星中学校友信息系统的建设为例说明 IIS 6.0 服务器虚拟目录的配置。

已知红星中学服务器的 IP 地址为 202.112.94.36，服务器上已经正确地安装了 IIS，并配置了相应版本的.NET Framework 框架。现在学校以 ASP.NET 开发了一套校友信息管

理系统,系统的主文件名为 index. aspx。校长要求配置 Web 服务器,希望能够通过
"http://202.112.94.36/xyxt/"访问校友信息管理系统。

由于 Web 服务器的 IIS 已经完成安装,而且也完成了网络配置,因此本案例的目标是
设置一个能够执行 aspx 程序的虚拟目录 xyxt,并把此虚拟目录的默认文档设置为 index
.aspx,具体的操作过程如下。

1) 创建存放校友系统的实际文件夹

在 D 盘的根目录处创建一个新文件夹,命名为 hxxygl,即 D:\hxxygl。检查 D 盘的文
件系统,如果是 NTFS 格式,则需要检查 D:\hxxygl 的操作权限,设置"everyone"组具有读
取权限。

2) 映射虚拟目录

(1) 通过【开始】→【控制面板】→【管理工具】→【Internet 信息服务(IIS)管理器】直接启
动 IIS 配置工具。此窗口由两部分组成,左侧是一个树状层次结构,右侧为主工作区。单击
小"+"号展开左侧的树结构中的分支,选择【默认网站】,将在右侧窗口中展开当前的 Web
服务器的目录结构,如图 12-3 所示。

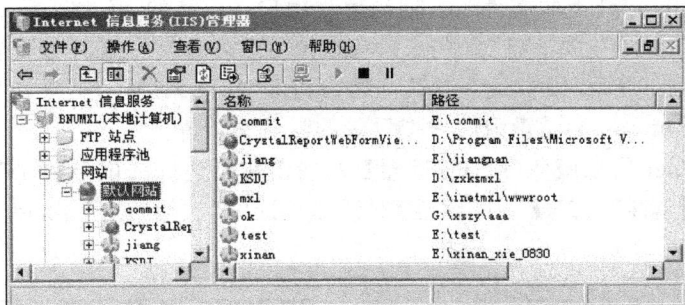

图 12-3　IIS 6.0 信息服务管理器的主界面

(2) 右击"默认网站"(或者在右侧窗口的空白处右击),在弹出的快捷菜单中选择【新
建】→【虚拟目录】,打开【虚拟目录创建向导】对话框。

(3) 先给要建立的虚拟目录起个名字,把它填入别名栏目中。本例中输入"xyxt",如
图 12-4 所示。

(4) 单击【下一步】按钮后,系统要求说明虚拟目录对应的实际文件夹名称。直接输入
本地硬盘上的指定文件夹名称"D:\hxxygl",或者利用【浏览】按钮选定"D:\hxxygl",如
图 12-5 所示。

(5) 选定文件夹或输入文件夹名称后,单击【下一步】按钮,进入设置虚拟目录【访问权
限】的对话框,如图 12-6 所示。通过设置复选框限制远程用户使用此虚拟目录的权限。因
为本例中的虚拟目录要存放 ASP 脚本文件,则给予"运行脚本"权限。为保证系统的安全
性,不要给虚拟目录 xyxt"浏览"和"写入"权限。

(6) 设置完毕,单击【下一步】按钮完成设置。此时已经完成了虚拟目录 xyxt 对文件夹
D:\hxxygl 的映射,存储 D:\hxxygl 下的文件可以被远程用户通过"http://202.112.94.
36/xyxt/文件名称"访问。

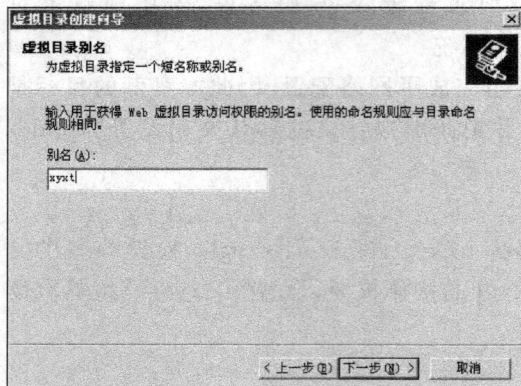

图 12-4　为虚拟目录设置别名

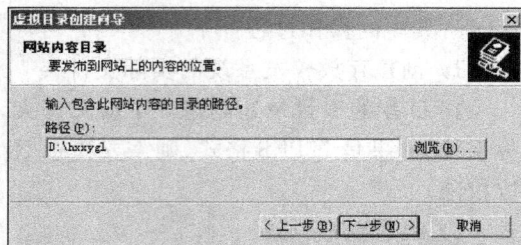

图 12-5　指定虚拟目录对应的实际文件夹

3) 设置默认文档

（1）完成虚拟目录的配置后，远程用户已经可以通过"http://202.112.94.36/xyxt/文件名称"访问 D:\hxxygl 下的文件了。但当远程用户在自己的 IE 地址栏输入"http://202.112.94.36/xyxt/"（URL 中没有文件名，只有虚拟目录名称）时，这时会因为 URL 中没有文件名而且虚拟目录 xyxt 也没有设置默认文档而提示"网页无法打开"或者"无权浏览目录"。此时，应该把 Default. aspx 设置为此虚拟目录的默认文档。

（2）在【Internet 信息服务（IIS）管理器】中，右击刚刚建好的虚拟目录"xyxt"，在弹出的快捷菜单中选择【属性】，打开【xyxt 属性】对话框。选中"文档"选项卡，启动如图 12-7 所示的界面。

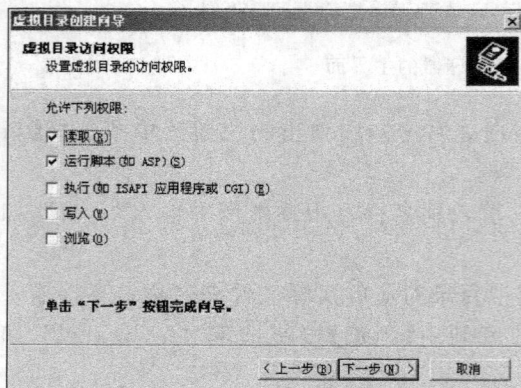

图 12-6　设置虚拟目录的操作权限

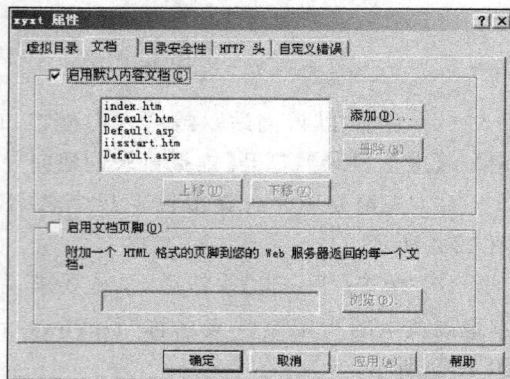

图 12-7　设置虚拟目录的默认文档（首个网页）

（3）单击【添加】按钮，把 Default. aspx 添加到中上部的列表框中。然后选中 Default. aspx文件，单击【上移】按钮，使 Default. aspx 处于第一的位置。

4) 测试虚拟目录配置

用 FrontPage 或 Dreamweaver 设计一个内容非常简单的网页文件 index. asp，然后把此文件复制到 D:\hxxygl 中，即把 index. asp 复制到虚拟目录 xyxt 对应的实际文件夹 D:\hxxygl中。

到另外一台已经接入 Internet 的计算机上，启动 IE 浏览器，在其地址栏中输入"http://202.112.94.36/xyxt"并按回车后，检查能否看到 index.asp 的内容。如果能够看到 index.asp 的内容，则说明虚拟目录 xyxt 的配置正确，就可以把红星中学的校友信息管理系统复制到 D:\hxxygl 中了。

3. IIS 的优化与安全配置

IIS 是微软的操作系统中漏洞比较多的一个组件，又因为 IIS 主要用于存储网页文件，供 Internet 用户通过浏览器访问，因此 IIS 配置不当，将会给系统留下巨大隐患。为降低黑客通过 IIS 攻击系统的概率，一般不建议使用系统的默认配置。

1) 修改 IIS 默认的文档配置

由于 IIS 默认的文档位置（C:\Inetpub 或 D:\Inetpub）众所周知，因此采用默认位置存放 MIS 隐患很多。因此，建议在其他驱动器上建立另外的文件夹作为 IIS 的主文档，并修改必要的配置信息。

例如，在 E 盘上建立一个文件夹 WWWPUB，然后启动【Internet 信息服务（IIS）管理器】。右击【默认网站】，选择【属性】，打开如图 12-8 所示的【默认网站属性】对话框。

接着选择【主目录】选项卡，然后把主目录对应的位置修改为 E:\WWWPUB。

另外，IIS 自带的"远程 Web 服务管理器"和"Scripts"虚拟目录等在为站点管理者提供远程管理的便利之时，也为系统安全留下了隐患。因此，如果不是非常需要对 Web 站点实施远程管理，则删除这些不必要的虚拟目录。

2) 不轻易开通 FTP 上传服务，不允许用户匿名浏览 Web 目录

为了避免不必要的版权纠纷，避免别有用心的用户向 Web 服务器中上传恶意代码。IIS 服务器一般不开通 FTP 上传服务，也不允许匿名用户浏览 Web 站点目录。因为如果允许匿名用户浏览 Web 站点中的某目录，远程用户就有可能下载这个虚拟目录中的源程序，通过分析源代码找到攻击系统的方法。修改虚拟目录访问权限的具体操作为如下。

启动【Internet 信息服务管理器】，选择管理中的 Web 站点，例如选择【默认网站】。在展开默认网站的树状层次结构后，右击某一虚拟目录，选【属性】，则打开了此虚拟目录的属性设置对话框。例如选择了"xyxt"，其属性对话框如图 12-9 所示。

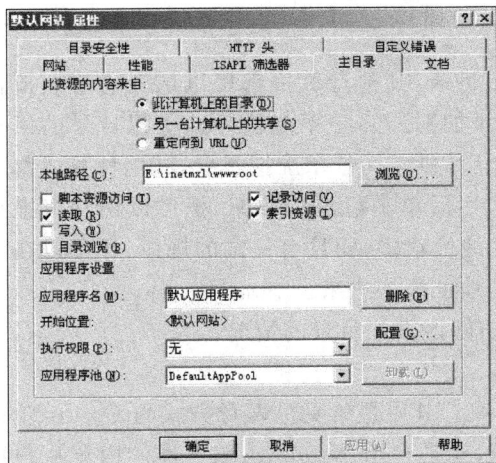

图 12-8　修改网站的默认主文件夹位置　　　　　图 12-9　修改虚拟目录属性对话框

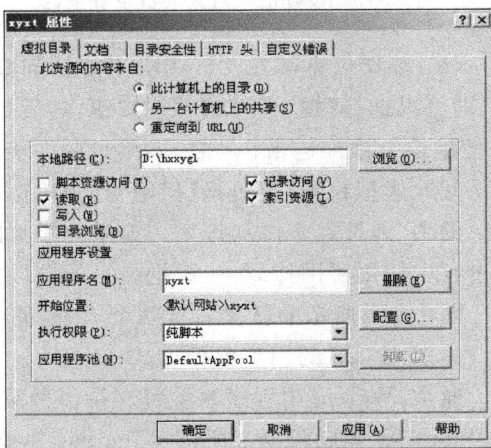

通过中部区域的"读取"、"写入"、"目录浏览"等复选框,底部的"执行权限"下拉列表框可以设置远程普通用户对这个虚拟目录的操作权限。

注意:除非特殊需要,一般不要给 Web 虚拟目录"写入"、"目录浏览"和"执行权限"。

除非特殊需要,一般不允许匿名用户向 FTP 目录上传文件。另外,尽量避免允许用户直接向 Web 虚拟目录中上传可执行文件。

3) 限制外部访问者的 IP 地址

有些动态网站只允许特定范围的人员访问,需要从网络连接的层面对外部用户进行约束。为解决这一问题,通常借助 IIS 限制访问者 IP 地址的技术,只允许特定的 IP 地址访问此虚拟目录,具体操作步骤如下。

(1) 启动【Internet 信息服务管理器】,选中需要限制访问者的那个虚拟目录,右击后选择【属性】,打开虚拟目录【属性】对话框,如图 12-9 所示。

(2) 单击【目录安全性】标签,进入【目录安全性】选项卡,如图 12-10 所示。

(3) 在【目录安全性】选项卡中,单击栏目【IP 地址和域名限制】中的按钮【编辑】,打开【IP 地址和域名限制】对话框,如图 12-11 所示。

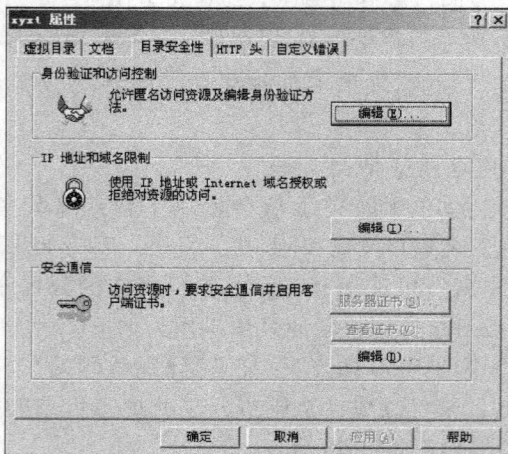

图 12-10　设置虚拟目录的目录安全性　　　图 12-11　【IP 地址和域名限制】对话框

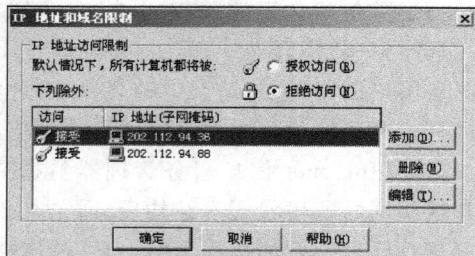

(4) 如果仅有某几台计算机不能访问此虚拟目录,其他计算机都可以访问这个虚拟目录,则可以选择【授权访问】单选按钮,然后单击【添加】按钮,把不能访问此虚拟目录的用户 IP 地址逐个添加进来;反之,如果只允许某几台计算机访问这个虚拟目录,其他计算机都不能访问此虚拟目录,就选择【拒绝访问】单选按钮,然后单击【添加】按钮,把可以访问本虚拟目录的 IP 地址逐个添加进来。如果要添加的 IP 地址很多,而且有一定的规律,还可以在添加过程中使用子网掩码,一次把一个子网段的 IP 地址添加进来。

图 12-11 所示的就是只有两个 IP 地址可以访问该虚拟目录的情况。

4) 配置 IIS 的用户验证方式

通常,Web 应用程序系统可支持多种验证方式。其中最常见的两种方式为 Forms 验证和 Windows 集成验证。所谓 Windows 集成验证,就是利用 Windows 服务器的内置账户进行用户身份验证,使所有已在 Windows Server 上注册的、能够访问 Windows 服务器的用户都可以访问此 Web 服务器。由于这种方式仅允许已经在 Windows Server 上注册的账户或者隶属于此 Windows 域的用户访问 Web 系统,能够和 Windows 的其他服务密切地结合起来,是一种适合小型机构内部、在局域网范围内集中办公的单位采用的身份验证方式。

如果需要启动 Windows 集成身份验证,只须进行如下配置。

(1)在【目录安全性】选项卡下,单击【身份验证和访问控制】栏目中的【编辑】按钮,启动身份验证编辑状态,打开【身份验证方法】对话框,如图 12-12 所示。

(2)撤销【启用匿名访问】复选框,使匿名用户无法访问本 Web 服务器。

(3)选中【集成 Windows 身份验证】复选框,使 IIS 服务器可以借助 Windows 的账户体系,从而使得凡在 Windows Server 上注册过的用户都可以便利地通过 Windows 账号和密码访问此 Web 服务器。

注意:"集成 Windows 身份验证"是一种利用 Windows 自身的用户控制功能来实现 Web 用户身份验证的方式。用户对 Web 应用系统文件夹中信息的访问要受到 NTFS 文件系统授权的影响。如果某一 Windows 用户没有读取 Web 应用程序所在文件夹或者数据库文件的权力,那么他对 Web 服务器的访问将会被拒绝。

5)取消不必要的文件映射

作为一个功能强大的 Web 服务器,IIS 支持很多脚本文件和 CGI 程序。作为一个支持 MIS 的平台来讲,IIS 只须解析 MIS 所需的几种文件类型。为了避免黑客利用那些对 MIS 无用的脚本类型攻击系统,建议在 IIS 管理器中删除任何无用的文件映射。具体操作方法如下。

(1)启动【Internet 信息服务(IIS)管理器】,选中具有执行脚本权限的特定虚拟目录,右击后选择【属性】,打开虚拟目录属性设置对话框,如图 12-9 所示。

(2)单击对话框底部的【配置】按钮(如果虚拟目录有执行权限,【配置】按钮就不是灰色的),打开【应用程序配置】对话框,选中【映射】选项卡。如图 12-13 所示。

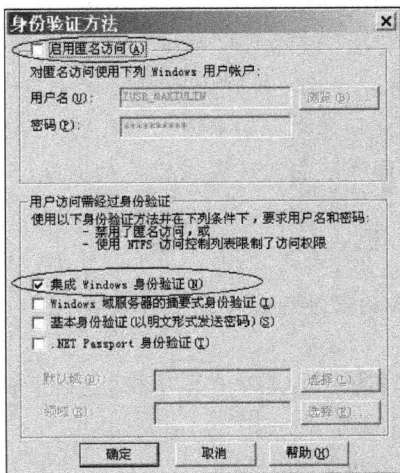

图 12-12 设置 Windows 集成身份验证方式

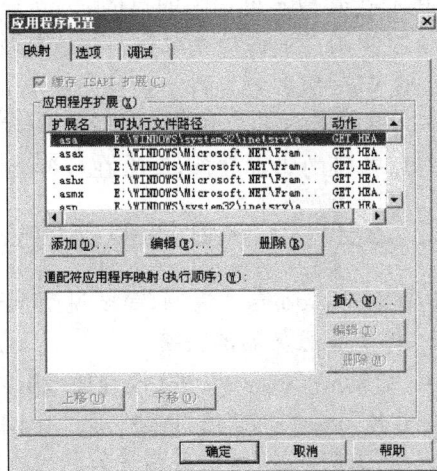

图 12-13 【应用程序配置】对话框

(3)把不需要的文件类型逐个小心地删除,最后单击【确定】按钮,确认刚才的操作。

6)去除利用"程序报错"窃取服务器基本信息的可能

有些高级黑客能够通过脚本程序报错信息得知服务器的版本、性能、补丁状况,而这些信息就成为他们攻击系统的基础资料。因此，这种为开发人员调试程序准备的报错信息也可能成为系统安全的隐患。所以，对于运行中的工作服务器，应该关闭程序报错信息。

去除准确"程序报错"功能的具体操作步骤如下。

（1）打开【Internet 信息服务管理器】，选中具有执行脚本权限的某个虚拟目录，右击后选择【属性】，打开虚拟目录属性设置对话框，如图 12-9 所示。

（2）单击对话框底部的【配置】按钮（如果虚拟目录有执行权限，【配置】按钮就不是灰色的），打开【应用程序配置】对话框，选中【调试】选项卡，如图 12-14 所示。

选中【向客户端发送下列文本错误消息】单选按钮，然后在下面的文本框中输入一些特殊文字，从而使 IIS 不会把系统的完整报错信息发送给远程用户，以免远程用户利用报错信息窃取服务器版本信息等资料。最后单击【确定】按钮确认刚才的操作。

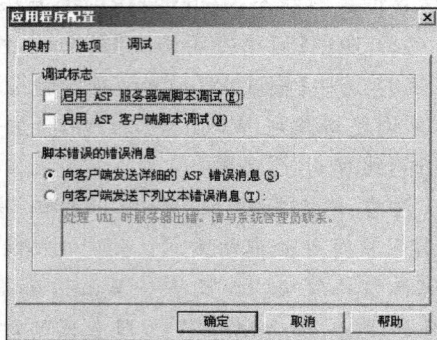

图 12-14　设置调试信息显示方式

7）不允许客户在留言中包含控制字符

现在很多 MIS 利用 ASP、JSP 等脚本语言设计系统讨论组、系统留言板。如果系统把收到的留言信息不作任何处理就直接存入后台数据库，那么远程黑客就可以通过在留言板中书写带有控制功能的字符串，通过让系统运行这些特殊的字符串获取系统信息，从而达到控制系统的目的。因此，如果系统中开设了留言板服务，那么在把留言信息保存或发布之前一定要过滤掉用户留言中的控制符号。"＜＞"、"＜%…%＞"、单双引号等符号都必须滤掉或用其他符号代替。否则，恶意的用户很可能利用留言板发布恶意代码，并通过留言板运行它，进而达到他不可告人的目的。

8）限制用户上传包含可执行脚本的文件

如果 Web 服务器允许上传执行含有可执行脚本的文件，则可能给系统带来巨大隐患。因此应该限制用户上传包含可执行脚本的文件。如果必须允许用户上传 ASP、ASPX 或 PHP 等可执行的脚本文件，那么在服务器上一定要有严格的文件夹授权控制措施。

12.2.2　IIS 7.0 服务器的安装与配置

本节以 Windows 7 为例，简要说明 IIS 7.0 组件的安装与配置。

1. IIS 7.0 服务器的安装

（1）启动 Windows 7 的【控制面板】，打开【程序】选项，从【程序和功能】栏目下选择【打开或关闭 Windows 功能】，将会打开如图 12-15 所示的窗口。

（2）展开【Internet 信息服务】项，选中【IIS 管理服务】复选框。

（3）展开【万维网服务】项，如图 12-16 所示。在【安全性】项目下，至少选择【IP 安全】、【Windows 身份验证】、【基本身份验证】、【客户端证书映射身份验证】项目。在【常见 HTTP 功能】项目下，至少选择【HTTP 错误】、【静态内容】、【默认文档】、【目录浏览】等项目，否则可能导致 IIS 7.0 无法正常工作。例如，有的用户因为没有选择【静态内容】而导致远程客户无法浏览 Web 站点上的静态网页，甚至不能浏览最普通的 JPG 图像内容。

图 12-15 安装 IIS 7.0 时选择组件的窗口

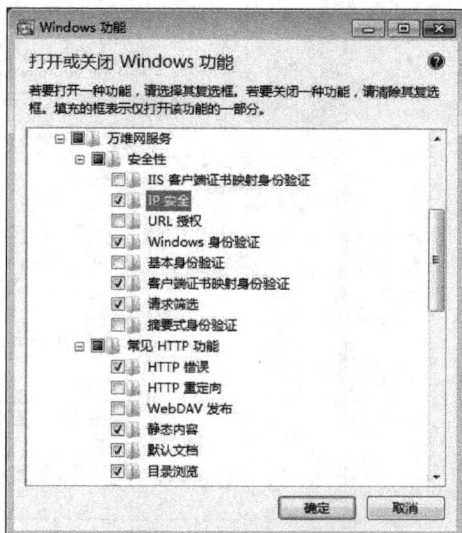

图 12-16 安装 IIS 7.0 时配置"安全性"和
"HTTP 功能"组件

（4）展开【应用程序开发功能】项，可根据需要选中 ASP.NET、【.NET 扩展】等项目，如图 12-17 所示。

（5）如果要安装的功能已经配置完毕，就单击右下角的【确定】按钮，系统开始自动从 Windows 7 的安装盘上复制相关文件，并完成基础配置。

2. IIS 7.0 服务器的配置

与 IIS 6.0 相似，在 IIS 7.0 安装完毕，会在服务器系统盘上建立一个名称为 Inetpub 的子文件夹，其下有 wwwroot、ftproot 等文件夹。其中，wwwroot 是 Web 服务器的根文件夹，ftproot 是 FTP 服务器的根文件夹。通常情况下，人们会在 IE 的地址栏中输入"http://127.0.0.1/iisstart.htm"并回车，通过 IE 的反馈信息来检测 IIS 安装是否成功。

安装 IIS 7.0 服务后，将会在【控制面板】→【系统和安全】的【管理工具】中创建命令项"Internet 信息服务(IIS)管理器"，所有的 IIS 配置工作都由"Internet 信息服务(IIS)管理器"负责。

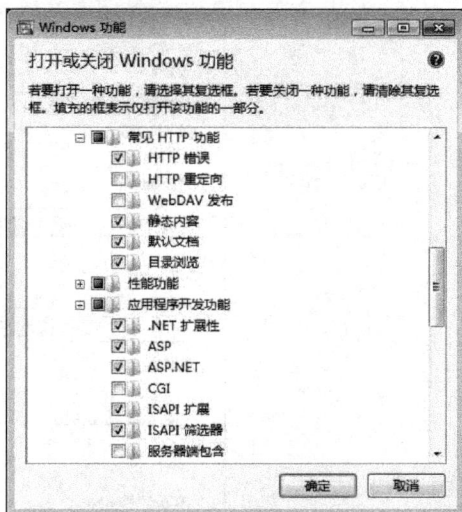

图 12-17 安装 IIS 7.0 时配置"应用程序
开发功能"组件

启动【Internet 信息服务(IIS)管理器】，其操作界面如图 12-18 所示。

1）新建网站

在【Internet 信息服务(IIS)管理器】中，右击树状结构图中的【网站】选项，在弹出的菜单

图 12-18　Internet 信息服务(IIS)管理器的主界面

中选择【添加网站】，则打开【添加网站】对话框，如图 12-19 所示。利用此对话框可以创建一个新的网站。图 12-19 中就新建了一个网站，网站名称为"教学系统"、网站的物理路径是 F:\Ma，而且网站绑定了本机上的一个 IP 地址 192.168.0.2，访问端口是 80。

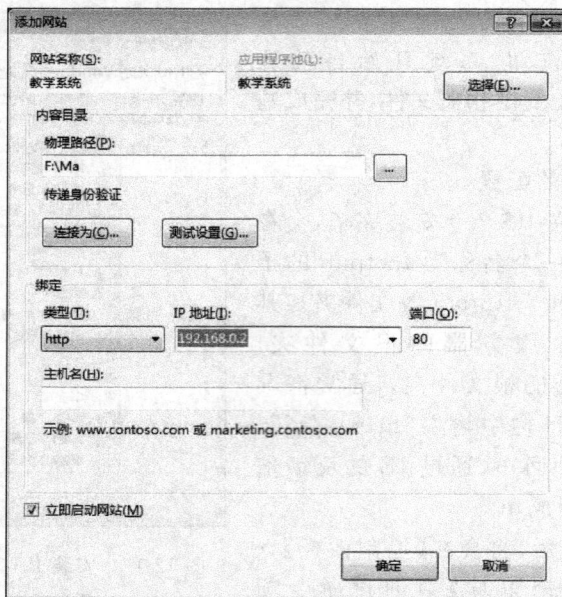

图 12-19　利用 IIS 7.0 管理器添加网站的主界面

　　如果使用 80 以外的端口为特定网站服务，要注意不能使用 TCP/IP 协议中已经内定了的、特定用途的端口(如 53、110、21、23、25 等)，可以使用 4000～10 000 之间的任意端口，并且要让防火墙开放这些端口。

由于 HTTP 协议的默认端口为 80,所以如果绑定了 80 以外的其他端口,则在以 IE 访问本网站时,必须使用"HTTP://IP 地址"或"域名:端口号/路径/主页文件名"格式指明端口号。

注意:网站使用的 IP 地址必须是服务器已经配置的 IP 地址,而且支持远程访问;不允许多个网站使用相同的 IP 地址且使用相同的端口。如果需要在一个 IP 地址下绑定多个网站,则可以分别绑定到不同的端口上。

2)新建虚拟目录

在【Internet 信息服务(IIS)管理器】中,右击树状结构图中的某一个网站或者某个文件夹,在弹出的菜单中可以选择【添加虚拟目录】选项,系统会打开【添加虚拟目录】对话框,如图 12-20 所示。

在【添加虚拟目录】对话框下,可以把本地磁盘上的任意一个文件夹设置一个别名,使之成为当前网站下的一个子目录,使远程用户可以访问此目录下的文件。

3)设置 IP 地址或域名限制

对于本服务器上的网站(虚拟目录),可以设置 IP 地址限制或域名限制,设置为只允许某

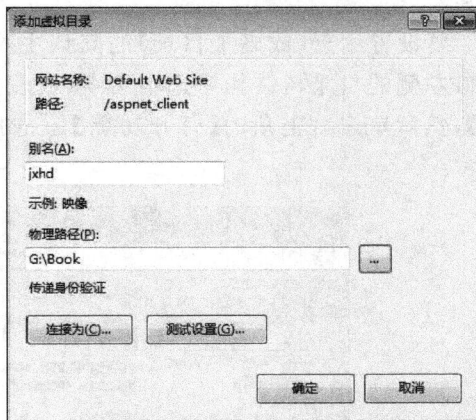

图 12-20 利用 IIS 7.0 添加虚拟目录的对话框

些 IP 地址的计算机可访问,或者设置为"除了特定的一些计算机,其他计算机都可访问此网站(或虚拟目录)"。具体设置方法如下。

(1)从【Internet 信息服务(IIS)管理器】窗口左侧的目录树中选定需要进行设置的网站(或虚拟目录),接着在中部区域选择【IP 地址或域限制】,然后从右上角选择【打开功能】,系统会弹出如图 12-21 所示的窗口。

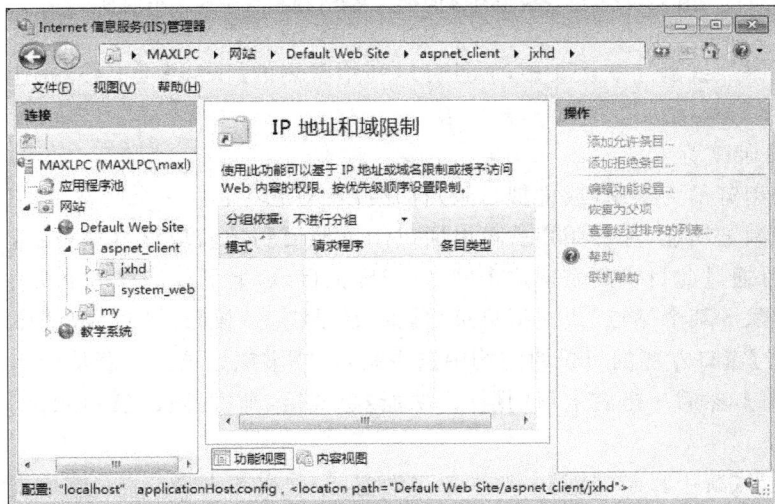

图 12-21 设置虚拟目录允许/拒绝的 IP 地址

(2) 在此窗口中,利用右上角的【添加允许条目】或【添加拒绝条目】可以设置被允许或被拒绝的 IP 地址,甚至是带有子网掩码的 IP 地址组。

4) 设置默认主页

对于一个网站(或虚拟目录),通常需要设置一个默认网页,作为这个网站的主页。当网站的默认主页设置成功后,用户在访问此站点时,只需在 IE 地址栏中输入站点的 IP 地址或域名(或虚拟目录名),不必输入首个文件名,能够提高用户的浏览效率和网站的人性化水平。

要设置站点(或虚拟目录)的默认主页,只须首先从【Internet 信息服务(IIS)管理器】窗口左侧的目录树结构中选中站点(或虚拟目录),接着从中部的 IIS 栏目下选择【默认文档】,然后单击右上角的【打开功能】超链接,则打开设置【默认文档】的窗口,如图 12-22 所示。

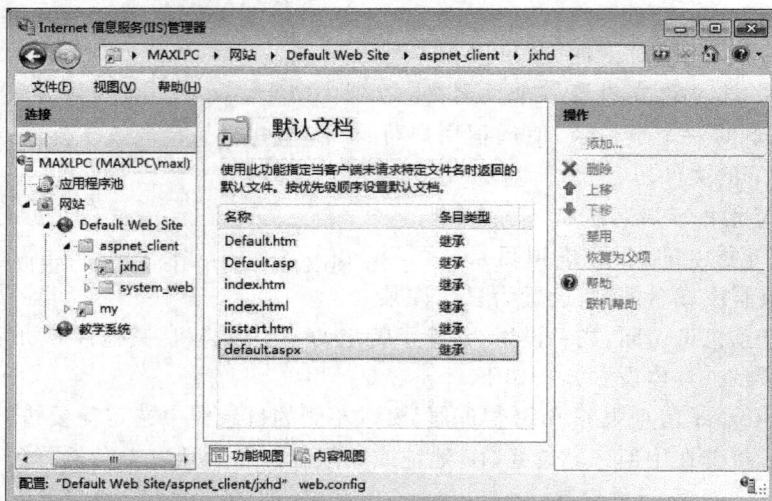

图 12-22　设置虚拟目录的默认文档(虚拟目录的首个网页)

利用它可添加或删除默认文档,而且可以利用右侧的【下移】、【上移】操作,调整各个文档的次序。

5) 设置目录浏览

设置目录浏览是为网站(或虚拟目录)打开目录浏览功能。一个网站(或者虚拟目录)一旦被打开目录浏览功能,远程用户就可以通过浏览器便利地获取该网站(或虚拟目录)的目录列表,并且可通过此目录列表从这个网站(或虚拟目录)上下载任意一个文件。

如果希望赋予某个站点(或虚拟目录)具备"目录浏览"权限,则首先从【Internet 信息服务(IIS)管理器】窗口左侧的目录树结构中选中站点(或虚拟目录),接着从中部的 IIS 栏目下选择【目录浏览】,然后单击右上角的【打开功能】超链接,则打开设置【目录浏览】的窗口,如图 12-23 所示。

系统默认为【禁用目录浏览】。如果要启动它,只须在图 12-23 的右侧单击【启用】,就能赋予选定网站(或虚拟目录)具有目录浏览权限。在启用【目录浏览】后,可以在中部的窗口中设置可以显示在远程客户机浏览器中的文件信息。

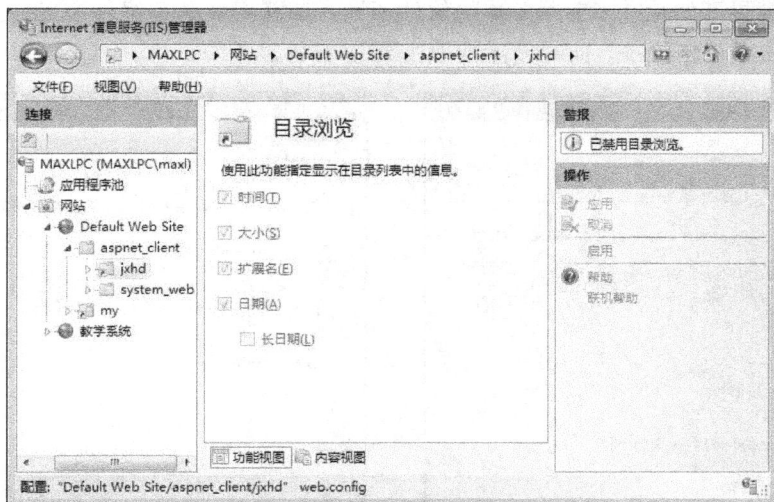

图 12-23 对虚拟目录启用/禁止赋予"目录浏览"权限

注意：除非确实需要提供一个专门用于下载资料的网站（或虚拟目录），不然一定不要把网站（或虚拟目录）赋予"目录浏览"权限。

12.3 安装与配置 SQL Server 2005

12.3.1 安装 SQL Server 2005

1. SQL Server 2005 版本综述

和 SQL Server 2000 一样，SQL Server 2005 也推出了多个版本。其企业版本只能安装在服务版的操作系统上，开发版则可以安装在包括 Windows XP SP2 以上版本的各种 Windows 操作系统上，另外还有标准版、工作组版等不同的版本。

SQL Server 2005 是一个非常庞大的体系，除了必须的 SQL Server Service、客户端操作程序外，还提供了对 Visual Studio .NET 的支持、商业职能等功能。

SQL Server 2005 要求计算机系统至少有 512MB 的内存、处理器在 Pentium Ⅲ 600MHz 以上。

在真正地为大量业务活动提供服务的信息系统中，为保证数据库管理系统的响应能力和并发度，必须在服务器上安装 SQL Server 2005 的服务器版本（企业版）。

2. 安装服务器版 SQL Server 2005

要向服务器中安装 SQL Server 2005，其主要过程如下。

（1）以 Administrator 用户身份登录 Windows Server。

（2）把 SQL Server 2005 光盘放到服务器的光驱中，系统会自动运行。如果光盘没有自动运行，可打开资源管理器，单击光盘上的 Setup.exe 文件，启动安装程序。

（3）安装向导运行后，将首先弹出【最终用户许可协议】对话框，如图 12-24 所示。只有同意软件的许可协议，才可单击【下一步】按钮，继续操作。

（4）接着向导开始检查当前服务器的软件环境，打开【安装必备组件】对话框，如图 12-25 所示。此时单击【安装】按钮，向导开始向服务器中安装必备的组件。

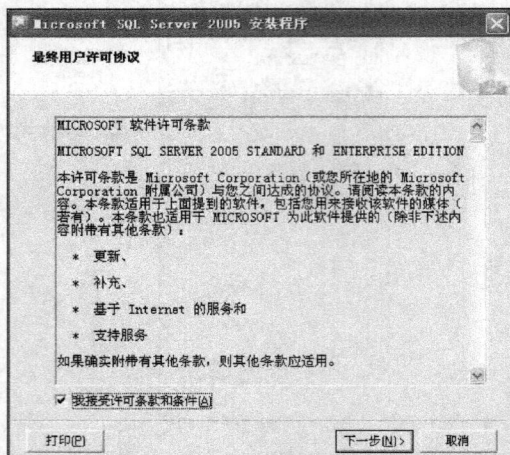
图 12-24　SQL Server 软件使用许可协议

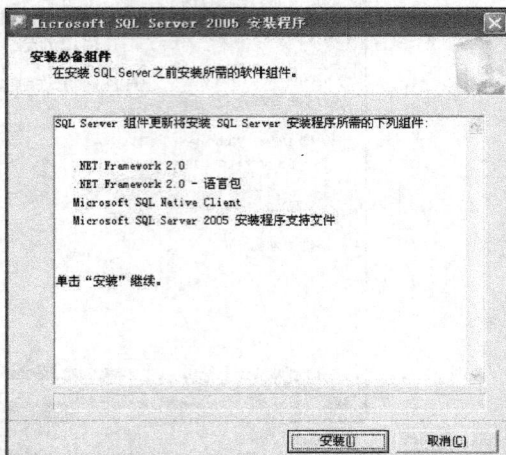
图 12-25　安装必备组件

（5）必备组件安装完成后，单击【下一步】按钮，向导会扫描当前服务器的硬件配置，检查当前的服务器硬件是否满足要求。图 12-26 显示了不能完全满足要求的某服务器的警告性信息。如果没有严重错误信息，则单击【下一步】按钮继续。

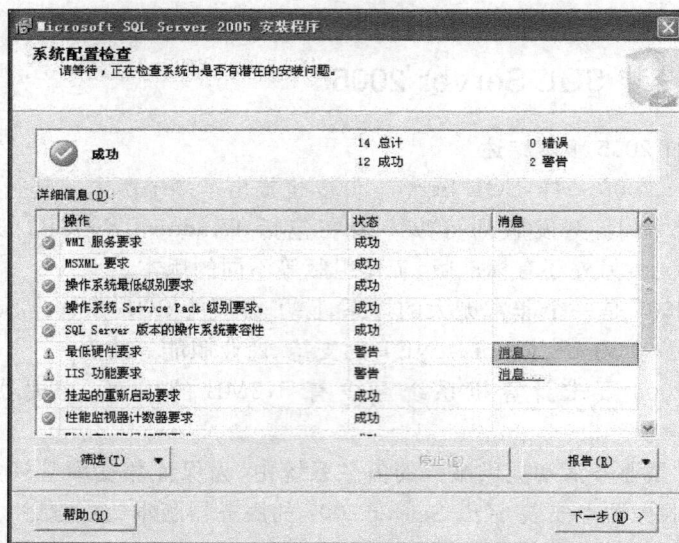
图 12-26　检测服务器是否满足配置要求

注意：如果只有警告性信息，则不影响系统的继续安装。

（6）此时向导要求输入用户姓名、公司名称以及产品序列号，如图 12-27 所示，输入完毕，单击【下一步】按钮。

（7）此时，向导弹出【要安装的组件】对话框，可选择准备安装的组件，如图 12-28 所示。

最低要求选中 SQL Server Database Services 组件,通常要求安装 SQL Server Database Services 和"工作站组件、联机丛书和开发工具"。然后单击【下一步】按钮。

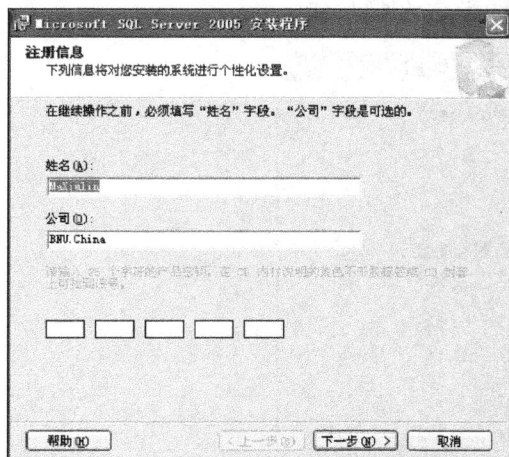

图 12-27　输入软件序列号

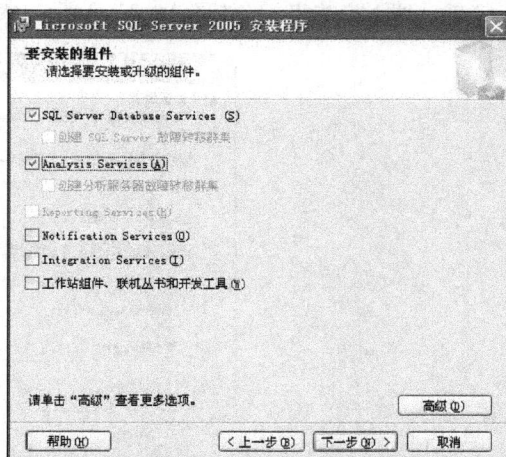

图 12-28　选择要安装的组件

注意:如果在【要安装的组件】对话框中单击右下角的按钮【高级】,则可以打开【功能选择】对话框,此时可以进行比较具体的功能选择,并能够选择安装位置,把 SQL Server 2005 安装到其他磁盘上。

(8) 向导要求确定数据库的实例名,可以使用【默认实例】,也可以自己定义新的【命名实例】,如图 12-29 所示。笔者建议根据自己的项目的情况定义新实例。例如,可选择【命名实例】单选按钮,然后输入新的实例名字"MyBooK"。最后单击【下一步】按钮。

(9) 向导要求确定服务账户的类型。如果 Windows 服务器不在域中,则选择【使用内置系统账户】,并选择【本地系统】。如果 Windows 服务器在域中,则可以选择【使用域用户账户】,并设置用户名、密码,选定域名称。然后单击【下一步】按钮,如图 12-30 所示。

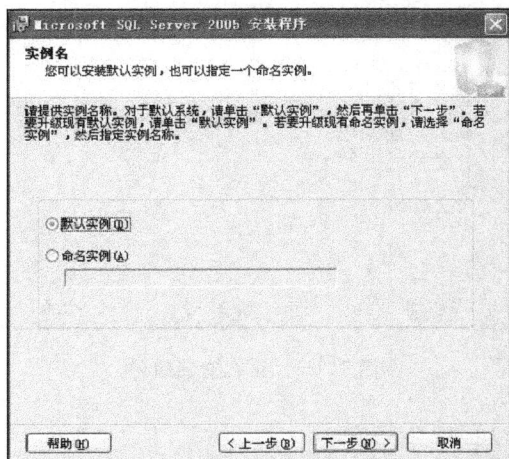

图 12-29　确定服务器实例名称

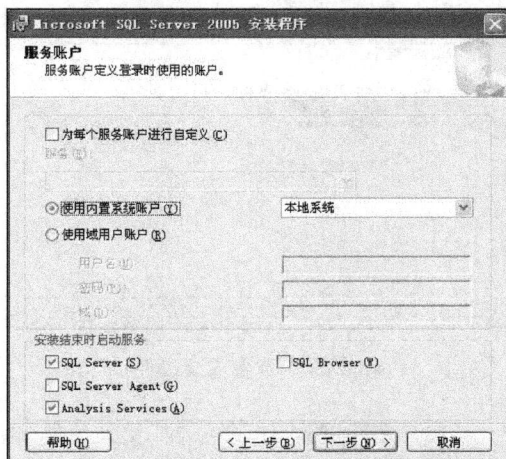

图 12-30　选择 DBMS 与操作系统结合的服务账户类型

（10）向导要求选择"身份验证模式"，一般都选择【混合模式（Windows 身份验证和 SQL Server 身份验证）】。如果选定了混合模式，则需要输入系统管理员（sa）的密码。密码应该输入两次，并牢记，如图 12-31 所示。然后单击【下一步】按钮。

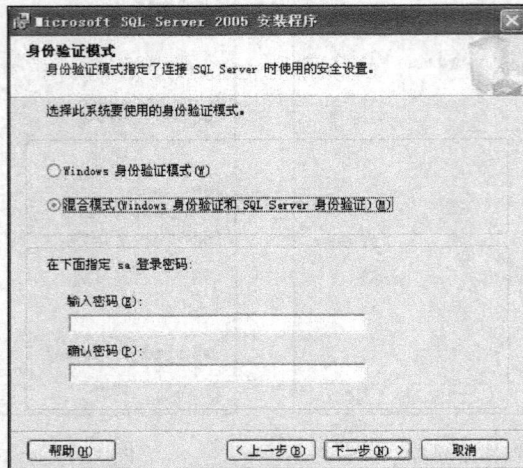

图 12-31　设置 DBMS 对用户的身份验证模式

（11）向导要求选择"排序规则设置"，通常选定默认值，直接单击【下一步】按钮。接着向导要求确定"错误和使用情况报告设置"，可仍然选定默认值，直接单击【下一步】按钮。

（12）向导开始进入【准备安装】对话框，如图 12-32 所示。单击【安装】按钮后，开始安装过程，如图 12-33 所示。

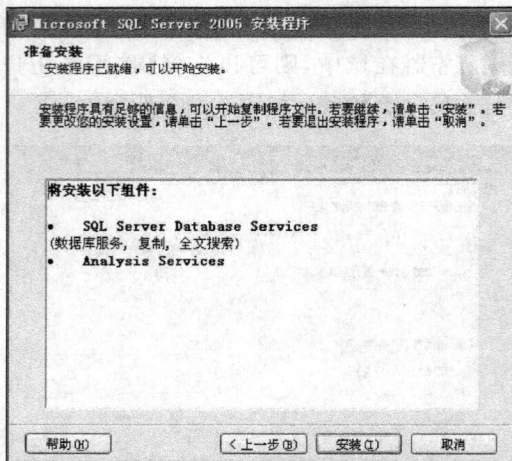

图 12-32　准备安装组件

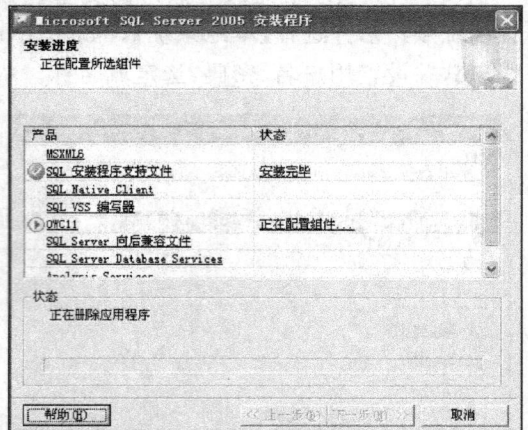

图 12-33　正在安装组件

（13）大约需要 10 多分钟，文件复制和注册过程就会完成。

注意：如果 SQL Server 2005 的安装盘是精简版本的，上述安装过程只会安装 SQL Server 2005 的服务器端数据库和客户端的系统配置工具，并没有安装图形化的界面操作软件 SQL Server 2005 Management Studio。对初学者来讲，此时还需要安装 SQL Server

2005 Management Studio,而完整的企业版则不需要单独安装此软件。如果需要单独安装
SQL Server 2005 Management Studio,则需要找到 SQLServer2005_SSMSEE. msi 文件,运
行安装这一软件,为网管提供一个可视化的数据库管理界面。

3. SQL Server 2005 的组件

完整的 SQL Server 2005 数据库管理系统在服务器端、客户端都提供大量的工具,支持
DBA 和终端用户开展数据库维护、数据智能分析等活动。比较关键的部件主要有以下
几种。

1) 服务器端组件

SQL Server 2005 的服务器端组件有以下几个。

(1) SQL Server 数据库引擎用于进行数据库建设、管理和保护数据等核心服务,能够
复制、全文搜索以及管理关系数据。

(2) Analysis Services 包括用于创建和管理联机分析处理,以及数据挖掘应用程序等等
工具。

(3) Report Services 用于各类报表,是一个可用于开发报表应用程序的可扩展平台。

(4) Integration Services 是一组图形工具和可编程对象,用于移动、复制和转换数据。

2) 客户端组件

SQL Server 2005 的客户端组件有以下几个。

(1) Management Studio Express 是一个集成操作环境,对数据库的所有直接操作都可
以在这里完成。

(2) Analysis Services 部署向导为商业智能应用程序提供了联机分析处理和数据挖掘
功能,能够实现跨多个应用系统的联机分析。

(3) SQL Server Business Intelligence Development Studio 是一个集成的开发环境,主
要用于开发商业智能构造,它包括一些项目模板,能够为开发特定的构造提供模板
支持。

3) 配置工具

SQL Server 的客户端还提供了很多配置工具,其中比较重要的是 SQL Server
Configuration Manager,它能够为 SQL Server 服务、SQL Server 服务的网络连接协议、客
户端协议、客户端别名管理等提供基本的配置管理工具。

注意:VS2008 安装的 SQL Server 是一个精简版本,不包含上述工具。VS2008 通过自
带的【服务器资源管理器】面板连接 SQL Server 2005 数据库,并实施简单的数据操作。如
果需要完成复杂的数据备份、数据格式转换等活动,就需要上述组件的支持。

12.3.2 SQL Server 2005 Management Studio

1. 启动 Microsoft SQL Server Management Studio

启动已经正常安装 SQL Server 2005 的服务器后,选择菜单【开始】→【所有程序】→
Microsoft SQL Server 2005→SQL Server Management Studio,系统将弹出如图 12-34 所示
的启动界面。

选择【Windows 身份验证】方式,然后单击【连接】按钮,系统将启动 Microsoft SQL
Server Management Studio,进入到对 SQL Server 2005 的管理状态。

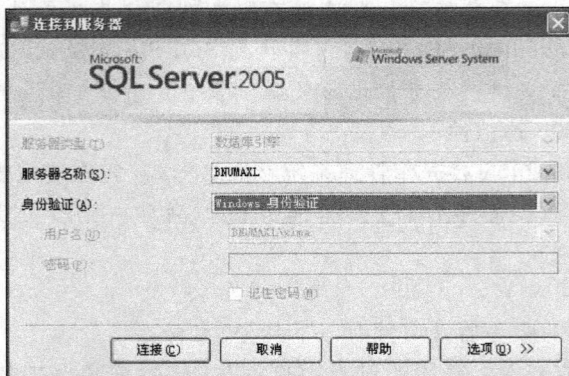

图 12-34　启动 Management Studio

注意：如果选择"SQL Server 身份验证"，则必须正确地输入 SQL Server 数据库实例的用户名和密码。例如用户名"sa"，密码则是安装 DBMS 时设置的密码。

系统正常启动后，操作界面如图 12-35 所示。

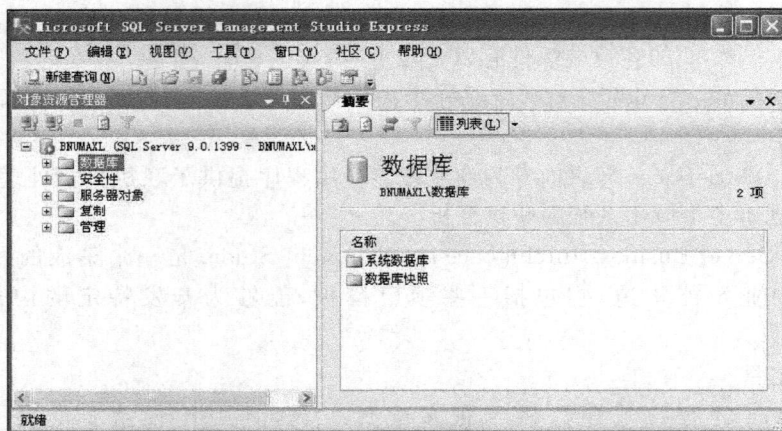

图 12-35　Microsoft SQL Server Management Studio Express 的主界面

2. Microsoft SQL Server Management Studio Express 界面操作

Microsoft SQL Server Management Studio Express 操作界面分为两部分，左侧为【对象资源管理器】面板，采用了树形层次结构，如图 12-35 所示。

从图 12-36 可看出，此树形结构层次依次为数据库服务器实例名(BNUMAXL)→数据库→系统数据库→具体数据库名称→表名→列名等层次，或者为数据库服务器实例名(BNUMAXL)→安全性→登录名→具体的登录组名(或具体的登录名)等层次。

在 SQL Server 的对象资源管理器中能够对数据库进行各种层次的管理，即在这个树状结构图中，以鼠标单击项目左侧的小加号可以展开这个项目，如果项目左侧为小减号，表示这个项目已经展开，单击小减号，可以折叠项目。

Microsoft SQL Server Management Studio Express 中最常见的操作是以鼠标右击某个对象，系统将弹出一个快捷菜单。在快捷菜单中选择自己需要的操作即可启动这个功能，如图 12-37 所示。

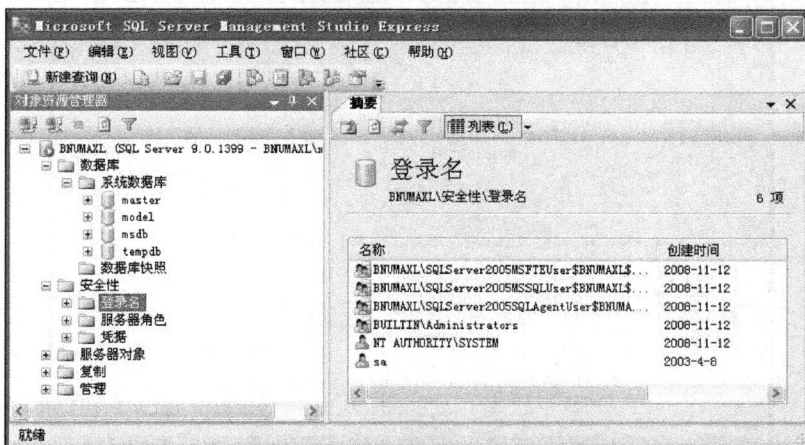

图 12-36 对象管理器的树形结构

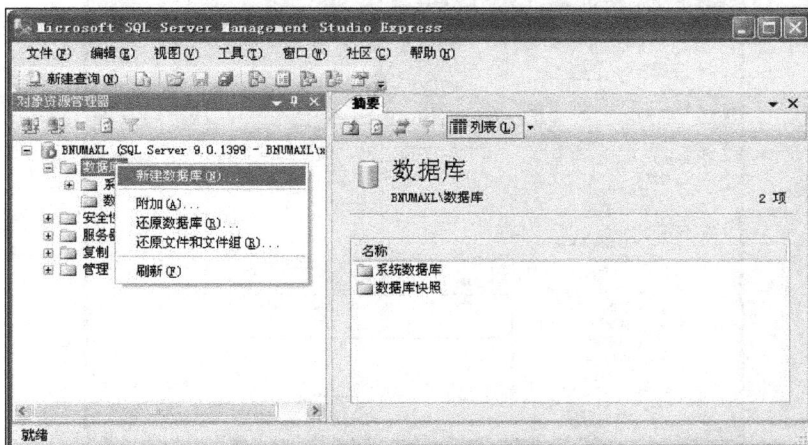

图 12-37 操作数据库对象

3. Microsoft SQL Server Management Studio Express 的查询界面

众所周知,关系数据库的通用管理语言是 SQL 语言,因此 SQL Server 2005 也一定提供对 SQL 语言的支持。在 Microsoft SQL Server Management Studio Express 中,进入到 SQL 语言运行界面的方法为:单击 Microsoft SQL Server Management Studio Express 主界面的工具栏【新建查询】按钮(见图 12-38),则进入到运行 SQL 语句的界面,如图 12-39 所示。用户可在右侧的窗口中直接输入 SQL 语句。

在如图 12-39 所示的查询界面中,可以在"1"所标记的区域中选择当前数据库,在"2"所标记的区域中直接输入 SQL 语句。单击区域"2"顶上的按钮"√"可以检测 SQL 语句是否存在语法问题;单击区域"2"顶上的按钮【!执行】则可以执行这个 SQL 语句,并把执行结果在区域"3"显示出来。

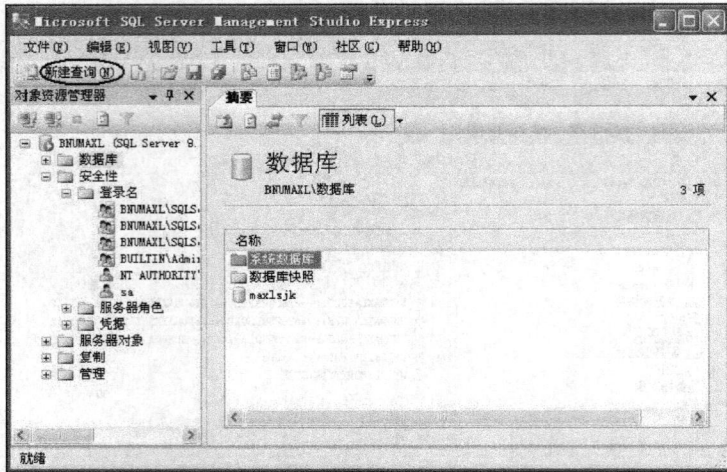

图 12-38　启动查询生成器

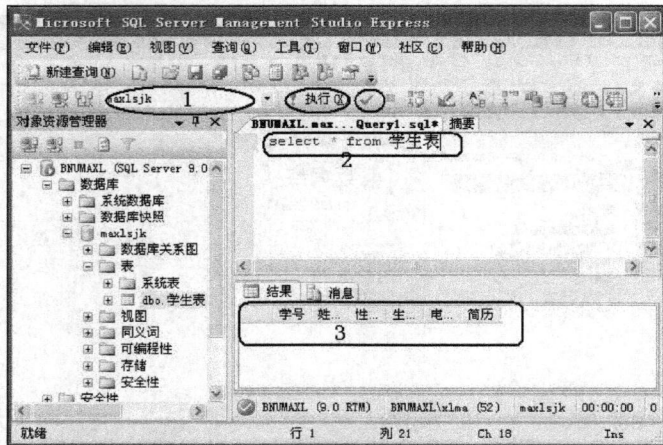

图 12-39　查询界面示意图

4. 附加数据库

独立的 SQL Server 数据库文件无法被 Web 应用程序使用。也就是说,只把开发过程中创建的 SQL Server 文件复制到服务器上是不能发挥作用的,必须把数据库附加到服务器上的 SQL Server 2005 系统中,才能被 SQL Server 2005 引擎驱动,为 Web 应用程序提供数据支持。

对于已经存在的 SQL Server 2005 数据库文件,可以利用 Microsoft SQL Server Management Studio 中的"附加数据库"功能把这个数据库附加到 SQL Server 2005 系统中,由 SQL Server 2005 系统驱动已经存在的数据库,实施操作,如图 12-40 所示。具体操作过程如下。

首先,从左侧的【对象资源管理器】面板树状结构中找到【数据库】,然后右击【数据库】。

其次,再从弹出的快捷菜单中选择【附加】,系统将打开一个附加数据库的对话框。

再次,把已经复制到服务器上的数据库文件(扩展名为 mdf 的文件)添加到对话框中。

最后,单击【确定】按钮即可。

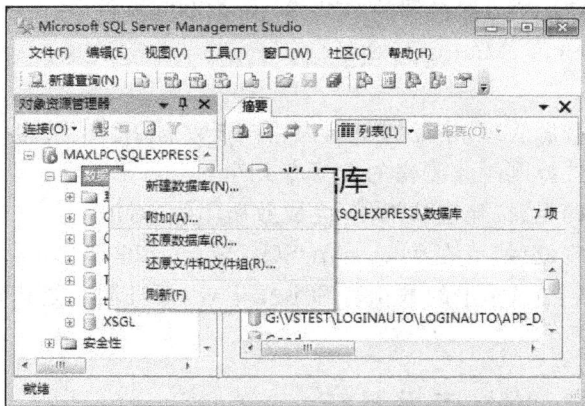

图 12-40 向 SQL Server 2005 附加数据库

注意：一个 SQL Server 2005 数据库至少由两个文件构成，一个是扩展名为 mdf 的数据文件，另一个是扩展名为 log 的日志文件。在附加数据库前，一定要检查数据库的文件是否完整，否则可能导致附加数据库失败。

12.4 发布与配置应用系统

要把一个 Web 应用系统发布到专用的 Web 服务器上，主要包括两个关键部分：其一是把后台数据库迁移到 Web 服务器上；其二是编译并发布，并把发布成功的应用系统迁移到 Web 服务器，进行必要的参数调整。

12.4.1 在 Web 服务器上配置后台数据库

1. 从开发用计算机上复制数据库

要从开发用的计算机上复制数据库，必须先找到数据库文件。一般情况下，数据库文件要么被放在项目的 App_Data 文件夹下，要么被存放在 SQL Server 2005 的系统文件夹中。例如，笔者的 SQL Server 2005 安装在 E 盘的 Program Files 文件夹中，那么所有的数据库文件都默认存储在 E:\Program Files\Microsoft SQL Server\MSSQL.1\MSSQL\Data 文件夹下。当然，也可以借助计算机的搜索功能，搜索扩展名为 mdf 的文件的存储位置。总之，通过各种手段，找到 SQL Server 数据库文件。

把所需数据库的两个文件（数据文件 mdf 和日志文件 log）复制出来，然后复制到服务器的适当文件夹中。

注意：如果开发用的计算机上安装的是 VS2008 自带的 SQL Server Express 版本，则复制数据库文件时必须关闭【服务器资源管理器】面板中的【数据连接】，甚至关闭整个 VS2008 开发工具。如果开发用的计算机上安装的是独立的 SQL Server 2005 的开发版本，则必须在复制数据库文件前利用 SQL Server 2005 自带的 SQL Server Configuration Manager 工具停止 SQL Server 2005 服务器，然后才可复制数据库的相关文件。

2．把数据库附加到 Web 服务器的 SQL Server 2005 系统中

首先，启动服务器上的 Microsoft SQL Server 2005 Management Studio，登录到"数据库引擎"状态。

其次，展开【对象资源管理】中的树状结构，右击【数据库】，从快捷菜单中选择【附加】，在随后弹出的对话框中选择刚刚复制来的数据库文件。

最后，通过单击【确定】按钮确认操作，完成数据库的"附加"工作。

数据库附加工作完成后，可在 Microsoft SQL Server 2005 Management Studio 打开刚刚附加的数据库，检查数据库中的数据表和数据记录，保证附加过来的数据库符合项目的要求。

12.4.2　发布 Web 应用系统

1．发布网站的概念和作用

ASP.NET 为应用程序的使用提供了两种编译模式：其一是动态编译，其二是预编译。所谓动态编译，就是把网页的 C♯ 源码和界面设计一起被放在 Web 服务器上。在网页第一次被访问时，网页中的 C♯ 源码被编译成 DLL 文档，而且随着应用程序的更新，网页的源码可以不断地被修改、编译。所谓预编译，就是把项目中 App_Code 文件夹下的所有 C♯ 代码（cs 文档）等编译为动态链接库文件（DLL），并能在预编译过程中发现一切错误，并最终形成执行效率较高的、依托于 CLR 的伪码文件。在预编译模式下，用户访问 Web 服务器将直接使用伪码文件，而不必重新编译。对比这两种状态，动态编译比较适宜于程序开发、调试阶段。而预编译比较适宜大型网站的稳定运营阶段。

对比上述两种模式，由于预编译得到的成品中不包含 Web 应用程序的源代码，对于保护 Web 应用程序的版权、程序安全性和网站的运行效率都很有意义。因此，当前绝大多数的动态网站都采用预编译模式发布 Web 应用程序，这一工作也称为"发布网站"。其基本过程是对现有的项目进行预编译并把编译后的伪码输出到指定位置。虽然 VS2008 提供了多种目标位置供发布时选用，但笔者认为发布到本地计算机上的一个空文件夹是最为安全和效率最高的方式。

由于一个 Web 应用项目进入实用化阶段的前提条件就是保证程序的正确性和可用性，因此"发布网站"的首要任务就是在开发用的计算机上实现应用程序的发布，保证形成一套完整的、没有错误的、及时响应的系统。

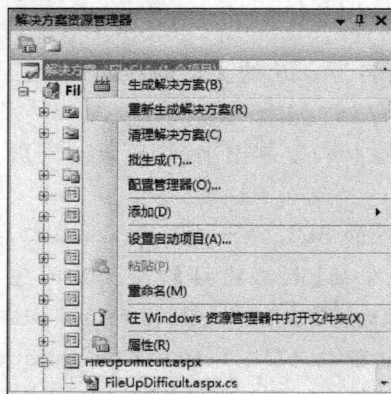

图 12-41　重新生成解决方案

2．在本地计算机发布网站

VS2008 为发布网站提供了便利的手段，因此在开发用的计算机上发布本地应用程序非常简单。其基本过程如下。

1）清理并生成项目，做好准备工作

打开一个已经完成的项目，首先在【解决方案资源管理器】面板中右击【解决方案】，从弹出的快捷菜单中选择【清理解决方案】，如图 12-41 所示。

在清理解决方案完成后，再选择【重新生成解决

方案】。

如果全部解决方案都能够成功生成,则表示本网站中已经不存在语法错误,能够顺利运行。

2)发布项目,形成产品

右击项目名称,在弹出的快捷菜单中选择【发布】,则打开【发布 Web】对话框,如图 12-42所示。

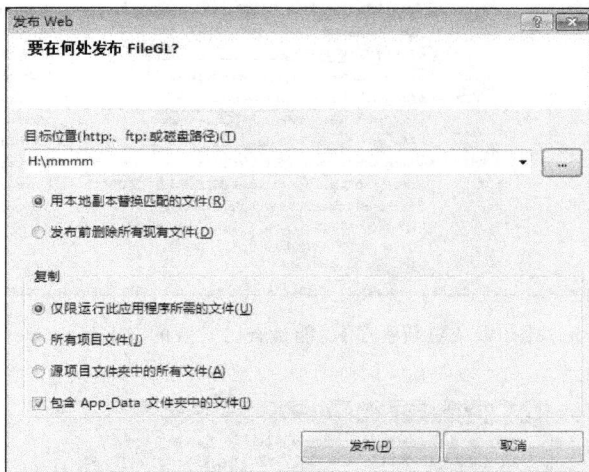

图 12-42 【发布 Web】对话框

首先,设置项目的发布位置,建议设置为本地磁盘上的一个空文件夹。

其次,可以根据需求在图 12-42 所示的界面中进行一些选项设置。

最后,单击【发布】按钮,启动发布过程。

发布完毕,将会在指定的文件夹中形成整个项目的最终产品。

3. 检测并配置 Web 服务器

在本地计算机上完成"发布网站"的工作,得到项目的成品后,就需要把项目迁移到 Web 服务器上了,具体操作如下。

1)检测 Web 服务器的 .NET Framework 版本

基于 .NET 3.5 版本开发的 Web 应用程序,当然需要 .NET Framework 3.5 的支持。因此在正式发布 ASP.NET 3.5 的应用程序系统前,应该检查 Web 服务器的 .NET Framework 的版本号,特别是以 Windows Server 2003 作为操作系统的 Web 服务器,一定要补充安装 .NET Framework 3.5 框架。

利用菜单【控制面板】→【卸载或更新程序】,打开系统【卸载或更新程序】窗口,检查是否存在"Microsoft .NET Framework 3.5"项。如果不存在此项,则需要在服务器上安装此框架,如图 12-43 所示。

或者,利用 IIS 的信息服务管理器,检查当前的 Web 服务器中已经安装的 .NET Framework 的最高版本号,如图 12-44 所示。

例如,图 12-44 所示的 IIS 6.0 的 .NET Framework 版本号就不符合要求,需要补充安装 .NET Framework 3.5。而图 12-43 所示的 IIS 7.0 中的 .NET Framework 版本号就达到

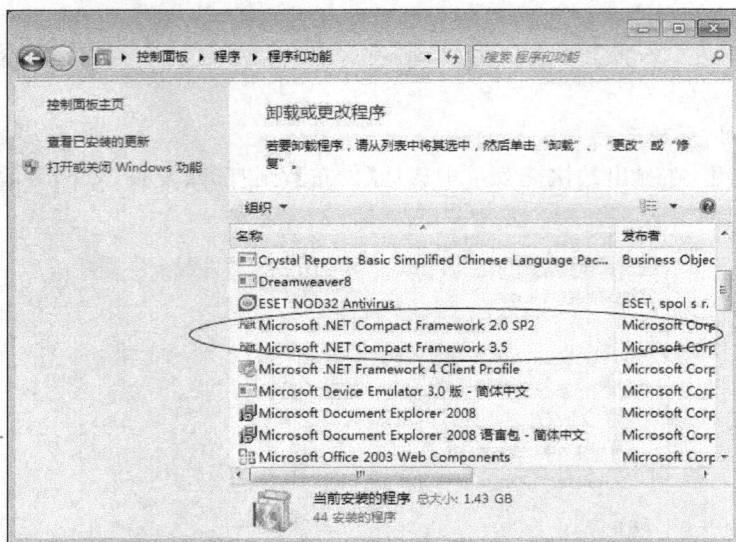

图 12-43　利用【卸载或更新程序】功能检查已安装的 .NET Framework 版本

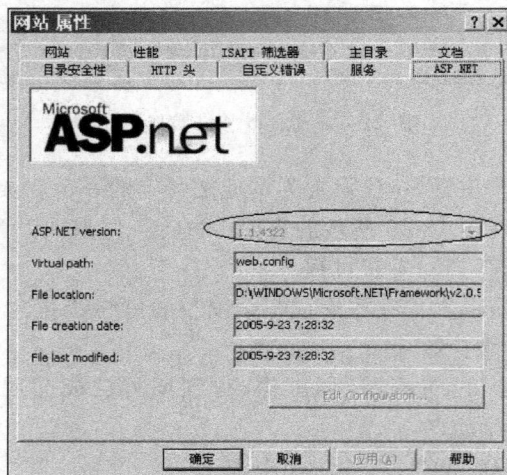

图 12-44　通过 IIS 6.0 的信息服务管理器检查 .NET Framework 版本

了运行 ASP.NET 3.5 应用程序的要求。

2) 为不满足版本要求的 Web 服务器安装高版本 .NET Framework

如果当前服务器中已安装的 .NET Framework 版本不能满足当前 ASP.NET 应用程序的需要,则需要补充安装满足版本要求的 .NET Framework。

为此,可找到 Visual Studio 2008 的安装盘,在服务器上启动 VS2008 安装程序,然后从系统提供的【选择安装组件】窗体中选中 .NET Framework 3.5 框架,执行安装过程,把 .NET Framework 3.5 框架安装到服务器上。

注意:在这一过程中不需要安装 VS2008 的开发工具和 SQL Server 2005 数据库系统,因为 VS2008 自带的 SQL Server 2005 是开发版的 DBMS,难以满足业务活动中并发处理的要求。

4. 把应用程序发布到 Web 服务器上

首先,把储存"发布网站"产品的整个文件夹从本地计算机复制到服务器上,并存储在服务器上独立的文件夹中。

其次,启动服务器上的【Internet 信息服务(IIS)管理器】,新建站点,新站点要具备"执行"和"读取"的权限,并让新站点的物理路径指向服务器上的产品文件夹。如图 12-45 所示,新建了一个网站【教学系统】。

图 12-45　IIS 7.0 新建网站并设置 .NET Framework 版本

第三,检查产品文件夹中的 App_Data 下是否有数据库,如果有,也把这个数据库附加到 SQL Server 2005 系统中。

第四,检查服务器上 SQL Server 2005 服务器的名称,并记录下来。然后到产品文件夹中,找到 Web.config 文件,用记事本打开它。从中查找数据库连接字符串<connectionStrings>,把其中的 SQL Server 服务器名称由"sqlexpress"修改为当前的 SQL Server 2005 服务器的名称。从而保证当前的 Web 应用系统能够访问 Web 服务器上的 SQL Server 2005 数据库系统。

第五,把产品的主页文件名记录下来,把它设置为当前网站的默认文档。

最后,利用本机或其他的计算机访问本网站,检查系统的运行效果。

思考题

1. 什么是 IIS? 其含义和功能是什么?
2. 为了保障 Web 服务器的安全性,应该如何配置 IIS?
3. 什么是虚拟目录? 设置虚拟目录对于 MIS 有什么意义?
4. 如何限定某些计算机不能访问指定虚拟目录?
5. SQL Server 2005 的 Management Studio 工具有什么用途?

6. 如何检查当前 Web 服务器的 .NET Framework 的版本号？

7. 如何把一个 SQL Server 2005 的数据库文件附加到 SQL Server 2005 系统中？

8. 如何才能把一个 Web 应用系统发布到专用 Web 服务器上？

上机实训题

在 Windows 2000/XP/2003 下安装 IIS，并完成以下配置与测试任务。

(1) 利用 IE 及"http://127.0.0.1/"测试 IIS 的安装情况。

(2) 在 IIS 下设置虚拟目录 cs，使之指向 E 盘上的实际文件夹 E:\xscs，分别赋予"读取"、"写入"、"目录浏览"权限，然后在 IE 浏览器地址栏输入"http://127.0.0.1/cs"，检查其效果。

(3) 在 IIS 下设置虚拟目录 jx，使之指向 E 盘上的实际文件夹 E:\xscs，分别赋予"读取"、"执行脚本"权限，并设置此虚拟目录的默认文档为 index.aspx，在 IE 浏览器地址栏输入"http://127.0.0.1/jx/网页文件全名"，检查其效果。

(4) 检查当前 Web 服务器的 .NET Framework 版本。如果当前 Web 服务器的 .NET Framework 版本不能满足要求，则更新此 Web 服务器的 .NET Framework 版本。

(5) 把第 5 章设计的"销售信息系统数据库"复制到 Web 服务器上，利用 Microsoft SQL Server Management Studio 工具完成"附加"数据库的工作，使"销售信息系统数据库"成为 Web 服务器上 SQL Server 2005 数据库系统的组成部分，能够被这个 DBMS 驱动和控制。

(6) 在开发所用的计算机上以本地发布的方式发布第 6 章或第 7 章的项目。

(7) 把已经发布的项目从开发用的计算机中迁移到 Web 服务器上。然后，测试该项目在 Web 服务器上的运行情况，并根据运行中反馈的问题不断优化和调整 Web 服务器。

参 考 文 献

1. 沈士根,汪承焱,许小东. Web 程序设计——ASP.NET 实用网站开发. 北京:清华大学出版社,2009
2. 马秀麟,王燕. 管理信息系统原理及开发. 北京:人民邮电出版社,2009
3. 刘瑞新. C♯网络编程及应用. 北京:机械工业出版社,2005
4. 陈伟,卫琳. ASP.NET 3.5 网络开发实用教程. 北京:清华大学出版社,2009
5. 施澄钟. 精通 Dreamweaver 8 网站建设——ASP.NET 篇. 北京:中国青年出版社,2007
6. 杨颖,张永雄等. 中文版 Dreamweaver ＋ Photoshop ＋ Flash 网页制作——从入门到精通. 北京:清华大学出版社,2010

图书资源支持

感谢您一直以来对清华版图书的支持和爱护。为了配合本书的使用,本书提供配套的素材,有需求的用户请到清华大学出版社主页(http://www.tup.com.cn)上查询和下载,也可以拨打电话或发送电子邮件咨询。

如果您在使用本书的过程中遇到了什么问题,或者有相关图书出版计划,也请您发邮件告诉我们,以便我们更好地为您服务。

我们的联系方式:

地　　址：北京海淀区双清路学研大厦 A 座 707

邮　　编：100084

电　　话：010－62770175－4604

资源下载：http://www.tup.com.cn

电子邮件：weijj@tup.tsinghua.edu.cn

QQ：883604(请写明您的单位和姓名)

用微信扫一扫右边的二维码,即可关注清华大学出版社公众号"书圈"。

扫一扫
资源下载、样书申请
新书推荐、技术交流